Faszinierendes Gehirn

EBOOK INSIDE

Die Zugangsinformationen zum eBook inside finden Sie
am Ende des Buchs.

Die Autoren

Henning Beck, Christopher Meyer zu Reckendorf, Sofia Anastasiadou

Abb.: © Markus Leser

Henning Beck ist Biochemiker und promovierter Neurowissenschaftler. Als erfolgreicher Sachbuchautor und Deutscher Meister im Science Slam versteht er es, Wissenschaft so zu vermitteln, dass sie jeder versteht.

Christopher Meyer zu Reckendorf ist Molekularbiologe und führte seine neurowissenschaftliche Promotion an der Universität Ulm durch. Seine Faszi-nation für die Neurobiologie ergänzt dieses Buch mit spektakulären Abbildungen unseres Nervensystems.

Sofia Anastasiadou ist Molekularbiologin und hat zu einem neuro-medizinischen Thema an der Universität Ulm promoviert. Ihr Talent komplizierte biologische Vorgänge zu verbildlichen bereichert dieses Buch mit besonders anschaulichen Grafiken und be-eindruckenden Aufnahmen.

Henning Beck · Sofia Anastasiadou ·
Christopher Meyer zu Reckendorf

Faszinierendes Gehirn

Eine bebilderte Reise in die Welt der
Nervenzellen

2., erweiterte und überarbeitete Auflage

Henning Beck
Frankfurt, Deutschland

Christopher Meyer zu Reckendorf
Ulm, Deutschland

Sofia Anastasiadou
Ulm, Deutschland

ISBN 978-3-662-54755-7
https://doi.org/10.1007/978-3-662-54756-4

ISBN 978-3-662-54756-4 (eBook)

Die Deutsche Nationalbibliothek verzeichnet diese Publikation in der Deutschen Nationalbibliografie; detaillierte bibliografische Daten sind im Internet über http://dnb.d-nb.de abrufbar.

Springer Spektrum

Planung: Margit Maly

Gedruckt auf säurefreiem und chlorfrei gebleichtem Papier.

Springer Spektrum ist Teil von Springer Nature
Die eingetragene Gesellschaft ist Springer-Verlag GmbH Germany
Die Anschrift der Gesellschaft ist: Heidelberger Platz 3, 14197 Berlin, Germany

Einleitung

Kaum eine biologische Disziplin hat in den letzten Jahren eine derartige Popularität erreicht wie die Neurobiologie. Hirnforschung ist angesagt und modern und längst nicht mehr auf biologische Labore beschränkt, sondern dringt mit ihren verblüffenden Ergebnissen in unsere Alltagswelt ein. Neurowissenschaftliche Durchbrüche zur Erkenntnis unseres Gehirns werden in der Tagespresse genauso gefeiert wie in Fachzeitschriften. Schließlich drehen sich die letzten großen Geheimnisse des menschlichen Körpers um sein Gehirn: Wir wollen verstehen, wie Geist und Bewusstsein entstehen und erkennen, wie unsere Nervenzellen funktionieren, wie sie zusammenwirken und unser Denken hervorbringen. Keine leichten Aufgaben, die sich die Hirnforschung als Ziel gesetzt hat. Doch ihre Fortschritte sind erstaunlich und werden viel beachtet. Zu Recht, denn die Neurowissenschaften sind in der Tat faszinierend.

Dass sich Menschen für das Nervensystem und das Gehirn interessieren, ist nicht neu. Seit der Antike beschäftigen sich Wissenschaftler mit der Funktionsweise des Gehirns und untersuchen seine Geheimnisse. Trotz Jahrtausende langer Forschung bleibt das Gehirn jedoch auch heute noch ein interessantes Untersuchungsobjekt mit überraschenden Eigenschaften. Spannende Erkenntnisse wird die Hirnforschung mit Sicherheit auch in Zukunft liefern, denn das Gehirn ist erst in Ansätzen verstanden.

Das Besondere des Gehirns ist, dass es sich grundlegend von allen anderen Organen des menschlichen Körpers unterscheidet. Oftmals gehen Form und Funktion Hand in Hand: Einem Herzen sieht man an, dass es eine Flüssigkeit pumpen muss, ein Lungenflügel eignet sich perfekt, um Luft aufzunehmen. Doch bei einem Gehirn ist es anders: Wir können nicht so einfach aus der Struktur des Nervengewebes ablesen, wie es funktionieren soll. Ein dicht gepacktes Netzwerk aus Nervenzellen und -fasern bildet ein anderthalb Kilogramm schweres Organ, das alle Dinge des menschlichen Geistes hervorbringen soll: von Sprache und Erinnerungen bis zu Gefühlen und Gedanken. Wie das genau passiert, das ist auch heute noch ein Rätsel und die große Herausforderung moderner Neurowissenschaften. Was jedoch klar ist: Auch beim Gehirn liegt der Schlüssel zu seiner Funktion in seiner Struktur. Nur ist das leider nicht so offensichtlich wie bei anderen Organen.

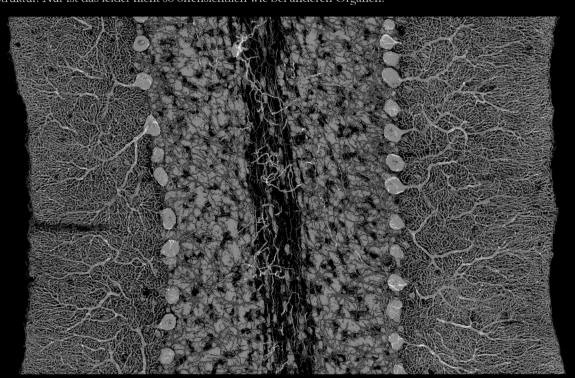

Wenn man wissen will, wie ein Gehirn arbeitet, untersucht man, wie es aufgebaut ist. Glücklicherweise ist gerade dies beim Gehirn eine besonders spannende und reizvolle Angelegenheit. Seit jeher ist die Hirnforschung näm- lich nicht nur wissenschaftlich erkenntnisreich, sondern auch eine zutiefst ästhetische Disziplin. Schon die ersten Anatomen waren von der Struktur des Nervensystems fasziniert. Denn kein anderes Organsystem ist derart kom- plex und pedantisch organisiert. Nervenfasern durchdringen alle Körperregionen, formen grandiose Architektu- ren und faszinierende Anatomien. So unübersichtlich ein Nervengewebe zu Beginn anmutet, so schön wird es, wenn man es genauer betrachtet. Gerade in den letzten Jahren haben moderne Labortechniken maßgeblich zur Begeisterung für die Neurowissenschaften beigetragen und uns völlig neue Blickwinkel auf unser Nervensystem ermöglicht.

Heutzutage ist es möglich, die Anatomie des Gehirns auf völlig neue und spektakuläre Weise zu verbildlichen. Wir können große Hirnstrukturen dreidimensional sichtbar machen und die Abläufe bei Denkprozessen verdeutlichen. Moderne Analysetechniken ermöglichen es sogar, einzelne Nervenzellen unterschiedlich zu färben und Nervennetzwerke detailliert zu untersuchen. Neben dem wissenschaftlichen Erkenntnisgewinn haben solche Methoden einen nicht zu unterschätzenden Vorteil: Sie erzeugen faszinierende Bilder, die toll aussehen. So kann man nicht nur Nachwuchswissenschaftler, sondern, so hoffen wir, auch interessierte Leser für diese Disziplin begeistern.

Das Anliegen dieses Buches ist daher genau das: Die Faszination der Neurobiologie sichtbar zu machen. Zu zeigen, wie die wunderbare Architektur der Nervenzellen die Anatomie des Gehirns formt. Zu veranschaulichen, welche Prozesse im Nervensystem ablaufen. Und somit zu einem besseren Verständnis des Gehirns und des Nervensystems beizutragen.

Dieses Buch soll kein Lehrbuch sein, das sich nur für biologische Fachleute eignet. Vielmehr möchten wir Sie mitnehmen auf eine spannende Bilderreise in die Welt der Neurobiologie und für die Faszination dieser Disziplin begeistern. In kurzen Kapiteln konzentrieren wir uns deswegen darauf, einen Überblick über die interessantesten Themen des Nervensystems zu geben, immer unterstützt durch anschauliche Grafiken und Aufnahmen. Wir werden uns dabei zunächst den großen Strukturen widmen und dann Schritt für Schritt immer tiefer in die Welt der Nervenzellen voranschreiten. Denn der Schlüssel zum Verständnis unseres Gehirns liegt auch in seiner Architektur. Wer die strukturellen und biologischen Prinzipien des Nervensystems kennt, kann anschließend besser nachvollziehen, wie Denk- und Handlungsprozesse in unserem Gehirn ablaufen.

Noch sind wir nicht am Ziel, das Gehirn endgültig zu erklären und wissenschaftlich zu beschreiben. Doch wir müssen auch nicht alle Dinge vollständig verstehen, um uns vollständig dafür begeistern zu können. Das ist beim Gehirn nicht anders. Denn wie schön es wirklich ist, erkennt man erst, wenn man genau hinschaut.

Inhalt

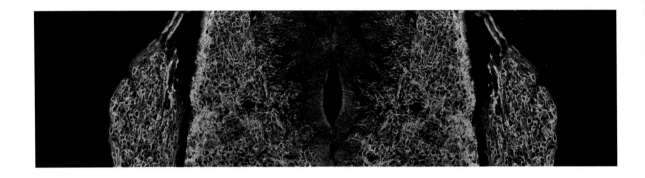

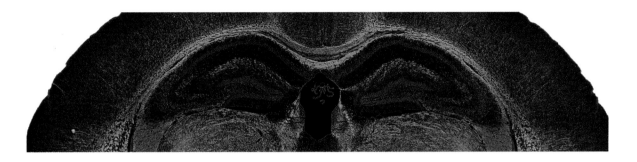

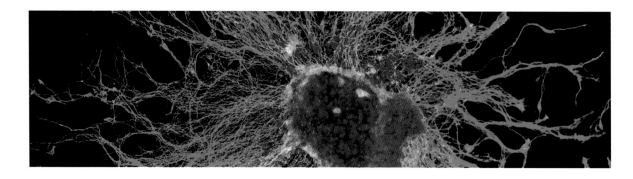

Kapitel 4: Neurone in Aktion...140

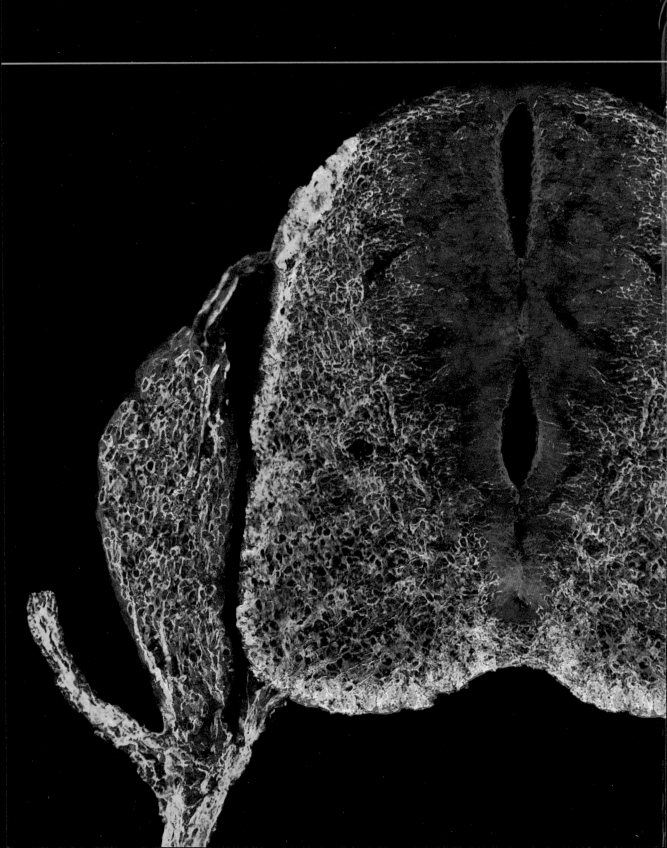

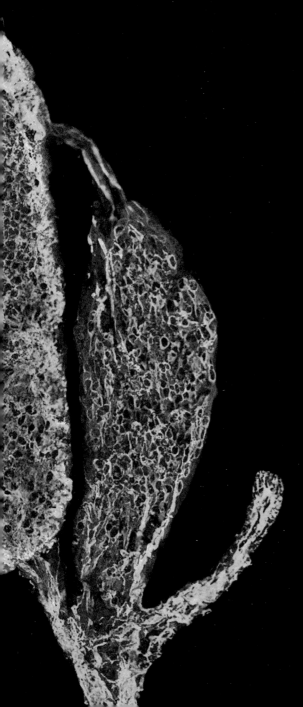

1 Das Nervensystem

Das Nervensystem ist sicherlich das komplexeste und unübersichtlichste biologische System des menschlichen Körpers. Milliarden von Nervenzellen, hunderttausende Kilometer Nervenfasern in kompliziertester Verknüpfung, eingebettet in einer kaum zu durchschauenden Architektur.

Die Besonderheit des Nervensystems liegt also bereits in seinen Ausmaßen begründet: Genauso wie das Blutgefäß- und das Lymphsystem durchzieht das Nervensystem den gesamten menschlichen Körper. Die daran beteiligten Nervenzellen formen dabei ein ganzheitliches Netzwerk, ohne Lücken oder Unterbrechungen. Je nach Ort im Organismus erfüllt das Nervensystem dann ganz unterschiedliche Aufgaben. So zählen die Freisetzung von Hormonen, die Kontrolle des Herzschlags, der Körpertemperatur oder der Muskelbewegungen genauso dazu wie die Empfindung von Schmerz oder die Ausbildung von Gefühlen.

Unterschiedliche Funktionen schlagen sich bei biologischen Systemen in aller Regel in einer unterschiedlichen Struktur nieder — das ist beim Nervensystem nicht anders. In der Abbildung links sieht man dabei den wichtigen Übergang zwischen zentralem und peripherem Nervensystem. Der Teil in der Mitte (der ein bisschen wie eine Zwiebackscheibe aussieht) ist ein quergeschnittenes Rückenmark. Nervenfasern des Gehirns durchqueren diesen Bereich auf dem Weg zu ihren Zielorganen. Umgekehrt treten Sinnesfasern aus dem Organismus in das Rückenmark ein. Die zwei seitlichen Verdickungen sind sogenannte Ganglien, die eine Umschlatstelle von zentralen und peripheren Nerven darstellen. In Grün sind die Nervenzellen gezeigt, in Rot die stützenden Helferzellen, die eine Gerüststruktur ausbilden. Zellkerne sind in blau gefärbt.

In diesem Kapitel zeigen wir, wie das Nervensystem grundsätzlich aufgebaut ist. In den folgenden Kapiteln steigen wir dann tiefer in die Anatomie hinab.

Gliederung des Nervensystems
Ordnung ins Netzwerk bringen

Eine Möglichkeit, das Nervensystem einzuteilen, ergibt sich aus der Anatomie. Schon strukturell lassen sich zwei Bereiche unterscheiden: das zentrale Nervensystem (ZNS) und das periphere Nervensystem (PNS).

Das ZNS umfasst Gehirn (↓) und Rückenmark (↓). Dabei sollte man diese beiden Teile nicht separat voneinander betrachten, sondern als ein gemeinsames System. Denn über den Hirnstamm (↓) erfolgt die Verbindung zwischen Großhirn und Rückenmark. Da im ZNS die wichtigen Denk- und Handlungsprozesse koordiniert werden, wird es gut geschützt: Schädel und Wirbelsäule schirmen das ZNS nach außen ab. Hirn- und Rückenmarkshäute umhüllen das Nervengewebe, das zusätzlich von einer Flüssigkeit, dem Liquor (↓), umgeben ist. So schwimmt unser ZNS permanent in einem Flüssigkeitskissen und ist auf diese Weise gut gegen Erschütterungen gepolstert.

Das PNS wagt sich hingegen an die vorderste Front: Seine Nervenfasern dringen in jeden Bereich des Körpers vor. So nimmt das PNS einerseits Sinnesinformationen auf und leitet diese über sensorische Fasern ins ZNS. Umgekehrt werden Bewegungsimpulse vom ZNS über motorische Fasern des PNS zu den Zielorganen, beispielsweise zu unseren Muskeln, geleitet. Konsequenterweise unterscheidet man bei Nervenfasern deswegen zwischen *afferenten Bahnen* (die Informationen zum ZNS leiten) und *efferenten Bahnen* (die Informationen in die Peripherie zurückspielen).

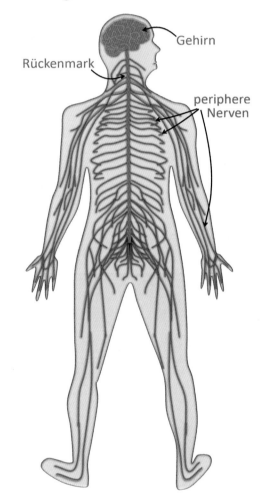

Gehirn

Rückenmark

periphere Nerven

Das Nervensystem gliedert sich in einen zentralen Teil (orange) und einen peripheren Bereich (grün). Der wichtige Übergang zwischen diesen beiden Regionen erfolgt dabei am Rückenmark.

Gehirn → S. 10
Rückenmark → S. 20
Hirnstamm → S. 62
Liquor → S. 68

Der Übergang von ZNS zu PNS liegt im Rückenmark. Hier verlassen die Nervenfasern des ZNS als periphere Nerven (↓) das Rückenmark. Obgleich diese Unterscheidung in ZNS und PNS sehr starr anmutet, handelt es sich doch immer um ein ganzheitliches Nervensystem. ZNS und PNS sind vielleicht strukturell getrennt, doch tragen sie immer gemeinsam zum Funktionieren des Systems bei.

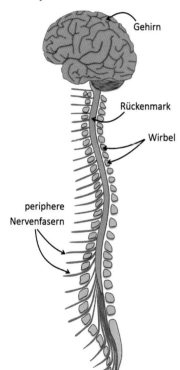

Schon hier merkt man, wie leicht man im Nervensystem den Überblick verlieren kann. Um sich besser zurechtzufinden, haben Anatomen Richtungsangaben im Nervensystem definiert. Das hilft, wenn man Detailaufnahmen richtig einordnen will. Das Nervensystem von Wirbeltieren hat dabei drei Achsen: *dorsal-ventral*, *anterior-posterior* und *medial-lateral*. Klingt kompliziert, ist es aber eigentlich gar

nicht. Die Begriffe sind schnell erklärt: Dorsal (auch *superior* genannt) bedeutet kopfober- oder rückenseitig, während die ventrale (oder *inferiore*) Seite gegenüber in Richtung des Brustkorbs oder der Kopfunterseite liegt. Anterior ist die Nasenseite, posterior die Seite des Hinterkopfes. Medial bezeichnet die Richtung zur Mittellinie des Körpers, lateral hingegen weg von der Mittellinie des Körpers. Na gut, vielleicht doch nicht unmittelbar einsichtig – aber keine Sorge: Wir setzen kein Latinum bei unseren Lesern voraus und ordnen alle Bilder in diesem Buch anschaulich ein. An dieser Stelle entschuldigen wir uns auch für die rhetorische Leistung der ersten Anatomen, die das Gehirn in einem lateinisch-griechischen Sprachgewirr klassifizierten. Wer konnte vor hundert Jahren schon ahnen, dass Latein heutzutage eher selten gesprochen wird?

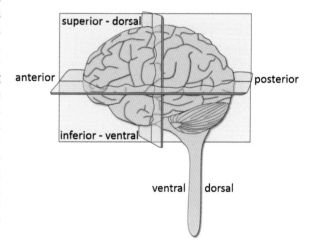

Das zentrale Nervensystem umfasst Gehirn und Rückenmark. In vielerlei Hinsicht kann man dabei das Rückenmark als „Erweiterung des Gehirns" betrachten, die als zentrale Datenleitung den Körper mit Nervenfasern versorgt.

Um sich im Nervensystem zurechtzufinden, verwenden Anatomen genau definierte Richtungsbezeichnungen.

periphere Nerven → S. 16

Somatisches und vegetatives Nervensystem
Wie das Bewusste das Unbewusste steuert

Neben einer anatomischen Gliederung des Nervensystems bietet sich manchmal auch eine funktionelle Unterteilung an. Denn nicht alle Bereiche des Nervensystems übernehmen die gleichen Aufgaben oder Funktionen. Die meisten von ihnen haben sich nämlich auf bestimmte Körperprozesse spezialisiert.

Nahezu alles, was wir bewusst erleben oder steuern können, wird vom *somatischen* (dem körperlichen) Nervensystem kontrolliert. Es steuert die Skelettmuskeln an, sodass wir uns willentlich bewegen. Und wenn wir auf eine heiße Herdplatte fassen, bekommen wir die Hitze und den folgenden Schmerz sehr schnell mit, denn bewusste Empfindungen werden ebenfalls vom somatischen Nervensystem vermittelt.

Darüber hinaus gibt es jedoch auch das *vegetative* (oder autonome) Nervensystem, von dem wir seltener etwas mitbekommen. Das vegetative Nervensystem dient der unwillkürlichen und unbewussten Steuerung des Körpers – also Dinge, die wir nicht mit purem Willen verändern können. So kontrolliert es beispielsweise den Blutdruck, Verdauungsvorgänge oder Hormonfreisetzungen. Auch Informationen über den Zustand der inneren Organe werden vom vegetativen Nervensystem vermittelt. Auf diese Weise reguliert das vegetative Nervensystem das innere Körpermilieu (die Homöostase ↓) und passt Organfunktionen an wechselnde Bedingungen an.

Ein solches vegetatives Nervensystem hat viel zu steuern, und damit es den Überblick behält, hat es sich seine Arbeit aufgeteilt. Zwei „Unterabteilungen" des vegetativen Nervensystems übernehmen die Steuerung des Organsystems: der *Sympathikus* und der *Parasympathikus*. Sympathikus und Parasympathikus sind in vielerlei Hinsicht Gegenspieler. Während der Sympathikus überwiegend aktivierend und energiemobilisierend wirkt, arbeitet der Parasympathikus im wahrsten Sinne des Wortes dagegen und reduziert unsere Körperaktivität oder sorgt für energiesparendes Verhalten. Vereinfacht gesagt: Der Sympathikus treibt uns an, der Parasympathikus lässt uns ruhen.

An konkreten Beispielen wird das deutlich. Beispiel Herz: Während der Sympathikus für erhöhte Schlagfrequenz und Pumpleistung sorgt, reduziert der Parasympathikus die Schlagfrequenz. In der Lunge erweitert der Sympathikus die Bronchien (damit man unter Stress besser Luft bekommt), der Parasympathikus verengt diese. Dies ist auch der Grund dafür, weshalb Asthmatiker beim Schlafen, wenn der Parasympathikus verstärkt aktiv ist, oft schlechter Luft bekommen als tagsüber.

Sympathikus und Parasympathikus unterscheiden sich dabei auch in ihrem Aufbau. Alle Nervenfasern des Sympathikus werden sofort, nachdem sie aus dem Rückenmark ausgetreten sind, neu verschaltet: im „sympathischen Grenzstrang". Im Falle des Parasympathikus erfolgt die Umschaltung der Nervenfasern direkt am Zielorgan in den sogenannten *Ganglien*, kleinen Nervenzellgrüppchen.

Homöostase und Körperregulation → S. 190

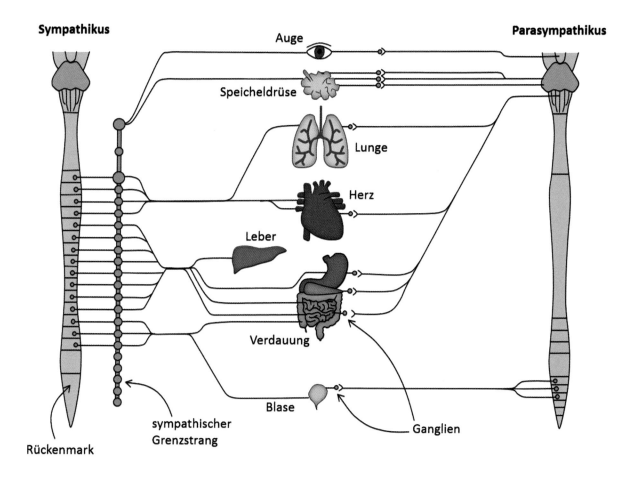

Sympathikus

Parasympathikus

Auge

Speicheldrüse

Lunge

Herz

Leber

Verdauung

Blase

sympathischer
Grenzstrang

Ganglien

Rückenmark

Sympathikus und Parasympathikus regulieren die Aktivität der inneren Organe. Dabei wirkt der Sympathikus aktivitätssteigernd und energiemobilisierend. Der Parasympathikus reduziert die körperliche Aktivität und wirkt energiespeichernd. Während sympathische Nervenfasern direkt nach Austritt aus dem Rückenmark neu verschaltet werden, erfolgt eine Neuverschaltung der parasympathischen Nervenfasern erst an kleinen Nervenknoten, den Ganglien, direkt am Zielorgan. Auch wenn Sympathikus und Parasympathikus scheinbar komplett gegensätzlich zu arbeiten scheinen, wird ihre Aktivität immer fein justiert. Unter Stressbedingungen wird der Parasympathikus genauso angesteuert wie der Sympathikus, so befinden sich deren Aktivitäten immer im Gleichgewicht..

Enterisches Nervensystem
Das Gehirn in unserem Bauch

Zentrales und peripheres Nervensystem, somatische und vegetative Funktionen – das klingt nach einer klaren Aufteilung. Doch so strukturiert man sich das Nervensystem auch einteilt, so sehr überlagern sich doch dessen Anteile im Körper. Dies wird besonders deutlich für das Nervensystem des Darms, das *enterische Nervensystem* (griech. *enteron* = Darm), das weitgehend unbeachtet und unterschätzt seinen Dienst in unserem Bauchraum verrichtet.

Üblicherweise läuft die Nervenversorgung der inneren Organe nach einem standardisierten Schema ab: Das periphere Nervensystem bildet vor Ort Nervenzellgrüppchen, die Ganglien, aus. Die Nervenfasern, die aus den Ganglien austreten, formen auf diese Weise ein dichtes Nervengeflecht (den *Plexus*), das das Zielorgan umhüllt. Dieser Plexus ist quasi das „Steuersystem" für ein bestimmtes Organ. Indem Sympathikus und Parasympathikus die Aktivität eines solchen Plexus verändern, können sie die Organfunktionen steuern.

Im Falle des Darms ist dieses „Vor-Ort-Nervensystem" jedoch anders gebaut. Das Nervengeflecht unserer Verdauungsorgane liegt eng am Magen- und Darmgewebe an und ist außerordentlich komplex. Die Zahl der beteiligten Nervenzellen liegt bei etwa 100 Millionen, das entspricht in etwa der Nervenzellanzahl im Rückenmark. Das enterische Nervensystem kann wie jedes andere Nervengeflecht der inneren Organe ebenfalls von Sympathikus und Parasympathikus angesteuert

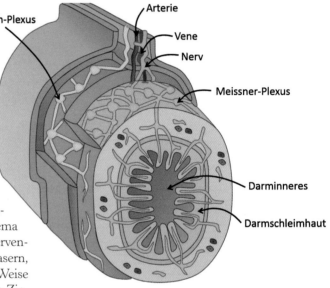

Das enterische Nervensystem bildet zwei Hauptnervengeflechte aus, mit denen es unsere Verdauungsorgane umhüllt: den Auerbach- und den Meissner-Plexus. Über diese Nervenverbindungen kontrolliert es die Aktivität des Darms und sendet auch Informationen über den Zustand unserer Verdauungsorgane direkt ins Gehirn. So kann uns bewusst werden, was gerade in unserem Bauch vor sich geht.

werden. Doch darüber hinaus übt es auch völlig eigenständige Funktionen aus und entzieht sich der Steuerung durch das periphere Nervensystem. Aus diesem Grund wird das enterische Nervensystem oft auch als „drittes Nervensystem" des Körpers (neben zentralem und peripherem Nervensystem) bezeichnet.

Tatsächlich umfassen die Funktionen des enterischen

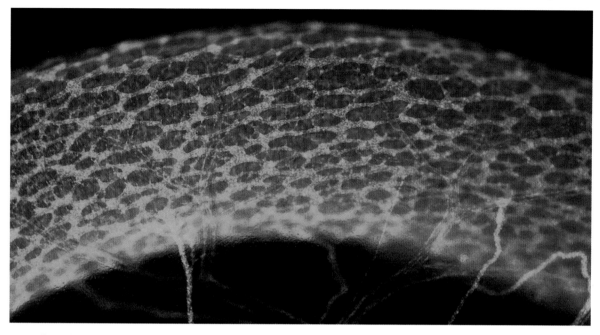

Nervenfasern bilden ein enges Geflecht, den Plexus, mit dem sie die Eingeweide umgeben. So steuern sie die Bewegungen des Darms oder regulieren die Ausschüttung von Botenstoffen und Hormonen. Umgekehrt können auch Signale vom enterischen Nervensystem ins zentrale Nervensystem geleitet werden. Auf diese Weise wirkt unser Bauch auch auf unser Gehirn ein. Hier sind die Nervenfasern in Grün gezeigt, wie sie sich um einen Darmabschnitt eines Huhns winden.

Nervensystems alle Arten der Steuerung unserer Verdauungsorgane: Mit seinem sensiblen Teil erkennt es den Zustand des Magen-Darm-Traktes, es bemerkt Bauchschmerzen, Darmbewegungen, Völlegefühl und macht uns diese bewusst. Denn das enterische Nervensystem ist über das Rückenmark direkt mit dem Gehirn verbunden und vermittelt uns auf diese Weise das Gefühl unseres inneren Zustandes.

Aktiv koordiniert das enterische Nervensystem den reibungslosen Ablauf unserer Verdauung, insbesondere die Steuerung der Darmbewegungen (die *Peristaltik*) und die Ausschüttung von Verdauungssäften (zum Beispiel aus der Bauchspeicheldrüse oder der Gallenblase). Außerdem steuert es die Durchblutung des Magen-Darm-Traktes und beeinflusst die Aktivität von Immunzellen im Darmgewebe.

Natürlich arbeitet das enterische Nervensystem dabei mit Sympathikus und Parasympathikus zusammen. So kann das vegetative Nervensystem die Aktivität unseres Darms mitsteuern. Doch im Gegensatz zu anderen Nervengeflechten unserer Organe ist das enterische Nervensystem kein „Ausführungsorgan" von Sympathikus und Parasympathikus. Es ist in vielen Bereichen selbstständig, ein kleines „Gehirn im Darm".

Abb. oben: Dr Alan Burns, UCL Institute of Child Health, London, UK
Abb. nächste Seite: Naomi Tjaden und Paul Trainor, Stowers Institute for Medical Research

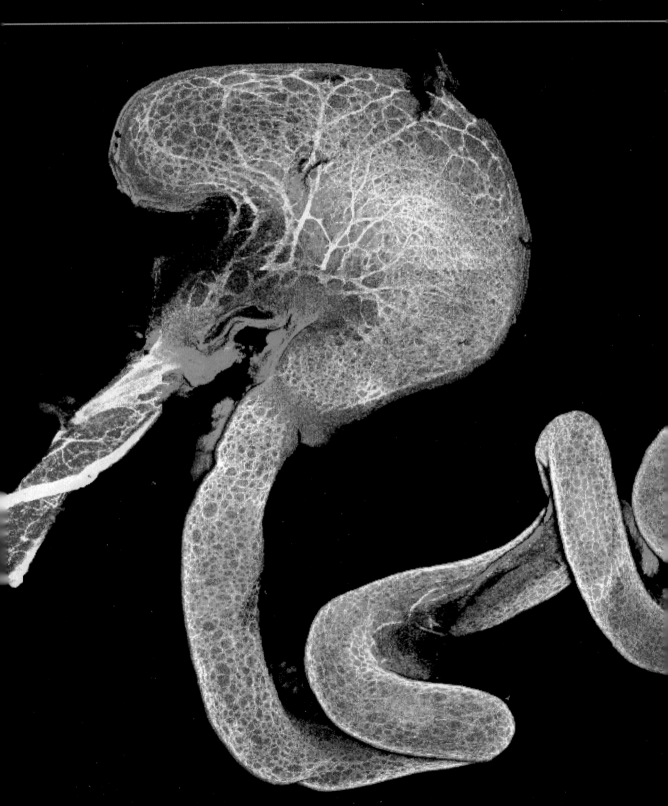

Das enterische Nervensystem wird aufgrund seiner Komplexität oft als „Gehirn im Bauch" bezeichnet. Hier ist die Entwicklung dieses Nervensystems in der Maus gezeigt. Ganz links erkennt man, wie die Speiseröhre in den Magen (die bohnenförmige Verdickung) übergeht. Im Anschluss daran beginnt der Darm, der verschlungen im rechten Bereich des Bildes liegt. In Grün und Gelb sind sich entwickelnde Nervenzellen gezeigt, die an ihren Bestimmungsort in Magen- und Darmwand wandern.

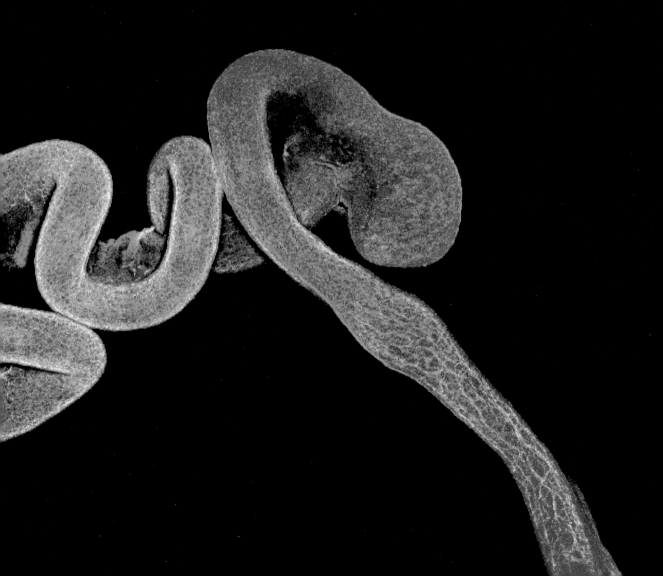

Das Gehirn
Die Steuerzentrale

Bevor wir in diesem Buch tief in die Anatomie des Gehirns hinabsteigen, bietet es sich an, erstmal einen Überblick zu geben (siehe Abbildung rechts). Schließlich ist das Gehirn der bedeutendste Teil des Nervensystems – und deswegen auch besonders komplex und unübersichtlich.

Man kann das Gehirn nach verschiedenen Gesichtspunkten einteilen: strukturell, funktionell oder entwicklungsgeschichtlich. In aller Regel geht man jedoch anatomisch vor und grenzt die Hirngebiete anhand ihrer Struktur voneinander ab. Wie wir noch sehen werden, gehen einige Hirnregionen dabei funktionell ineinander über und teilen sich ihre Arbeit auf.

Fangen wir beim Übergang des Gehirns ins Rückenmark an. Wo das Gehirn endet, beginnt das verlängerte Mark (lat. *Medulla oblongata*), und hier liegen wichtige Faserstränge, die nochmals gebündelt werden, bevor sie ins Rückenmark eintreten. Allerdings befinden sich hier auch etwa 100 verdichtete Nervenkerne, die ein kleines Netz, die *Formatio reticularis,* bilden. Diese Struktur ist an der Regulation von Schlaf (↓) und Aufmerksamkeit sowie von verschiedenen Atmungs- und Kreislaufreflexen beteiligt.

Kopfseitig zum verlängerten Mark liegt die Brücke (lat. *Pons*). In diesem wulstigen Bereich liegen ebenfalls viele Nervenfasern und Nervenzellansammlungen, die in diesem Fall jedoch das Großhirn mit dem Kleinhirn verbinden. Die Brücke macht somit ihrem Namen alle Ehre und „überbrückt" diese beiden Hirnregionen.

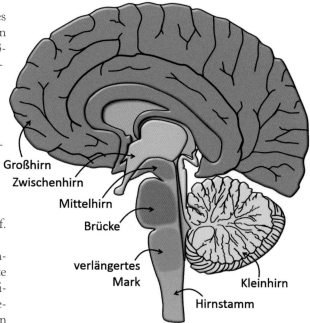

Großhirn

Zwischenhirn

Mittelhirn

Brücke

verlängertes Mark

Kleinhirn

Hirnstamm

Das Gehirn lässt sich anatomisch in verschiedene Strukturen unterteilen, die auch unterschiedliche Aufgaben übernehmen.

Ein Stückchen weiter in Richtung Großhirn liegt das Mittelhirn (griech. *Mesencephalon*). So wichtig der Name klingt, es handelt sich hierbei lediglich um eine Umschaltstelle für akustische und optische Signale. Allerdings liegt hier auch ein interessanter Hirnbereich, der sich vom restlichen Gewebe durch seine Farbe unterscheidet: Er ist schwarz (die *Substantia nigra*). Seine Nervenzellen spielen eine wichtige Rolle bei der Bewegungssteuerung.

Schlaf → S. 204

Verlängertes Mark, Brücke und Mittelhirn werden dabei oft zum sogenannten Hirnstamm (↓) zusammengefasst.

Nackenseitig des Hirnstammes liegt das Kleinhirn (↓) (lat. *Cerebellum*), das weit mehr kann, als sein abschätziger Name vermuten lässt. Es ist extrem gefaltet und gefurcht und unentbehrlich für die Kontrolle von Bewegungen. Über zahlreiche Verbindungen ist es sowohl an das Großhirn als auch an das Rückenmark gekoppelt und gleicht permanent die Bewegungsimpulse mit der Lage unserer Gliedmaßen ab.

Zwischen Mittelhirn und Großhirn wiederum liegt das Zwischenhirn (griech. *Diencephalon*). Seine wichtigsten Regionen sind der *Thalamus* und der *Hypothalamus*. Während der Thalamus darüber wacht, welche Sinnesinformationen bewusst verarbeitet werden, steuert der Hypothalamus zahlreiche unbewusste Körperfunktionen (zum Beispiel Blutdruck und Temperatur) und reguliert den Hormonhaushalt.

Über allem thront das Großhirn (griech. *Telencephalon*). Durch eine tiefe Furche ist es in zwei Hälften, die Hemisphären (griech. *hemisphairion* = Halbkugel) getrennt, die durch ein dickes Nervenfaserbündel, den Balken, verbunden sind. Die Rinde des Großhirns ist stark gefurcht und besteht aus Nervenzellkörpern, die ihre Fasern ins Innere leiten.

Das Gehirn ist in ein Flüssigkeitspolster eingebettet: den *Liquor* (↓) (die Hirnflüssigkeit). Diese Hirnflüssigkeit umgibt das gesamte Gehirn nicht nur, sondern dringt über ein Gängesystem, die vier Hirnventrikel, sogar bis ins Innere des Gehirns ein.

Die Hirnforschung untersucht nicht nur menschliche Gehirne. In diesem quer geschnittenen Mausgehirn sind alle Nervenzellkerne lila gefärbt. Wer genau hinschaut, erkennt im oberen Bereich zwei dunkelblaue schleifenförmige Windungen aus dicht gepackten Zellkernen: der Hippocampus (↓), der besonders wichtig für Lernprozesse ist.

Kleinhirn → S. 58
Hippocampus → S. 44
Liquor → S. 68
Abb unten rechts: Christopher Meyer zu Reckendorf und Bernd Knöll, Institut für Physiologische Chemie, Universität Ulm
Abb. nächste Seite: Jan Klein, Fraunhofer MEVIS – Institute for Medical Image Computing

Besonders wichtig für die Architektur des Gehirns sind seine Nervenverbindungen. Hier sind einige dieser Nervenfasern im Großhirn sichtbar gemacht. Blau gefärbte Fasern verlaufen im Bild von oben nach unten (oder umgekehrt). Grüne Fasern verbinden rechts und links. Rote Fasern verlaufen senkrecht zur Bildebene. Man erkennt deutlich den roten Balken, der die beiden Hirnhälften verbindet.

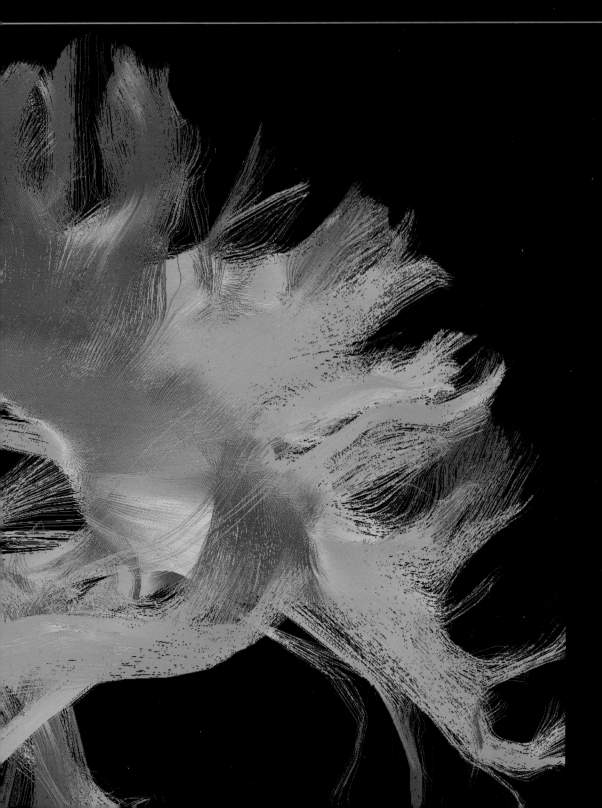

Hirnnerven
Schnittstelle zwischen Gehirn und Umwelt

Obwohl das Gehirn an der Steuerung nahezu aller Körperfunktionen beteiligt ist, beschäftigt es sich doch mehr mit sich selbst als mit allem anderen. Über 99 Prozent der Nervenfasern des Gehirns bleiben für immer im Innern des Gehirns, und nur die allerwenigsten Nervenzellen treten in direkten Kontakt mit der Außenwelt. Das Gehirn bildet daher nur wenige, aber äußerst effektive Nervenleitungen nach außen aus.

Neben dem Rückenmark gibt es nur noch 12 weitere Nervenstränge, die das Gehirn verlassen: die Hirnnerven. Die meisten Hirnnerven (bis auf den Vagusnerv) steuern dabei Bewegungen oder vermitteln Sinnesempfindungen unseres Kopfes. Um es übersichtlicher zu machen, haben die Anatomen die Hirnnerven anhand ihres Austretens aus dem Gehirn von „vorne nach hinten" (anterior nach posterior) durchnummeriert.

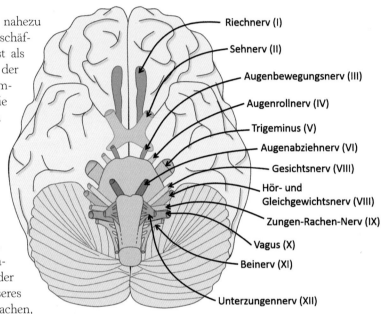

- Riechnerv (I)
- Sehnerv (II)
- Augenbewegungsnerv (III)
- Augenrollnerv (IV)
- Trigeminus (V)
- Augenabziehnerv (VI)
- Gesichtsnerv (VIII)
- Hör- und Gleichgewichtsnerv (VIII)
- Zungen-Rachen-Nerv (IX)
- Vagus (X)
- Beinerv (XI)
- Unterzungennerv (XII)

Die zwölf Hirnnerven treten paarig unterhalb des Gehirns aus und sind der einzige Weg, wie Neurone direkten Kontakt mit der Außenwelt aufnehmen können. Jeder Hirnnerv hat sich auf eine bestimmte Aufgabe spezialisiert. In allererster Linie kontrollieren sie Muskelbewegungen des Kopfes oder vermitteln Sinnesempfindungen.

Hirnnerv I, der Riechnerv (*Nervus olfractorius*), besteht aus den Nervenfasern der Sinneszellen der Riechschleimhaut aus der Nase. Entlang des Riechnervs werden die Geruchsinformationen bis zu einer speziellen Hirnregion geschickt: dem Riechkolben. Hier wird die Geruchsinformation neu verschaltet und vom Gehirn weiterverarbeitet (↓).

Ein besonders wichtiger Sinnesnerv ist auch der Seh-

nerv (Hirnnerv Nr. II, *Nervus opticus*). Er ist recht dick (4–5 Millimeter) und setzt sich aus etwa einer Million Nervenfasern zusammen, die vom Auge kommen und bis ins Zwischenhirn laufen. Dort wird die Sehinformation verschaltet und an die Sehzentren des Großhirns weitergeleitet (↓).

Weil der Sehsinn eine so besonders wichtige Rolle für das Gehirn spielt, sind alleine drei weitere

Riechhirn → S. 48
Sehsinn → S. 152

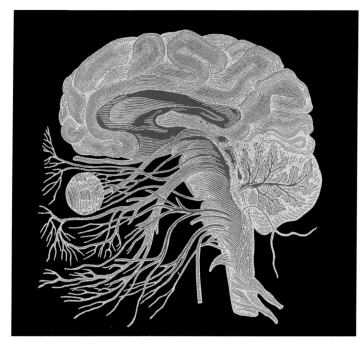

Diese historische Zeichnung zeigt, wie die Hirnnerven aus dem Gehirn entspringen und sich auf ihrem Weg zu den Zielgebieten weiter verästeln (untere linke Bildfläche). Bis auf den Riech- und Sehnerven entspringen die Hirnnerven dem Hirnstamm und stellen somit eine direkte Verbindung zur Steuerung des Gesichtes durch das Gehirn dar.

gen aus dem Nasen- und Rachenraum. Der Gesichtsnerv (auch *Facialisnerv* genannt, Nr. VII) ist hingegen für die aktive Steuerung unserer Gesichtsmuskeln zuständig.

Während der Hirnnerv VIII (der Hör- und Gleichgewichtsnerv) akustische und Gleichgewichtsinformationen unseres Ohres ans Gehirn leitet, kümmert sich der IX. Hirnnerv (der Zungen-Rachen-Nerv) um unseren Schlundbereich. Dabei kontrolliert dieser die Mundmuskulatur, die den Schluckvorgang ermöglicht, Teile der Speicheldrüsen und leitet Zungenempfindungen ans Gehirn.

Der Hirnnerv Nr. X, der *Vagusnerv*, ist außerordentlich wichtig für den Parasympathikus (↓) des vegetativen Nervensystems. Er bildet den Hauptnervenstrang, über den der Parasympathikus seine Zielorgane ansteuert, und reguliert so die Aktivität unserer inneren Organe. Er endet auch nicht im Kopf- oder Halsbereich, sondern läuft bis zu den inneren Organen des Körpers.

Hirnnerven (Nr. III, IV und VI) für das Auge abgestellt und kontrollieren die Augenmuskeln. Sie arbeiten dabei extrem präzise: Jede einzelne Faser eines dieser Hirnnerven kontrolliert etwa drei Muskelzellen (im Oberschenkelmuskel werden bis zu 10.000 Muskelzellen pro Nervenfaser angesteuert). So ist die Augenbewegung die bestkontrollierte Motorik des Körpers.

Hirnnerv V, der *Trigeminusnerv*, ermöglicht uns Tastempfindungen unseres Gesichtes. Außerdem reguliert er die Kaumuskulatur und empfängt Empfindun-

Um den Kopf nach vorne und unten zu drehen, verwenden wir den Hirnnerv XI, den Beinerv. Der Unterzungennerv (Hirnnerv XII) kontrolliert nicht zuletzt unsere Zungenbewegungen und ermöglich somit unser Sprechen.

Hirnnerven kontrollieren also hauptsächlich Bewegungen am Kopf oder vermitteln Sinnesinformationen. Sie bieten Gehirnzellen die seltene Möglichkeit, direkten Kontakt mit der Außenwelt aufnehmen können.

Parasympathikus → S. 4

Periphere Nerven
Nervenimpulse in jeden Winkel des Körpers

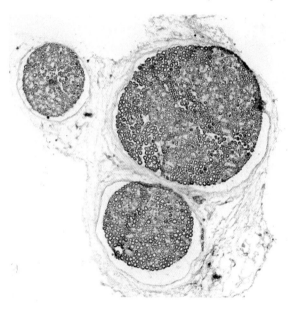

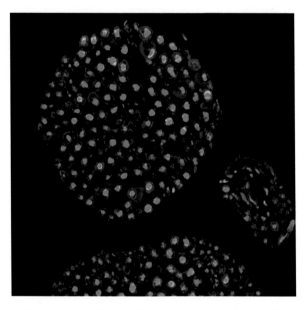

Hunderte einzelne Nervenfasern werden durch Bindegewebsschichten zu einem dicken Nervenbündel zusammengefasst. Drei dieser Nervenbündel sind hier zu einem peripheren Nerven vereinigt.

In dieser Aufnahme ist der Ischiasnerv gezeigt, den man sich beim Hexenschuss einklemmen kann. Mithilfe von Färbetechniken sind die einzelnen Nervenfasern hier in Grün sichtbar gemacht worden. So erkennt man, dass dieser Nerv aus einigen Dutzend Nervenfasern besteht. In Rot und Blau ist die isolierende Schutzhülle gefärbt, welche die Nervenfasern umhüllt.

Das zentrale Nervensystem steuert unsere Körperfunktionen, es entwirft Bewegungsmuster und interpretiert Sinnesreize. Doch um überhaupt Sinnesempfindungen haben zu können, muss das Gehirn mit der Außenwelt in Kontakt treten. Dazu benötigt es einerseits die Hirnnerven, die direkt mit der Außenwelt kommunizieren, und andererseits die peripheren Nerven, die sich in den kleinsten Winkel unseres Körpers in Richtung unserer inneren Organe erstrecken. Die Hirnnerven werden übrigens auch zu diesem peripheren Nervensystem gerechnet – bis auf

den Sehnerv, der als „Erweiterung des Gehirns" fungiert und Teil des zentralen Nervensystems bleibt.

Um bei so vielen Nervensträngen einigermaßen Ordnung zu bewahren, laufen die Nervenfasern nicht einfach so durch unseren Körper, sondern werden zu dicken Faserbündeln zusammengefasst. Dabei müssen diese Bündel zwei Funktionen erfüllen: Die enthaltenen Nervenstränge müssen zum einen gut

Abb oben links: Sofia Anastasiadou und Bernd Knöll, Institut für Physiologische Chemie, Universität Ulm
Abb. oben rechts: Felipe Court, Department of Physiology, Faculty of Biology, Pontificia Universidad Catolica de Chile and Neurounion Biomedical Foundation

geschützt werden (zum Beispiel gegen Druck und Verformung). Zum anderen muss das Faserbündel flexibel und formbar bleiben, damit es sich den Bewegungen anpassen kann. Aus diesem Grund hat sich ein ausgeklügeltes Bindegewebssystem entwickelt, das die einzelnen Fasern immer weiter bündelt, bis letztendlich ein dicker Faserstrang entsteht.

Periphere Nerven werden also (wie auch Nerven des Zentralnervensystems) von einer Isolierschicht, dem *Myelin* (↓), umhüllt. Diese fett- und eiweißreiche Hülle ermöglicht es, dass einzelne Nervenfasern dicht nebeneinander liegen können, ohne dass sich zwischen ihnen ungewünschte elektrische Impulse überlagern. So werden Kurzschlüsse vermieden.

In drei Stufen werden diese einzelnen Nervenfasern immer weiter gebündelt: Einige Dutzend Nervenfasern werden durch ein spezielles Bindegewebe (das *Endoneurium*) zu einem Bündel zusammengefasst. Einige dieser Bündel werden durch eine weitere Bindegewebshülle (das *Perineurium*) zu *Faszikeln* aneinandergelagert. Schließlich werden einige dieser Faszikel durch das *Epineurium* (wieder eine Bindegewebsschicht) zum endgültigen peripheren Nerv zusammengefasst.

Je weiter sich ein peripherer Nerv im Körper erstreckt, desto mehr spaltet er sich natürlich wieder auf. An den Zielorganen kommen schließlich einzelne, separate Nervenfasern an, die dort ihre Nervenimpulse entladen.

Bei diesen Bündeln aus Nervenfasern handelt es sich um Motoneurone, die unsere Muskeln ansteuern. Für diese Aufnahme wurden Nervenzellen untersucht, die einen individuellen Farbstoff herstellen. Dadurch hat jede Faser eine andere Farbe, sodass man sie gut auseinanderhalten kann.

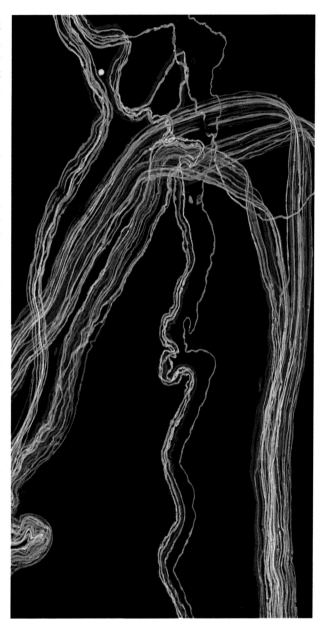

Myelin und die Isolierung der Nerven → S. 130
Abb. oben rechts: Ryan W. Draft, Harvard University
Abb nächste Seite: Thomas Deerinck, Peter Friedman und Mark Ellisman, UCSD, The National Center for Microscopy and Imaging Research, UCSD

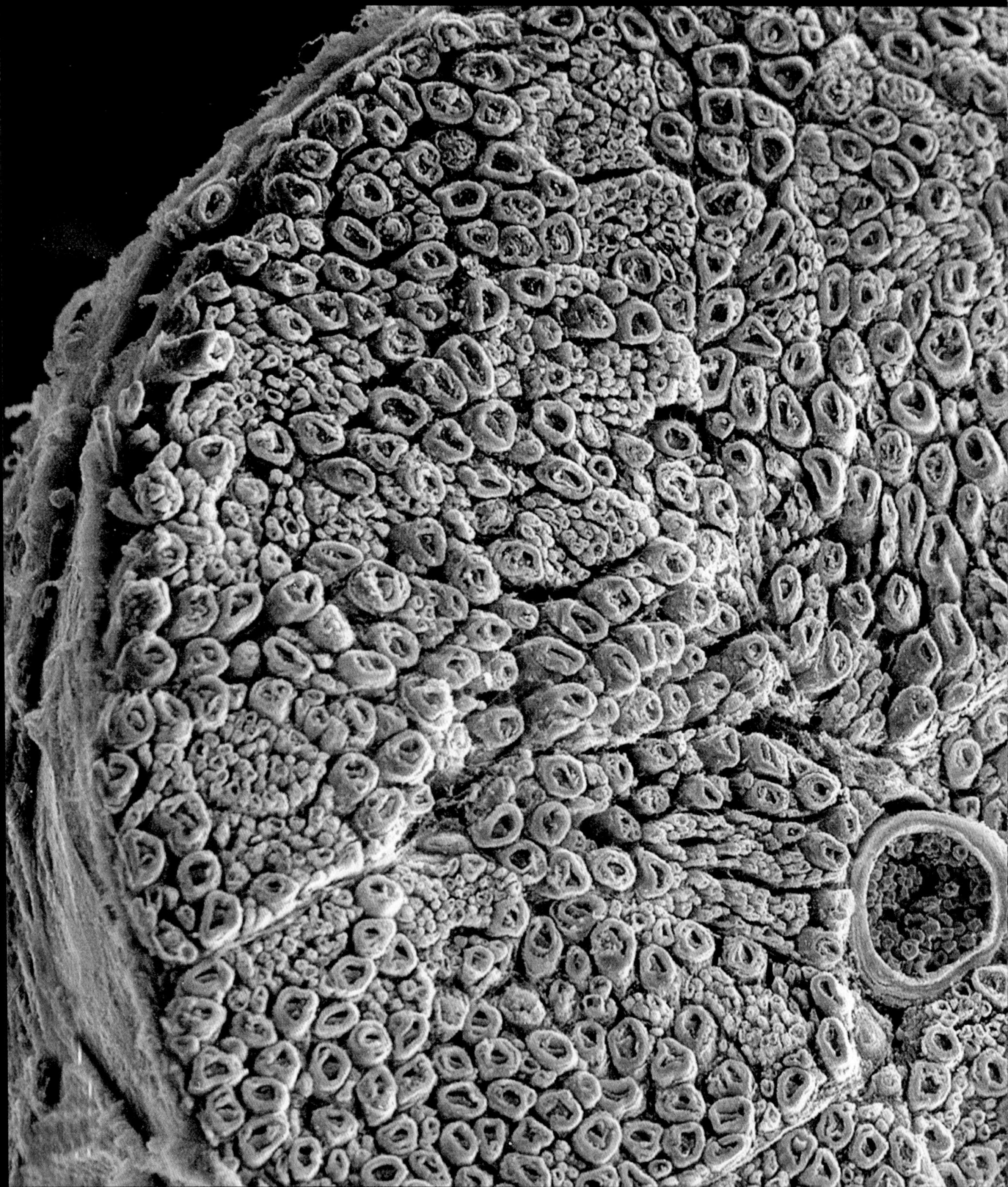

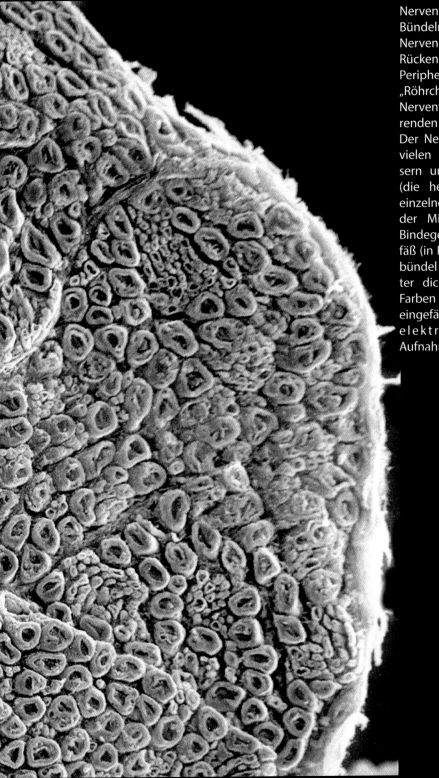

Nervenfasern werden zu dichten Bündeln gepackt. Hier ist ein solches Nervenbündel gezeigt, das vom Rückenmark ausgehend in die Peripherie läuft. Jedes der vielen „Röhrchen" stellt eine einzelne Nervenfaser dar, die von einer isolierenden Schutzhülle umgeben ist. Der Nerv an sich besteht also aus vielen Dutzend solcher Nervenfasern und ist durch Bindegewebe (die helleren Linien im Bild) in einzelne Abschnitte unterteilt. In der Mitte verläuft ebenfalls ein Bindegewebsstück, das ein Blutgefäß (in Rot) umhüllt. Dieses Nervenbündel ist etwa ein Zehntel Millimeter dick. Man beachte, dass die Farben in diesem Bild nachträglich eingefärbt wurden. Denn solche elektronenmikroskopischen Aufnahmen sind generell farblos.

Das Rückenmark
Mehr als nur ein Datenkabel

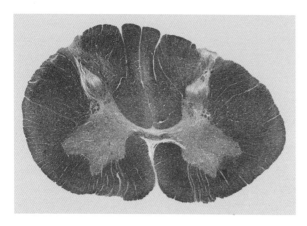

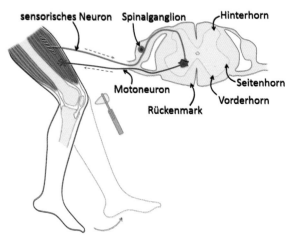

Querschnitt durch ein menschliches Rückenmark. Deutlich erkennbar: der hellere innere Bereich (mit den Nervenzellkörpern) und der äußere Bereich (mit den Nervenfasern, deren isolierende Schutzhülle in diesem Bild blau gefärbt ist).

Das Rückenmark ist die zentrale Datenleitung unseres Körpers. Es ist noch nicht einmal so dick wie ein kleiner Finger, dafür aber deutlich länger: es entspringt dem Hirnstamm und zieht sich etwa 45 cm entlang der Wirbelsäule bis zum zweiten Lendenwirbel. Über das Rückenmark stellt das Gehirn den Kontakt mit dem peripheren Nervensystem und somit unseren Organen her. Auf diese Weise empfängt es Sinnesreize, wie es umgekehrt auch Bewegungsimpulse zu den Muskeln leiten kann.

Dabei besteht das Rückenmark nicht nur aus Nervenfasern, sondern auch aus zahlreichen Nervenzellkörpern, die im inneren Bereich des Rückenmarks liegen und neue Nervenfasern ausbilden. So entsteht die typische

Das Rückenmark funktioniert als Reflexbogen. Über Muskelspindeln (grün) misst eine Nervenzelle im Ganglion den Spannungszustand einer Muskelfaser und meldet dies der Umschaltstelle im Rückenmark. Bei plötzlicher Dehnungsänderung (z. B. wenn man zu stolpern droht oder wenn man mit einem Hämmerchen unter die Kniescheibe pocht) wird sofort ein Bewegungsimpuls (rote Faser) ausgelöst, der den Muskel anspannt und das Bein hebt.

„Schmetterlingsstruktur" des Rückenmarks, die man im Querschnitt gut erkennen kann: Innen sitzen die Nervenzellkörper, außen liegen die Nervenfasern, die bis zum Gehirn verlaufen (siehe Abbildung oben links).

Wie man in der Schmetterlingsstruktur der Rückenmarkssubstanz erkennen kann, bilden sich jeweils zwei Vorder-, Seiten- und Hinterhörner aus (man beachte die etwas helleren Ausstülpungen in der Mitte des blau gefärbten Rückenmarks).

Abb. oben links: Sofia Anastasiadou und Bernd Knöll, Institut für physiologische Chemie, Universität Ulm. Das Gewebe wurde von der „UK multiple sklerosis tissue bank" zur Verfügung gestellt.

In den Vorderhörnern liegen dabei Nervenzellkörper, die für die Motorik zuständig sind: Mit ihren Bewegungsimpulsen steuern sie die Muskulatur an – hier gehen also Befehle vom Gehirn hinaus in den Körper. In den Hinterhörnern liegen hingegen Nervenzellkörper, die Sinnesinformationen und -empfindungen ans Gehirn weitergeben – hier laufen die Meldungen von der Außenwelt also zur Zentrale zurück. Seitenhörner enthalten wiederum Neurone, die als Teil des vegetativen Nervensystems Informationen von den inneren Organen empfangen oder umgekehrt die unbewusste Steuerung der Eingeweide übernehmen.

Auch die weiße Substanz, die aus den Nervenfasern besteht und den grauen Innenbereich des Rückenmarks umgibt (im Bild auf der vorigen Seite in Blau gezeigt), hat sich auf bestimmte Funktionen spezialisiert. So unterscheidet man aufsteigende Nervenbahnen, die Sinnesempfindungen zum Gehirn leiten, und absteigende Nervenbahnen, die Bewegungsimpulse zu den Muskeln schicken.

Die Nervenleitungen des menschlichen Körpers sind zwar richtig schnell, mitunter kann es aber trotzdem einige Zehntelsekunden dauern, bis ein Sinnesreiz im Gehirn ankommt, verarbeitet und eine Bewegungsantwort ausgelöst wird. Das ist zu lang, wenn man an einer Treppenstufe zu stolpern droht. Deswegen kann das Rückenmark schnelle Bewegungen selbstständig und ohne Zutun des Gehirns verarbeiten: Es erzeugt Reflexe. Dafür existieren neben dem zentralen Rückenmarksstrang zahlreiche Nervenknoten, die Ganglien. Dort sitzen Nervenzellen, die mit ihren Ausläufern permanent den Dehnungszustand von Muskelfasern messen. Diese Information senden sie direkt an Nervenzellen im Rückenmark, die wiede-

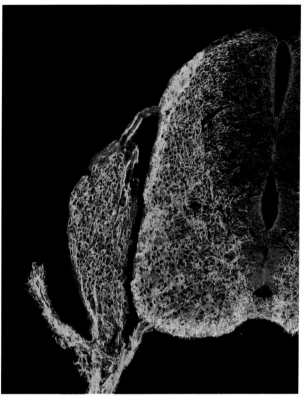

Als tropfenförmiges Anhängsel links im Bild erkennbar: ein Nervenknoten am Rückenmark, ein Ganglion. Nervenzellen sind grün eingefärbt, die umgebenden Stützzellen, die beim Aufbau dieser Struktur beteiligt sind, rot. Ganglien sind die wichtigen Umschaltstellen zwischen Rückenmark und peripherem Nervensystem.

rum die Muskelfasern ansteuern. So entsteht eine Abkürzung, ein Reflexbogen: Eine plötzliche Dehnungsänderung des Muskels wird von den Neuronen im Ganglion registriert und gleich vor Ort im Rückenmark verarbeitet. Infolgedessen spannt sich der Muskel an, ein Stolpern wird – hoffentlich – verhindert.

Abb. nächste Seite: Gwenvaël LeDreau, Elisa Marti Gorostiza, Instituto de Biología Molecular de Barcelona-CSIC

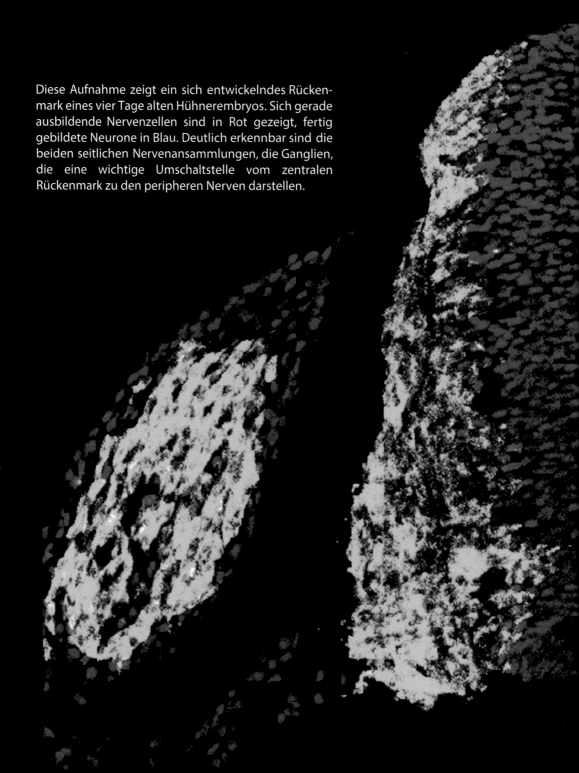

Diese Aufnahme zeigt ein sich entwickelndes Rückenmark eines vier Tage alten Hühnerembryos. Sich gerade
ausbildende Nervenzellen sind in Rot gezeigt, fertig
gebildete Neurone in Blau. Deutlich erkennbar sind die
beiden seitlichen Nervenansammlungen, die Ganglien,
die eine wichtige Umschaltstelle vom zentralen
Rückenmark zu den peripheren Nerven darstellen.

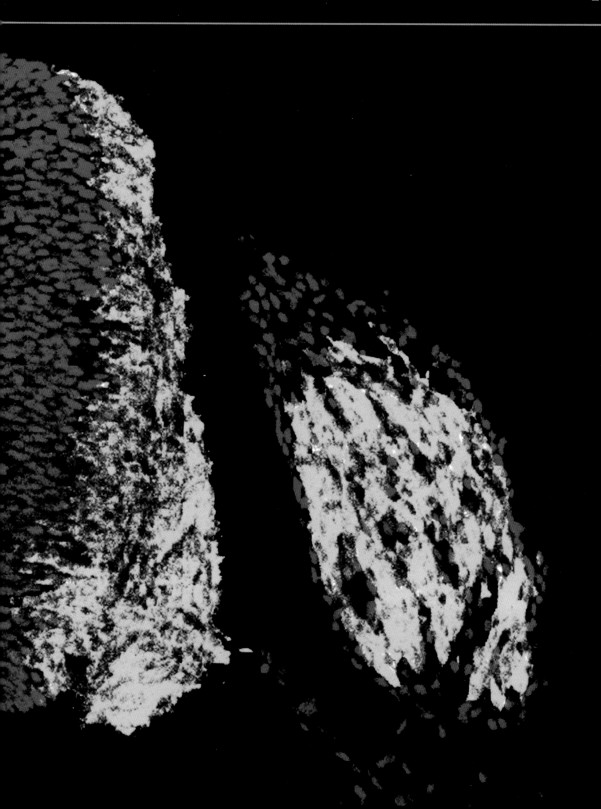

Die Entwicklung des Nervensystems
Von der Zelle zum Gehirn

Ein Nervensystem baut sich nicht über Nacht auf. Deswegen beginnt ein Embryo schon früh damit, nämlich am 17. Tag nach der Befruchtung.

Schritt 1 der Bildung eines neuen Nervengewebes ist die „Neuralinduktion" (siehe Abbildung unten). Nahezu alle Teile des Nervensystems entstehen nämlich aus einem Gewebe, das man *Ektoderm* nennt, die „äußere Haut". Dieses Ektoderm bildet den äußeren Rand des Embryos – und ein ganz bestimmter Teil dieser embryonalen Haut ist für die Bildung von Nervenzel-

len vorgesehen. Dieser Teil muss ganz zu Beginn der Nervensystementwicklung definiert werden: Es bildet sich die „Neuralplatte".

Schritt 2 ist die *Neurulation*, die Einschnürung der Neuralplatte am 18. Embryonaltag. Aus dieser Einstülpung schnürt sich schließlich ein ganzes Rohr ab, das Neuralrohr. Der vordere Teil dieses Rohres wird später das Gehirn (↓), der hintere Teil das Rückenmark (↓), aus dem Hohlraum entsteht das Ventrikelsystem (↓) des Gehirns, das die Hirnflüssigkeit enthält.

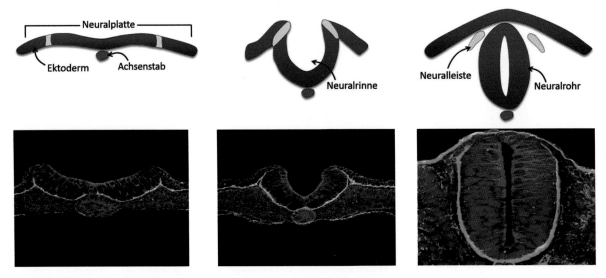

Der Beginn aller Nervensysteme ist die Bildung eines Neuralrohrs, dessen Entwicklung hier im Hühnerembryo gezeigt ist. Dabei stülpt sich die äußere Wand des Embryogewebes (das Ektoderm) ein und formt eine röhrenförmige Struktur. Daraus bilden sich anschließend die Hirnbläschen, die embryonalen Vorläufer unserer Hirnregionen. In Grün ist jeweils die Basallamina gezeigt, eine Membran, die das neuronale Gewebe vom restlichen Körpergewebe (blau im linken und mittleren Bild) trennt. Rot gefärbt ist das Zellskelett der Stammzellen, aus denen später die Nerven- und Gliazellen hervorgehen. Im rechten Bild sind in Blau die Zellkerne markiert.

Gehirn → S. 10
Rückenmark → S. 20
Ventrikelsystem → S. 68
Abb unten: R. Alvarez-Medina, Elisa Martí Gorostiza, Instituto de Biologia Molecular de Barcelona-CSIC

Neben dem Neuralrohr spalten sich noch zwei Gewebestränge ab, die man Neuralleiste nennt und aus dem später Großteile des peripheren Nervensystems werden.

Am 27. Tag der Embryonalentwicklung sind beide Enden des Neuralrohres geschlossen und Schritt 3 beginnt: die Bläschenbildung. Alle Bereiche des Gehirns (Großhirn, Kleinhirn, Mittelhirn usw.) leiten sich nämlich von den sogenannten primären Hirnbläschen ab, die sich im vorderen Bereich des Neuralrohrs bilden. Zunächst entstehen ein vorderes Vorderhirnbläschen, ein mittleres Mittelhirnbläschen und ein hinteres Rautenhirnbläschen. Nach dem 32. Embryonaltag entstehen daraus fünf sekundäre Hirnbläschen, die als direkte Vorläufer für die verschiedenen Hirnstrukturen dienen (siehe Abbildung unten).

Neue Zellen des Nervengewebes entstehen aus sogenannten Stammzellen, die an der Innenwand des Neuralrohrs liegen. Zu Spitzenzeiten werden dort 20.000 neue Nervenzellen pro Minute gebildet. Diese Nervenzellen wandern sofort nach ihrer Entstehung an die Außenseite des Gewebes und tasten sich dabei mit speziellen Ausläufern, den Wachstumskegeln, voran. Wachstumskegel reagieren empfindlich auf Signalstoffe im Gewebe, die wandernde Nervenzellen entweder anlocken oder abstoßen können. Einmal an ihrem Ziel angekommen verändern gereifte Nervenzellen jedoch nie mehr ihren Platz und bleiben dort ihr Leben lang.

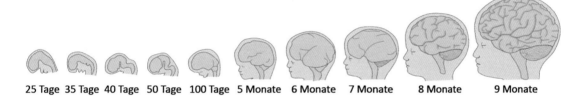

25 Tage 35 Tage 40 Tage 50 Tage 100 Tage 5 Monate 6 Monate 7 Monate 8 Monate 9 Monate

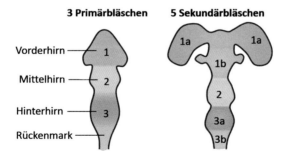

3 Primärbläschen **5 Sekundärbläschen**

Vorderhirn — 1

Mittelhirn — 2

Hinterhirn — 3

Rückenmark —

1a 1a 1b 2 3a 3b

Die unterschiedlichen Gehirnregionen gehen beim Menschen aus embryonalen Hirnbläschen aus dem Neuralrohr hervor. Die Bläschenbildung beginnt am 27. Tag der Embryonalentwicklung mit der Bildung der drei Primärbläschen. Am 32. Tag entstehen daraus die fünf Sekundärbläschen, die als Vorläufergewebe für das Gehirn dienen. Die Entwicklung des Nervensystems endet jedoch nicht mit der Ausbildung eines Gehirns im Embryo. Das Gehirn eines neugeborenen Kindes hat erst 25 Prozent seiner endgültigen Hirngröße erreicht und wächst bis zur Pubertät weiter. Tatsächlich ist die Gehirnentwicklung im Prinzip niemals abgeschlossen, da sich Nervenverbindungen und -verknüpfungen bis ins hohe Alter anpassen und verändern.

Abb. nächste Seite: Sofia Anastasiadou und Bernd Knöll, Institut für Physiologische Chemie, Universität Ulm

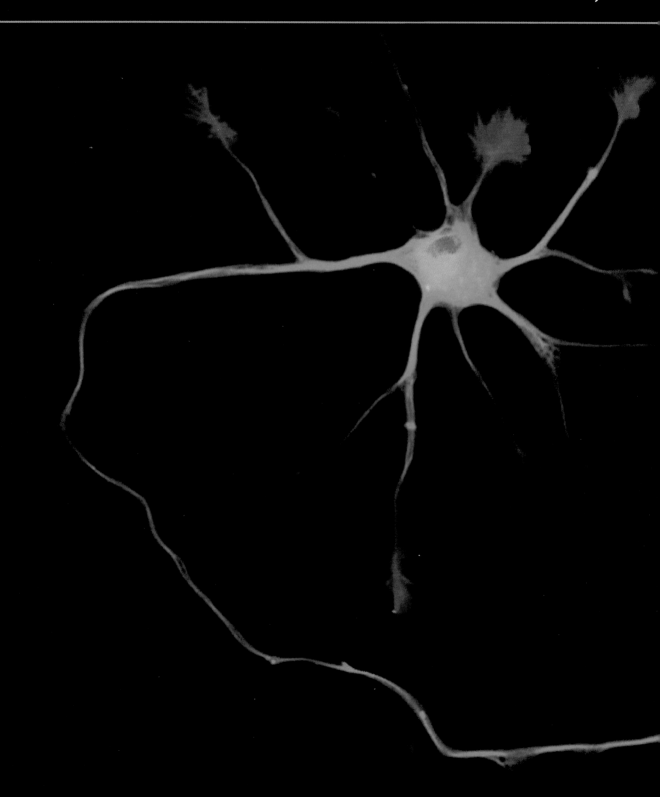

Sich entwickelnde Nervenzellen tasten sich mit Wachstumskegeln voran (in diesem Bild in Rot gezeigt, in Grün das Zellskelett,
in Blau der Zellkern). Diese Wachstumskegel reagieren empfindlich auf Signalstoffe, die Nervenzellen anlocken oder abstoßen
können. So „schnüffeln" sich neue Nervenzellen durch das sich
entwickelnde Nervensystem und finden schließlich ihren endgültigen Platz, an dem sie ihr Leben lang verbleiben werden.

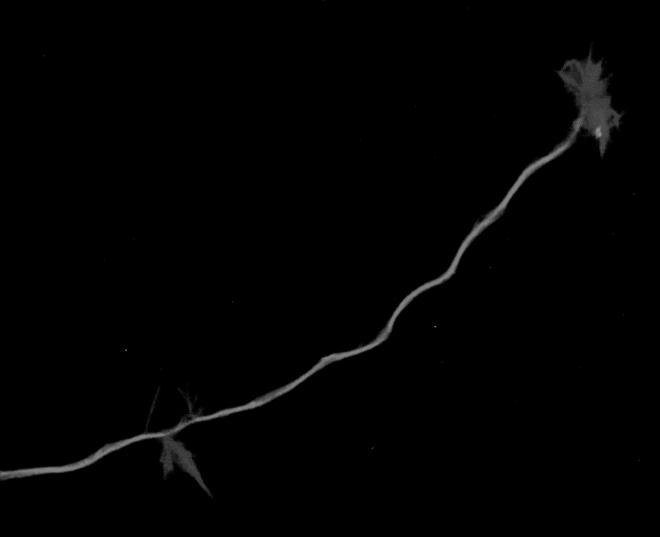

Die Evolution des Nervensystems
Wie alles begann

Nervenzellen und deren Netzwerke lassen sich evolutionsgeschichtlich nur schwer untersuchen, denn weiche Gewebe (wie Gehirne) bilden keine Fossilien. Um dennoch deren Evolution nachvollziehen zu können, untersucht man Nervensysteme von lebenden Tieren und vergleicht sie untereinander. Dabei erkennt man drei Tendenzen in der Ausbildung komplexerer Nervensysteme: Nervenzellen gruppieren sich in großer Zahl immer zu gehirnähnlichen Strukturen, sie entsenden immer weitläufigere Nervenfasern und ihre Netzwerke verlagern sich von der Körperoberfläche schließlich ins Innere.

So besitzen die primitivsten Nervensysteme bei Hohltieren (zum Beispiel Schwämmen) gar kein zentrales Nervensystem, sondern lediglich ein peripheres Nervennetzwerk. Ein Zentralnervensystem tritt zum ersten Mal bei Plattwürmern auf, die auch eine Nervenzellansammlung (ein paariges Ganglion) besitzen, von dem paarige Nervenstränge in den Organismus ziehen. Ähnlich verhält es sich auch mit den Nervensystemen von Weichtieren wie Tintenfischen: Auch diese Tiere können gehirnähnliche Ganglien ausbilden und darüber hinaus mehrsträngige Nervenfasern, mit denen sie ihren Körper steuern. Diesem Bauplan

ähnlich ist das Strickleiternervensystem der Insekten: Ihr Gehirn besteht immerhin schon aus drei Untereinheiten, von dem die Hauptnervenfasern ausgehen. Diese Faserstränge sind untereinander mit Querverbindungen (wie eine Strickleiter) verbunden.

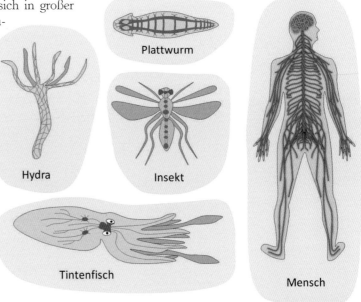

Mit der Weiterentwicklung der Lebewesen steigt auch die Komplexität ihrer Nervensysteme. Hohltiere wie die Hydra, ein Wasserpolyp, haben lediglich ein peripheres Nervennetzwerk (in Grün gezeigt) und noch kein zentrales Nervensystem (orange), das erst bei primitiven Würmern auftritt. Insekten haben ein paariges Strickleiternervensystem in der Peripherie der Organe und bilden ein Gehirn am Kopfende aus. Bei Weichtieren, wie dem Tintenfisch, finden sich oft mehrere solcher Nervenzellansammlungen in einem komplexen Nervennetzwerk, doch erst die Wirbeltiere bilden hochorganisierte Nervensysteme aus.

Die mit Abstand höchstentwickelten Nervensysteme haben jedoch die Wirbeltiere. Typisch ist die Aufgliederung in ein zentrales und ein peripheres Nervensystem. Besonders interessant ist dabei die Evolution des Gehirns, das sich in Komplexität und Aufbau deutlich bei verschiedenen Wirbeltieren unterscheidet. Je größer ein Wirbeltier ist, desto größer ist auch sein Gehirn, denn mehr Masse braucht auch mehr Steuerung. Allerdings nimmt die Hirnmasse nicht proportional zur Körpermasse zu, sondern relativ ab. Deswegen haben sehr kleine Wirbeltiere (wie Spitzmäuse) relativ zu ihrem Körpergewicht große Gehirne (etwa 10 Prozent macht deren Hirnmasse an ihrem Körpergewicht aus), bei schweren Tieren wie dem Blauwal beträgt das relative Hirngewicht nur noch 0,01 Prozent. Das menschliche Gehirn macht etwa 2 Prozent des Körpergewichts aus – im Vergleich mit anderen Lebewesen ist das zunächst nichts Außergewöhnliches, die Besonderheit von Menschengehirnen liegt daher vor allem in der inneren Architektur.

Menschliche Gehirne haben sich im Laufe der letzten vier Millionen Jahre enorm weiterentwickelt – das immerhin können wir der Veränderung von unterschiedlich alten gefundenen Schädeln entnehmen. Die ersten Frühmenschen hatten demnach wohl ein Gehirn von etwa 0,4 Litern, was etwa der Hirngröße heutiger

Schimpansen entspricht. Vor etwa zwei Millionen Jahren nahm das Hirnvolumen dann jedoch deutlich auf etwa einen Liter zu. Man vermutet, dass veränderte Lebensbedingungen und Ernährungsweisen zu diesem Schritt beitrugen. Innerhalb von wenigen Hunderttausend Jahren wuchs das Hirnvolumen weiter auf die heutigen 1,6 Liter. Allerdings hat nicht der heute lebende Mensch *Homo sapiens* das größte Gehirn, sondern mit etwa 2 Litern der ausgestorbene Neandertaler (vermutlich, weil er einfach größer war).

Unglücklicherweise ist die Hirngröße das einzige zugängliche Merkmal, das man in der Evolution des menschlichen Nervensystems untersuchen kann. Doch wie wir in den nächsten Kapiteln sehen werden, sagt die alleinige Größe eines Gehirns nur bedingt etwas über dessen Leistungsfähigkeit aus.

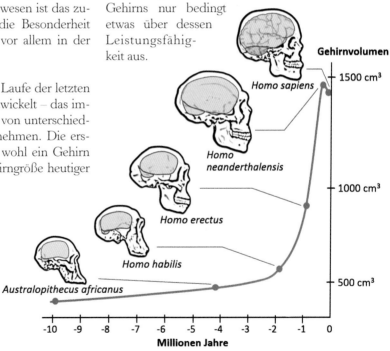

Die Evolution des menschlichen Gehirns lässt sich nicht strukturell, sondern nur anhand des Hirnvolumens nachvollziehen. Vor etwa 2 Millionen Jahren begann dabei eine drastische Größenzunahme des Gehirns, die zur Entwicklung heutiger Gehirne führte.

Nervensysteme können die unterschiedlichsten Formen annehmen. Dieses seltsam anmutende Wesen ist eine Fruchtfliegenlarve, deren Nervensystem vielfarbig dargestellt ist. Dazu wurde das genetische Material der Fliege so verändert, dass jede Nervenzelle eine ganz individuelle Farbe herstellt. So erhält man Einblick in die Architektur des Nervennetzwerks. Dabei erkennt man, dass sich der Bauplan eines Fruchtfliegennervensystems grundlegend von dem eines Wirbeltieres unterscheidet. Oft findet man bei Insekten lediglich kleine Nervenzellansammlungen (die Ganglien) in der Peripherie der Organe (dickere Nervenknoten unten links) und nur ein einfach gebautes Gehirn, das in diesem Bild aus den beiden Ausbuchten rechts hervor geht.

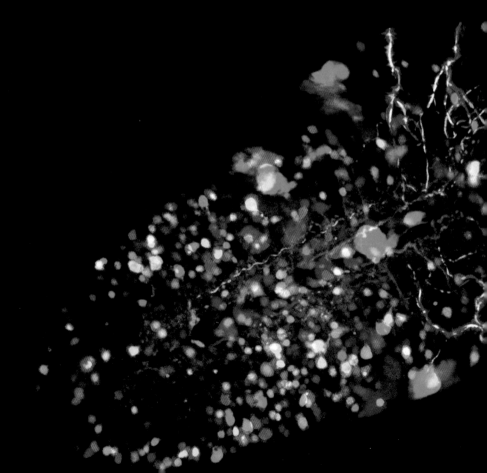

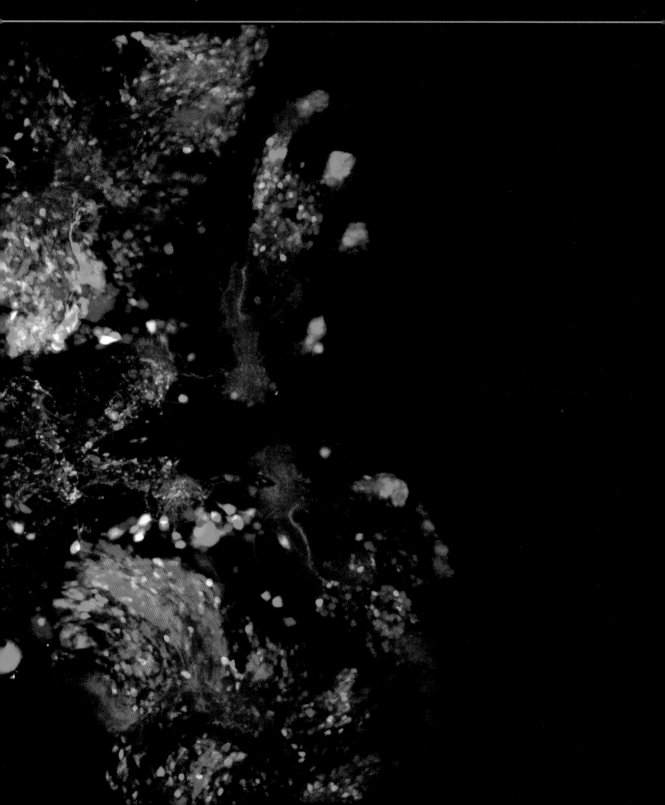

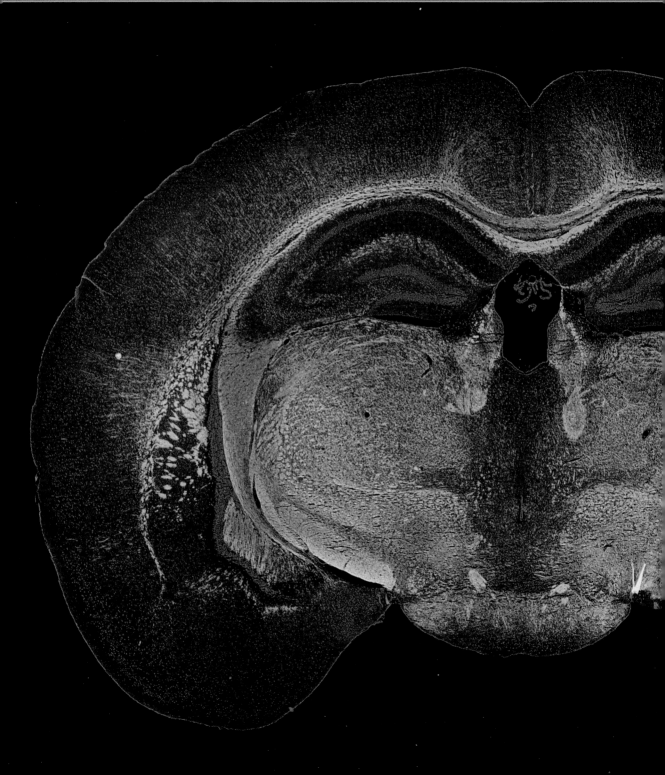

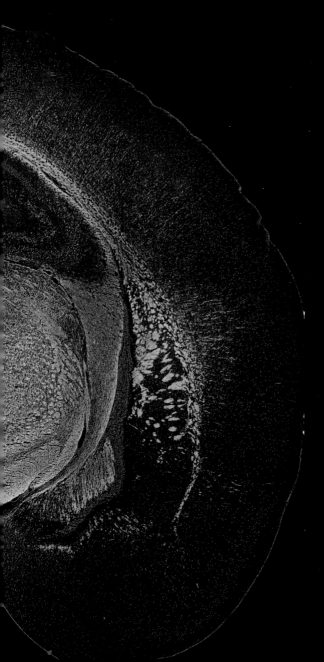

2 Das Gehirn

Von allen Organen ist das Gehirn das spektakulärste, zumindest optisch. Das sieht man schon am Eröffnungsbild dieses Kapitels bei dem man feststellt: Nicht nur Menschen haben außergewöhnlich hübsche Gehirne, sondern auch Mäuse. Schließlich handelt es sich bei dieser Abbildung um den Querschnitt eines Mausgehirns. Um sich besser zurecht zu finden, sind die Zellkerne in Rot dargestellt (mehr dazu auf Seite. 90). In Grün erkennt man die isolierende Schutzhülle, die die Nervenfasern umgibt (siehe Seite 130).

Ganz außen wird das Gehirn von der Großhirnrinde, dem Cortex, umgeben (Seite 39). Dabei sind die zwei Hirnhälften durch eine dicke Nervenbahn, den Balken, in der Mitte verbunden (als grüner Strang im oberen Bereich des Bildes sichtbar, Näheres dazu auf Seite 64). Direkt unterhalb des Balkens liegt in jeder Hirnhälfte ein Hippocampus, der durch dichte und geschwungene rote Zellkernebenen erkennbar ist (Seite 44). Diese wichtige Hirnregion organisiert Erfahrungen und Erinnerungen, strukturiert so unser Gedächtnis.

Wer denkt, das Gehirn fülle den ganzen Schädel aus, irrt sich, denn deutlich erkennbar gibt es in der Mitte des Gehirns ein kleines Loch (einen Ventrikel), das normalerweise mit der Hirnflüssigkeit, dem Liquor, gefüllt ist (siehe Seite 68). Unterhalb dieses Ventrikels geht es in einem wilden Gewirr aus roten Zellkernen und grüner Nervenfaserisolierung recht unübersichtlich zu. Das ist der Thalamus, ein Teil des Zwischenhirns, das nicht nur die Aufmerksamkeit steuert, sondern unter anderem auch den Hormonhaushalt reguliert (wie auf Seite 190 beschrieben).

Lauter komplizierte Hirnregionen versammeln sich somit auf engstem Raum. Steigen wir nun zu deren besserem Verständnis einmal etwas tiefer hinab in die Anatomie unseres Gehirns.

Anatomie des Gehirns
Die Struktur des Denkapparates

Der Aufbau eines Gehirns ist genauso komplex wie die Aufgaben, die es durchführen muss. Damit man den Überblick behält, haben Anatomen schon immer versucht, das Gehirn in Bereiche einzuteilen, die sich räumlich voneinander abgrenzen lassen. Nach heutigem Verständnis gliedert man das Gehirn in sechs Abschnitte, die nicht nur verschiedene Strukturen, sondern auch unterschiedliche Aufgaben haben: das verlängerte Mark, die Brücke sowie das Mittel-, Zwischen-, Klein- und Großhirn. Auch wenn diese missverständliche Namensgebung nahelegt, dass wir vier Gehirne im Kopf hätten: Tatsächlich sind sie Teil eines einzigen Gehirns und funktionieren nur in einem gemeinsamen Netzwerk.

Schauen wir uns diese Abschnitte nun genauer an. Dort, wo das Rückenmark (↓) endet, beginnt das Gehirn. Doch der Übergang ist fließend und läuft über das verlängerte Mark (lat. *Medulla oblongata*). Hier werden grundlegende Körperfunktionen wie Atem- und Schluckreflexe oder unser Schlaf-Wach-Rhythmus gesteuert. Oberhalb des verlängerten Marks sitzt die Brücke, die zusammen mit dem Mittelhirn und dem verlängerten Mark den Hirnstamm (↓) bildet.

Im Nackenbereich unseres Kopfes liegt das Kleinhirn (↓), dessen Bedeutung durch seinen abschätzigen Namen etwas verkannt wird. Die sogenannte Brücke fungiert dabei als Verknüpfungsstation und verbindet das Kleinhirn mit den Bewegungszentren des Großhirns. So kann das Kleinhirn unsere Motorik kontrollieren. Das erfordert großen Re-

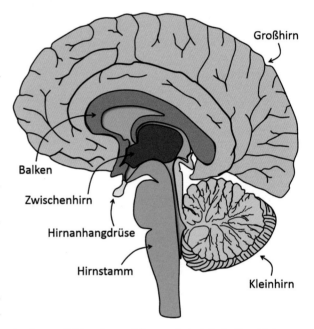

In diesem Gehirnschema sieht man beispielhaft die wichtigsten Hirnstrukturen. Das Großhirn macht beim Menschen den Großteil des Hirnvolumens aus. In der Mitte sind die beiden Hirnhälften durch den Balken verbunden. Das Zwischenhirn reguliert über die Hirnanhangdrüse unter anderem unseren Hormonhaushalt und unbewusste Körperfunktionen. Der Hirnstamm setzt sich (von oben nach unten) aus Mittelhirn, Brücke und verlängertem Mark zusammen. Nackenseitig liegt das Kleinhirn, das gut mit dem restlichen Gehirn verbunden ist. Innerhalb des Gehirns gibt es Hohlräume, die Ventrikel, die mit der wässrigen Hirnflüssigkeit gefüllt sind.

chenaufwand, den das Großhirn quasi ausgelagert und an das Kleinhirn abgetreten hat. Es ist also weit mehr als der „kleine Bruder" unseres Großhirns,

Rückenmark → S. 20
Hirnstamm → S. 62
Kleinhirn → S. 58

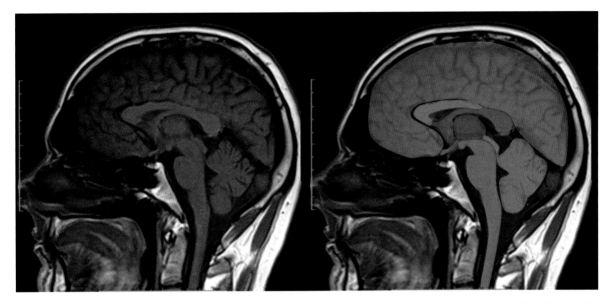

Das Gehirn eines der Buchautoren im MRT-Scan. Links die Originalaufnahme, rechts sind die im Text beschriebenen Hirnregionen nachträglich eingefärbt: violett die Großhirnrinde, braun Teile des limbischen Systems, türkis das Zwischenhirn, hellblau die Hypophyse, hellgrün das Kleinhirn, rötlich (von oben nach unten) das Mittelhirn, die Brücke (die leichte Verdickung am roten Strang) und schließlich das verlängerte Mark, das ins Rückenmark übergeht. Wie die MRT-Aufnahme prinzipiell erstellt wurde, erfährt man auf Seite 270.

sondern sein wichtigster Berater, wenn es darum geht, gemeinsam eine korrekte Bewegung auszuführen.

Etwas versteckt zwischen Hirnstamm und den beiden Großhirnhälften liegt das Zwischenhirn (↓). Aufgrund seiner Lage eignet es sich perfekt als zentrale Umschaltstelle wichtiger Verbindungsachsen vom Großhirn zu entfernten Bereichen des Nervensystems. Das Zwischenhirn selbst ist in drei weitere Bereiche aufgeteilt: *Thalamus*, *Hypothalamus* und *Hypophyse* (die Hirnanhangdrüse). Zusammen regulieren sie, welche Sinneseindrücke uns bewusst werden, welche Körpertemperatur wir haben, ob wir hungrig oder satt sind oder welche Hormone ausgeschüttet werden müssen (↓).

Mit solchen Dingen gibt sich das Großhirn (↓) nicht ab. Als größter und evolutionär „neuester" Hirnbereich umgibt es stark gefaltet und gefurcht nahezu alle anderen Hirnregionen. Alle bewussten Körperfunktionen finden hier ihren Platz. So bringen wir Sprache oder Bewegungen genauso mit dem Großhirn hervor, wie wir Sinneseindrücke wahrnehmen oder Gedanken und Gefühle erzeugen.

Alle Hirnregionen unterscheiden sich zwar in ihrer Struktur und auch zum Teil in ihrer Funktion. Doch niemals sollte man sie als selbstständige „kleine Organe" innerhalb des Gehirns verstehen. Erst gemeinschaftlich bringen sie ihre Funktionen hervor.

Zwischenhirn → S. 54
Hormonausschüttung und Kontrolle der Körperfunktionen → S. 190
Großhirnrinde → S. 39

Das Großhirn
Thront über allem

Wenn man von außen auf ein Gehirn schaut, erkennt man zuallererst das Großhirn. Genauer gesagt: die Großhirnrinde. Dabei fällt auf, wie stark gefurcht und gewunden diese Rinde ist. Dies ist ein evolutionärer Anpassungsmechanismus, um bei gleichem Volumen die Oberfläche auf etwa 2 Quadratmeter zu vergrößern. Da Nervenzellen nur maximal 4 Millimeter unterhalb der Rindenoberfläche liegen können (ansonsten werden sie nicht mehr ausreichend mit Nährstoffen aus dem Blut versorgt), ist es auf diese Weise möglich, mehr Neurone auf gleichem Raum unterzubringen.

Durch Furchen (lat. *sulci*) und Windungen (griech. *gyri*) wird die Großhirnrinde in Gebiete strukturiert, die man optisch gut unterscheiden kann. Die größte Furche, die *Fissura longitudinalis cerebri*, ist gewissermaßen der „Grand Canyon" des Gehirns und teilt dieses in zwei Hälften auf. Jede dieser Hirnhälften wird wiederum von Furchen durchzogen. Dabei sind die großen Primärfurchen bei allen Menschen gleich, während Sekundärfurchen lediglich oft ähnlich und Tertiärfurchen so individuell wie ein Fingerabdruck sind.

Die Furchen und Einstülpungen machen es leicht, die Großhirnrinde in vier Regionen zu unterteilen, die man Lappen nennt (siehe Abbildung oben). Im Nackenbereich liegt der Hinterhauptslappen, der

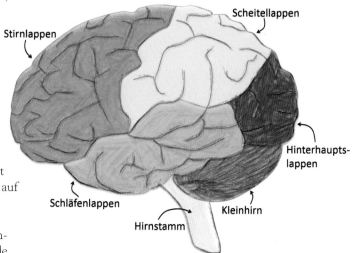

Die tiefen Einfurchungen in der Großhirnrinde, die bei den allermeisten Menschen gleich sind, trennen die vier großen Hirnlappen voneinander ab. Wenngleich unterschiedliche Hirnfunktionen oft in verschiedenen Lappen liegen (das Sehen beispielsweise überwiegend im Hinterhauptslappen), arbeiten die verschiedenen Gebiete immer zusammen.
Gezeigt ist außerdem das Kleinhirn, das strukturell vom Großhirn getrennt und über den Hirnstamm mit diesem verbunden ist.

vor allem für das Sehen eine wichtige Rolle spielt. Jeweils rechts und links ordnet sich seitlich der Schläfenlappen an, der unter anderem daran beteiligt ist, Sprache zu verstehen und oberhalb durch den Scheitellappen begrenzt wird. Am häufigsten hat man sicherlich vom Stirnlappen gehört, der mit 40 Prozent den größten Anteil der Großhirnrinde ausmacht.

In diesem Bereich liegt nämlich unser „Arbeitsgedächtnis", der *präfrontale Cortex* (lat. für „vorderste-vorne Rinde"), der eine zentrale Bedeutung für unsere Aufmerksamkeit und unser Bewusstsein darstellt.

Während Lappen die Großhirnrinde anatomisch gruppieren, kann man anhand der unterschiedlichen Hirnfunktionen die Großhirnrinde auch in funktionelle Felder einteilen. Dabei sind Primärfelder beispielsweise für die erste Aufbereitung von Sinnesinformationen (↓) zuständig und erkennen einfache Formen und Objekte (z. B.: „scharf abgrenzbares Objekt mit hautartiger Oberfläche"). Sekundärfelder liegen in unmittelbarer Nachbarschaft und interpretieren die ursprüngliche Sinnesinformation, geben ihnen einen Sinn (z. B.: „eine Hand, die winkt"). Die großflächigen Assoziationsfelder stellen diese Interpretationen in einen allgemeinen Kontext (z. B.: „Ihre Mutter verabschiedet sich winkend von Ihnen") und ermöglichen höchste intellektuelle Fähigkeiten.

Fast 90 Prozent der Großhirnrinde wird vom *Neocortex* – dem evolutionsgeschichtlich jüngsten Teil der Großhirnrinde – eingenommen, er bildet die von außen sichtbare Rindenstruktur. Der Rest liegt verborgen im Inneren und ist als Riechhirn (↓) an der Geruchsverarbeitung beteiligt oder kontrolliert als „limbisches System" (↓) unsere Gefühls- und Erinnerungswelt.

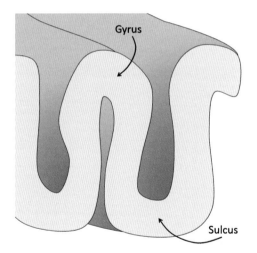

Nervenzellen befinden sich maximal 4 Millimeter unterhalb der Gewebeoberfläche. Tiefer können sie nicht liegen, da sie dann nicht mehr ausreichend mit Nährstoffen aus dem Blut versorgt werden können. Um dennoch möglichst viele solcher Neurone unterzubringen, wendet das Gehirn einen anatomischen Trick an und faltet die Hirnrinde. Eine solche Einfurchung nennt man Gyrus, eine schlaufenförmige Windung Sulcus. So bleibt das Gehirn kompakt, enthält aber dennoch möglichst viele Nervenzellen.

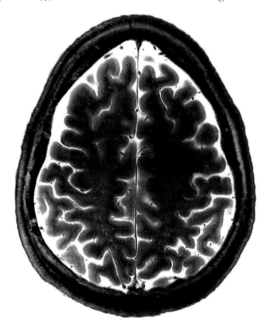

In dieser MRT-Aufnahme schaut man „von oben" (also von der Schädeldecke in Richtung Körpermitte) auf das Gehirn. Unterhalb des Schädels (heller Rand) erkennt man die vielen Wülste und Windungen des Gehirngewebes. Mit diesem Trick gelingt es dem Gehirn, mehr Zellen auf gleichem Raum unterzubringen.

Sinnesverarbeitung → S. 142
Riechhirn → S. 48
Limbisches System → S. 43
Abb. unten rechts: Prof. Dr. Klaus Scheffler, MPI für biologische Kybernetik, Tübingen

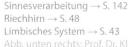

Der Neocortex
Man denkt nur mit der Rinde gut

Was das Gehirn von höher entwickelten Säugetieren besonders macht, ist die stark entwickelte, von außen sichtbare Großhirnrinde.
Sie ist so etwas wie der neueste Schrei in der Evolution und heißt folgerichtig *Neocortex* (lat. „neue Hülle"). Da dieser Neocortex für alle bedeutsamen intellektuellen Fähigkeiten wie Sprache (↓) oder Gedächtnis (↓) zuständig ist, müssen die Nervenzellen in einer überaus präzise geordneten Struktur organisiert sein: der grauen Substanz. In diesem äußersten, 2 bis 4 Millimeter dicken Rindenbereich versammeln sich die Nervenzellkörper eng beieinander und geben dem Gewebe eine gräuliche Farbe. Diese Nervenzellen entsenden viele Nervenfasern tief ins Gehirn, und da die Fasern von einer fettigen Isolierhülle umgeben sind, sind diese Regionen dann jeweils heller: die weiße Substanz.

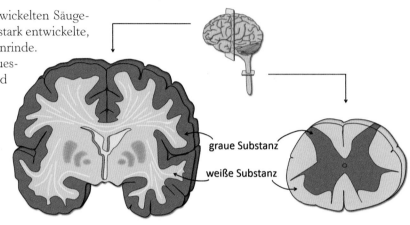

graue Substanz

weiße Substanz

Die Rinde des Gehirns nennt man graue Substanz. Dort liegen die Zellkörper der Neurone, die ihre Ausläufer in die weiße Substanz entsenden. Dort finden sich wiederum die Fasern und Verbindungsachsen zwischen den Zellen. Die weiße Substanz ist quasi voller Datenleitungen zwischen den Zellen. In der Großhirnrinde liegt die graue Substanz außen, die weiße Substanz innen. Im Falle des Rückenmarks ist es genau andersrum.

Die graue Substanz ist in eine 6-schichtige Struktur unterteilt, in der sich die Nervenzellen in charakteristischer Weise anordnen. Schicht 1 liegt dabei am weitesten außen, Schicht 6 am weitesten innen (siehe Abbildung auf der folgenden Seite). Dieser Schichtenaufbau hat einen gewaltigen Vorteil: Je nachdem, in welcher Schicht eine Nervenzelle eine Information erhält, weiß sie sofort, wo diese Information herkommt. So gerät nichts durcheinander.

Tatsächlich befinden sich in diesen sechs Schichten viele verschiedene Nervenzellen, die alle einen ihrer Form entsprechenden Namen tragen. So gibt es Korb-, Spindel-, Busch- und Armleuchterzellen. Letzteres ist keineswegs abschätzig gemeint, sondern liegt an ihrer Struktur. Mit 85 Prozent machen die sogenannten Pyramidenzellen jedoch den Großteil der Zellen im Neocortex aus. Sie sitzen mit ihren Zellkörpern in den Schichten 3 bis 5 und

Sprache → S. 188
Gedächtnis → S. 206

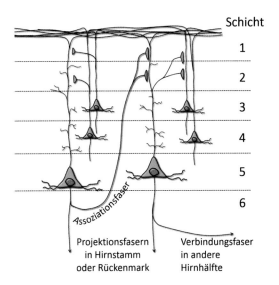

Schicht

1
2
3
4
5
6

Projektionsfasern
in Hirnstamm
oder Rückenmark

Verbindungsfaser
in andere
Hirnhälfte

Nervenzellen ordnen sich in der Hirnrinde in sechs Schichten an. Den Großteil dieser Zellen machen die Pyramidenzellen aus. Dieses Schema zeigt, wie diese Pyramidenzellen miteinander verknüpft sind. Ihre Nervenzellkörper sitzen in den Schichten 3 bis 6, ihre Verknüpfungen zu anderen Pyramidenzellen bilden sie in den Schichten 1 und 2 aus. Selbst entsenden sie Nervenfasern nur in der innersten Schicht 6 und können sich so mit anderen Pyramidenzellen in unmittelbarer Nachbarschaft, in der anderen Hirnhälfte oder mit dem Hirnstamm verknüpfen.

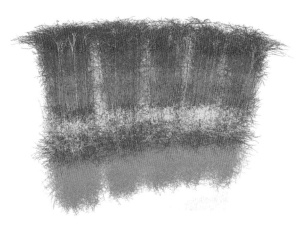

Diese Computersimulation der grauen Substanz der Großhirnrinde zeigt die sechs Schichten, in denen sich die Nervenzellen anordnen. Jede Schicht ist dabei in einer bestimmten Farbe markiert. So erkennt man die einzelnen Säulen, zu denen sich die Nervenzellgrüppchen im Neocortex aneinanderlagern. Sie bilden gewissermaßen kleine, besonders gut vernetzte Recheneinheiten.

kommunizieren mit bis zu 10.000 anderen Zellen gleichzeitig.

Je nachdem, in welcher Schicht eine Pyramidenzelle Impulse empfängt, weiß sie schon, woher dieser Impuls kommt: In den Schichten 1 und 2 docken nur andere Pyramidenzellen aus dem Neocortex an. In den Schichten 3 bis 5 erhalten Pyramidenzellen auch Erregungen aus anderen Hirnregionen (nicht nur der Großhirnrinde, sondern zum Beispiel auch aus dem Zwischenhirn).

Pyramidenzellen können auch selbst aktiv werden und

einen Impuls entsenden – das passiert aber immer nur in der innersten Schicht Nr. 6. Einige dieser Impulse können so in andere Hirnregionen oder weit entfernte Körperregionen geschickt werden, doch fast alle enden in einem Umkreis von 0,5 Millimetern. Über 99 Prozent aller Nervenimpulse bleiben also im Gehirn und kommen niemals unmittelbar mit der Außenwelt in Kontakt.

Auf diese Weise bilden Pyramidenzellen innerhalb der grauen Substanz kleine und besonders gut vernetzte Grüppchen, sogenannte Säulen. Im Moment geht man davon aus, dass diese Säulen kleine Recheneinheiten darstellen, die einzelne Informationspakete besonders schnell und effizient bearbeiten könnten. In einem nächsten Schritt könnten sich die Säulen untereinander austauschen, um eine nächste Informationsstufe zu erzeugen.

Abb. oben rechts: Marcel Oberlaender, Bernstein Group, Computational Neuroanatomy, Max Planck Insitut für biologische Kybernetik
Abb. nächste Seite: Pierre Mahou (1), Karine Loulier (2), Jean Livet (2), Emmanuel Beaurepaire (1); (1): Laboratory for optics and biosciences, Ecole Polytechnique - CNRS - Inserm, Palaiseau, France; (2): Institut de la Vision, UPMC - CNRS - Inserm, Paris, Frankreich.

Das limbische System
Das Gefühls-Gehirn

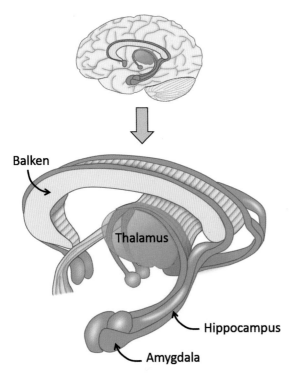

Das limbische System (in Blau) fungiert als wichtige Umschaltstelle im Gehirn. So legt es sich um den Balken (die wichtige Faserverbindung zwischen den beiden Hirnhälften) und das Zwischenhirn (den Thalamus, hier in Orange gezeigt) herum und verbindet wichtige Nervenkerne miteinander. Zwei besonders bedeutende Regionen liegen im limbischen System in direkter Nachbarschaft: die Amygdala (der Mandelkern), die an der Ausbildung von Gefühlen beteiligt ist, und der Hippocampus, der unsere Gedächtnisbildung organisiert. Die Faserverläufe innerhalb des limbischen Systems sind äußerst kompliziert und unübersichtlich, oft laufen Verbindungen im limbischen System hin und her. Deswegen streiten selbst Fachleute manchmal, welche Hirnregionen genau zum limbischen System gehören.

Als Teil des Großhirns liegt das limbische System tief im Inneren verborgen. Es zählt nicht zum entwicklungsgeschichtlich modernen Neocortex (↓) mit seinen sechs Schichten, sondern setzt sich aus evolutionär älteren Bereichen des Großhirns zusammen. Sein Name kommt von der ursprünglichen Bezeichnung Saum (lat. *limbus*), da es sich wie ein Mantel um das Zwischenhirn (↓) herumlegt. Hier merkt man schon, wie unklar diese Definition ist: Ein „umsäumendes System", da kann man vieles hinzuzählen, was man woanders nur schwer unterbringen kann. Und das tun Neuroanatomen tatsächlich und streiten über die genauen Grenzen dieser Hirnregion. Bis heute ist schließlich nicht endgültig geklärt, was genau zum limbischen System dazugehört. Doch mit einem solch allgemeinen Begriff macht man schon mal nichts falsch.

Auf jeden Fall zählen der *Hippocampus* (↓), die „Gürtelwindung" (*Gyrus cinguli*), die direkt über dem Balken liegt (siehe Abbildung links), der Mandelkern (*Amygdala*) und der *Mamillarkörper* dazu. Außerdem rechnet man manchmal Teile des Zwischenhirns (z. B. des *Thalamus*) hinzu, was verdeutlicht: Das limbische System ist keine fest umrissene Struktur, sondern eine Ansammlung von Umschaltstellen und Nervenkreisen, die das Groß- und das Zwischenhirn miteinander verknüpfen. Selbst innerhalb des limbischen Systems laufen viele Faserverbindungen vor und zurück. So ist der Hippocampus über wichtige Schaltkreise in das limbische System eingebettet und kann auf diese Weise neue Erinnerungen aufbauen.

Neocortex → S. 39
Zwischenhirn → S. 54
Hippocampus → S. 44

Das limbische System wird oft als „Emotionsregion" in unserem Gehirn bezeichnet. Das ist auch gar nicht so verkehrt, denn tatsächlich ist es nicht nur an der Ausbildung von Gedächtnisinhalten beteiligt, sondern steuert auch maßgeblich unsere Gefühlswelt. Dabei ist das limbische System jedoch niemals alleine an der Erzeugung von Emotionen beteiligt. Insofern ist der Begriff einer Emotionsregion etwas irreführend. Das limbische System fungiert eher als zentraler Schaltkreis, der verschiedene Hirnregionen in Verbindung bringt.

Besonders wichtig ist dabei der Mandelkern (die Amygdala), eine kleine Ansammlung von Neuronen, die an der Ausprägung unserer Gefühle beteiligt sind. Dabei geht es nicht um „große" Gefühle wie Liebe oder Hass, sondern um unmittelbare und schnelle Gefühlsäußerungen. Dazu ist die Amygdala besonders gut mit dem Zwischenhirn verknüpft und empfängt von dort Sinnesinformationen. So verleiht die Amygdala diesen Sinnesreizen eine Gefühlsbedeutung, zum Beispiel ob uns etwas erheitert oder anekelt. Auf diese Weise steuert die Amygdala emotionale Reaktionen und löst ein freudiges Lachen oder trauriges Weinen aus. Kurzum: Die Amygdala ist immer beteiligt, wenn es gefühlig wird im Gehirn (↓).

Auch die anderen Teile des limbischen Systems sind an der Ausbildung von Emotionen beteiligt. So kontrolliert die Gürtelwindung,

ein Nervenstrang, der sich tatsächlich wie ein Gürtel über das limbische System legt, emotional ausgelöste Gesichtsbewegungen. Der Mamillarkörper hingegen fungiert als Umschaltstelle zum Zwischenhirn und vermittelt unbewusste Körperfunktionen zum Hippocampus. Dieser stellt wiederum eine zentrale Einheit für die Ausbildung unseres Gedächtnisses dar, was verdeutlicht, wie wichtig Gefühle für die Ausbildung von Erinnerungen sind.

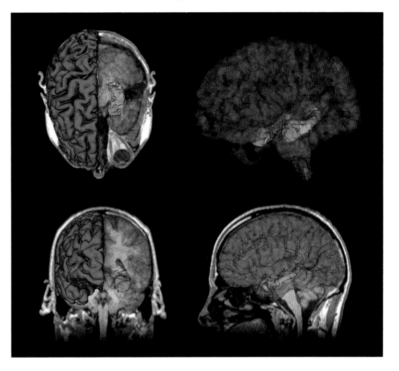

Diese MRT-Aufnahme zeigt ein menschliches Gehirn, in dem zur besseren Übersicht der Hippocampus gelb und die Amygdala türkis eingefärbt sind. Man sieht zum einen, dass beide Hirnregionen nicht besonders groß sind – vor allem im Vergleich zu der relativ großen Hirnrinde (im rechten unteren Bild erkennt man gut den Größenunterschied). Zum anderen sind beide Hirnregionen tief in der Mitte des Gehirns angeordnet. Das müssen sie auch sein, denn ihre Aufgabe besteht darin, Sinneseindrücke emotional einzufärben und für die Speicherung im Langzeitgedächtnis des Großhirns vorzubereiten.

Gefühle → S. 196
Abb. unten rechts: Peter Butterworth, Nicolas Cherbuin, Perminder Sachdev und Kaarin J. Anstey, The association between financial hardship and amygdala and hippocampal volumes: results from the PATH through life project, Journal Social Cognitive and Affective Neuroscience, 2012, 7(5):548-56. Mit freundlicher Genehmigung der Oxford University Press

Der Hippocampus
Besserwisser des Großhirns

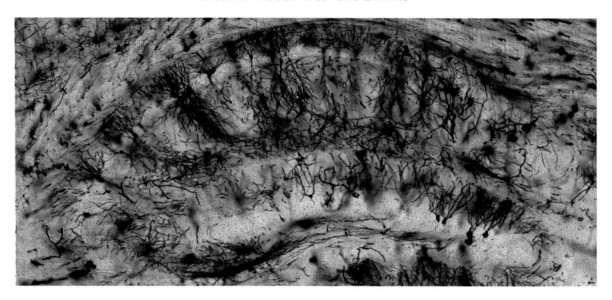

Der Hippocampus ist der wichtigste Kurzzeitspeicher unseres Gehirns. Er ist aus mehreren Zellschichten aufgebaut, die untereinander besonders gut verknüpft sein müssen, damit sie neue Informationen auch sicher im Netzwerk verankern können. In dieser Aufnahme ist der Hippocampus einer Maus gezeigt. Man erkennt eine schlaufenförmige Windung aus Nervenzellen. Einige dieser Neurone sind dabei schwarz gefärbt. So sieht man die dichten Büschel aus Nervenfasern, mit denen diese Pyramidenzellen Kontakte zu anderen Zellen ausbilden. Die Faser-Bäumchen entspringen den Zellkernen, die als schwarze Verdickungen zu erkennen sind.

Wenn das Gehirn neue Informationen dauerhaft speichern will, kommt der Hippocampus ins Spiel. Als Teil des limbischen Systems zieht er sich bananenförmig an seiner Außenseite entlang und baut die wichtigsten Nervenfaserkreise auf, die an der Entwicklung des Gedächtnisses beteiligt sind. Seinen Namen hat der Hippocampus aufgrund seiner Struktur erhalten, weil sich sein Ende aufrollt wie der Schwanz eines Seepferdchens (lat. *hippocampus*).

In der Architektur des Hippocampus zeigt sich ein mehrschichtiger Aufbau, der an die Rindenstruktur des Neocortex (↓) erinnert. Im Falle des Hippocampus sind die Nervenzellen jedoch nur in drei Schichten angeordnet. Doch auch hier laufen Nervenfasern streng geordnet zu ihren Zielgebieten, werden dort neu verschaltet und ins Großhirn weitergeleitet.

Der Hippocampus ist quasi der „Hüter des Gedächtnisses" (↓): Er entscheidet darüber, welche

Neocortex → S. 39
Gedächtnisbildung → S. 206
Abb. oben: Alexander Magnutzki, Bernd Baumann und Thomas Wirth, Insitut für physiologische Chemie, Universität Ulm

Informationen gelernt und welche vergessen werden sollen. Im Prinzip baut der Hippocampus damit eine Umschaltstelle für neue Informationen auf: Sinnesreize, Gefühle, Erlebnisse werden von anderen Hirnregionen aufgenommen und kurzzeitig im Hippocampus gespeichert. Da dessen Speichervermögen jedoch begrenzt ist, gibt er sein vorübergehendes Wissen weiter und präsentiert es dem Großhirn immer wieder, bis sich dort dauerhafte Erinnerungen ausbilden. Wie ein „Besserwisser" des Großhirns hilft er diesem, Neues zu lernen. Um dabei den laufenden Betrieb des Großhirns nicht zu stören, findet dieses „Gedächtnistraining" vor allem nachts statt. Deswegen ist ausreichend Schlaf (↓) so wichtig für erfolgreiches Lernen und Erinnern.

Weil der Hippocampus für die Ausbildung des Gedächtnisses so wichtig ist, muss er gut mit den benachbarten Hirnstrukturen verknüpft sein. Aus diesem Grund baut der Hippocampus einen wichtigen

Faserkreis auf, der quer durch das limbische System läuft und dieses mit dem Zwischenhirn und dem Hippocampus selbst verknüpft: den *Papez-Kreis*. Dieser Faserkreis hält die aktuellsten Erlebnisse im Gehirn fest und ist empfindlich gegen Stöße. Bei einer Gehirnerschütterung (↓) kann dieser Kreis kurzzeitig daher so gestört werden, dass wir die letzten Sekunden unseres Lebens vergessen. Deswegen können sich Menschen nach einem Sturz oder Unfall manchmal nicht daran erinnern, wie es dazu gekommen ist.

Eine Besonderheit unterscheidet den Hippocampus vom Großhirn: Er bildet auch noch im Erwachsenenalter neue Nervenzellen. Während normalerweise Nervenzellen absterben und nicht ersetzt werden, entstehen im Hippocampus etwa ein- bis zweitausend neue Nervenzellen jeden Tag. Vermutlich ist dies auch eine Voraussetzung dafür, dass die wichtige Funktion als „Gedächtnismeister" im Gehirn erhalten bleibt.

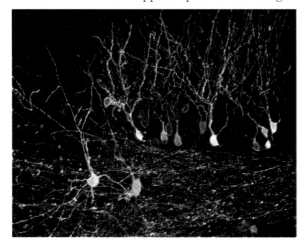

Der Hippocampus ist mit einem Arsenal an unterschiedlichen Zellen ausgestattet. Zum einen sind diese Zellen erregend und aktivieren ihre Nachbarzellen (hier sind solche erregenden Zellen in einer jeweils anderen Farbe gezeigt) ...

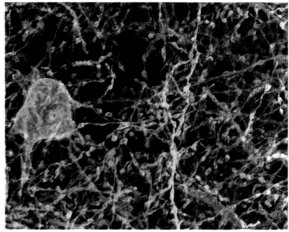

... zum anderen benötigt der Hippocampus hemmende Nervenzellen, die dafür sorgen, dass Signale im Netzwerk verstärkt werden können (↓). Wie das geht und warum das so wichtig ist, steht auf Seite 144. Hier sind diese sogenannten Korbzellen bunt gefärbt.

Schlaf → S. 204
Gehirnerschütterung → S. 242
Hemmung von Nervenzellen im neuronalen Netz → S. 144
Abb. unten links: Douglas Roossien Jr., Dawen Cai, University of Michigan
Abb. unten rechts: Dawen Cai, University of Michigan; Josh Sanes, Harvard University

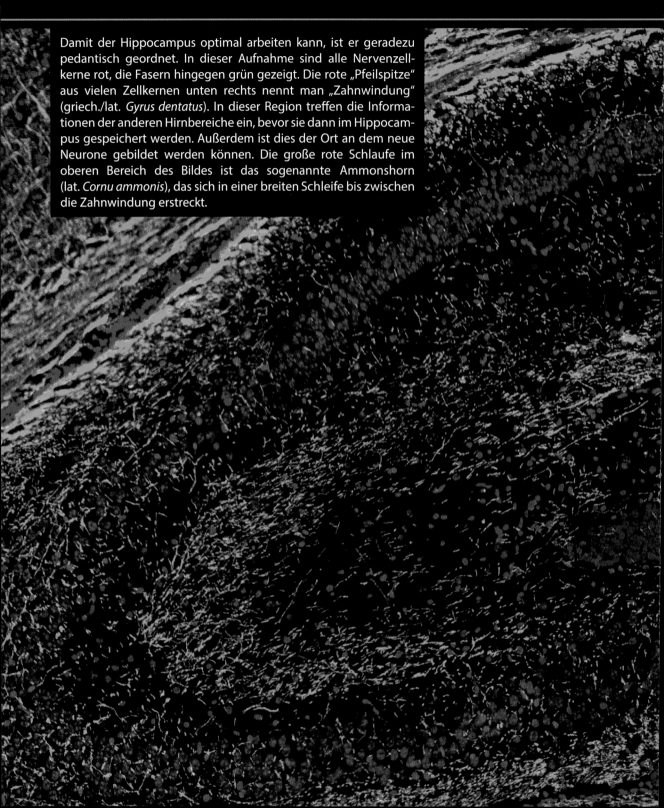

Damit der Hippocampus optimal arbeiten kann, ist er geradezu pedantisch geordnet. In dieser Aufnahme sind alle Nervenzellkerne rot, die Fasern hingegen grün gezeigt. Die rote „Pfeilspitze" aus vielen Zellkernen unten rechts nennt man „Zahnwindung" (griech./lat. *Gyrus dentatus*). In dieser Region treffen die Informationen der anderen Hirnbereiche ein, bevor sie dann im Hippocampus gespeichert werden. Außerdem ist dies der Ort an dem neue Neurone gebildet werden können. Die große rote Schlaufe im oberen Bereich des Bildes ist das sogenannte Ammonshorn (lat. *Cornu ammonis*), das sich in einer breiten Schleife bis zwischen die Zahnwindung erstreckt.

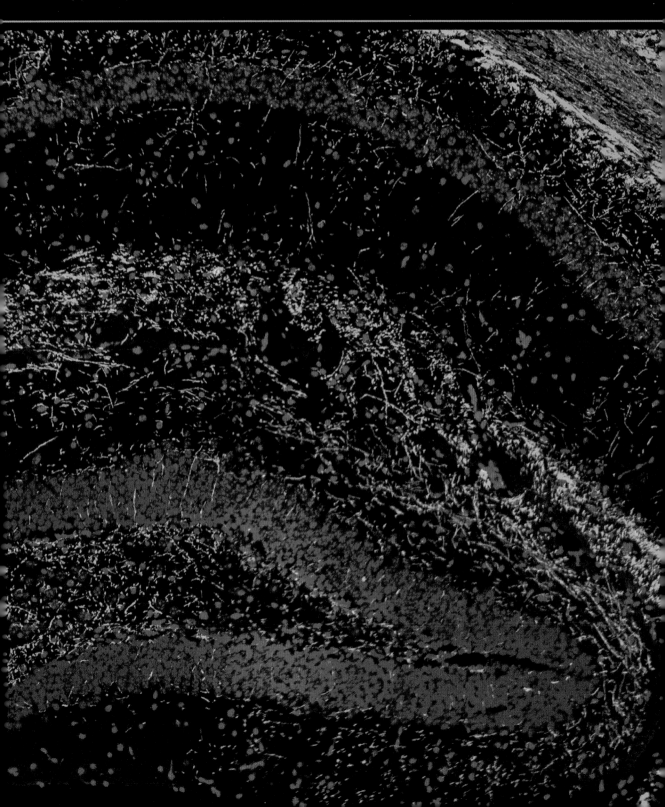

Das Riechhirn

Wie der Duft ins Gehirn kommt

Neben dem Neocortex (↓) und dem limbischen System (↓) zählt man noch eine weitere Struktur zum Großhirn dazu: das Riechhirn. Diese Hirnregion ist entwicklungsgeschichtlich älter als der relativ neue Neocortex und wird deswegen auch *Paleocortex* (griech./lat. für „alte Hülle") genannt.

Wie man bei seinem Namen vermuten könnte, beschäftigt sich das Riechhirn tatsächlich vornehmlich mit der Geruchsverarbeitung (↓). Zentraler Bestandteil ist dabei der Riechkolben, der alle Geruchssinnesfasern aus der Nase bündelt und in die Riechrinde leitet. Hier werden die Geruchsinformationen erstmals analysiert, neu verschaltet und über Nervenbahnen ins Großhirn weitergeleitet. Damit endet auch schon die Funktion des Riechhirns, das beim Menschen tatsächlich nur einen kleinen Teil an der vorderen Unterseite des Großhirns ausmacht. Das ist nicht bei allen Lebewesen so. Nagetiere beispielsweise, die sich mit Hilfe ihres Geruchssinns orientieren, haben außerordentlich große Riechkolben, die fast so groß wie ihr Kleinhirn werden können (siehe Schema auf dieser Seite).

Zwei Eigenschaften machen das Riechhirn besonders: Zum einen zählen Teile des Mandelkerns (der Amygdala) nicht nur zum limbischen System, sondern ebenfalls zum Riechhirn hinzu. Alles was wir riechen, wird also sofort vom Mandelkern – und somit im limbischen System – verarbeitet. Da dieser Bereich maßgeblich an der Entstehung von Gefühlen beteiligt ist, bedeutet das auch: Wir riechen immer mit Gefühl. Einen neutralen Geruch kann es nicht geben. Das unterscheidet den Geruchssinn von allen anderen Sinnen.

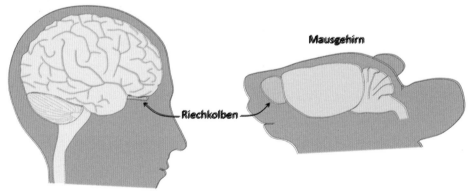

menschliches Gehirn

Mausgehirn

Riechkolben

Beim Menschen spielt der Geruchssinn nur eine untergeordnete Rolle, denn wir orientieren uns in erster Linie über unsere Augen. Der Riechkolben, der unser Riechhirn mit den Sinneszellen der Nase verbindet, ist deswegen vergleichsweise klein. Bei anderen Lebewesen spielt das Geruchsempfinden hingegen eine bedeutende Rolle. So kann bei Mäusen der Riechkolben ziemlich groß werden und ist als Anhängsel an der Vorderseite des Großhirns zu erkennen.

Neocortex → S. 39
limbisches System → S. 43
Geruchsverarbeitung → S. 172

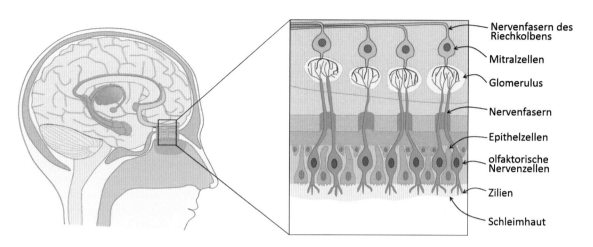

Nervenfasern des Riechkolbens
Mitralzellen
Glomerulus
Nervenfasern
Epithelzellen
olfaktorische Nervenzellen
Zilien
Schleimhaut

Das Riechhirn ist direkt mit der Nasenschleimhaut verbunden und verarbeitet die Geruchsinformationen. Die Riech-Nervenzellen sitzen dabei in der Schleimhaut und empfangen über ihre *Zilien* (kurze Fortsätze) Geruchsmoleküle. Wenn sie dadurch aktiviert werden, lösen sie einen Impuls aus, den sie über Nervenfasern in einen *Glomerulus* (lat. für Knäuel) schicken. Viele dieser Knäuel liegen im Riechkolben, der Hauptnervenfaser, die die Geruchsinformation ins Riechhirn (und das limbische System) weiterleitet.

Zum anderen ist das Riechhirn auf eine Neubildung an Nervenzellen angewiesen. Das ist selten im Gehirn, denn außer im Hippocampus (↓) werden nur noch im Riechhirn neue Nervenzellen gebildet, die sich anschließend auf Wanderschaft begeben: Sie bewegen sich am Riechkolben entlang bis in die Nasenschleimhaut und bilden dort neue Sinneszellen. Etwa 10.000 neue Nervenzellen werden im Riechhirn jeden Tag gebildet, was wichtig zu sein scheint, damit wir unsere Riechfähigkeit erhalten. Denn der Geruchssinn ist nicht nur der emotionalste, sondern auch der vielfältigste aller Sinne. Nach neuesten Schätzungen können wir wahrscheinlich mehr als eine Billion unterschiedliche Gerüche auseinander halten. Kein anderer Sinn ist derart vielfältig. Nicht ohne Grund hat sich für das Riechen extra ein eigener Hirnbereich ausgebildet.

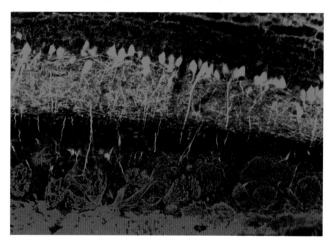

Ab ins Riechhirn: In Rot sind Nervenfasern der Glomeruli gezeigt, die gerade Sinnesinformationen aus der Nasenschleimhaut empfangen haben (unterhalb des Bildes, nicht gezeigt). In Grün sind die Fasern des Riechkolbens bereit, die Sinnesinformationen aufzunehmen und ins Riechhirn zu schicken. In Blau sind Zellkerne abgebildet.

Hippocampus → S. 44
Abb. unten rechts: Maria Borisovska und Gary Westbrook, Vollum Institute, Portland, Oregon USA

Basalganglien
Nervenknotenpunkte im Gehirn

Wer es bisher schon unübersichtlich im Gehirn fand, für den wird es jetzt richtig verwirrend. Denn tief im Inneren des Großhirns liegen einige Strukturen, die sich keiner Großhirnrinde zuordnen lassen und selbst professionellen Anatomen Schwierigkeiten in der räumlichen Zuordnung machen. Es handelt sich um konzentrierte Nervenzellgrüppchen, die sogenannten *Basalglien*. Ihrem Namen entsprechend sind es kleine Nervenkerne, die grundlegende Funktionen für unsere Bewegungen ausführen.

Ganglien sind Ansammlungen von Nervenzellen, die eine gemeinsame Umschaltstelle für Nervenfasern bilden. Es sind gewissermaßen Relais-Stationen, die man immer im Körper findet, wenn eine wichtige Neuverschaltung der Nervenverbindungen stattfinden muss. Im Gehirn fassen sie die Bewegungsimpulse der Großhirnrinde zusammen und bündeln diese zu einem koordinierten Bewegungsmuster. Daher darf man sich nicht vorstellen, dass die Basalganglien als separate Nervenknoten irgendwo in der Mitte des Gehirns liegen und vor sich hin arbeiten. Sie sind

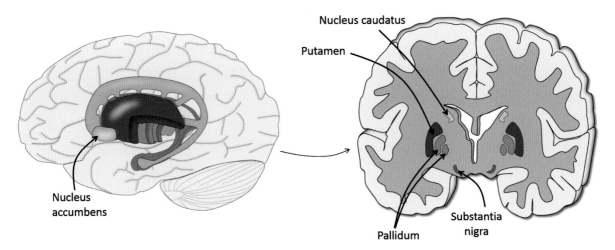

Tief im Gehirn liegt eine komplizierte Ansammlung von Nervenkernen (den Basalganglien), die eine Umschaltstelle für verschiedene Nervenfasersysteme bilden. Links erkennt man in Gelb eine sichelförmige Schlaufe, den Nucleus caudatus, der das blaue Putamen umschließt. Wo diese Hirnstrukturen am vorderen Ende verschmelzen, liegt der Nucleus accumbens, der wichtig ist für unser Glücksempfinden.
Rechts betrachtet man den Querschnitt des Großhirns und erkennt, dass die Basalganglien aus vielen Einzelteilen bestehen, die in der Mitte des Großhirns liegen. So befindet sich direkt neben dem Putamen (dunkelblau) das Pallidum (hellblau), das an der Bewegungssteuerung beteiligt ist. Am unteren Bereich des Gehirns liegt die Schwarze Substanz (Substantia nigra), die Bewegungen synchronisiert.

vielmehr mit zahlreichen weiteren Hirnstrukturen verbunden, wie man schon am Aufbau der Basalganglien erkennt. Die Hauptstruktur der Basalganglien ist das *Striatum* (lat. für Rille), das sich aus zwei Teilen zusammensetzt: dem *Nucleus caudatus* (lat. für „Schweifkern", die gelbe Sichel in der Abbildung auf der vorigen Seite) und dem *Putamen* (lat. für „Schale", dunkelblau im vorigen Schema). Das Striatum ist ein echter Netzwerker, denn es verbindet sowohl Teile des limbischen Systems (nämlich die Amygdala) mit Regionen des Zwischenhirns und integriert auf dem Weg dorthin auch noch Fasern aus der Großhirnrinde.

Eine kleine Region des Striatums zeigt eine Besonderheit, die man nur selten im Gehirn findet: Sie ist schwarz gefärbt (die *Substantia nigra*, lat. für „schwarze Substanz"). Warum die dortigen Nervenzellen einen schwarzen Farbstoff herstellen, weiß man nicht genau. Doch was passiert, wenn sie absterben, ist umso besser bekannt: Man erkrankt an Parkinson (↓), denn die Substantia nigra wirkt an der Bewegungssteuerung mit.

Das Striatum ist also eine zentrale Schaltstelle für Bewegungsimpulse und sorgt vornehmlich dafür, dass diese gehemmt werden. Sein Gegenspieler ist gewissermaßen das *Pallidum* (von lat. für „blass", weil es etwas heller als das Putamen ist und direkt neben diesem liegt), das Bewegungsimpulse überwiegend (aber nicht nur) fördert statt hemmt.

Interessanterweise gehört auch ein anderer Teil zu den Basalganglien, den man dort eigentlich nicht vermutet hätte, weil er für unser Glücksempfinden eine wichtige Rolle spielt: der *Nucleus accumbens* (lat. für Beischlafkern). Dieser Nervenkern stellt einen zentralen Teil unseres Belohnungssystems (↓) dar. Positive Emotionen und Glücksempfindungen werden von hier ausgelöst. Auch viele Drogen wirken auf den Nucleus accumbens ein, aktivieren ihn und sorgen für ein Hochgefühl. Nun kann man fragen, was dieses „Glückszentrum" inmitten der ganzen Regionen der Bewegungssteuerung verloren hat. Doch im Prinzip stellt er die wichtige Schnittstelle von Emotion und Bewegung dar. Er ist deswegen besonders gut mit dem limbischen System verknüpft und integriert Emotionen in Aktionen. Wenn uns etwas glücklich macht und motiviert, „übersetzt" der Nucleus accumbens dies in Bewegung und sorgt dafür, dass wir dem Objekt der Begierde auch körperlich nachjagen.

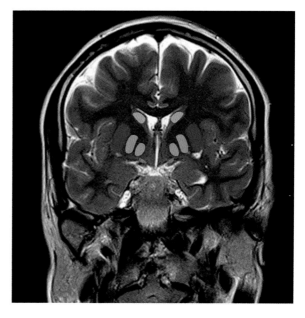

Die Basalganglien liegen im unteren (ventralen) Bereich des Gehirns, das hier im MRT gezeigt ist. Sie formen die wichtigen Schnittstellen unserer Bewegungsimpulse und stimmen diese aufeinander ab (Farbgebung nach dem Schema auf der vorigen Seite).

Parkinson → S. 228
Belohnungssystem → S. 200
Abb. nächste Seite: Anne Schaefer, M.D., Ph.D., Department of Neuroscience, Department of Psychiatry, Icahn School of Medicine at Mount Sinai

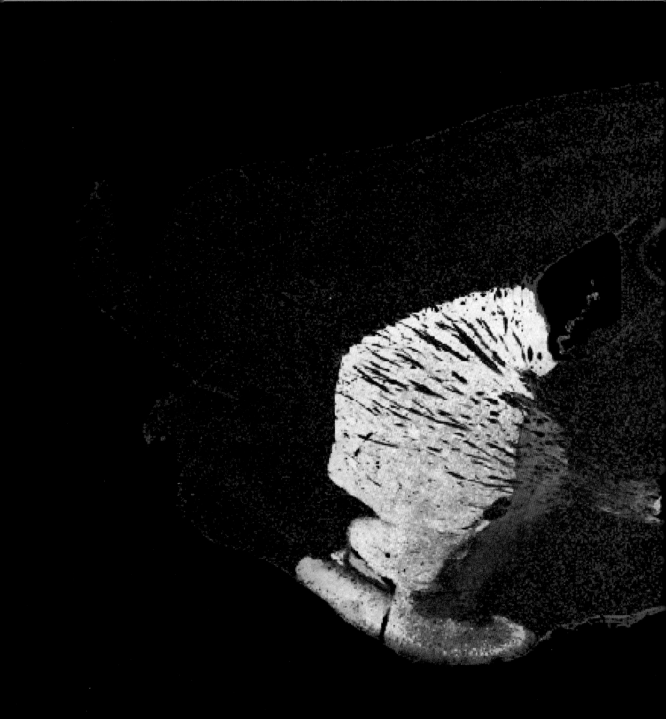

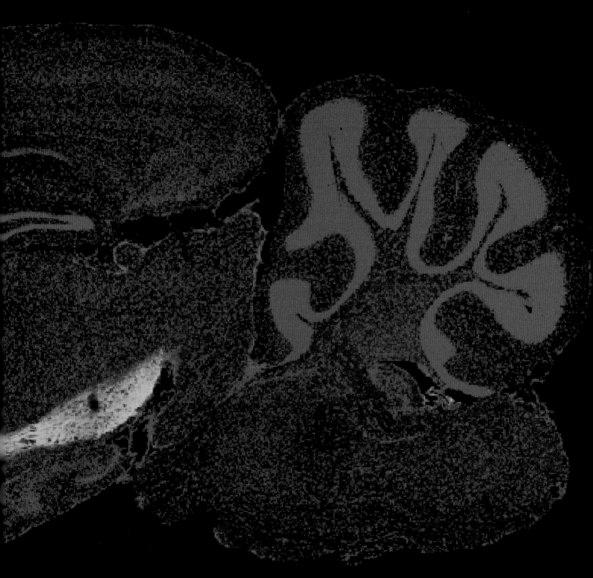

Hier sieht man das Gehirn einer Maus im Längsschnitt. Rechts liegt mit seinen blauen Ausstülpungen das Kleinhirn, ganz links bildet das Riechhirn ein kleines Anhängsel des Gehirns: den Riechkolben. In Blau sind Nervenzellkerne gefärbt. In Gelb erkennt man das Striatum, einen wichtigen Teil der Basalganglien, der die Bewegungsimpulse des Gehirns kontrolliert. Dies geschieht über die in Grün gezeigte Nervenbahn, über die das Striatum die sogenannte Substantia nigra erreicht. Dort werden Bewegungsimpulse aufeinander abgestimmt und bei Bedarf gehemmt. Sterben Zellen in der Substantia nigra ab, kann es daher zur Parkinson-Erkrankung kommen.

Das Zwischenhirn

Mittendrin statt nur dabei

Das Zwischenhirn, der Name legt es nahe, liegt genau zwischen Großhirnrinde und Hirnstamm (↓) in der Mitte des Gehirns. Auf diese Weise eignet es sich sehr gut als zentrale Verschaltungsstelle, um die eintreffenden Informationen zu verarbeiten, bevor sie die Welt der Großhirnrinde betreten. Deswegen sind die drei Hauptbestandteile des Zwischenhirns auch genau das: zentrale Steuereinheiten, die dem Großhirn viel Rechenarbeit abnehmen, sodass sich dieses auf die komplexesten Denkprozesse konzentrieren kann.

Das Zwischenhirn gliedert sich grob in drei Bereiche: den *Thalamus*, den *Hypothalamus* und die *Hypophyse* (die Hirnanhangdrüse). Der Thalamus (griech. für Keller) ist dabei tatsächlich so etwas wie das Vorzimmer zum Großhirn. Denn wenn der Thalamus von außen auch recht unscheinbar wirken mag, mit seiner bohnenförmigen, etwa drei Zentimeter langen Gestalt, stellt er doch eines der komplexesten Gebilde im Nervensystem dar. Einerseits, weil er vollgepackt ist mit dichten Nervenkernen, die ih-

Thalamus

Hypothalamus

Hypophyse

Das Zwischenhirn liegt als zentrale Steuereinheit ziemlich in der Mitte unseres Gehirns. Es lässt sich in drei Teile unterteilen: Thalamus, Hypothalamus und die Hirnanhangdrüse, die Hypophyse.

rerseits ausgiebig mit der Großhirnrinde verbunden sind. Andererseits aber – und das zeichnet ihn vor allem aus – müssen alle Sinneswahrnehmungen (↓) den Thalamus passieren, bevor sie in die Großhirnrinde gelangen (bis auf den Geruchssinn, dieser hat ja ein eigenes Riechhirn). Wie ein „Tor zum Bewusstsein" entscheidet der Thalamus also darüber, welche Sinnesreize wir überhaupt wahrnehmen und welche wir ausblenden – eine verantwortungsvolle Aufgabe.

Wenn der Thalamus gewissermaßen das „Sekretariat der Großhirnrinde" ist und entscheidet, welche Informationen durchdringen dürfen, dann ist der Hypothalamus das „Innenministerium des Körpers". Alle vegetativen (also unbewussten) Körperfunktionen werden vom Hypothalamus gesteuert, der direkt unterhalb (griech. *hypo*) des Thalamus liegt. Auch der Hypothalamus enthält viele Nervenkerne, die mit dem vegetativen Nervensystem in Kontakt stehen. So kann er den inneren Zustand des Körpers regulieren und nicht nur Atmung, Blutdruck

Hirnstamm → S. 62
Sinnesverarbeitung → S. 142

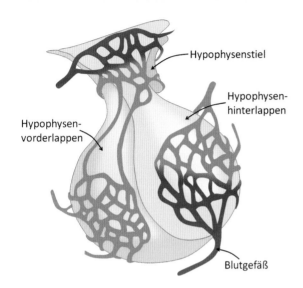

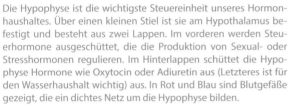

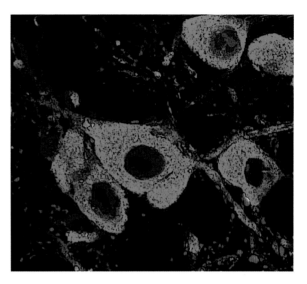

Die Hypophyse ist die wichtigste Steuereinheit unseres Hormonhaushaltes. Über einen kleinen Stiel ist sie am Hypothalamus befestigt und besteht aus zwei Lappen. Im vorderen werden Steuerhormone ausgeschüttet, die die Produktion von Sexual- oder Stresshormonen regulieren. Im Hinterlappen schüttet die Hypophyse Hormone wie Oxytocin oder Adiuretin aus (Letzteres ist für den Wasserhaushalt wichtig) aus. In Rot und Blau sind Blutgefäße gezeigt, die ein dichtes Netz um die Hypophyse bilden.

Nervenzellen der Hypophyse haben sich auf die Freisetzung ihrer ganz spezifischen Hormone konzentriert. In Grün sind hier Neurone gezeigt, die den Botenstoff Oxytocin freisetzen, der wichtig für die Partnerbindung zu sein scheint. Über die roten Synapsen können diese Nervenzellen von benachbarten Nervenzellen gehemmt werden.

und Körpertemperatur, sondern auch Hunger, Durst und das Sexualverhalten steuern.

Nun kann es schnell umständlich und kompliziert werden, mit Nervenimpulsen das vegetative Nervensystem und damit die unbewussten Körperfunktionen zu regeln. Deswegen hat der Hypothalamus noch ein Ass im Ärmel: die Hypophyse, die Hirnanhangdrüse, die über einen kleinen Stiel am Hypothalamus befestigt ist (s. Abb. oben). Anstatt mit Nervenimpulsen reguliert sie mit ihren „Master-Hormonen" die Freisetzung weiterer Hormone (wie Testosteron oder Östrogen) im Körper. So steuert der Hypothalamus indirekt auch

unseren hormonellen Zustand und damit unsere Gemütslage oder unseren Stoffwechsel (↓).

Auch unser Schlaf-Wach-Rhythmus wird vom Zwischenhirn kontrolliert (↓). Dazu ist es direkt mit dem Sehnerv verbunden und registriert (als „drittes Auge" gewissermaßen), ob es hell oder dunkel ist. Diese Information wird anschließend von der *Epiphyse*, der Zirbeldrüse, verarbeitet, die ebenfalls im Zwischenhirn liegt (und als einzige Hirnstruktur nicht paarig auftritt). Sie reguliert je nach Helligkeit die Freisetzung des „Müdigkeitshormons" Melatonin und kontrolliert so unseren Wachheitszustand. Tatsächlich gibt es so keine unbewusste Körperfunktion, die nicht vom Zwischenhirn kontrolliert wird.

Kontrolle des Stoffwechsels → S. 190
Schlaf → S. 204
Abb. oben rechts: William E. Armstrong, University of Tennessee Health Science Center, Memphis, TN, USA
Abb. nächste Seite: William E. Armstrong, University of Tennessee Health Science Center, Memphis, TN, USA

Hell- und dunkelbraune Fasern – nichts Besonderes könnte man meinen. Doch was hier dunkel gefärbt ist, sind ausschließlich Nervenzellen, die sich auf die Produktion von Zwischenhirn-Hormonen wie Oxytocin (wichtig für die menschliche Partnerschaft) oder Adiuretin (wichtig für den Wasserhaushalt) konzentrieren. Um das sichtbar zu machen, wurde das Gehirn quer geschnitten, man schaut quasi von vorne in das Zwischenhirn hinein. Der helle Streifen in der Mitte ist der Rest eines flüssigkeitsgefüllten Ventrikels. Die zwei braunen Felder daneben zeigen Nervenzellen (deren Zellkörper sind als kleine schwarze Punkte sichtbar), die ihre dünnen Fasern (die feinen „Härchen" im Bild) vom Zwischenhirn aus entsenden.

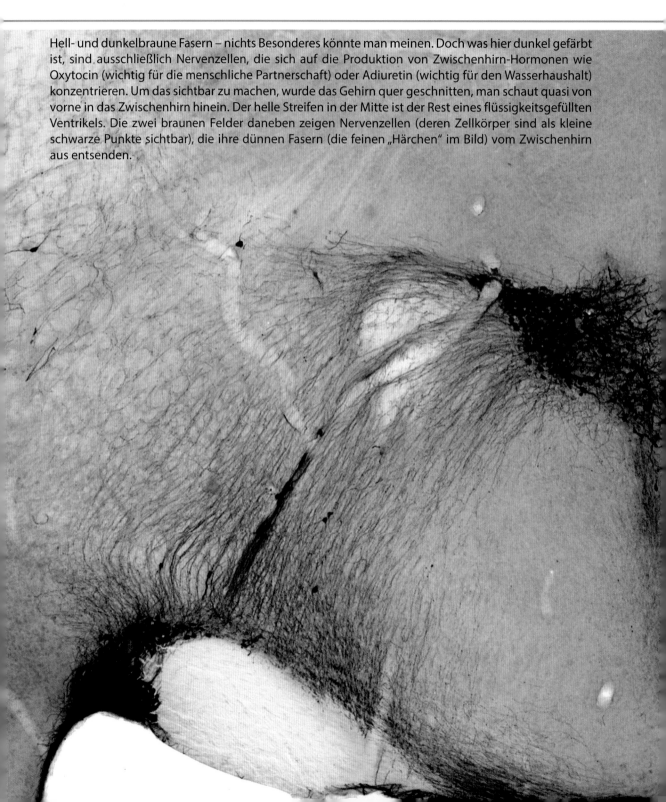

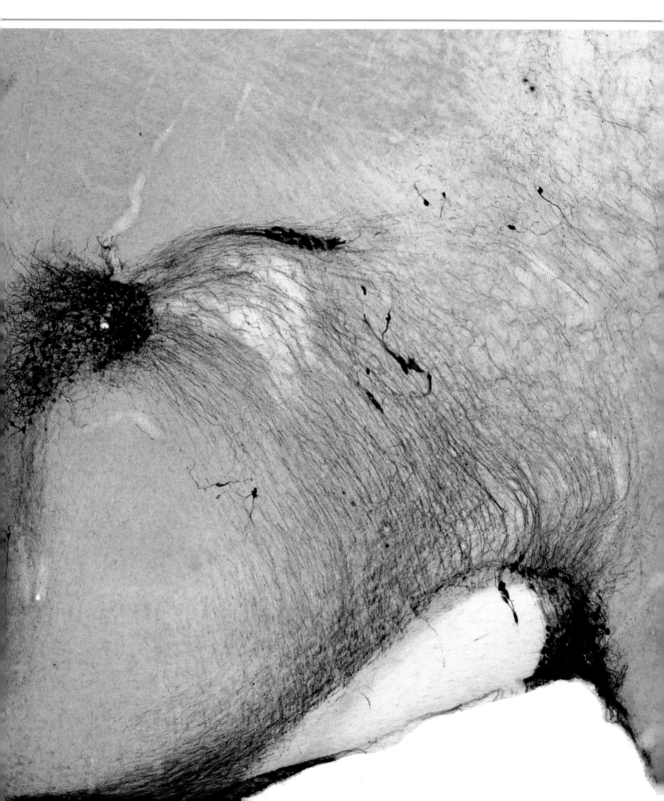

Das Kleinhirn

Man muss nicht groß sein, um groß zu sein

Das Kleinhirn kann weit mehr, als sein etwas abschätziger Name vermuten lässt. Es stellt das wichtigste Zentrum für die Koordination unserer Bewegungen dar. Scheinbar liegt es als „Anhängsel" des Großhirns separat im Nackenbereich, doch es ist über eine Vielzahl an Nervenverbindungen sowohl mit dem Rückenmark (↓) (und damit den Muskeln) als auch mit dem Großhirn (und damit den Bewegungszentren) verbunden. Es integriert die Bewegungsprogramme (↓) des Großhirns in die tatsächlichen Bewegungsabläufe der Muskeln; so bleiben wir immer im Gleichgewicht und fallen nicht auf die Nase. Insofern nimmt das Kleinhirn dem Großhirn viel Rechenarbeit ab und berät es bei der Ausführung von Bewegungen.

Das Kleinhirn arbeitet komplett im Unterbewusstsein, kann also nicht willentlich gesteuert werden. Auf engstem Raum ist es deutlich komplexer aufgebaut als die grobe Großhirnrinde und ein faszinierendes Studienobjekt für Anatomen. So findet man dort viele liebevoll benannte Regionen wie Segel, Blätter, Mandeln und Schneeflöckchen. Im Querschnitt erkennt man, dass viele Fasern vom Rückenmark und dem Hirnstamm (↓) direkt in das Kleinhirn ziehen und sich dort immer weiter verästeln. Diesen zentralen Ast an Nervenfasern, der ins Kleinhirn läuft, nennt man daher tatsächlich „Lebensbaum" (lat. *Arbor vitae*).

Schaut man von außen auf die Rückseite des Kleinhirns, erkennt man, dass es genauso wie das Großhirn in zwei Hälften aufgeteilt ist, wobei es aber deutlich stärker gefurcht ist. So vergrößert sich die Oberfläche des Kleinhirns auf ganze zwei Quadratmeter. Über die Mitte des Kleinhirns legt sich der sogenannte Kleinhirnwurm, eine Struktur, die Informationen von den Sehzentren und dem Gleichgewichtsorgan empfängt. Wenn wir seekrank werden, liegt das daran, dass ebenjener Kleinhirnwurm die optischen Informationen des Auges nicht mit den Gleichgewichtsempfindungen (↓) des Ohres zur Deckung bringen kann und ein Schwindelgefühl auslöst.

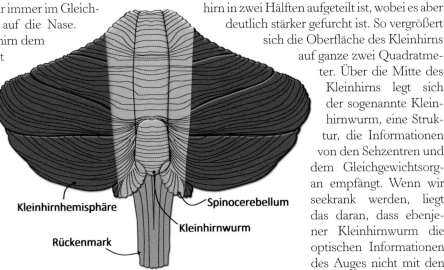

Kleinhirnhemisphäre

Spinocerebellum

Kleinhirnwurm

Rückenmark

Dieses Schema zeigt die Rückenseite des Kleinhirns. So fällt seine symmetrische Anordnung auf. In der Mitte liegt der Kleinhirnwurm (gelb), der Informationen von Auge und Gleichgewichtsorgan abgleicht. Das daneben liegende Spinocerebellum (hellblau) registriert den Dehnungszustand der Muskeln. Die restliche Kleinhirnhemisphäre (dunkelblau) ist an der Koordination von Bewegungen beteiligt.

Rückenmark → S. 20
Bewegungssteuerung → S. 180
Hirnstamm → S. 62
Gleichgewichtssinn → S. 160

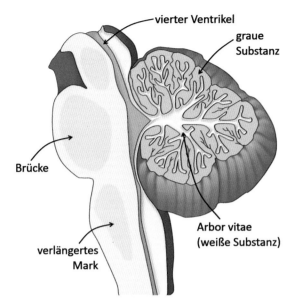

vierter Ventrikel

graue Substanz

Brücke

Arbor vitae (weiße Substanz)

verlängertes Mark

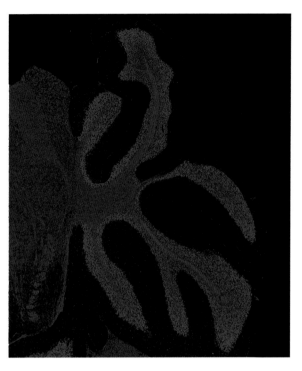

Ein seitlicher Schnitt durch den Nackenbereich des Gehirns zeigt: Das Kleinhirn liegt wie eine wulstförmige Ausstülpung hinter dem Hirnstamm (Brücke und verlängertem Mark). Im vierten Ventrikel fließt Hirnflüssigkeit entlang und versorgt auch das Kleinhirn, das sich mit seinen vielen Verästelungen genauso wie das Großhirn in eine graue und eine weiße Substanz aufteilt.

In der linken Abbildung noch schematisch, hier in einer mikroskopischen Aufnahme: Das Kleinhirn bildet zahlreiche Furchen aus, die seine Oberfläche drastisch vergrößern. In Rot erkennt man die Zellkerne der Neurone, deren Fasern sind in Blau gefärbt. Das Kleinhirn ist gut mit vielen Hirnregionen verbunden und ermöglicht so die Koordination komplexer Bewegungen.

Neben dem Kleinhirnwurm liegt das „Rückenmarkskleinhirn" (lat. *Spinocerebellum*), das an das Rückenmark gekoppelt ist und den aktuellen Dehnungs- und Lagezustand unserer Muskeln registriert. Dies wird dann in den Kleinhirnhemisphären, die den größten Teil des Kleinhirns ausmachen, mit den Bewegungsimpulsen des Großhirns verglichen – und falls nachjustiert werden muss, schreitet das Kleinhirn direkt ein.

Nun ist das Kleinhirn wirklich nicht besonders groß, und daher müssen die Nervenfasern des Großhirns geradezu in das Kleinhirn hineinklettern. Wie Schlingpflanzen hangeln sich diese sogenannten Kletterfasern

an einem speziellen Zelltyp des Kleinhirns hinauf: den *Purkinje-Zellen*. Diese Nervenzellen sind die komplexesten überhaupt im Nervensystem und bilden eine zweidimensionale Verästelung mit bis zu 100.000 Kontakten zu den Kletterfasern aus. So integriert das Kleinhirn die geplanten Bewegungsmuster des Großhirns mit den tatsächlichen Bewegungszuständen der Muskeln. Ohne Kleinhirn wären koordinierte Bewegungen also gar nicht möglich.

Abb. nächste Seite: Thomas Deerinck und Mark Ellisman, The National Center for Microscopy and Imaging Research, UCSD

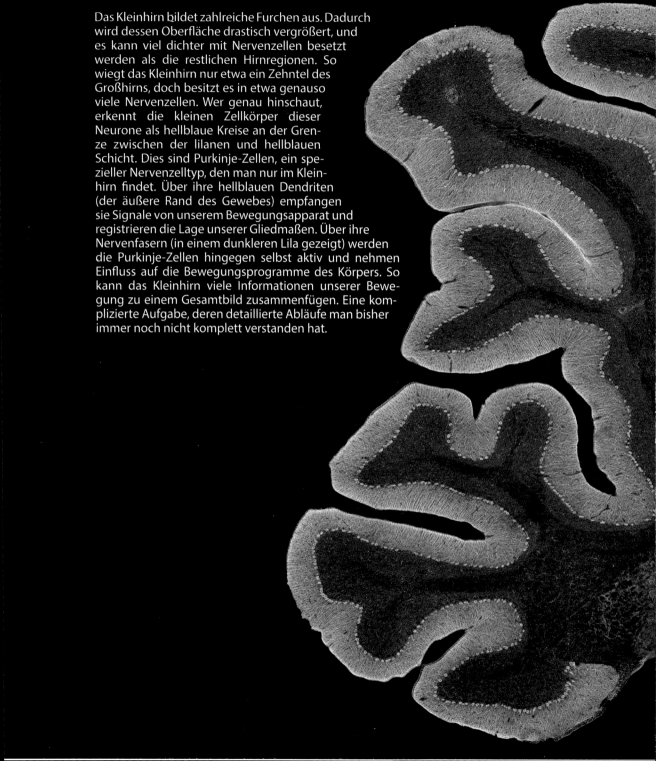

Das Kleinhirn bildet zahlreiche Furchen aus. Dadurch wird dessen Oberfläche drastisch vergrößert, und es kann viel dichter mit Nervenzellen besetzt werden als die restlichen Hirnregionen. So wiegt das Kleinhirn nur etwa ein Zehntel des Großhirns, doch besitzt es in etwa genauso viele Nervenzellen. Wer genau hinschaut, erkennt die kleinen Zellkörper dieser Neurone als hellblaue Kreise an der Grenze zwischen der lilanen und hellblauen Schicht. Dies sind Purkinje-Zellen, ein spezieller Nervenzelltyp, den man nur im Kleinhirn findet. Über ihre hellblauen Dendriten (der äußere Rand des Gewebes) empfangen sie Signale von unserem Bewegungsapparat und registrieren die Lage unserer Gliedmaßen. Über ihre Nervenfasern (in einem dunkleren Lila gezeigt) werden die Purkinje-Zellen hingegen selbst aktiv und nehmen Einfluss auf die Bewegungsprogramme des Körpers. So kann das Kleinhirn viele Informationen unserer Bewegung zu einem Gesamtbild zusammenfügen. Eine komplizierte Aufgabe, deren detaillierte Abläufe man bisher immer noch nicht komplett verstanden hat.

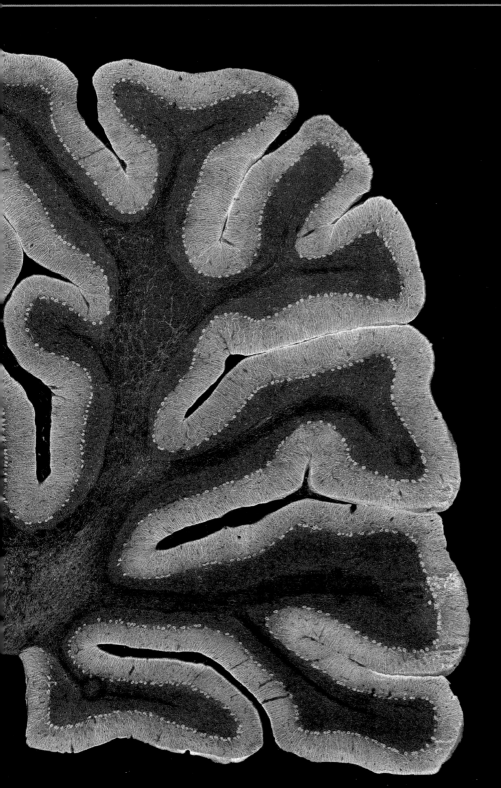

Der Hirnstamm

Ein Stecker fürs Gehirn

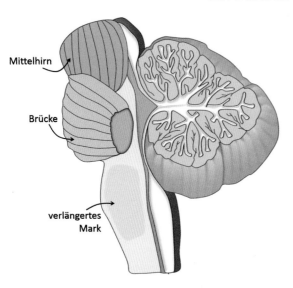

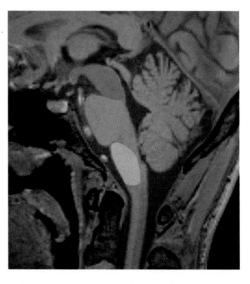

Der Hirnstamm besteht aus drei Teilen: Mittelhirn, Brücke und verlängertem Mark. So koppelt er Groß- und Kleinhirn ans Rückenmark und verschaltet die Ein- und Ausgänge der Nervenfasern.

Diese MRT-Aufnahme zeigt, wie der Hirnstamm (in der Bildmitte) zwischen Groß- und Kleinhirn liegt. Zur besseren Veranschaulichung sind die Hirnstammbereiche wie im Schema links gefärbt.

Das Gehirn thront über allen Dingen, und deswegen muss es besonders gut mit dem gesamten Nervensystem verknüpft sein. Als „Stecker des Gehirns" koppelt daher der Hirnstamm das Gehirn an das Rückenmark und baut die wichtigen Kontaktstellen zum restlichen Nervensystem auf. Der Hirnstamm besteht aus drei Teilen, die eng nebeneinander liegen und deren Strukturen ineinander übergehen: das Mittelhirn, die Brücke und das verlängerte Mark.

So wichtig und bedeutsam es klingt, das Mittelhirn ist kaum 1,5 Zentimeter lang, liegt direkt unterhalb des Zwischenhirns und seine Funktionen sind auch weniger umfangreich. Es ist vollgepackt mit Ansammlungen von Nervenkernen, die hauptsächlich unsere Körperbewegungen kontrollieren. Zwei dieser Kerne, die aus einer Vielzahl an Nervenzellen bestehen, sind immerhin ein wenig besonders, denn sie sind gefärbt: der *Nucleus ruber* (roter Kern, durch Eisen in den Zellen rötlich gefärbt) und die *Substantia nigra* (schwarze Substanz, durch den Farbstoff Melanin in den Nervenzellen dunkel gefärbt). Beide Kerne sind wichtig für die korrekte Steuerung unserer Bewegungen. Wenn die Nervenzellen der Substantia nigra absterben, kann dies schwerwiegende Konsequenzen für unsere Motorik haben: Es entwickelt sich die Parkinson-Krankheit (↓).

Unterhalb des Mittelhirns liegt die Brücke (die bunte Verdickung in der Abbildung rechts). Hier ist der Name Programm, denn sie überbrückt tatsächlich das Mittelhirn, das Kleinhirn und das verlängerte Mark – eine wichtige Umschaltstelle gewissermaßen. Die Brücke ist als etwa 2,5 Zentimeter langer Wulst am Hirnstamm gut erkennbar und enthält zahlreiche Nervenbahnen und Neuronenansammlungen. Diese bündeln die in das Gehirn eintretenden und ausgehenden Fasern und verschalten sie neu. Die auffälligste Faserbahn ist die Pyramidenbahn, die an der Vorderseite der Brücke liegt und Bewegungsinformationen ins Rückenmark leitet. Der bedeutendste Nervenkern in der Brücke ist die Olive, weil diese Struktur ein bisschen wie die mediterrane Frucht in die Länge gezogen ist. Dort werden Hörinformationen (↓) verarbeitet und ermittelt, aus welcher Richtung ein Ton kommt. Außerdem verknüpft die Olive das Kleinhirn mit dem restlichen Gehirn.

Das Gehirn endet an einem Übergangsbereich zum Rückenmark, den man nicht scharf abgrenzen kann. Deswegen nennt man ihn „verlängertes Mark", das sich vom Rückenmark durch den ganzen Hirnstamm bis an die Rückseite des Mittelhirns zieht. In einem besonderen Bereich (der „Netzwerkformation", lat. *Formatio reticularis*) liegen hier viele diffuse Nervengrüppchen und Faseransammlungen, die eine Reihe automatisierter Körperfunktionen steuern. So reguliert die Netzwerkformation nicht nur unsere Atmung, sondern auch unseren Blutdruck, die innere Anspannung unserer Muskeln, unseren Wachheitszustand und unseren Brechreflex.

Der Hirnstamm ist also mehr als ein bloßer Stiel, auf dem das Gehirn sitzt. Er verknüpft die Hirnregionen intensiv miteinander, ist die wichtige Austrittsstelle für die Hirnnerven und steuert grundlegende Körperfunktionen.

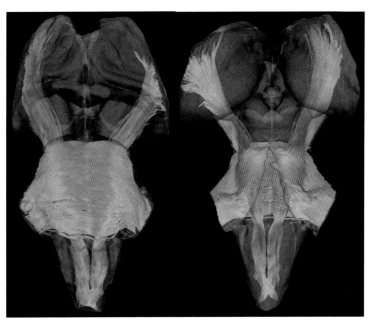

Der Hirnstamm dient als wichtige Verschaltungsstation für Nervenfasern auf ihrem Weg in das Gehirn hinein und daraus heraus. Hier wurden genau diese Faserverläufe sichtbar gemacht. Rot markierte Fasern verbinden rechts und links, blaue oben und unten, grün vorn und hinten. Im linken Bild schaut man von vorne (anterior) auf den Hirnstamm, im rechten Bild von der Nackenseite (posterior). Der dicke rote Wulst jeweils in der Mitte der beiden Aufnahmen ist die Brücke, in der sich viele Fasern überkreuzen.

Parksinon → S. 228
Hören → S. 156
Abb. oben rechts: Dr. Evan Calabrese, Dr. Christine Hulette, und Dr. G. Allan Johnson, Duke University Center for In Vivo Microscopy, Durham, NC, USA

Der Balken
Highway zwischen den Hirnhälften

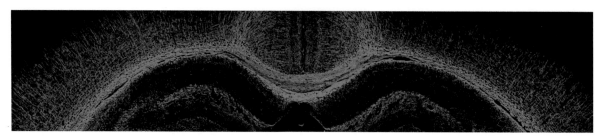

Der Balken verknüpft die beiden Hirnhälften (in diesem Fall in einem Mausgehirn) miteinander. In diesem Bild ist die Isolationsschicht der Nervenfasern grün gefärbt. So wird der Balken, der hauptsächlich aus solchen Nervenfasern besteht, als grüner Querstreifen sichtbar.

Wie überall im Leben kommt es auch beim Gehirn auf die richtige Verbindung an. Besonders wichtig ist dabei der Kontakt zwischen den beiden Großhirnhälften. Damit diese effektiv zusammenarbeiten können, sind sie durch ein dickes Nervenfaserbündel, den Balken (lat. *Corpus callosum*), miteinander verbunden. Der Balken ist etwa so dick wie ein Daumen, und doch enthält er beim Menschen etwa eine Viertelmilliarde Nervenfasern, die zwischen den beiden Hirnhälften hin und her laufen.

Warum, kann man nun fragen, haben sich überhaupt zwei räumlich getrennte Hirnhälften entwickelt, die einen solchen Balken als Verbindung brauchen? Das liegt daran, dass sich ein Gehirn seine Gedankenarbeit aufteilt. So gibt es Hirnregionen, die nur für die Steuerung von Bewegung (↓) oder die Analyse von Sinneseindrücken zuständig sind. Auch die Sprachzentren (↓) liegen überwiegend in einer Hirnhälfte (in etwa 95 Prozent der Fälle links, wenn man Rechtshänder ist). Die für die Bewegungs- oder Sprachsteuerung notwendigen Rechenschritte sind aufwendig und werden umso besser durchgeführt, je kompakter das dafür notwendige Nervennetz ist. Aus diesem Grund steuern wir unsere rechte Hand nur mit einer (der linken) Hirnhälfte und umgekehrt. Auf diese Weise wird der Rechenaufwand auf engem Raum begrenzt.

Dieses Schema verdeutlicht, wie die Fasern im Balken (in Grau gezeigt) zwischen den beiden Hirnhälften hin und her laufen. Auf diese Weise sind die Hirnhälften gut verknüpft und bilden eine Einheit.

Bewegungssteuerung → S. 180
Sprache → S. 188

So stimmen sich die Nervenzellen schneller miteinander ab, und der Rechenvorgang wird beschleunigt. Ab und an müssen sich die Hirnhälften in ihrer Arbeit jedoch synchronisieren (wenn wir beispielsweise beide Hände gleichzeitig nutzen). Dann reicht es, wenn sich die beiden Hirnhälften über den Balken kurz abstimmen. Deswegen genügen die (dafür wieder relativ wenigen) Nervenfasern des Balkens. Nur ein Bruchteil der Informationen wird also zwischen den beiden Hirnhälften ausgetauscht, und das reicht, um Sprache, Sinnesempfindungen und Gedanken zu koordinieren.

Letztendlich ist der Balken also nichts weiter als ein besonders dickes Bündel aus Nervenfasern, die hier außergewöhnlich dicht gepackt sind. Ein solch dichtes Gedränge an Nervenfasern auf engstem Raum erfordert, dass diese gut voneinander elektrisch isoliert werden. Diese Nervenfaserisolierung, das Myelin (griech. für „Mark"), kann allerdings nicht von den Nervenzellen alleine aufgebaut werden, sie werden dazu von helfenden Gliazellen unterstützt. Im Gehirn sind es die sogenannten Oligodendrozyten (↓), die die Isolierung der Nervenfasern ermöglichen. Bis zu 200 Mal kann sich ein solcher Oligodendrozyt um die Faser herumwickeln, bis nur noch seine eiweiß- und fettreiche Membran nach außen sichtbar ist. Diese Membran stellt ein ideales Isolationsmaterial dar und garantiert, dass die Nervenfasern nicht nur dicht gebündelt werden können, sondern dass die Impulse auch besonders schnell weitergeleitet werden (↓).

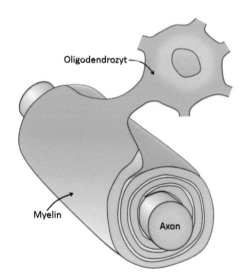

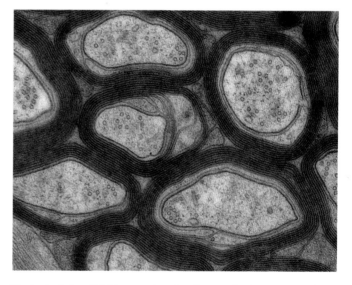

Im Balken sind Nervenfasern durch eine dicke Hülle elektrisch isoliert. Diese Hülle wird von Gliazellen aufgebaut, die sich mit ihren Ausläufern hundertfach um die Faser herumwickeln und eine mehrschichtige Isolierung, das sogenannte Myelin, aufbauen.

Was in der linken Abbildung noch recht schematisch scheint, wird in dieser elektronenmikroskopischen Aufnahme deutlich: Der Balken wurde quer geschnitten, so schaut man praktisch in die Querschnitte der einzelnen Nervenfasern hinein. Die hellen Kreise sind das Innere dieser Nervenfasern, die vielen Lamellen darum herum die isolierende Schutzhülle, die Myelinschicht.

Oligodendrozyten → S. 130
Weiterleitung von Nervenimpulsen → S. 108
Abb. unten rechts: Wiebke Möbius, Abteilung für Neurogenetik, Max-Planck-Institut für Experimentelle Medizin, Göttingen
Abb. nächste Seite: Jan Klein, Fraunhofer MEVIS – Institute for Medical Image Computing

rechte Hirnhälfte

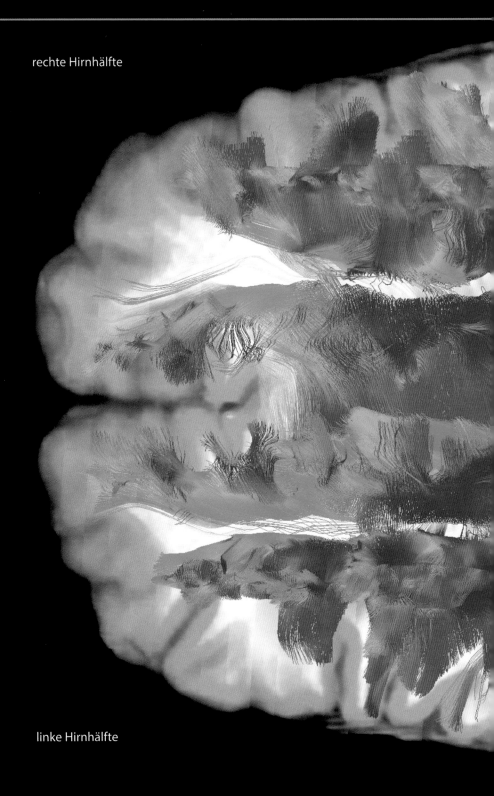

linke Hirnhälfte

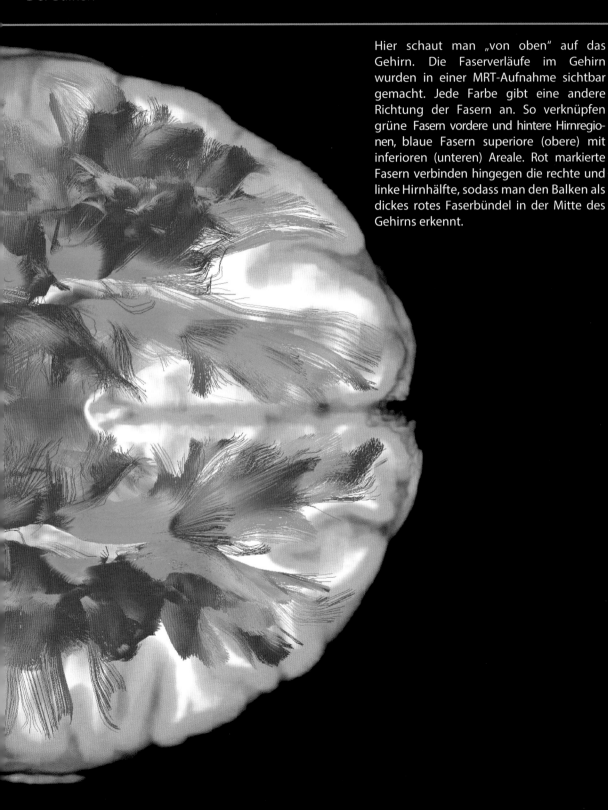

Hier schaut man „von oben" auf das Gehirn. Die Faserverläufe im Gehirn wurden in einer MRT-Aufnahme sichtbar gemacht. Jede Farbe gibt eine andere Richtung der Fasern an. So verknüpfen grüne Fasern vordere und hintere Hirnregionen, blaue Fasern superiore (obere) mit inferioren (unteren) Areale. Rot markierte Fasern verbinden hingegen die rechte und linke Hirnhälfte, sodass man den Balken als dickes rotes Faserbündel in der Mitte des Gehirns erkennt.

Das Ventrikelsystem

Polstert das Gehirn

Das Gehirn ist ein sehr empfindliches Organ. Damit es nicht bei jeder Kopfbewegung am Schädelknochen kratzt, ist es von einem Flüssigkeitspolster umgeben, das das Gehirn gegen Stöße schützt. Diese Hirnflüssigkeit nennt man *Liquor* (lat. für Flüssigkeit). Der Liquor umspült somit das gesamte zentrale Nervensystem (außer dem Gehirn auch das Rückenmark) und zieht

sich außerdem in ein verzweigtes Gängesystem in das Gehirn hinein. Diese flüssigkeitsgefüllten Hohlräume im Gehirn nennt man *Ventrikel* (lat. für Höhle).

Im Inneren des Gehirns gibt es vier Ventrikel: Zwischen den beiden Großhirnhälften liegen die beiden Seitenventrikel, über dem Zwischenhirn der

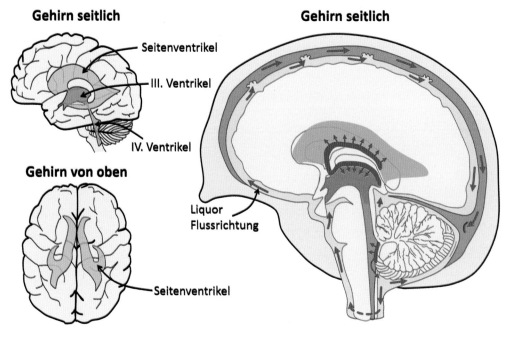

Die Hirnventrikel sind ein System aus Gängen und Höhlen, die sich durch das Gehirn hindurchziehen. Links sieht man in Grüngelb schematisch, wie diese Ventrikel im Inneren des Gehirns zwei sichelförmige Höhlen bilden, die mit der Hirnflüssigkeit, dem Liquor, gefüllt sind. Im rechten Schema ist gezeigt, wie dieser Liquor (in Blau) das gesamte Gehirn umspült und somit ein polsterndes Flüssigkeitskissen bildet. In Dunkelblau erkennt man das Blutgefäßsystem, das überschüssigen Liquor aufnehmen kann. Der Liquor wird vorwiegend in den orange markierten Regionen in der Ventrikelwand gebildet und von dort im gesamten Ventrikelsystem umhergepumpt (siehe Pfeile).

III. Ventrikel und zwischen Kleinhirn und Hirnstamm der IV. Ventrikel. Alle Ventrikel stehen dabei miteinander in Verbindung, so kann der Liquor ständig umhergepumpt werden. Insgesamt besitzt der Mensch etwa 150 Milliliter dieser Nervenflüssigkeit, davon befinden sich 20 Prozent in den Ventrikeln, der Rest umspült im äußeren Liquorsystem das Gehirn und Rückenmark.

Das Gehirn ist nicht nur recht empfindlich, sondern auch sehr reinlich, denn es erneuert sein „Badewasser" drei bis vier Mal am Tag und stellt etwa einen halben Liter neuen Liquor her. Dies übernehmen kleine Zellgrüppchen, die sich in einem dichten, gut durchbluteten Geflecht, dem *Plexus choroideus*, aneinanderlagern. Dieser Plexus kleidet große Teile der Ventrikel aus und sorgt dafür, dass überall frischer Liquor hergestellt wird. Dazu entziehen die Zellen des Plexus choroideus dem Blut das Blutplasma, reinigen es auf und schütten dieses Blut-Filtrat in den Ventrikel aus. Der Liquor ist also eine glasklare Flüssigkeit, ohne Blutkörperchen oder andere Zellen, mit sehr viel weniger Nährstoffen als das Blut.

Natürlich darf auch nicht zu viel Liquor hergestellt werden, denn schon minimale Änderungen des Liquorvolumens können das Gehirn erheblich schädigen, weil dadurch Druck auf das Hirngewebe ausgeübt werden kann. Deswegen befinden sich überall um das äußere Liquorsystem herum Verbindungen zu Blutgefäßen, die überschüssigen Liquor aufnehmen.

Der Liquor dient demnach als Flüssigkeitskissen, in dem unser Gehirn schwimmt und ihm Auftrieb verleiht. Obwohl das Gehirn etwa 1,5 Kilogramm wiegt, drückt es daher nur mit etwa 50 Gramm auf unsere Schädelknochen und ist dadurch gut gepolstert. Das merkt man sofort, wenn man den Kopf schnell hin und her dreht. Dann schwappt das Gehirn im Liquor hin und her. Erst bei schweren Schlägen auf den Kopf reicht auch der Liquor als Pufferung nicht mehr aus und das Gehirn stößt an den Schädelknochen – eine Gehirnerschütterung ist die Folge (↓).

Neben dieser Pufferfunktion dient der Liquor außerdem der Entsorgung schädlicher Molekülverbindugen, die in dieser Flüssigkeit schnell abtransportiert und ins Blut überführt werden. Eine wichtige Aufgabe, damit das Gehirn bei seiner ständigen Aktivität nicht mit anfallenden Stoffwechselprodukten überhäuft wird.

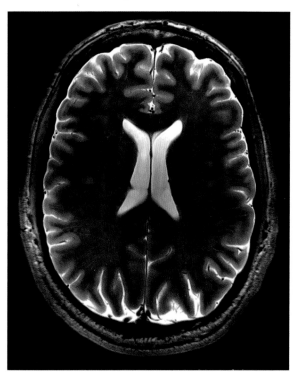

Diese MRT-Aufnahme zeigt in der Mitte die mit Liquor gefüllten sichelförmigen Seitenventrikel (heller als die restliche Hirnmasse).

Gehirnerschütterung → S. 242
Abb. unten links: Prof. Dr. Klaus Scheffler, Max Planck Institut für biologische Kybernetik, Tübingen

Die Hirnhäute

Packen das Gehirn ein

Das Gehirn achtet auf sein Äußeres und wahrt gerne Distanz zu den umgebenden Geweben. Deswegen baut es gleich drei Hirnhäute auf, mit denen es sich von der Außenwelt abschirmt. Auf diese Weise wird das Gehirn gut verpackt und schwimmt gleichzeitig gepolstert im Liquor (↓), der sich zwischen diesen Hirnhäuten befindet.

Ganz außen, an seiner Gewebeoberfläche, muss das Gehirn besonders robust geschützt werden. Deswegen umgibt die harte Hirnhaut das komplette Gehirn wie ein zäher Mantel. Diese Hirnhaut folgt nicht den vielen Einfurchungen (den Sulci) des Gehirns, sondern liegt immer press am Schädelknochen an. Nur in besonders große Furchen, z. B. zwischen den beiden Hirnhälften, schiebt sich die harte Hirnhaut ein bisschen hinein. So stabilisiert sie das Gehirngewebe, das eigentlich recht schlaff und formbar ist.

Direkt unterhalb der harten Hirnhaut liegt die Spinnengewebshaut, eine zarte und feine Bindegewebsschicht. Sie ist eigentlich sehr dünn, doch spannt sie viele filigrane Fäden auf, die bis zur innersten Hirnhaut, der weichen Hirnhaut, reichen. Diese Fäden stabilisieren auf diese Weise den Raum zwischen der harten und der weichen Hirnhaut und ermöglichen es, dass dieser Raum aufgefüllt ist mit Hirnflüssigkeit.

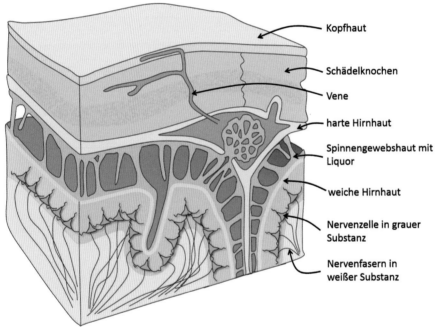

Kopfhaut

Schädelknochen

Vene

harte Hirnhaut

Spinnengewebshaut mit Liquor

weiche Hirnhaut

Nervenzelle in grauer Substanz

Nervenfasern in weißer Substanz

Dieses Schema zeigt, wie die drei Hirnhäute das Gehirngewebe umgeben. Die harte Hirnhaut schirmt als zähe Deckschicht den Schädelknochen vom Gehirn ab. Die darunter liegende Spinnengewebshaut spannt den Raum für den Liquor auf. Die innerste, die sogenannte weiche Hirnhaut schmiegt sich eng an das Nervengewebe an. An manchen Stellen sind die Hirnhäute von Venen durchsetzt, die überschüssige Hirnflüssigkeit abtransportieren. Deswegen bilden sich mitunter Ausstülpungen der Spinnengewebshaut in den Bereich des Venensystems.

Liquor → S. 68

Die feinen Verstrebungen der Spinnengewebshaut dienen quasi als Gerüst für das Liquor-Kissen. Die Spinnengewebshaut schirmt diesen Liquor also nach außen ab und vermittelt auch dessen Abtransport: An manchen Stellen stülpt sie sich durch die harte Hirnhaut hindurch, bis sie die Blutgefäße erreicht. Dort kann überschüssige Hirnflüssigkeit in den Blutkreislauf übertreten.

Die harte Hirnhaut bildet die äußere Schutzhülle, die Spinnengewebshaut konstruiert den Liquor-Raum, die weiche Hirnhaut schmiegt sich hingegen eng an die Oberfläche des Gehirns an und dringt in sämtliche Vertiefungen und Einbuchtungen vor. Sie umschließt auch die Blutgefäße, die ins Gehirn eintreten, mit einer Bindegewebshülle und folgt ihnen bis in die feinsten Verästelungen.

Wie wichtig die Hirnhäute sind, merkt man, wenn sie verletzt oder angegriffen werden. Bei schweren Gehirnerschütterungen kann es zu Blutungen in die Bereiche zwischen den Hirnhäuten kommen. Die Hirnhäute sind dabei flexibel und dehnbar, daher können sich durch solche Einblutungen Schwellungen entwickeln, die auf das Nervengewebe drücken und zur Bewusstlosigkeit führen können (↓). Ähnlich gravierend sind Hirnhautentzündungen (durch Bakterien oder Viren), bei denen meist die inneren beiden Hirnhäute betroffen sind und die schwere Folgeschäden (z. B. geistige Behinderung) für das Gehirn haben können.

Interessanterweise sind die Hirnhäute äußerst schmerzempfindlich, ganz im Gegensatz zum Gehirn, das keinerlei Schmerzsinneszellen besitzt und somit keinen Schmerz spüren kann. Bei Kopfschmerzen tut daher nicht das Gehirn an sich weh, der Schmerz geht vielmehr häufig von den Hirnhäuten aus. Oft liegt das an Durchblutungsstörungen (z. B. ruckartigen Blutdruckschwankungen, die möglicherweise eine anschließende Migräne auslösen können), die die Schmerzrezeptoren in den Hirnhäuten reizen.

Die Hirnhäute formen eine dreischichtige Ummantelung des Gehirns. In dieser Aufnahme sieht man im unteren Bereich Nervengewebe, das von der weichen Hirnhaut umgeben ist. Diese ist sehr dünn, kaum zu erkennen – im Gegensatz zur harten Hirnhaut, die am oberen Bildrand als breiter Streifen sichtbar ist. Dazwischen befindet sich ein bizarres Gebilde aus Verästelungen und Verstrebungen, das mit Liquor angefüllt ist. Dies ist der Bereich der Spinnengewebshaut.

Hirnblutungen → S. 242
Abb. unten links: Steven C. Gabaeff, MD, FAAEM, FACEP

Durchblutung des Gehirns
Sorgt ständig für Nährstoffnachschub

Das Gehirn benötigt viel Energie und muss ständig mit ausreichend Nährstoffen (vor allem Zucker, in Fastenzeiten auch mit Molekülen, die sich von Fettsäuren ableiten) versorgt werden. Die Durchblutung des Gehirns ist deswegen konstant hoch und ändert sich kaum, ob wir körperlich aktiv sind oder nicht. Nach der Niere zählt das Gehirn daher zu den bestdurchbluteten Organen überhaupt: Durch ein ausgewachsenes Gehirn kann ein knapper Liter Blut pro Minute strömen. Das ist auch unbedingt nötig, denn schon nach knapp zehn Sekunden ohne Blutzufuhr verlieren wir unser Bewusstsein.

Normalerweise läuft die Blutversorgung von Organen in unserem Körper nach einem einfachen Schema ab: Durch einen Hauptzugang (den *Hilus*) treten die Blutgefäße in das entsprechende Organ (zum Beispiel die Leber) ein und verzweigen sich dann immer weiter. Das ist im Gehirn anders, denn alle Blutgefäße verlaufen zunächst netzartig an der Oberfläche des Gehirns entlang, bevor sie anschließend in die Tiefen des Organs eindringen.

Drei große Arterien beliefern das Gehirn mit frischem Blut: die vordere, mittlere und hintere Gehirnarterie, die jeweils unterschiedliche Hirnregionen versorgen. Ihre Verästelungen reichen bis in die feinsten Hirnstrukturen hinein und bilden ein enges Kapillarnetz. Der Großteil des Energieumsatzes im Großhirn findet dabei in der grauen Substanz (↓) der Großhirnrinde statt, in der die Zellkörper der Nervenzellen sitzen. Das Blutgefäßnetz ist deswegen in der grauen Substanz deutlich dichter als in der weißen Substanz, die vorwiegend aus Nervenfasern besteht. Hier zeigt sich der große Vorteil der Furchungen des Gehirns: Dadurch dass das Gehirn viele Einstülpungen hat, ist es möglich, dass die Blutgefäße auch wirklich zu den Nervenzellen vordringen können. Wäre das Gehirn glatt, könnten viel weniger Zellen mit Nährstoffen beliefert werden.

Das Gehirn gehört zusammen mit der Niere zu den am besten durchbluteten Organen. Es wird konstant mit Nährstoffen versorgt – unabhängig davon, ob wir gerade schlafen oder aktiv sind. Diese Aufnahme zeigt, wie sich die sauerstoffreichen Blutgefäße (rot) des Gehirns netzartig im Nervengeflecht verteilen.

graue Substanz → S. 38

Durch zwei verschiedene Venentypen wird das Blut aus dem Gehirn wieder abgeleitet: die oberflächlichen Venen und die tiefen Venen. Während die oberflächlichen Venen das Blut aus den äußersten ein bis zwei Zentimetern der Hirnrinde abtransportieren, dringen die tiefen Venen auch unter die Hirnrinde bis zum Zwischenhirn vor. Interessanterweise wird das gesamte venöse Blut in einem Gängesystem innerhalb der harten Hirnhaut (↓) gesammelt. Bevor die Venen aus dem Gehirn austreten, werden sie also von der harten Hirnhaut geschützt und dem wichtigsten Blutausgang zugeleitet: der inneren Drosselvene.

So wichtig die konstante Blutversorgung des Gehirns auch ist, nicht alles, was im Blut ist, darf auch in das Nervensystem eindringen. Deswegen ist das Blutgefäßsystem durch eine nahezu undurchdringliche Barriere streng vom Nervensystem getrennt: der Blut-Hirn-Schranke (↓). Bestimmte Stützzellen dichten dabei die Blutgefäße ab und verhindern, dass Stoffe aus dem Blut ungehindert zu den Nervenzellen vordringen können. Diese Stützzellen regulieren dabei auch, welche Moleküle das Gehirn betreten dürfen und sorgen so dafür, dass die Elektrolytkonzentration bei den Nervenzellen konstant bleibt.

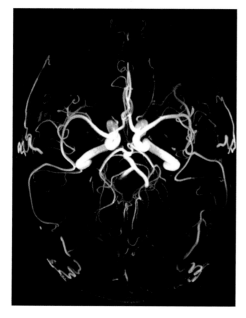

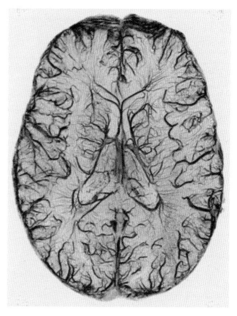

Hier schaut man von unten auf ein menschliches Gehirn und hat in dieser MRT-Aufnahme nur die sauerstoffreichen Blutgefäße sichtbar gemacht. Auch wenn es nicht wie bei anderen Organen einen einzigen Zugang der Blutgefäße gibt, sieht man, dass für jede Hirnhälfte eine wichtige Arterie für die Blutversorgung zuständig ist: die in diesem Bild als dicke helle Schlaufe erkennbare *Arteria carotis*, die Blut von der Unterseite ins Hirngewebe liefert.

Genauso wichtig wie eine ausreichende Zufuhr von sauerstoffreichem Blut ist die Abfuhr von sauerstoffarmem. Diese MRT-Aufnahme zeigt das feine Geflecht (die dunklen Linien) aus eben jenen Venen, die das Blut aus dem Gehirn abführen.

Hirnhaut → S. 70
Blut-Hirn-Schranke → S. 124
Abb. unten links und rechts: Prof. Dr. Klaus Scheffler, MPI für biologische Kybernetik, Tübingen
Abb. nächste Seite: Alfonso Rodríguez-Baeza und Marisa Ortega, Morphological Science Department, Universitat Autònoma de Barcelona

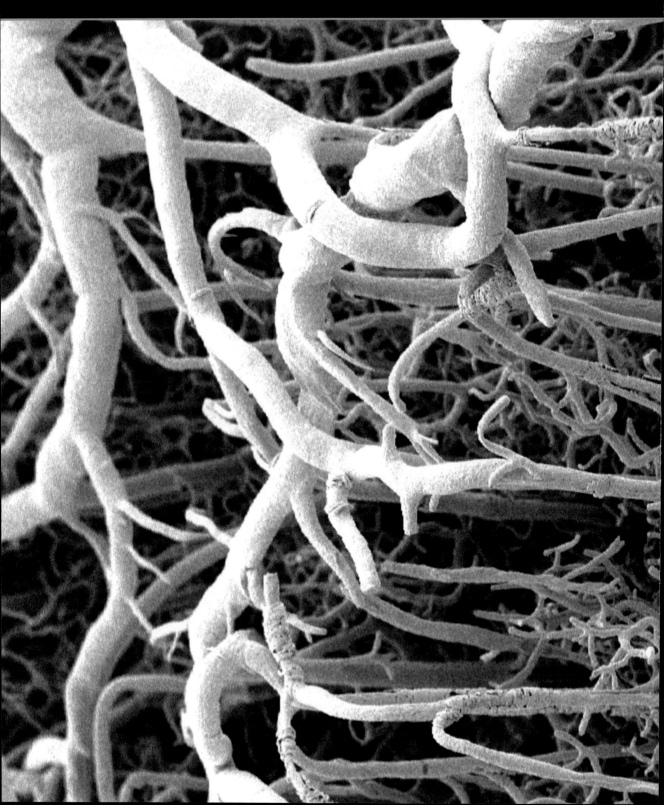

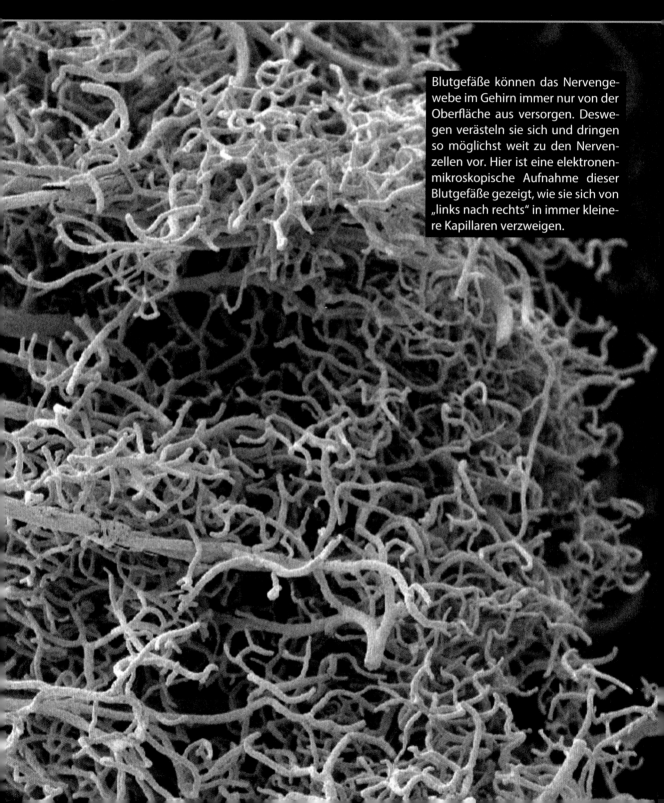

Blutgefäße können das Nervengewebe im Gehirn immer nur von der Oberfläche aus versorgen. Deswegen verästeln sie sich und dringen so möglichst weit zu den Nervenzellen vor. Hier ist eine elektronenmikroskopische Aufnahme dieser Blutgefäße gezeigt, wie sie sich von „links nach rechts" in immer kleinere Kapillaren verzweigen.

Symmetrie des Gehirns

Zwei Hälften wohnen, ach! in meinem Hirn

Von außen betrachtet kommen uns alle Bestandteile des Gehirns als Einheit vor: Der Hirnstamm verknüpft wichtige Nervenbahnen, das Kleinhirn reguliert unsere Bewegungen, das Zwischenhirn steuert unbewusste Körperfunktionen, das Großhirn sorgt für bewusstes Erleben und intelligentes Verhalten (meistens zumindest).

Tatsächlich darf man jedoch nie vergessen, dass nahezu alle Einheiten des Gehirns paarweise auftreten. Das fängt schon mit den Gehirnhälften (den Hemisphären) an, die durch den Balken verbunden werden, und setzt sich bis zur kleinsten Hirnregion fort. Wenn also in diesem Buch beispielsweise von „dem Hippocampus" die Rede ist, dann ist das eine sprachliche Vereinfachung, die nicht darüber hinwegtäuschen darf, dass wir zwei Hippocampi haben: jeweils einen pro Hirnhälfte.

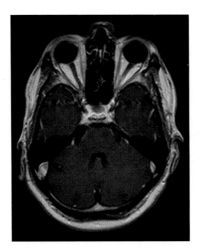

Der Grund dafür liegt vermutlich in unserem Körperbau. Denn die prinzipielle Struktur unseres Körpers ist an einer gedachten Mittelachse gespiegelt. Der Fachmann sagt: Wir sind *bilateral symmetrisch*, also an beiden Körperseiten gleich beschaffen. Nun weichen viele Organe im menschlichen Körper von diesem Symmetrieprinzip ab (die Leber sitzt rechts, die Milz links), doch das Gehirn behält diese Spiegelbildlichkeit bei.

Da unser Gehirn symmetrisch aufgebaut ist und die meisten Hirnregionen paarweise auftreten, steuert es unseren Körper auch nach dem Prinzip der Spiegelbildlichkeit: Mit der rechten Hirnhälfte kontrollieren wir die linke Hand und umgekehrt. Tastempfindungen der rechten Hand werden wiederum von der linken Hirnhälfte verarbeitet (↓).

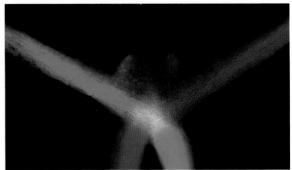

Von oben auf das Gehirn geschaut erkennt man in dieser MRT-Aufnahme, dass das Gehirn symmetrisch aufgebaut ist. Im oberen Bildbereich schicken die Augen ihre Sehnerven zum Großhirn, die sich dann in der Mitte des Bildes überkreuzen. Im unteren Bildbereich liegt das Kleinhirn, das ebenfalls in zwei Hirnhälften aufgeteilt ist – wie das gesamte restliche Gehirn auch.

Das Gehirn steuert unseren Körper nach dem Prinzip der Spiegelbildlichkeit: Sehinformationen aus dem rechten Blickfeld werden beispielsweise von der linken Hirnhälfte verarbeitet. An der Sehnervkreuzung überschneiden sich die Sehnerven der beiden Augen (hier rot bzw. grün markiert). Die Fasern laufen jedoch aneinander vorbei und werden nicht neu verknüpft.

Kontrolle des Bewegung → S. 180
Abb. unten rechts: Dr. Robert Hindges, King's College London, UK

Durch diese räumliche Aufteilung spart sich das Gehirn lästige Rechenarbeit ein. Die motorischen Zentren, die die Bewegung einer bestimmten Hand (zum Beispiel der rechten) steuern, bleiben somit auf eine Hirnhälfte beschränkt (in diesem Fall die linke). So werden die nötigen Nervennetzwerke klein und kompakt gehalten, sodass sie feinmotorische Berechnungen schnell durchführen können. Ein ähnliches Prinzip gilt auch für die Spracherzeugung (↓): Bei etwa 95 % aller Rechtshänder ist das Sprachzentrum in der linken Großhirnrinde zu finden (bei Linkshändern übrigens noch in 70 % aller Fälle). Da diese Sprachregionen im Laufe des Lebens stärker aktiviert werden als die entsprechenden Regionen in der anderen Gehirnhälfte, werden sie mit der Zeit größer und vernetzen sich besser. Wenn man also genau hinschaut, ist das Gehirn nicht mehr ganz s y m m e t r i s c h, denn alle Hirnregionen haben sich individuell an ihren bisherigen Input (ihre bisherige Beanspruchung) angepasst. Dies ist ein wichtiges Prinzip, das man *Plastizität* (↓) nennt und

das dafür sorgt, dass jedes Gehirn vollkommen individuell ist. So ähnlich Gehirne auf den ersten Blick also scheinen mögen, im Detail liegen immer feine Unterschiede, auch zwischen den beiden Hirnhälften.

Fast alle Hirnregionen (nicht nur zum Beispiel das Kleinhirn, auch die Ventrikelräume oder die Amygdala) kommen jedoch paarweise vor. Fast alle – denn die einzige Hirnstruktur, die es nur einmal gibt, ist die *Epiphyse*, die Zirbeldrüse. Diese sitzt im Zwischenhirn direkt unter der Sehnervkreuzung und ist am Schlaf-Wach-Rhythmus (↓) beteiligt.

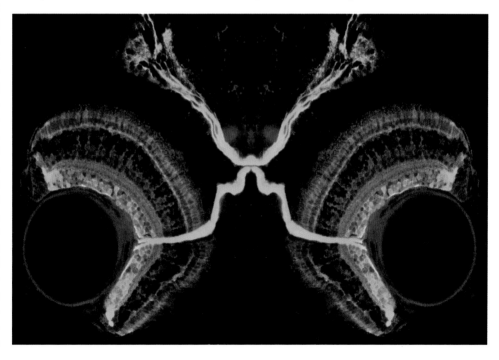

Die allermeisten Nervenfasern überkreuzen sich auf ihrem Weg ins Gehirn. Das trifft auch auf die Fasern (türkis) zu, die von den Nervenzellen eines Auges abgehen (die Nervenzellen sind in diesem Bild violett). Diese werden im Sehnerv gebündelt und überkreuzen sich in der Sehnervkreuzung (in der Mitte des Bildes). Unser linkes Gesichtsfeld nehmen wir also mit der rechten Hirnhälfte war und umgekehrt.

Sprache im Gehirn → S. 188
Plastizität → S. 210
Schlafen → S. 204
Abb. unten Mitte: Dr Kara L.Cerveny und Dr Steve W.Wilson, Wellcome Images

Weibliche und männliche Gehirne
Geschlechterunterschiede in der Anatomie?

So ähnlich die Hirnstrukturen bei den meisten Menschen sind, so unterschiedlich sollen sie zwischen den Geschlechtern sein. Oft hört man, dass sich männliche und weibliche Gehirne strukturell unterscheiden und dass diese verschiedenen Hirnstrukturen auch die Grundlage unterschiedlichen Denkverhaltens seien. Tatsächlich gibt es zum Teil beträchtliche Gehirnunterschiede zwischen den Geschlechtern, doch als Erklärmodell für „typisch weibliches" oder „typisch männliches" Verhalten taugen sie nicht.

Männliche Gehirne sind im Durchschnitt etwa hundert Gramm schwerer als weibliche. Das ist jedoch kein unfairer Vorteil auf dem Weg zu intelligenterem Denken (denn Männer und Frauen sind statistisch betrachtet gleich intelligent), sondern liegt im Körperbau begründet: Männer sind üblicherweise auch größer und schwerer – und mehr Masse braucht auch mehr Hirn, um sie zu steuern.

Doch nicht nur die absolute Hirngröße unterscheidet sich, auch die relativen Größen von Hirnstrukturen sind verschieden. So haben Frauen einen relativ zu ihrer gesamten Hirngröße größeren Hippocampus (↓) als Männer. Männer hingegen eine relativ vergrößerte Amygdala (↓). Bei Frauen ist die Großhirnrinde dicker und stärker gefurcht als bei Männern und ihre Hirnhälften besonders gut über den Balken (↓) miteinander verknüpft. Männer bilden hingegen besonders ausgiebige Verknüpfungen innerhalb einer Hirnhälfte aus.

Der vermeintliche Verursacher dieser Unterschiede scheint auch schnell gefunden zu sein: das Testosteron, das männliche Geschlechtshormon. Am Anfang sind nämlich alle Gehirne weiblich, doch wenn ein menschlicher Fetus zwischen der 8. und 24. Schwangerschaftswoche beginnt, Testosteron zu bilden, wird ein männliches Gehirn geformt.

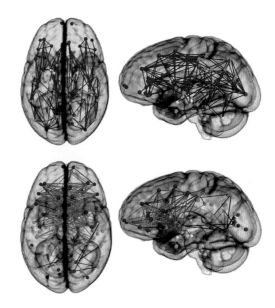

Diese Modellierung zeigt wichtige Faserverläufe in männlichen (blau) und weiblichen (orange) Gehirnen. So bilden männliche Gehirne vorwiegend Verbindungen innerhalb einer Großhirnhälfte aus, weibliche verstärkt zwischen beiden Großhirnhälften (im Kleinhirn ist es andersherum). Das bedeutet jedoch nicht, dass Frauen „ganzheitlicher" und Männer „engstirniger" denken, sondern zeigt, dass es unterschiedliche Wege gibt, um zum gleichen Ergebnis (zum Beispiel der Intelligenz) zu kommen.

Hippocampus → S. 44
Amygdala → S. 43
Balken → S. 64

Abb. unten rechts: Ragini Verma et al., University of Pennsylvania, Perelman School of Medicine, from the article: Sex differences in the structural connectome of the human brain; PNAS, 2014

Solche Unterschiede zwischen männlichen und weiblichen Gehirnen sind gut erforscht und reproduzierbar zu messen. Doch sie eignen sich schlecht, um Unterschiede in unserem Denkverhalten oder Charakter zu erklären. Vielmehr sind sie ein Beleg dafür, wie plastisch und anpassungsfähig ein Gehirn sein kann. Denn obwohl männliche und weibliche Gehirne im Detail verschieden aufgebaut sein mögen, kann bisher niemand wirklich erklären, wie die Größe einer Hirnstruktur mit seiner Funktion zusammenhängt. Darüber hinaus misst man in Experimenten oft, dass sich die Denkleistung von Männern und Frauen nicht unterscheidet, die zugrundeliegenden Abläufe im Gehirn aber schon. Ein Beispiel: Im Experiment reimen Männer und Frauen gleich gut, doch sie aktivieren dafür unterschiedliche Hirnbereiche. Unterschiedliche Wege – gleiche Leistung. So werden die verschiedenen Strukturen von männlichen und weiblichen Gehirnen zu einem Beleg dafür, dass es im Gehirn mehrere Arten gibt, um ein Denkergebnis zu erzielen. Denn kein Organ ist so variabel und plastisch wie dieses.

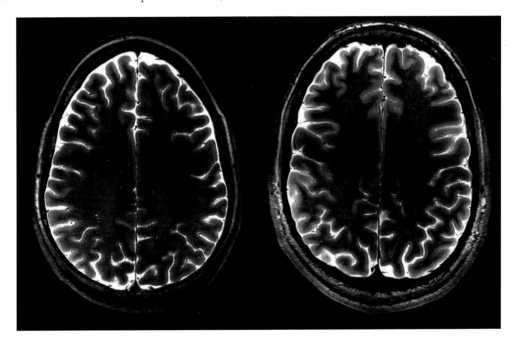

Dieselbe Perspektive auf ein weibliches (links) und ein männliches Gehirn (rechts). Auf den ersten Blick sehen sich die Gehirne zwar ziemlich ähnlich, und man braucht schon gute anatomische Kenntnisse, um Unterschiede festzustellen. Doch wenn man genau hinschaut, erkennt man: Männliche Gehirne sind größer und außerdem weniger symmetrisch gebaut als weibliche. Natürlich sind dies zwei Einzelfälle, doch tatsächlich unterscheiden sich weibliche und männliche Gehirne in ihrem Aufbau zum Teil deutlich voneinander. Was das jedoch für deren Leistungsfähigkeit bedeutet, weiß kein Mensch. Offenbar sind Gehirne so plastisch, dass auch verschiedene Strukturen zu einem gleichen Ziel (gleicher Denkleistung) führen können.

Abb. unten Mitte: Prof. Dr. Klaus Scheffler, Max Planck Institut für biologische Kybernetik, Tübingen

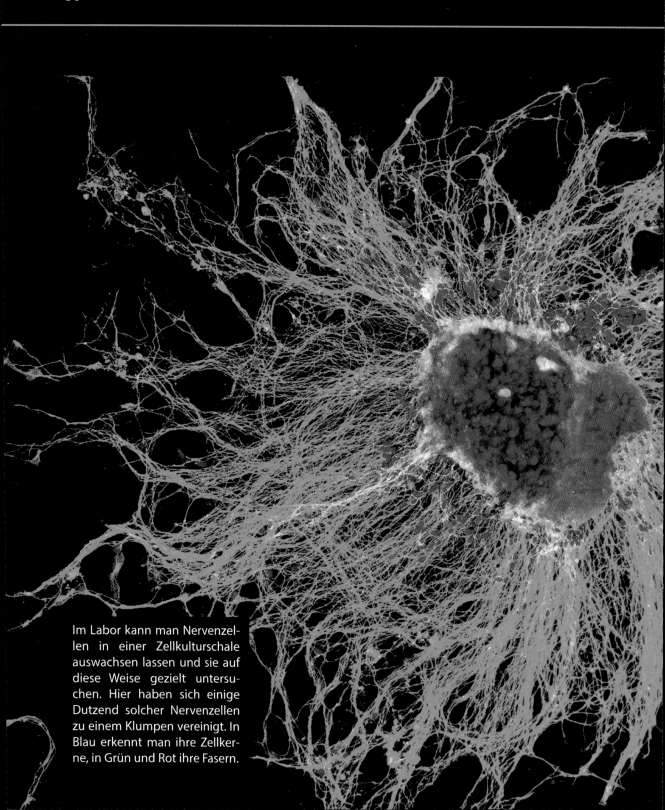

Im Labor kann man Nervenzellen in einer Zellkulturschale auswachsen lassen und sie auf diese Weise gezielt untersuchen. Hier haben sich einige Dutzend solcher Nervenzellen zu einem Klumpen vereinigt. In Blau erkennt man ihre Zellkerne, in Grün und Rot ihre Fasern.

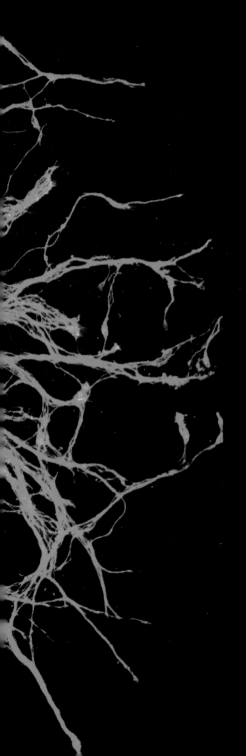

3 Die Zellen

Dass ein Nervensystem so gut funktioniert, liegt an der Aktivität seiner Zellen — wahre Könner wenn es um den Aufbau und die Aufrechterhaltung neuronaler Netze geht. So muss dafür Sorge getragen werden, dass Nervenimpulse erzeugt, weitergeleitet und verarbeitet werden. Das Gehirn muss mit Nährstoffen versorgt, gegen Eindringlinge verteidigt und die Architektur der Nervenfasern robust gehalten werden.

Wer jedoch denkt, dass es ganz viele unterschiedliche Zelltypen im Nervensystem gibt, die diese Aufgaben durchführen, sieht sich getäuscht. Im Prinzip gibt es nur vier verschiedene Arten von Zellen: Nervenzellen und drei verschiedene Arten von Helferzellen, die die Nervenzellen bei ihrer Arbeit unterstützen. „Helferzelle" klingt natürlich etwas unwissenschaftlich, deswegen nennt man diese unterstützenden Zellen „Gliazellen" vom griechischen Wort für Glibber oder Kleber, denn genau so sitzen diese Gliazellen zwischen den Nervenzellen und füllen den gesamten Raum auf.

Nervenzellen sind sicherlich die entscheidenden Zellen, wenn es um Informationsverarbeitung im Nervensystem geht. Sie lösen Nervenimpulse aus, leiten sie über ihre Nervenfasern weiter, stimulieren über Synapsen (Kontaktstellen) andere Nervenzellen und kombinieren so viele Impulse zu einem neuen Impulsmuster. Doch erst wenn sie von den Gliazellen unterstützt werden, können sie überhaupt richtig funktionieren.

Im folgenden Kapitel möchten wir deswegen diese Zelltypen genauer vorstellen und zeigen, welche Vorgänge innerhalb der Zellen ablaufen müssen, damit diese funktionieren. Diese grundlegendste biologische Ebene des Nervensystems zeigt dabei sehr schön, wie raffiniert die Biologie unserer Nervenzellen funktioniert.

Die Nervenzelle
Rechner im Miniaturformat

Sie sind der Star im Nervensystem, denn ohne sie geht nichts: die Nervenzellen oder, wie der Fachmann sagt, die *Neurone*. Sie bilden die Grundlage für die Architektur unseres Nervensystems, erzeugen Nervenimpulse und verarbeiten auf diese Weise Informationen. Quasi als „Rechner im Miniaturformat" sind sie dabei in der Lage, eintreffende Impulse zu kombinieren und neue Nervenimpulse zu erzeugen.

Bevor wir uns jedoch der genauen Funktion der Nervenzellen widmen, soll an dieser Stelle erklärt werden,

was diese Zellen so außergewöhnlich macht. Denn Neurone sind im Prinzip „Zellen mit Sonderstatus". Im Gehirn werden sie hermetisch von der Außenwelt abgeriegelt, von Helferzellen ständig umsorgt und von einem sterilen Nährmedium umspült. 99,9 Prozent aller Nervenzellen kommen daher niemals mit der Außenwelt in Kontakt, sondern beschäftigen sich nur mit sich selbst. So können sich die Nervenzellen auf ihre Hauptaufgabe konzentrieren: Impulse zu empfangen, zu kombinieren und neue Impulse zu erzeugen. Das ist der wichtigste Trick im Nervensystem und im Prinzip auch schon das ganze Geheimnis der „Biologie unseres Denkens". Wenn Sie das verstanden haben, können Sie dieses Buch freudig aus der Hand legen in dem Wissen, Ihr Gehirn verstanden zu haben.

Nervenzellen können tatsächlich nichts weiter, als Impulse zu empfangen und zu erzeugen (↓). Wie sie das machen, ist genau bekannt, und die daran beteiligten zellbiologischen Tricks sind etwas Besonderes. Das fängt schon damit an, dass Neurone im Gegensatz zu den meisten anderen Zellen nicht mehr teilungsfähig sind. Einmal ein Neuron, immer ein Neuron. Vermehrung ausgeschlossen, auf das Neuron wartet nur noch der Tod.

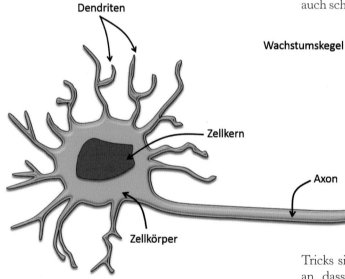

Alle Nervenzellen bestehen aus einem Soma, dem Zellkörperbereich, einem Axon und unterschiedlich vielen Dendriten. Ein Axon kann sich in zahlreiche Verästelungen aufspalten, sodass eine Nervenzelle mit bis zu 100.000 anderen Zellen über Synapsen in Kontakt stehen kann.

Nervenimpulse → S. 108

Doch gerade dadurch, dass eine Nervenzelle Jahrzehnte Zeit hat, um zu wachsen und sich anzupassen, entwickelt sie eine der raffiniertesten Strukturen, die es überhaupt gibt in der Biologie.

Nervenzellen sind besondere Zellen, denn sie sind „polarisiert". Man könnte auch sagen: Sie richten sich im Raum aus – und zwar nicht gleichförmig wie bei vielen rundlichen Blut- oder abgeflachten Bindegewebszellen, sondern fein organisiert. So gibt es Bereiche, die weiter weg sind vom Zellkörper einer Nervenzelle, und andere Regionen, die eben näher an der Steuereinheit dran sind. Je nach Funktion haben alle diese Zellregionen unterschiedliche Strukturen, und deswegen erhalten Nervenzellen auch ihre charakteristische Form.

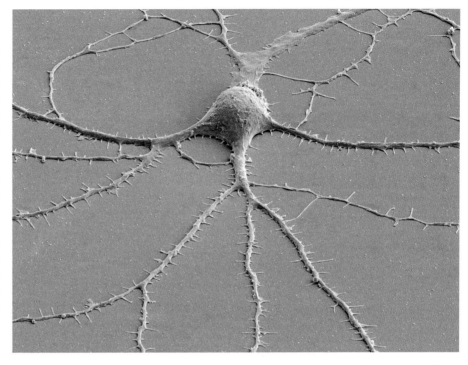

Einsam und ohne Nachbarzellen – ein ungewöhnlicher Zustand für eine Nervenzelle, den man nur künstlich im Labor erzeugen kann. Hier ist eine Nervenzelle aus dem Hippocampus auf einer Zellkulturschale ausgewachsen. Man erkennt die vielen Ausläufer, die Neuriten, die mit kleinen Stacheln (den sogenannten „dendritischen Dornen") besetzt sind.

Das Zentrum einer Nervenzelle ist der Zellkernbereich, das sogenannte *Soma* (↓). Von diesem Soma gehen zahlreiche Ausläufer, die *Neuriten*, aus, die unterschiedlich lang sein können. Manche Neuriten sind etwas kürzer: die *Dendriten*, quasi die Empfangsantennen, über die eine Nervenzelle Impulse von anderen Zellen empfängt. Über seinen Hauptausläufer, das *Axon*, entsendet die Nervenzelle ihrerseits Impulse. Ein Axon kann sich in viele einzelne Ausläufer aufteilen, mit denen ein Neuron mit einer anderen Nervenzelle in Kontakt tritt. Diese sogenannte *Synapse* (↓) bildet die wichtige Kontaktstelle, über die Nervenzellen miteinander kommunizieren. Letztendlich sind Neurone also hochspezialisierte informationsverarbeitende Zellen, die ihre Zellbiologie für diese Sonderrolle bis ins Extrem ausreizen.

Soma → S. 90
Synapse → S. 110
Abb. oben rechts: Thomas Deerinck und Mark Ellisman, The National Center for Microscopy and Imaging Research, UCSD

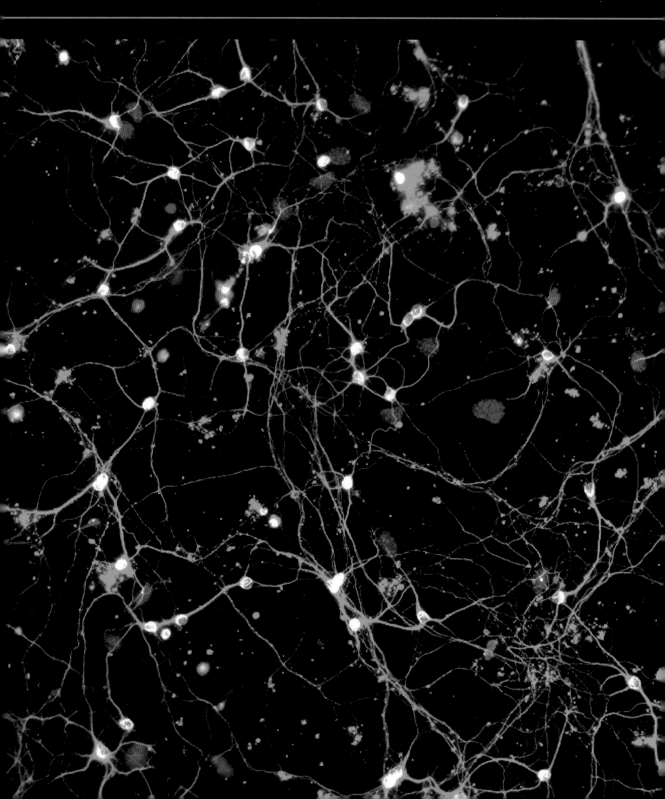

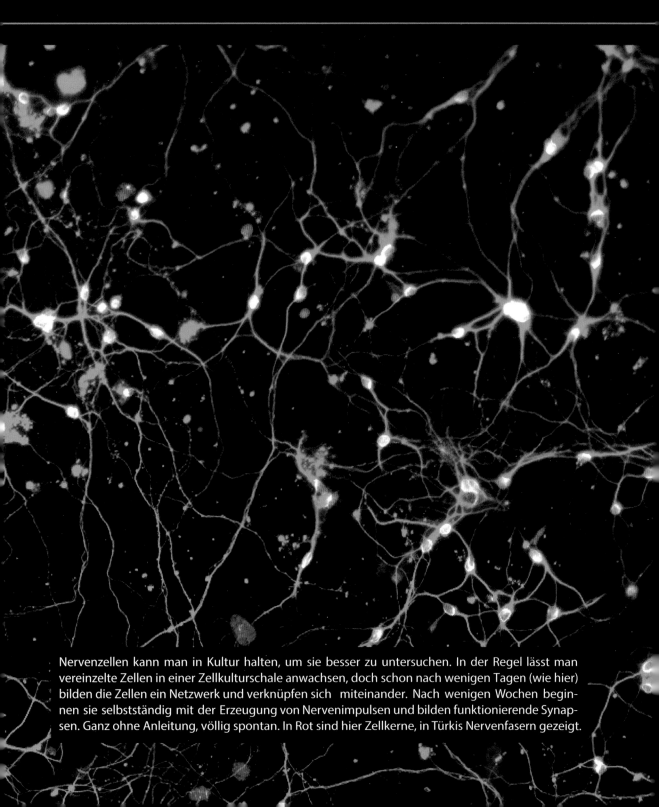

Nervenzellen kann man in Kultur halten, um sie besser zu untersuchen. In der Regel lässt man vereinzelte Zellen in einer Zellkulturschale anwachsen, doch schon nach wenigen Tagen (wie hier) bilden die Zellen ein Netzwerk und verknüpfen sich miteinander. Nach wenigen Wochen beginnen sie selbstständig mit der Erzeugung von Nervenimpulsen und bilden funktionierende Synapsen. Ganz ohne Anleitung, völlig spontan. In Rot sind hier Zellkerne, in Türkis Nervenfasern gezeigt.

Neuronentypen
Auf die Form kommt es an

Nervenzellen scheinen eine ganz klar definierte Struktur zu haben, die immer eingehalten wird. So kann man jede Nervenzelle in vier grundlegende Regionen unterteilen: eine Empfangsregion für eintreffende Impulse (an den Dendriten), eine Umschaltregion zur Erzeugung neuer Impulse (am Soma), eine Weiterleitungsregion (das Axon) und eine Kontaktregion (die Synapsen). Doch tatsächlich gibt es kaum einen Zelltyp im menschlichen Körper, der derart vielgestaltig ist wie eine Nervenzel-

le. Unter dem Oberbegriff „Neuron" versammeln sich nämlich viele verschiedene Zellstrukturen, die dieses genannte Grundmuster sehr individuell interpretieren.

Am weitaus häufigsten kommt das multipolare Neuron vor. „Multipolar", weil es eben nicht nur eine Richtung im Raum hat, sondern über mehrere Verbindungen verfügt. Es sind quasi „Allrounder" im Nervensystem, die in nahezu jeder Situation zum Einsatz kommen.

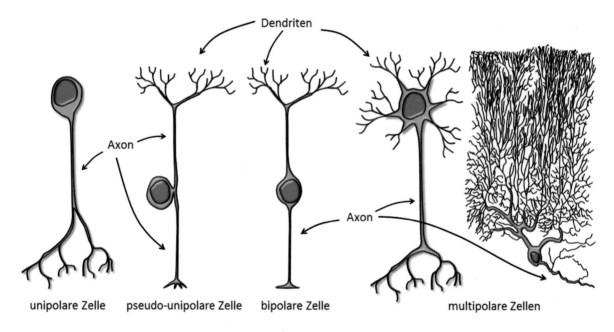

| unipolare Zelle | pseudo-unipolare Zelle | bipolare Zelle | multipolare Zellen |

Unterschiedliche Neuronentypen haben sich auf unterschiedliche Aufgaben spezialisiert. Alle Neuronen besitzen ohne Ausnahme immer ein Axon. Multipolare Zellen haben darüber hinaus noch viele weitere Dendriten, bipolare Zellen hingegen nur einen verästelten Dendriten. Unipolare Zellen haben überhaupt keine Dendriten und nehmen Impulse nur über Kontakte direkt am Zellkörper oder am Axon auf.

Denn in der Regel hat ein solches multipolares Neuron zahlreiche Dendriten, über die es Impulse von anderen Zellen sammelt. Die Kombination dieser eintreffenden Impulse mündet in der Erzeugung eines Nervenimpulses, der über das Axon fortgeleitet wird. Multipolare Neurone findet man überall im Nervensystem: Als Motoneurone steuern sie Muskelzellen an (↓), als Pyramidenzellen bauen sie die wichtige Großhirnrinde auf und als Purkinje-Zellen im Kleinhirn (↓) sammeln sie den Input von mehreren Hunderttausend anderen Nervenzellen.

Sehr viel seltener kommen die bipolaren Neurone vor. Sie haben außer dem Axon nur noch einen Dendriten. Dieser Dendrit spaltet sich an seinem Ende ebenfalls in kleine Verästelungen auf und ähnelt auf den ersten Blick einem Axon, das sich ebenfalls in zahlreiche Kontaktstellen aufteilt. Tatsächlich kann dieser Typ Neuron über seinen spezialisierten Dendriten Informationen aus weiter Entfernung aufnehmen und schließlich einen neuen Impuls erzeugen. Bipolare Neurone sind also im Prinzip Umschaltzellen, die man an wichtigen Relais-Stationen im Körper findet (in der Netzhaut oder der Riechschleimhaut).

Während bipolare Neurone immerhin noch räumlich zwischen einem Dendriten und einem Axon trennen (denn dazwischen liegt der Somabereich), verschwindet diese Trennung bei pseudo-unipolaren Nervenzellen ganz. Scheinbar haben diese Zellen nur einen Ausläufer, der aber tatsächlich aus einem dendritischen und einem axonalen Bereich besteht. Ganz so, als wären Dendrit und Axon zu einer gemeinsamen Nervenfaser verschmolzen. Große Verrechnungen und Neukombinationen von Nervenimpulsen finden folglich nicht mehr statt. Pseudo-unipolare Zellen sind Spezialisten für die Aufnahme und schnelle Weiterleitung eines Nervenimpulses ohne störende Zwischenschritte. Deswegen findet man diesen Zelltyp vor allem im Rückenmark, wo eintreffende Impulse von der Peripherie schnell ins zentrale Nervensystem umgeschaltet werden.

Einen Sonderfall unter den Neuronen stellt der unipolare Typ dar. Diese Nervenzelle besitzt gar keine Dendriten, sondern lediglich ein Axon. Eintreffende Impulse empfängt eine solche Zelle meist über Synapsen, die direkt am Zellkörperbereich andocken. Viel Rechenarbeit ist so natürlich nicht möglich, deswegen findet man diesen Nervenzelltyp auch hauptsächlich bei Wirbellosen (für deren vergleichsweise informationsarmes Leben völlig ausreichend).

Diesen speziellen Typ einer multipolaren Nervenzelle findet man im Hippocampus (↓). Diese Pyramidenzellen bestehen aus einem zentralen Zellkörper (dunkle Dreiecke in der Mitte), von dem die Ausläufer in zwei Richtungen abgehen: nach oben die Dendriten, nach unten ein Axon, das sich dann weit verzweigt.

Hippocampus → S. 44
Steuerung von Muskelzellen → S. 184
Kleinhirn → S. 58
Abb. unten links: Alexander Magnutzki, Dr. Bernd Baumann und Prof. Thomas Wirth, Institut für Physiologische Chemie, Universität Ulm
Abb. nächste Seite: Dr. Clas B. Johansson (Karolinska Institutet) und Dr. Helen M. Blau (Stanford University School of Medicine)

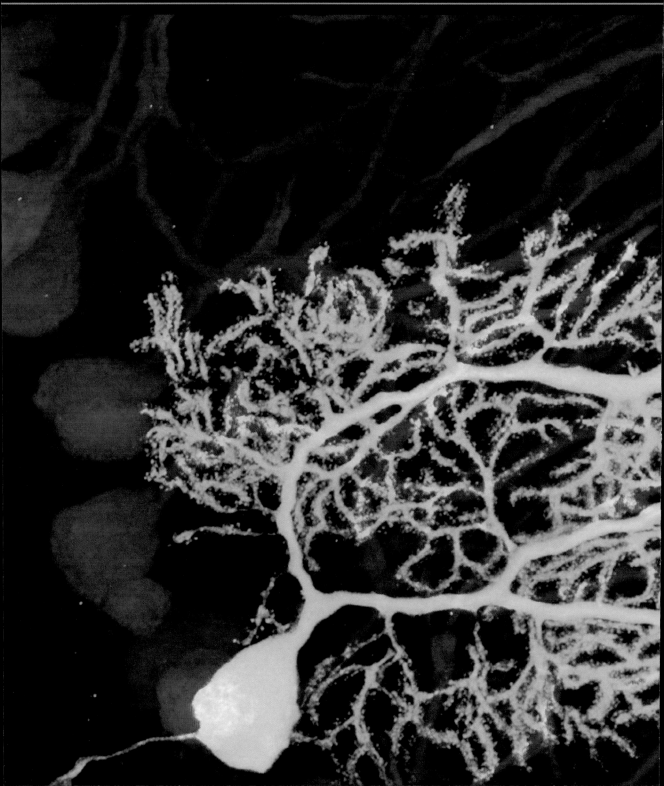

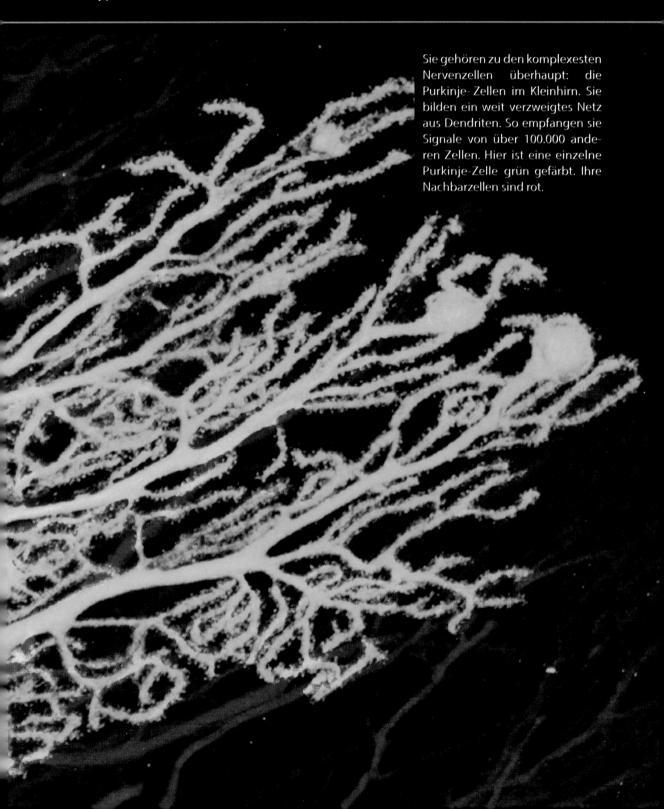

Sie gehören zu den komplexesten Nervenzellen überhaupt: die Purkinje-Zellen im Kleinhirn. Sie bilden ein weit verzweigtes Netz aus Dendriten. So empfangen sie Signale von über 100.000 anderen Zellen. Hier ist eine einzelne Purkinje-Zelle grün gefärbt. Ihre Nachbarzellen sind rot.

Soma und Zellkern
Steuereinheit der Zellen

Die zentrale Steuereinheit einer Nervenzelle ist der Zellkern, den man auch *Nukleus* nennt. Das bedeutet nicht, dass dieser immer im räumlichen Zentrum der Zelle liegen muss, denn Nervenzellen können sehr vielgestaltig sein und bei Bedarf den Zellkern an die Seite schieben, damit die Neuriten mehr Platz haben. Der Zellkern liegt jedoch immer in einer besonderen Region in der Zelle, dem *Soma*. Im Wortsinne (*soma* = griech. für „Körper") ist das Soma also der Nervenzellkörper, von dem die vielen Ausläufer entspringen.

Der Nukleus ist besonders wichtig für die Funktion der Zelle, und im Falle eines Neurons nimmt er fast den gesamten Platz des Somas ein. Dabei ist diese Region nicht besonders groß: Etwa 10 Mikrometer beträgt ein typischer Durchmesser so eines Somas, das ist 1000-mal kleiner als ein Smartie. Dabei muss ins Soma alles reingepackt werden, was eine Nervenzelle so braucht: Das wären in erster Linie der Zellkern selbst, aber auch wichtige Zellpartikel, die für die Energieversorgung oder die Logistik zuständig sind. Zehn Mikrometer sind dafür wirklich nicht besonders viel: Leberzellen können doppelt so groß werden und eine Eizelle sogar mehr als zehnmal größer.

Im Zellkern ist der kostbare Schatz abgelegt, auf den eine Zelle gut aufpassen muss: die DNA, unsere Erbinformation. Ein einzelnes DNA-Molekül hat dabei eine Länge von etwa zwei Metern und muss deswegen gut verzwirbelt werden, um in den engen Raum des Zellkerns zu passen. Vom umgebenden Zellmedium im Soma kapselt sich der Nukleus außerdem mit gleich zwei Membranen (↓) (einer sogenannten Doppelmembran) ab und kontrolliert streng, welche Moleküle ein- und austreten.

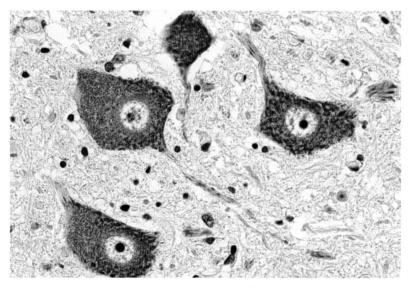

Diese Motoneuronen im Rückenmark sind dafür zuständig, dass Bewegungsimpulse zu unseren Muskeln kommen. Die großen dunklen Bereiche stellen das Soma dar. Der helle Kreis in diesem Soma ist der Zellkern, der wiederum einen kleinen dunklen Kreis, den Nukleolus enthält.

Membranen → S. 92

Auf der DNA sind die wichtigen Bauanleitungen (die Gene) gespeichert, mit denen sich eine Nervenzelle vor allem Proteine, kleine Eiweißbausteine, konstruieren kann. Nun genügt es jedoch nicht, dass diese Gene auf der DNA liegen, sie müssen auch abgelesen werden. Einige der dafür notwendigen Moleküle werden daher in einer Sonderregion, einem Kern im Kern gewissermaßen, hergestellt: dem *Nukleolus* (lat. für „kleiner Kern").

Auch wenn der Zellkern fast den gesamten Raum des Somas einnimmt, so ist dennoch genügend Platz für eine besondere Struktur, die man nur in Nervenzellen findet: die Nissel'schen Schollen. Diese sind quasi Herstellungsfabriken für Proteine, denn Nervenzellen benötigen ständig einen so großen Nachschub an frischen Eiweißmolekülen wie kaum ein anderer Zelltyp. An den Nissel'schen Schollen werden im Akkord permanent Proteine aufgebaut und per Transportmoleküle in die Hauptnervenfaser, das Axon, geschickt. Deswegen sitzen sie genau dort, wo das

Axon das Soma verlässt: am sogenannten Axonhügel.

Merke also: Im Soma geht es dicht gedrängt zu, denn nicht nur der Zellkern, sondern auch die wichtigen Proteinherstellungs- und Versandstationen müssen gleichzeitig dort Platz finden. Obwohl vom Zellkern aus alle wichtigen Zellfunktionen gesteuert werden, macht das Soma mitunter nur einen kleinen Teil des gesamten Neurons aus. Denn die ultraschnellen Aktionen, die das Nervensystem so dynamisch machen, finden an den Nervenfasern (↓) und Synapsen (↓) statt, die den Großteil der Nervenzelle ausmachen.

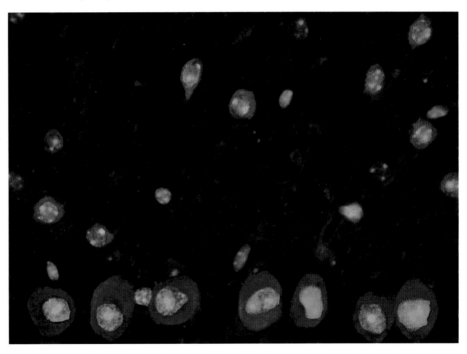

Der Zellkern (jeweils grün oder türkis) nimmt den größten Teil des in Rot oder Blau sichtbar gemachten Zellkörperbereichs, des Somas, ein. Hier sind zwei unterschiedliche Neuronentypen gezeigt: In Blau Purkinje-Zellen des Kleinhirns, in Rot benachbarte, nicht genauer klassifizierte Nervenzellen. Purkinje-Zellen haben also auch ein ungewöhnlich großes Soma, wie man hier sieht.

Nervenfasern → S. 94
Synapse → S. 110

Die Plasmamembran

Formt und schützt, was wichtig ist

Für eine Nervenzelle ist eines ganz besonders wichtig: dass sie immer kontrolliert, was an ihrer Oberfläche geschieht. Denn an dieser Grenzfläche zwischen Zellinnerem und dem umgebenden Gewebe spielen sich die entscheidenden Vorgänge ab, die zur Erzeugung eines Nervenimpulses (↓) führen.

Wie jede Zelle schützt auch eine Nervenzelle ihr inneres Milieu (das *Cytoplasma*) gegen die Umgebung und umgibt sich mit einer *Plasmamembran*.

Die Bausteine der Plasmamembran sind die *Lipide*. Diese fettigen Moleküle müssen zwei Eigenschaften haben, damit sie die Zellmembran zusammenhalten können: Erstens müssen sie sich gut im wässrigen Medium bewegen können, denn schließlich besteht sowohl das Zellplasma als auch das äußere Medium hauptsächlich aus Wasser. Zweitens müssen sich Lipide gut miteinander verbinden können – und zwar so stabil, dass dieser Zusammenhalt in einer Membran nicht auseinanderreißt. Gleichzeitig muss die Membran jedoch so flexibel bleiben, dass sie sich biegen und verdrehen kann.

Lipide können beides, denn sie sind Zwittermoleküle. Sie besitzen einen kleinen Molekülteil, der dafür sorgt,

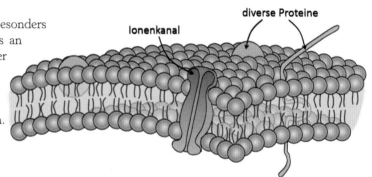

Eine Zellmembran ist eine zweidimensionale Flüssigkeit. Sie besteht aus einem Stapel aus Lipiden, Zwittermolekülen mit einem wasserlöslichen Kopf (blaue Bälle im Schema) und einem fettigen Schwanz (rote Streifen). In der Membran sind Proteine und Kanäle eingelagert. So kann die Zelle mit der Außenwelt Kontakt aufnehmen, sich mit anderen Zellen verbinden oder auf Signalmoleküle reagieren.

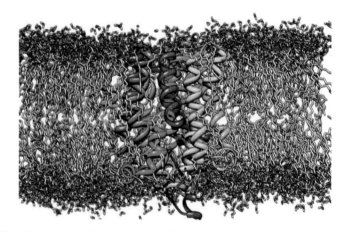

Diese Computersimulation zeigt eine Zellmembran aus Lipiden (wasserlöslicher Teil in Rot, fettiger Teil in Grau). Die bunten Spiralen veranschaulichen die Struktur eines Proteins, das in die Membran eingelagert ist und Signalmoleküle außerhalb der Zelle erkennt.

Nervenimpuls → S. 108
Abb. unten rechts: Cedric Govaerts, Structure and Function of Biological Membranes, University of Brussels, Belgium

dass sich Lipide gut im Wasser verteilen können. Den weitaus größeren Teil eines Lipids macht jedoch der fettige Molekülschwanz aus. Fette lösen sich jedoch überhaupt nicht gut in Wasser (das weiß jeder, der mal versucht hat, ohne Seife fettverschmierte Hände im Wasser zu waschen). Also verstecken sich die fettigen Molekülteile der Lipide im Inneren der Plasmamembran, das wasserliebende Köpfchen wird nach außen ausgerichtet. So hält eine Plasmamembran mit ihren klebrigen Fetten intern gut zusammen und ist dennoch im Wasser beständig. Dabei darf man sich eine solche Membran nicht als starres Gerüst vorstellen, die stabil und unbeweglich die Zelle fixiert. Es sind vielmehr zweidimensionale Flüssigkeiten, in denen die Lipide hin und her schwimmen.

Wäre eine Plasmamembran nur das, dann wäre sie komplett dicht. Ein paar gasförmige Moleküle wie beispielsweise Sauerstoff kämen zwar noch durch, aber ansonsten wäre kein Stofftransport in die Zelle hinein und wieder hinaus möglich. Keine gute Sache, denn für eine Nervenzelle ist entscheidend, dass permanent kleine geladene Moleküle, die *Ionen*, durch die Membran treten können. Weil jedoch nicht permanent irgendwelche Ionen die Zellgrenze übertreten dürfen, wird dieser Stoffdurchtritt streng reguliert: Über spezielle Ionenkanäle steuert die Nervenzelle ganz gezielt, wann und wo welche Ionen ein- und austreten dürfen.

Diese Ionenkanäle sind kleine Kunstwerke: Sie ermöglichen ganz selektiv den Durchtritt eines ganz bestimmten Ions (zum Beispiel eines Natrium- oder eines Kaliumions), obwohl sich diese in ihrer Größe kaum unterscheiden. Manche dieser Kanäle können auch auf elektrische Felder reagieren und abhängig davon geöffnet oder geschlossen werden. Andere wiederum regieren auf mechanische Beanspruchung (wenn

an der Membran gezogen wird) oder auf kleine Signalmoleküle, die an den Kanal binden, und können sich je nachdem öffnen oder schließen. Wie Torwächter entscheiden sie, wer in die Zelle darf und wer nicht. Erst dadurch können sich Nervenimpulse überhaupt erst ausbilden.

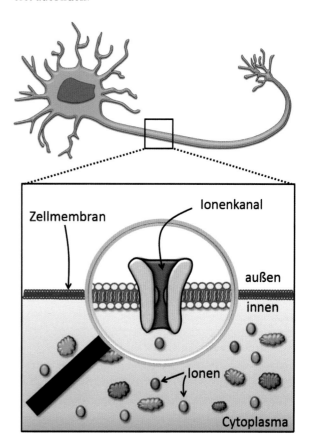

In die Zellmembran sind kleinen Kanäle eingebettet, die das Innere der Zelle vom Äußeren abtrennen. Diese Kanäle können gezielt geöffnet oder geschlossen werden. Auf diese Weise reguliert die Zelle, welche geladenen Moleküle (die Ionen) im Cytoplasma (dem Zellsaft) sind.

Neuriten

Ausstülpungen, Fortsätze, Nervenfasern

Ohne ihre Ausläufer wäre eine Nervenzelle nichts Besonderes. Erst durch die vielen filigranen Faserverbindungen gewinnen Nervenzellen ihre einmaligen Funktionen und können Netzwerke bilden. Eine Nervenzelle muss dabei aufpassen, dass nichts durcheinandergerät und teilt sich deswegen ihre Fasern in zwei Typen ein: *Dendriten* und *Axone*. Oft fasst man diese beiden Ausläufertypen unter dem Oberbegriff „*Neurit*" zusammen.

Dendriten sind dabei gewissermaßen die „Empfangsantennen" der Nervenzelle. Oft kommt es daher vor, dass Nervenzellen viele dieser Dendriten bilden, die sich wie kleine Äste verzweigen (daher auch der Name: *dendron* – griech. für Baum). An die Dendriten docken die Kontaktstellen, die *Synapsen* (↓), anderer Nervenzellen an. Jede dieser Synapsen kann ihrerseits einen neuen Nervenimpuls (↓) auslösen, der dann entlang der Dendriten zum Zellkernbereich, dem Soma (↓), läuft. Die Anzahl dieser synaptischen Kontakte kann im Extremfall außerordentlich groß werden. So bilden die Purkinje-Zellen im Kleinhirn mit bis zu 100.000 anderen Zellen Synapsen aus!

Dendriten sind dynamisch und passen sich der Aktivität der kontaktierenden Synapsen an: Wie kleine Knubbel bilden sie eine Andockstelle für eine solche Synapse, den „*dendritic spine*" (engl. für „dendritischer Dorn"). Diese Dornen können sehr dynamisch sein und ihre Größe und Anzahl der synaptischen Aktivität anpassen – ein wichtiges Kriterium dafür, wie anpassungsfähig das Netzwerk insgesamt ist und damit entscheidend dafür, wie gut wir lernen können (↓).

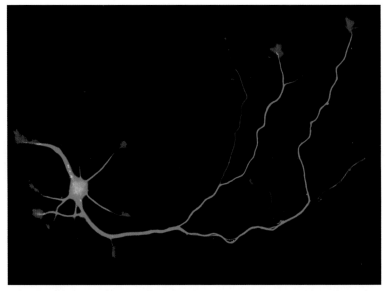

Eine Nervenzelle kann viele unterschiedliche Ausläufer, die Neuriten, ausbilden. In dieser Abbildung ist eine noch junge Nervenzelle (wenige Tage alt) in einer Zellkulturschale gezeigt. Ihre Neuriten sind in Grün gefärbt, der Zellkern in Blau. Die rot gefärbten Spitzen der Neuriten dienen als „Vortastregionen", mit denen sich die Nervenzelle in ihre Umgebung vorwagt. Welcher der vielen Neuriten irgendwann zum wichtigen Axon wird, ist in diesem Zustand noch nicht klar und entscheidet sich in der späteren Entwicklung der Nervenzelle.

Synapse → S. 110
Nervenimpuls → S. 108
Soma → S. 90
Lernen → S. 210

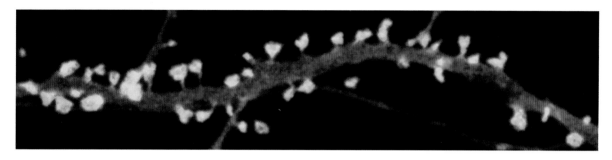

Dendriten (rot) bilden kleine Andockstellen für Synapsen aus, die wie Dornen vom Dendriten abstehen (in Gelbgrün). Diese Dornfortsätze können sehr dynamisch sein, sich vergrößern, verkleinern, neu entstehen oder verschwinden. Vermutlich spielt diese Dynamik bei Lernprozessen eine Rolle, die immer davon abhängen, wie plastisch sich ein Netzwerk anpassen kann.

Ein Neuron kann viele Dendriten bilden, aber immer nur ein einziges Axon. Immer – ohne Ausnahme. Das Axon entspringt dem Zellkernbereich am sogenannten Axonhügel, einer kleinen Verdickung, an der alle eintreffenden Impulse aus den Dendriten gesammelt und kombiniert werden. Wird ein gewisser Schwellenwert der Erregung überschritten, erzeugt die Zelle selbst einen Nervenimpuls und schickt ihn entlang des Axons zu den entfernten Synapsen.

Die dabei überbrückten Strecken können gewaltig sein: Einige Nervenzellen der Bewegungszentren des Gehirns bilden Axone bis in den untersten Bereich des Rückenmarks und können so gut und gerne einen Meter lang werden. Wäre der Zellkörper eines solchen Neurons so groß wie ein Basketball, wäre das entsprechende Axon etwa fingerdick und 25 Kilometer lang.

Dass ein Neuron nur ein Axon ausbildet, heißt natürlich nicht, dass es auch nur mit einer anderen Zelle einen synaptischen Kontakt formt. Denn ein Axon kann sich an seinem Ende in viele feine Verästelungen aufspalten. Das erinnert an eine Baumkrone und nennt

der Fachmann folglich „*terminale Arborisation*" (lat. für „endständige Verbaumung"). Außerdem können von einem Axon seitliche Nebenarme ausgehen, die *Kollateralen*. Auf diese Weise kann eine typische Nervenzelle in der Großhirnrinde bis zu einige Tausend Synapsen aus einem einzigen Axon bilden.

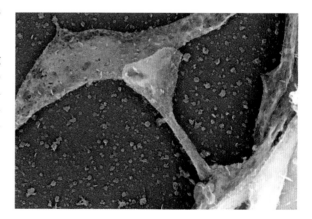

Nervenzellen können gar nicht anders, als mit benachbarten Zellen Kontakt aufzunehmen. Hier entsendet ein Neuron von unten rechts eine Ausstülpung, die ein bisschen wie ein Pilz aussieht. Dieser Dornfortsatz formt eine Andockstelle für ein benachbartes Axon, das im oberen linken Bildteil zu sehen ist.

Abb. oben Mitte: Pirta Hotulainen, Neuroscience Center, University of Helsinki, Finland
Abb. unten rechts und nächste Seite: Republished with permission of Tatyana Svitkina, from "Molecular architecture of synaptic actin cytoskeleton in hippocampal neurons reveals a mechanism of dendritic spine morphogenesis.", Korobova F., Svitkina T. Molecular Biology of the Cell, 2010 Jan 1;21(1):165-176.; mit freundlicher Genehmigung des Copyright Clearance Center, Inc.

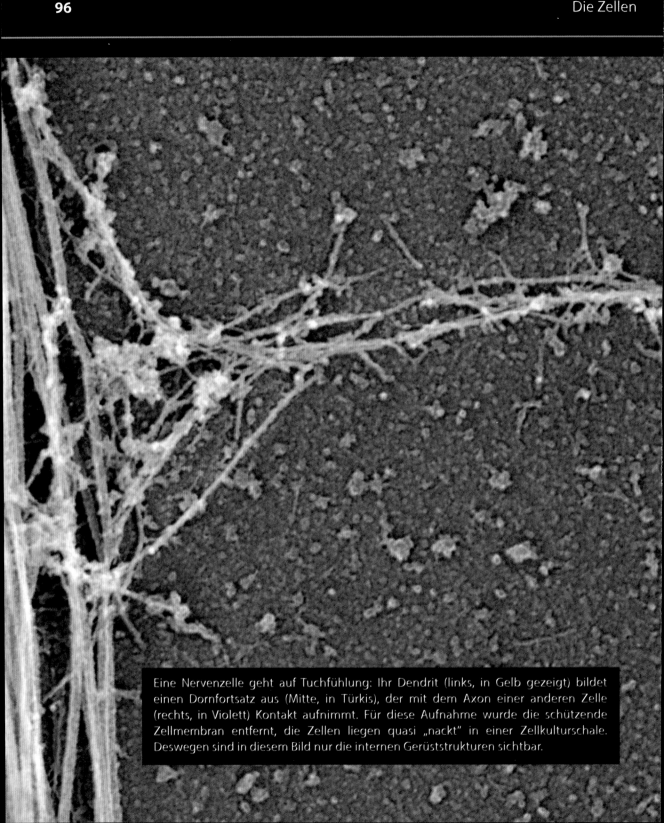

Eine Nervenzelle geht auf Tuchfühlung: Ihr Dendrit (links, in Gelb gezeigt) bildet einen Dornfortsatz aus (Mitte, in Türkis), der mit dem Axon einer anderen Zelle (rechts, in Violett) Kontakt aufnimmt. Für diese Aufnahme wurde die schützende Zellmembran entfernt, die Zellen liegen quasi „nackt" in einer Zellkulturschale. Deswegen sind in diesem Bild nur die internen Gerüststrukturen sichtbar.

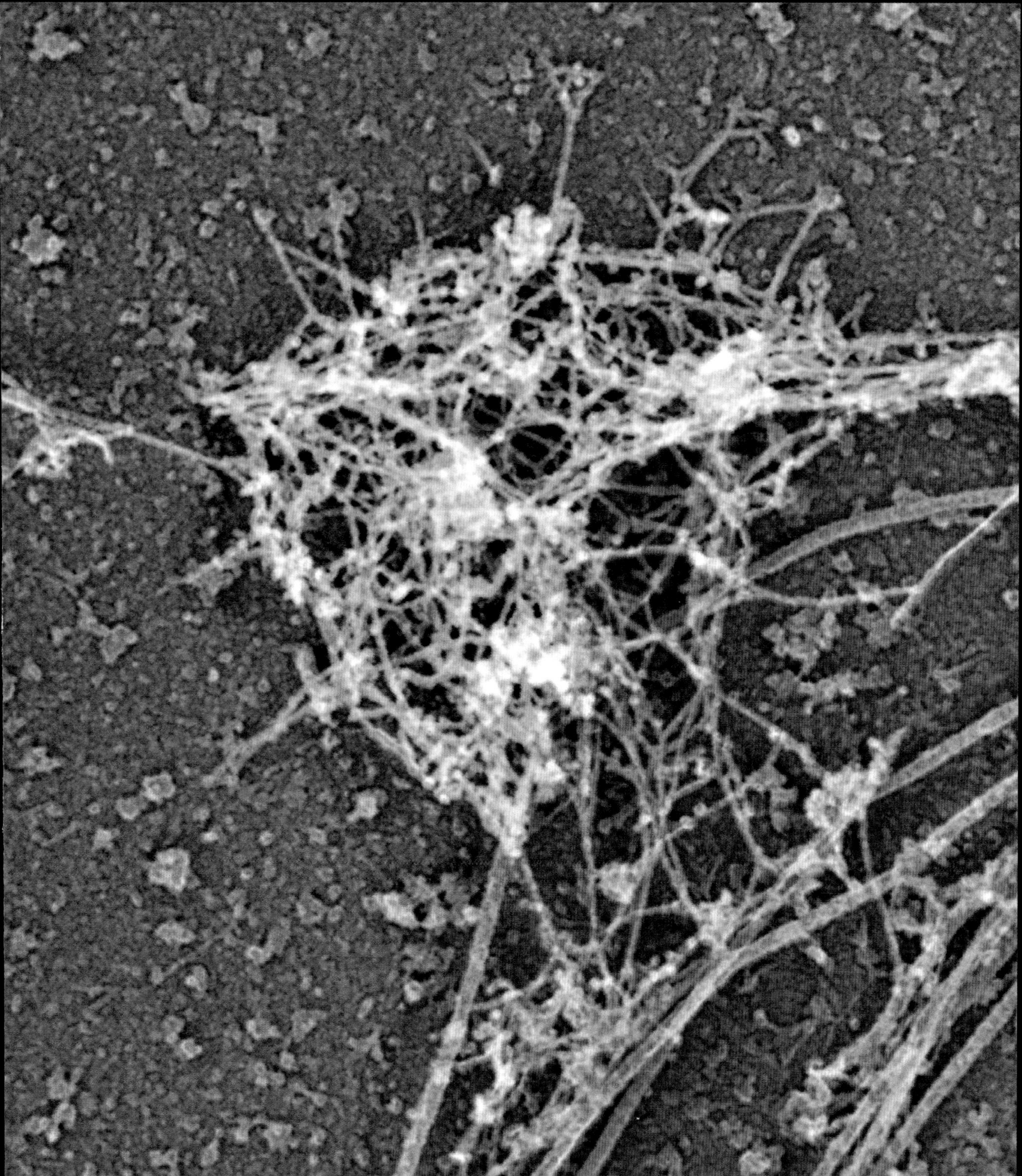

Mikrotubuli
Verbindungsachsen in der Zelle

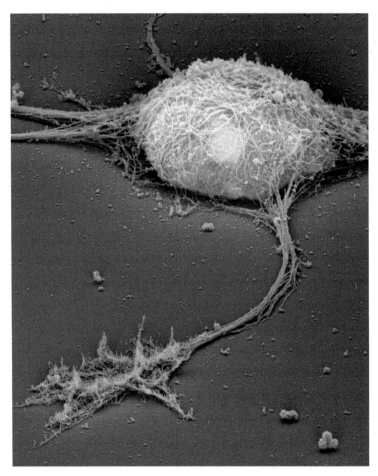

Diese in einer Zellkulturschale ausgewachsene Nervenzelle ist nackt, denn ihr wurde die schützende Zellmembran entfernt. So erhält man mit dem Elektronenmikroskop einen Blick auf die inneren Gerüststrukturen, die Mikrotubuli, die sich wie lange Seile durch die Zelle ziehen. Im oberen Bildbereich liegt der Zellkern, nach vorne tastet sich die Zelle mit einem Ausläufer (einem sogenannten Wachstumskegel) voran.

Eine Nervenzelle legt besonderen Wert auf ihre Struktur. Damit diese auch immer in Form bleibt, bildet sich in der Zelle eine Gerüststruktur aus, die das Neuron als inneres Skelett stabilisiert. Auf zwei Dinge muss die Nervenzelle dabei achten: Sie muss stabil und robust sein und gleichzeitig dynamisch und flexibel bleiben. Keine leichte Aufgabe. Deswegen werden in der Zelle unterschiedliche Gerüstmoleküle verwendet, um diesen Anforderungen gerecht zu werden.

Wenn es besonders stabil werden soll, baut ein Neuron lange und robuste Röhren auf, die *Mikrotubuli* (lat. für „kleine Röhrchen"), die wie eine innere Verstrebung die Zelle stützen. Mikrotubuli setzen sich dabei tatsächlich röhrenförmig aus kleinen Proteinbausteinen (den *Tubulinen*) zusammen. Jeweils 13 von ihnen bilden einen Ring und viele dieser Ringe hintereinander bilden eine Röhre. Aufgrund ihrer Röhrenform sind diese Mikrotubuli besonders solide und ermöglichen den Aufbau beständiger Strukturen. Deswegen findet man sie auch überwiegend im Axon und im Zellkernbereich eines Neurons. Sie nehmen ihren Ursprung am Beginn des Axons und durchziehen dieses wie eine lange Schiene, bis das Axon in seinen

Abb. links: Bernd Knöll, Universität Ulm, Jürgen Berger und Heinz Schwarz, Max-Planck-Institut für Entwicklungsbiologie, publiziert als Cover im Journal of Neuroscience, April 2009.

Diese Computermodellierung zeigt den Transport eines Vesikels (dem grünen Ball) entlang des Mikrotubuli-Gerüstes (den blauen Röhren im Bild). In diesem Fall hat sich ein Kinesin-Transportmolekül seine Fracht huckepack geschnallt und wandert an den Mikrotubuli entlang. Auf diese Weise befördert es seine Fracht vom Zellkern weg in Richtung der entfernteren Zellregionen.

si die „Eisenbahnschienen" der Zelle, auf denen Transportmoleküle ihre Fracht zu den Zielorten innerhalb der Zelle bringen.

Damit nichts durcheinanderkommt, ist diese Logistik in der Nervenzelle klar geregelt: Ein spezieller Typ an Transportmolekülen, die *Kinesine*, transportieren ihre Fracht immer vom Zellkern weg entlang des Axons in Richtung der entfernteren Zellregionen, zum Beispiel der Synapsen. Ihre Gegenspieler, die *Dyneine*, befördern ihr Transportgut hingegen genau entgegengesetzt: in Richtung des Zellkerns.

Synapsen endet. Mikrotubuli kommen immer dann ins Spiel, wenn eine Struktur dauerhaft bleiben soll. In den Dornfortsätzen der Dendriten oder den hochdynamischen Wachstumsregionen zu Beginn des Nervenzelllebens findet man sie daher nicht. Dort kommen Gerüststrukturen zum Einsatz, die sich schneller und verzweigter auf- und abbauen lassen als Mikrotubuli, zum Beispiel das Actin-Zellskelett (↓).

Ihren Vorteil spielen Mikrotubuli daher immer dann aus, wenn lange Strecken im Neuron überbrückt werden sollen. Das macht sie zur idealen Infrastruktur für Transportprozesse innerhalb der Zelle. Denn ständig müssen im Axon wichtige Partikel hin und her geschickt werden, zum Beispiel Vesikel (↓), die Botenstoffe enthalten, oder größere Organellen, die für die Energieversorgung wichtig sind. Mikrotubuli sind qua-

Man sollte nicht unterschätzen, wie aufwendig ein solcher Transport ist: Manche Axone können bis zu einem Meter lang werden und sind vollgepackt mit Proteinen, Gerüststrukturen, Organellen und Molekülen. Trotzdem entsteht so gut wie nie ein Stau, wenn ein Vesikel entlang der Mikrotubuli transportiert werden soll. So beträgt die Durchschnittsgeschwindigkeit eines solchen Transports etwa 1 Mikrometer pro Sekunde (mit zwischenzeitlichen Pausen). Im Laufe eines Tages kann ein Vesikel daher einige Zentimeter weit gebracht werden. Wäre ein Vesikel also so groß wie ein LKW, dann würde es an einem Tag etwa 300 Kilometer zurücklegen.

Actin-Zellskelett → S. 100
Vesikel → S. 104
Abb. oben links: Dr. Dieter Klopfenstein, Drittes Physikalisches Institut, Georg-August-Universität Göttingen

Actin-Zellskelett

Das Gel in der Zelle

Nervenzellen können sehr groß werden und müssen deswegen mechanisch stabil bleiben. Gleichzeitig verändern Neurone sehr dynamisch die feine Architektur ihrer Ausläufer. Die Dornfortsätze entlang der Dendriten bauen sich schnell auf und ab, die Struktur von Synapsen (↓) passt sich ständig den eintreffenden Nervenimpulsen an – und vor allem zu Beginn ihres Lebens, wenn sich eine Nervenzelle im entstehenden Gehirn orientiert, sind ihre Ausläufer besonders veränderbar in ihrer Struktur. So kann sie auf Signalmoleküle reagieren und zu ihrer endgültigen Position im Nervensystem gelangen.

Die Dynamik und Flexibilität der feinen Strukturen einer Nervenzelle wird von einer besonderen Gerüstsubstanz gewährleistet: dem Actin-Zellskelett. Actin ist das mit Abstand häufigste Protein in unseren Zellen und kann fast 50% aller Proteine ausmachen. Actin-Moleküle sehen aus wie kleine Kügelchen, die sich hintereinander anlagern und eine seilartige Struktur formen können. Doch durch Hilfsproteine können sich diese „Seile" seitlich verzweigen und ein dichtes Netzwerk bilden. Dieses Netzwerk ist ständigen Umbauprozessen unter-

worfen: An einigen Stellen wird es abgebaut, an anderen Stellen gleichzeitig wieder aufgebaut. So wird das Actin-Zellskelett in einem Tretmühlenprozess ständig umgestaltet, denn Auf- und Abbauprozesse halten sich die Waage.

Dieser andauernde Auf- und Abbau von Actin benötigt eine ganze Menge Energie, doch er bietet der Zelle einen großen Vorteil: Sie kann direkt und schnell auf äußere Reize reagieren und ihre Gestalt ändern. Im Vergleich dazu sind Mikrotubuli viel zu träge. Actin ist hingegen so etwas wie das „Schweizer Taschenmesser" unter den Gerüstmolekülen: Schnell ein Seitenärmchen am Axon ausbilden? Ein paar Dornfortsätze an den Dendriten

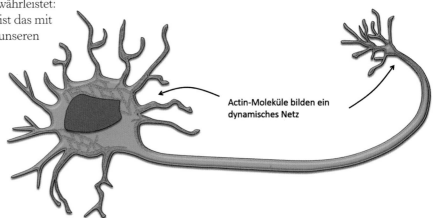

Actin-Moleküle bilden ein dynamisches Netz

Das Actin-Zellskelett befindet sich meist direkt unter der Zellmembran und verzweigt sich netzartig in die Seitenärmchen des Axons, der Dendriten oder der Synapsen. So formt es ein Gel-artiges, dynamisches Netzwerk, das schnell angepasst, umgebaut oder verstärkt werden kann.

Synapse → S. 110

formen? Eine Synapse großflächig verbreitern? All das ermöglicht der schnelle Umbau eines Actin-Netzwerks, das sich dafür meist dicht unter der Zellmembran befindet.

Solch dynamische Umbauprozesse kommen in einem erwachsenen Gehirn durchaus vor. Doch besonders intensiv verändert ein Neuron seine Gestalt während der Ausbildung des Gehirns. Zu Beginn ihres Lebens (und noch vor der menschlichen Geburt) entstehen Nervenzellen in bestimmten Regionen, den Stammzellnischen im Gehirn (↓). Doch ihr endgültiger Platz im Nervensystem ist oft ganz woanders. Also müssen junge Nervenzellen auf Wanderschaft gehen und ihren endgültigen Platz suchen. Dazu orientieren sie sich an Signalstoffen, die ihnen im Nervensystem den Weg weisen: Einige dieser Signalmoleküle locken die Nervenzellen an, andere stoßen sie ab. Mit einer ganz besonderen „Vortastregion" erkunden die Nervenzellen dabei ihre Umgebung nach diesen Signalstoffen: dem *Wachstumskegel*. Dieser Wachstumskegel ist vollgepackt mit Actin-Netzwerken, die äußerst schnell (in wenigen Minuten) auf Signalstoffe reagieren und den Wachstumskegel umgestalten. So kann eine Nervenzelle in ihre endgültige Zielregion einwandern und umgeht die Bereiche, in denen sie nicht gebraucht wird.

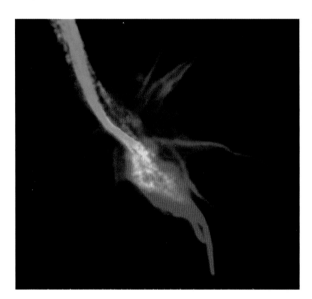

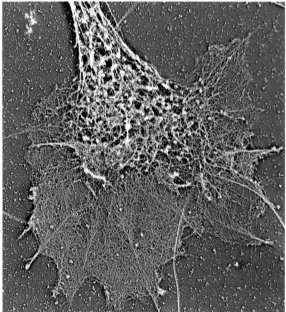

Mit einem Wachstumskegel tastet sich eine junge Nervenzelle im Nervensystem voran. In Grün sind Mikrotubuli dargestellt, die in den Wachstumskegel vordringen. Doch die schnellen Umbauprozesse und Reaktionen auf Signalstoffe, welche die Nervenzelle anlocken oder abstoßen, finden in den hier rot gefärbten Actin-Geflechten statt.

Im Bild links noch in Rot gezeigt, erkennt man im oberen Bild die Actin-Strukturen, die bis in die Spitze der Nervenfaser in den Wachstumskegel vordringen. Um das sichtbar zu machen, wurde im obigen Fall die schützende Zellmembran entfernt. So erkennt man zunächst die helleren Mikrotubuli, die von oben links kommen. Das feinmaschige Netz sind hingegen Actin-Fasern.

Entwicklung des Nervensystems → S. 24
Abb. unten rechts: Mathew P. Daniels, Terri-Ann Kelly und Herbert Geller, National Heart Lung and Blood Institute, National Institutes of Health, USA

Mitochondrien
Zell-Kraftwerke

Das Leben einer Nervenzelle ist sehr kostspielig und benötigt eine Menge Energie. Schon in Ruhe beteiligt sich das Gehirn zu 20% am gesamten Energieumsatz des Körpers, obwohl es nur 2% der Körpermasse ausmacht. Das liegt daran, dass das Gehirn permanent auf Touren ist. Andere Gewebe (wie Muskeln) werden erst dann mit Nährstoffen und Energie versorgt, wenn sie in Schwung kommen, doch ein Gehirn ist permanent am Arbeiten: Gerade das ständige Erzeugen von Nervenimpulsen (↓) verschlingt dabei einen Großteil der bereitgestellten Energie.

Für die Energieversorgung gibt es in den Nervenzellen sogenannte *Organellen*, kleine Partikel, die sich mit einer Membran vom Rest der Zelle abgrenzen. *Mitochondrien* sind ein Typ solcher Organellen und funktionieren quasi wie Kraftwerke der Zelle: Sie sorgen für die ständige Produktion von energiereichen Molekülen, die anschließend für alle möglichen Prozesse in der Zelle verwendet werden können. Auf diese Weise werden Umbau- und Transportprozesse angetrieben, die Plasmamembran aufgebaut oder Nervenimpulse erzeugt. Ohne Mitochondrien geht nichts in einer Nervenzelle, was man auch daran erkennt, dass einige Erkrankungen des Nervensystems unter anderem mit nicht-funktionierenden Mitochondrien zusammenzuhängen scheinen (unter anderem Parkinson (↓) oder Chorea Huntington ↓).

äußere Membran

innere Membran

Innenraum (Matrix)

Einfaltungen (Cristae)

ATP-Moleküle werden freigesetzt

Diese Schemazeichnung zeigt, dass ein Mitochondrium aus einer äußeren und einer inneren Membran aufgebaut ist. Dabei ist die innere Membran stark gefaltet und vergrößert dadurch ihre Oberfläche für die wichtigen biochemischen Reaktionen, die energiereiche Moleküle erzeugen, die anschließend alle Prozesse in der Zelle antreiben.

Mitochondrien werden in Lehrbüchern (und auch in der Abbildung links) oft als kleine Würstchen dargestellt. Das ist oft jedoch nur eine Vereinfachung, denn Mitochondrien können äußerst vielgestaltig sein und ihre Form von kleinen Kügelchen bis hin zu ausgedehnten Netzwerken verändern, daher auch ihr Name aus dem Griechischen: „Faden-Knubbel". Was allen Mitochondrien jedoch gemeinsam ist: ihr charakteristischer Aufbau aus einer Doppelmembran. So schützt sich das Mitochondrium

Nervenimpulse → S. 108
Parkinson → S. 228
Chorea Huntington → S. 232

vom Rest der Zelle durch eine relativ glatte äußere Membran. Die innere Membran ist hingegen extrem gefaltet und eingestülpt. So vergrößert sie ihre Oberfläche für die wichtigen biochemischen Reaktionen, in denen die Zelle aus Nährstoffen die Energie gewinnt.

Aus unserem Leben wissen wir: Kraftwerke sind wichtig, um Energie verfügbar zu machen, aber der produzierte Strom muss anschließend über lange Strecken zum Verbraucher geleitet werden, denn niemand wohnt gerne neben einem Kohlekraftwerk. In einer Nervenzelle ist das anders: Mitochondrien werden immer dorthin gebracht, wo ihre Energiefunktion gerade benötigt wird. Das wären in erster Linie der Zellkernbereich (das Soma ↓), denn dort werden viele neue Proteine hergestellt, aber auch die Synapsen (↓), in denen die Ausschüttung der Botenstoffe viel Energie verlangt. Außerdem werden Mitochondrien gleichmäßig entlang der Nervenfasern verteilt, damit sie ständig und direkt vor Ort energetische Moleküle herstellen können. Transportprozesse über weite Strecken werden dabei entlang der Mikrotubuli bewerkstelligt. Dazu schnallen sich die Kinesin- oder Dynein-Transportmoleküle (↓) ein Mitochondrium „auf den Rücken" und transportieren es schrittweise durch die Nervenfaser. Falls das Mitochondrium in den feinen Verästelungen „geparkt" werden soll, springt es auf Transporter über, die sich am Actin-Zellskelett entlang hangeln. Auf diese Weise werden die „Kraftwerke der Zelle" immer direkt dorthin gebracht, wo sie gebraucht werden.

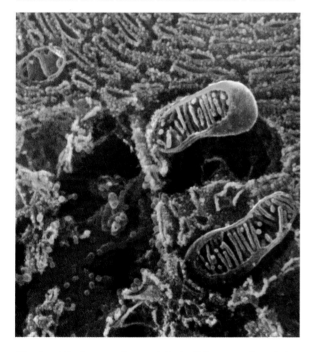

Mitochondrien kommen immer da in der Zelle vor, wo Energie benötigt wird. In dieser elektronenmikroskopischen Aufnahme sind die Mitochondrien blau gefärbt, die restlichen Membranen in der Zelle braun. Ein Teil der glatten äußeren Membran der Mitochondrien ist entfernt worden, so sieht man ihr stark gefaltetes Inneres.

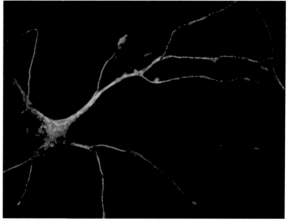

Mitochondrien sind hier in Rot in einer Nervenzelle (grün) gezeigt. Man erkennt, dass sich die Mitochondrien vorwiegend im Kernbereich befinden, denn dort finden besonders viele energieintensive Prozesse statt. Sie werden aber auch entlang der ganzen Nervenfaser verteilt, um die Zelle zu versorgen.

Zellkernbereich → S. 90
Synapse → S. 110
Mikrotubuli und Transport in der Zelle → S. 98

Vesikel

Verpackungseinheiten für Botenstoffe

In einer Nervenzelle darf nichts durcheinandergeraten. Gerade eine Nervenzelle muss penibel darauf achten, dass sich ihre *Neurotransmitter* (die Botenstoffe im Nervensystem) nicht mit den restlichen Molekülen vermischen. Oft müssen auch bestimmte Proteine vom Rest der Zelle getrennt werden, damit sie ihre biochemische Funktion erfüllen können.

Wann immer etwas in einer Zelle separiert werden soll, kommt eine Membran ins Spiel: Der Zellkern (↓) trennt sich gleich mit zwei Membranen vom Rest der Zelle, genauso wie die Mitochondrien (↓). Viele kleine Membranbläschen, die *Vesikel*, besitzen hingegen nur eine einzige Membran, um ihren Inhalt zu schützen. In Vesikeln kann im Prinzip alles verstaut werden, was in einer Zelle irgendwohin transportiert werden soll: Das können Proteine genauso gut wie Stoffwechselprodukte sein. Vesikel sind quasi kleine Pakete, die durch die Zelle zu ihrem Zielort geschickt werden können.

Für Nervenzellen ist ein ganz besonderer Typ an solchen Vesikeln

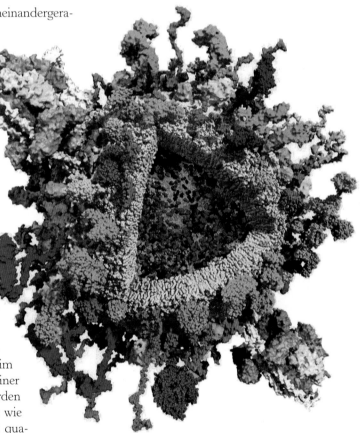

Diese Simulation eines Vesikels zeigt, wie dicht gedrängt es auf seiner Oberfläche zugeht. Die eigentliche Membran ist in Gelb gezeigt und umschließt den wichtigen Inhalt, der bei Nervenzellen oft aus Neurotransmittern besteht. Über und über ist das Vesikel jedoch mit Proteinen (bunt) bedeckt, die kontrollieren, wo das Vesikel hin wandern oder ob es seine Fracht ausschütten soll. An einer Stelle (Dreieck) ist das Vesikel aufgeschnitten, und man erkennt seinen Inhalt aus Botenstoffen (rot).

Zellkern und Soma → S. 90
Mitochondrien → S. 102
Abb. rechts: aus dem Artikel "Molecular Anatomy of a Trafficking Organelle", 2006, Cell. Mit Genehmigung von Prof. R. Jahn, MPI for Biophysical Chemistry, Göttingen

außerordentlich wichtig: die synaptischen Vesikel.

Diese enthalten die Neurotransmitter (↓), die zu einem ganz definierten Zeitpunkt an der Synapse ausgeschüttet werden müssen. Dafür werden sie zuvor in einem Vesikel an der Synapse „geparkt". Kommt nun ein Nervenimpuls an, so ist dies das Signal für das Vesikel, mit der Zellmembran zu verschmelzen und seinen Inhalt (die Neurotransmitter) aus der Zelle auszuschütten.

Damit Vesikel eine stabile Hülle bekommen, werden sie in der Zelle von speziellen Gerüstmolekülen verpackt: den *Clathrinen*. Dafür haben Clathrine drei Ärmchen, mit denen sie sich ineinander verhaken können. Ein einzelnes Clathrin-Molekül ist hier in Hellblau gezeigt, wie es sich mit seinen Nachbarn verschränkt. Dadurch bildet sich eine Fußball-ähnliche Struktur des Vesikels.

Vesikel bieten also zwei Vorteile: Zum einen ermöglichen sie, dass bestimmte Moleküle räumlich konzentriert werden können. Einige Tausend solcher Neurotransmitter befinden sich somit auf engstem Raum, streng getrennt von den restlichen Molekülen in der Zelle. Zum anderen können Vesikel zielgenau durch die Zelle transportiert werden und schaffen somit die Grundlage für eine effektive Logistik. Oftmals werden Moleküle weit entfernt (schon wenige Mikrometer können in einer Zelle viel sein) von ihrem eigentlichen Zielort hergestellt. Wenn sie jedoch in ein Vesikel verpackt werden, erhalten die Transportmoleküle (die Kinesine oder Dyneine) die Möglichkeit, dieses Vesikel zu transportieren. Genauso wie ein LKW mit vielen Gütern beladen sein kann, die er zum Ziel befördert, können auch Vesikel viele Moleküle enthalten, die gemeinsam durch die Zelle transportiert werden.

Damit die Zelle auch weiß, wo ein Vesikel hin muss (also ein synaptisches Vesikel voller Neurotransmitter logischerweise an die Synapse), ist es über und über mit Proteinen bedeckt. Diese bieten zum einen Angriffspunkte für die Transportmoleküle, eine biochemische Anhängerkupplung gewissermaßen. Andere Proteine auf der Vesikeloberfläche fungieren als Adressaufkleber, die ein Vesikel für seinen Zielort markieren. Erst wenn ein solches „Adress-Protein" an ein anderes Protein am Zielort bindet (an sein „Empfänger-Protein", wenn man so will), ist das Vesikel an seinem Ziel angekommen. Dort kann es verbleiben und seine Fracht freigeben, oder es verschmilzt mit der Zellmembran und schüttet seinen Inhalt aus (wie im Falle einer Synapse).

Neurotransmitter → S. 116
Hypophyse und Durstempfinden → S. 190

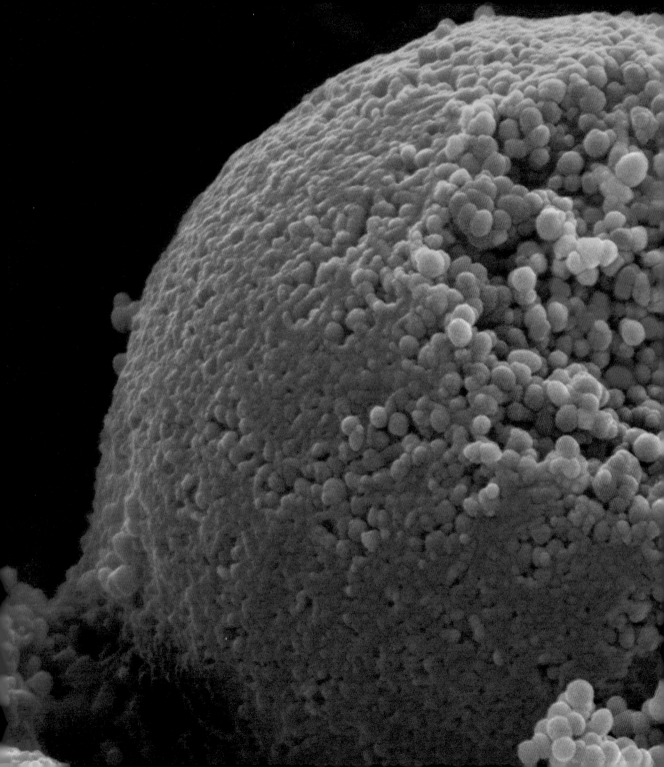

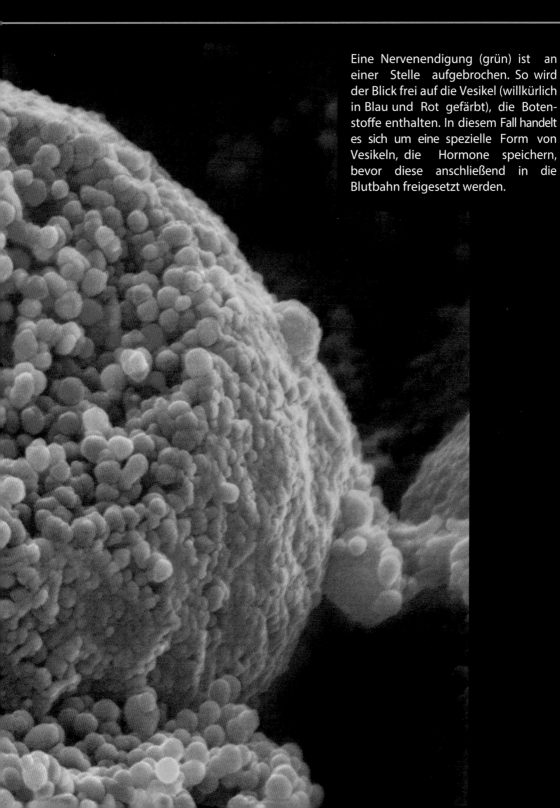

Eine Nervenendigung (grün) ist an einer Stelle aufgebrochen. So wird der Blick frei auf die Vesikel (willkürlich in Blau und Rot gefärbt), die Botenstoffe enthalten. In diesem Fall handelt es sich um eine spezielle Form von Vesikeln, die Hormone speichern, bevor diese anschließend in die Blutbahn freigesetzt werden.

Der Nervenimpuls
Aktion an der Faser

Damit Nervenzellen untereinander und auch mit anderen Zelltypen kommunizieren können, brauchen sie eine Möglichkeit, um Informationen schnell und verlustfrei an ihrer Nervenfaser entlangzuschicken. Aus diesem Grund hat sich ein raffiniertes System herausgebildet, um Nervenimpulse weiterzuleiten.

Nervenimpulse werden in Form von *Aktionspotentialen* an einer Nervenfaser ausgebildet. Im Prinzip passiert dort nichts weiter, als dass sich das elektrische Feld, das an der Nervenzellmembran besteht, verändert: In der Regel ist das Zellinnere leicht negativ geladen. Bei einem Aktionspotential öffnen sich jedoch Kanäle in der Zellmembran (↓), sodass positiv geladene Natriumionen in die Nervenzelle einströmen können und das elektrische Feld kurzfristig umkehren: Das Innere der Zelle ist jetzt positiv geladen.

So eine lokale Änderung des elektrischen Feldes bringt noch nicht viel, der Impuls muss ja auch an der Nervenfaser entlanglaufen – und zwar immer nur in eine Richtung. Das wird dadurch ermöglicht, dass Ionenkanäle nur in einer Richtung der Faser erkennen können, dass sich das elektrische Feld gerade geändert hat. Auf der anderen Seite sind diese Kanäle für einen kurzen Moment nicht erregbar. Deswegen können sich nur auf einer Seite der Nervenfaser die Kanäle öffnen, neue Natriumionen einströmen lassen, das elektrische Feld umkehren und den Nervenimpuls ein Stückchen

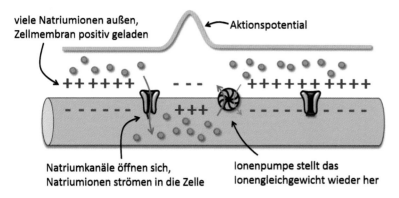

viele Natriumionen außen,
Zellmembran positiv geladen

Aktionspotential

Natriumkanäle öffnen sich,
Natriumionen strömen in die Zelle

Ionenpumpe stellt das
Ionengleichgewicht wieder her

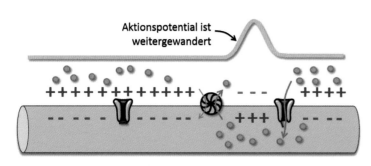

Aktionspotential ist
weitergewandert

Im Prinzip ist ein Aktionspotential (ein Nervenimpuls) eine lokale Umkehr der elektrischen Spannung, die an einer Nervenfaser besteht: Dabei wird das Zellinnere kurzfristig positiv, weil positiv geladene Natriumionen einströmen. Die Kanäle sind nur in einer Richtung dazu fähig, diese Ionen einströmen zu lassen, deswegen breitet sich der Impuls auch nur in einer Richtung an der Faser entlang aus.

Ionenkanäle in der Zellmembran → S. 92

weiter wandern lassen. Letztendlich ist ein solches Aktionspotential (ein Nervenimpuls) also eine Umkehr der elektrischen Spannung an der Nervenzellmembran, die sich immer weiter an der Nervenfaser fortpflanzt.

Aktionspotentiale haben einige Vorteile, die sie für die Informationsverarbeitung im Gehirn nützlich machen. Erstens, Aktionspotentiale sind binär, sie sind da oder eben nicht. Denn wenn einmal eine Spannungsumkehr an einer Membran ausgelöst wurde, gibt es kein Zurück. Es gilt das Alles-oder-nichts-Prinzip, so kommen an einer Nervenfaser keine Missverständnisse auf.

Zweitens, Aktionspotentiale sind robust. Gerade weil sie nach einem Entweder-oder-Prinzip erzeugt werden, kann es keine halben Aktionspotentiale geben. So kann sich ein Nervenimpuls an einer Nervenfaser auch nicht abschwächen und auf halbem Weg verloren gehen, sondern kommt immer in voller Stärke am Ziel an.

Drittens, Aktionspotentiale können Informationen übertragen. Zwar ist ein Aktionspotential immer gleich stark ausgeprägt (die elektrische Feldumkehr ist immer gleich groß), doch die Frequenz der Aktionspotentiale kann verändert werden. Die maximale Frequenz der Aktionspotentiale beträgt dabei 500 Mal pro Sekunde – und genau über dieses Ausmaß, die Häufigkeit der Impulse, kann eine Nervenzelle Informationen codieren.

Viertens, Aktionspotentiale können sich aufteilen. Das

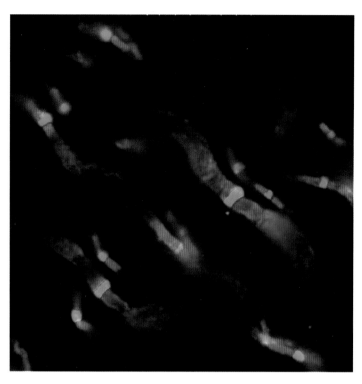

Ionenkanäle konzentrieren sich in bestimmten Regionen an der Nervenfaser, um den Durchtritt von Ionen durch die Zellmembran zu kontrollieren. Dabei sind Ionenkanäle extrem selektiv und lassen nur ein ganz bestimmtes Ion (z. B. Natrium-, Kalium- oder Magnesiumionen) durch. Hier sind Natriumkanäle in Grün gezeigt, direkt daneben liegen Kaliumkanäle in Rot. Die Nervenfaser ist blau.

ist auch unbedingt nötig, denn ein Nervenimpuls wird nur an einer einzigen Stelle in der Nervenzelle erzeugt: am Beginn des Axons, dem Axonhügel. Ein Axon kann sich jedoch in viele Tausend Endigungen aufspalten – kein Problem für einen Nervenimpuls. Denn die Änderung eines elektrischen Feldes wandert immer an der ganzen Nervenmembran entlang und teilt sich deswegen auch auf alle Verzweigungen auf.

Abb. oben rechts: Matthew Rasband und Peter Shrager, Dept. of Neurobiology and Anatomy, University of Rochester Medical Center

Die Synapse
Eine Nervenzelle geht auf Tuchfühlung

Alleine können Nervenzellen nichts bewirken. Erst im Verbund vollbringen sie grandiose Leistungen und formen ein funktionierendes neuronales Netzwerk (↓). Entscheidend dafür ist gerade jener Kontakt zwischen den Nervenzellen, der die Ausbildung dieses Netzwerks ermöglicht: die *Synapse*. Synapsen (aus dem griech. für „gemeinsamer Kontakt") sind die wichtigen Umschaltstellen zwischen zwei Nervenzellen und bestehen grundsätzlich aus drei Teilen: dem Ende der eintreffenden Nervenfaser (der *Präsynapse*), dem synaptischen Spalt und dem Beginn der neuen Nervenfaser (der *Postsynapse*).

An einer Synapse geschieht etwas Erstaunliches: Normalerweise laufen Nervenimpulse in Form von elektrischen Feldern an einer Nervenfaser entlang. Diese Felder sind entweder da oder eben nicht. Doch eine Synapse übersetzt diesen „digitalen" Nervenimpuls in ein analoges Signal aus Botenstoffen, die in unterschiedlichem Ausmaß ausgeschüttet werden können. Dies beginnt in der Präsynapse: An ihrem Ende verdickt und verbreitert sich die Faser und bildet eine Art abgeflachtes Knöpfchen aus. So wird in der Präsynapse genügend Platz geschaffen für einen großen Vorrat an Botenstoffen und Neurotransmittern.

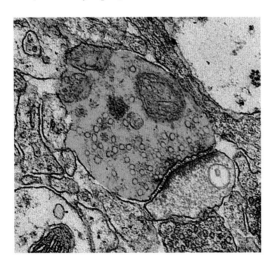

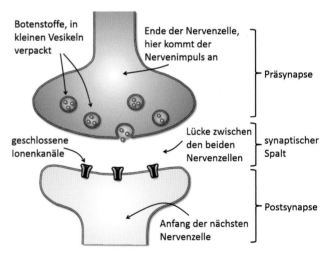

Eine elektronenmikroskopische Aufnahme zeigt, wie gedrängt es in der Synapse zugeht. Die Präsynapse (blau) ist voller Vesikel (kleine, gelbe Kreise), die Botenstoffe enthalten. Der dünne synaptische Spalt trennt die beiden Nervenzellen voneinander, die Postsynapse ist in Gelb gezeigt.

Die linke (etwas unübersichtliche) Abbildung hier im Schema: Eine Synapse besteht aus drei Teilen. Die eintreffende Nervenfaser bildet die Präsynapse aus, in der Botenstoffe in Vesikeln verpackt gelagert werden. Der synaptische Spalt trennt die Prä- von der Postsynapse. Diese stellt wiederum den Anfang der neuen Zelle dar.

Informationsverarbeitung im Netzwerk → S. 144

Die Empfängerzelle bildet ihrerseits ebenfalls eine spezielle Struktur aus, die Postsynapse, quasi eine Andockstelle für die Präsynapse. Die Postsynapse ist vollgepackt mit Rezeptoren für genau die Botenstoffe, die von der Präsynapse ausgeschüttet werden. So kann die Empfangszelle überhaupt auf den eintreffenden Impuls reagieren.

Zwischen Prä- und Postsynapse liegt der synaptische Spalt. In Wirklichkeit berühren sich Nervenzellen also niemals direkt mit ihren Membranen, sondern lassen einen kleinen Raum für Privatsphäre: Zwanzig Nanometer (also 50.000 Mal dünner als ein Blatt Papier) müssen dafür reichen. Dass dieser Spalt so dünn ist, hat einen entscheidenden Vorteil: Werden Botenstoffe in den synaptischen Spalt ausgeschüttet, kommen sie besonders schnell an der Postsynapse an. So verliert der Nervenimpuls an einer Synapse nicht so viel Zeit.

Synapsen sind die entscheidende Grundlage dafür, dass sich ein Nervensystem ständig anpassen kann. Denn von allen Organen besitzt das Gehirn die größte Plastizität. Mit anderen Worten: Es verändert seine synaptischen Strukturen je nachdem, welche Reize und Impulse eintreffen. Deswegen darf man sich Synapsen nicht als statisches Konstrukt vorstellen (wie ein Stecker, der entweder in einer Steckdose steckt oder nicht), sondern als dynamische Kontaktstelle. Werden oft Impulse an einer Synapse erzeugt und viele Neurotransmitter ausgeschüttet, so können sich Synapsen aufbauen, erweitern und größer werden. Synapsen können sich neu bilden oder Seitenverzweigungen formen. Umgekehrt ziehen sich Synapsen auch zurück und verkümmern, wenn sie nicht dauerhaft aktiviert werden. Das klingt schlimmer als es ist, denn durch dieses synaptische „Zurechtstutzen" gewinnt ein neuronales System an Effizienz: Es rechnet schneller und energiesparender, wenn es nicht permanent unnötige Synapsen am Leben erhält.

Ein Nervenausläufer (rötlich) verzweigt sich mit zwei Fasern, die von unten links ins Bild kommen. Sie bilden an ihrem Ende kleine Büschel aus, die über Synapsen an die Zielzelle (gelb) andocken.

Abb. unten links: © Meckes / Ottawa / Agentur Focus / eye of science
Abb. nächste Seite: 'Dr. Kieran A. Boyle, University of Glasgow

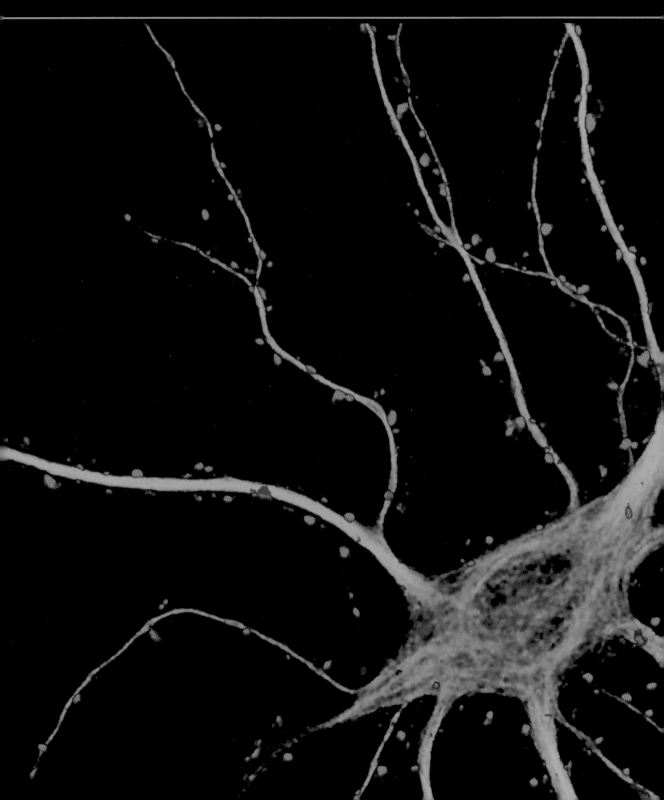

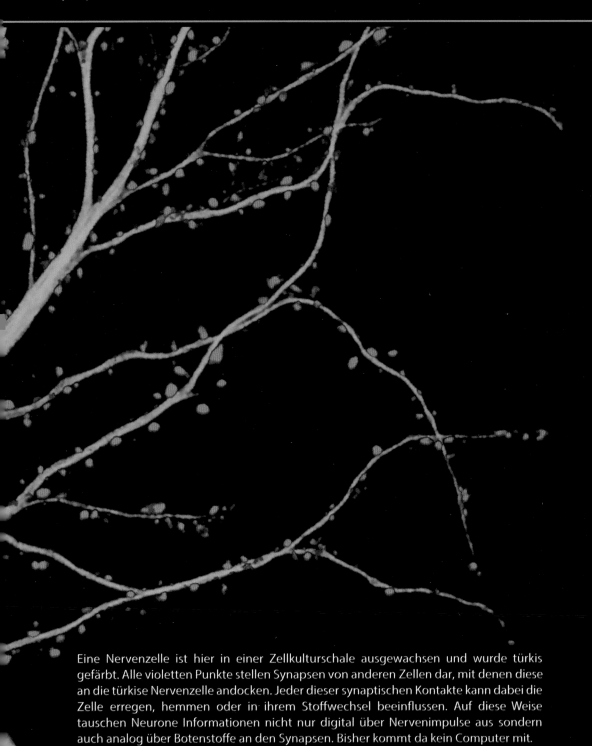

Eine Nervenzelle ist hier in einer Zellkulturschale ausgewachsen und wurde türkis gefärbt. Alle violetten Punkte stellen Synapsen von anderen Zellen dar, mit denen diese an die türkise Nervenzelle andocken. Jeder dieser synaptischen Kontakte kann dabei die Zelle erregen, hemmen oder in ihrem Stoffwechsel beeinflussen. Auf diese Weise tauschen Neurone Informationen nicht nur digital über Nervenimpulse aus sondern auch analog über Botenstoffe an den Synapsen. Bisher kommt da kein Computer mit.

Synaptische Übertragung
Wie der Funke überspringt

Synapsen formen die entscheidende Struktur, wenn es darum geht, in einem Nervensystem flexible und anpassbare Kontaktstellen zwischen den Nervenzellen auszubilden. Doch erst die Verwendung von Neurotransmittern (↓), den Botenstoffen im Nervensystem, ermöglicht die besondere Dynamik einer Synapse. Sie sind es auch, die die Kontaktmöglichkeiten zwischen Nervenzellen ungemein vielfältig machen.

Bei einer synaptischen Übertragung sind zwei Dinge wichtig: Der Nervenimpuls muss fehlerfrei zwischen den beiden beteiligten Nervenzellen übertragen werden, und es darf nur wenig Zeit dafür verloren gehen. Gerade Letzteres ist nicht so leicht zu bewerkstelligen, denn im Vergleich zu den rasanten Nervenimpulsen, die an einer Nervenfaser entlanglaufen, ist die Übertragung an einer Synapse relativ langsam. Damit dieser Schritt nicht zu lange dauert, ist eine Synapse immer schon auf einen Impuls vorbereitet. Sie verpackt ihre Neurotransmitter in Vesikeln direkt an der Membran und wartet nur darauf, diese in den synaptischen Spalt ausschütten zu können.

Schritt 1 der Übertragung: Ein Nervenimpuls kommt am Ende einer Nervenzelle an. Dieser Nervenimpuls

ändert das elektrische Feld in der Präsynapse – die Zelle reagiert darauf und lässt geringe Mengen Calciumionen durch die Zellmembran ins Zellinnere einströmen. Calciumionen kommen normalerweise nicht frei in der Zelle vor, insofern sind neu eintreffende Calciumionen ein besonderes Signal und sorgen dafür, dass die Neurotransmitter ausgeschüttet werden können. Sie aktivieren die Freisetzung der Neurotransmitter und bereiten die Synapse auf den nächsten Schritt vor.

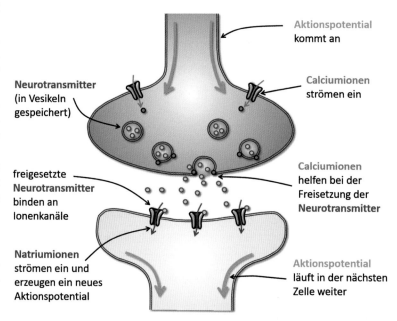

Die synaptische Übertragung läuft schematisch in drei Schritten ab. Ein eintreffender Nervenimpuls führt zur Aktivierung der Präsynapse. Dadurch verschmelzen die Vesikel mit der Zellmembran, platzen auf und setzen ihre gespeicherten Neurotransmitter frei. Diese binden an Rezeptoren in der Folgezelle und lösen dort einen neuen Impuls aus.

Neurotransmitter → S. 116

Schritt 2: Die Neurotransmitter werden in den synaptischen Spalt entlassen. Doch zuvor sind sie noch in zahlreichen Vesikeln gut verpackt und müssen erst daraus befreit werden. Spezielle Proteine an der Oberfläche der Vesikel konzentrieren sich nur darauf und werden durch das Calcium-Signal aktiviert. So verschmelzen sie die Membranen der Vesikel und der Zelle, das Vesikel platzt auf und die Neurotransmitter gelangen in den synaptischen Spalt.

Schritt 3: Die Neurotransmitter wandern schnell durch den synaptischen Spalt an die Postsynapse. Dort werden sie von speziellen Rezeptoren in Empfang genommen. Diese Rezeptoren sitzen in der Zellmembran der Folgezelle und bilden eine spezielle Tasche aus, in der ein bestimmter Neurotransmitter (und zwar nur dieser und kein anderer) binden kann. Durch diese Bindung wird der Rezeptor aktiviert und kann die Postsynapse beeinflussen. So kann ein Rezeptor ermöglichen, dass Natriumionen in die Postsynapse einströmen und einen neuen Nervenimpuls auslösen – auf diese Weise ist

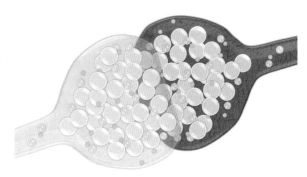

Um Nervenimpulse von einer Nervenzelle auf eine andere zu übertragen, werden Botenstoffe an der Synapse ausgeschüttet. Dabei speichern die Zellen im Vorfeld einen ganzen Cocktail solcher Neurotransmitter in Vesikeln und setzen sie bei Bedarf frei.

der Nervenimpuls von der ersten Zelle auf die zweite quasi „übergesprungen".

Der wichtige Schritt, der darüber entscheidet, was an der Synapse passiert, ist also die Bindung eines Neurotransmitters an seinen Rezeptor. Manche Rezeptoren führen dazu, dass die Synapse ruhiggestellt wird und kein neuer Nervenimpuls in der Folgezelle ausgelöst werden kann. Andere Rezeptoren beeinflussen den Stoffwechsel der Folge-Zelle und führen zur Produktion von Strukturmolekülen, die die Synapse umbauen. Hinzu kommt, dass mitunter nicht nur eine einzige Art von Neurotransmittern ausgeschüttet wird, sondern ein Cocktail aus verschiedenen. So können viele unterschiedliche Rezeptoren auf dieses Gemisch reagieren und die Struktur und Aktivität der Synapse genau justieren.

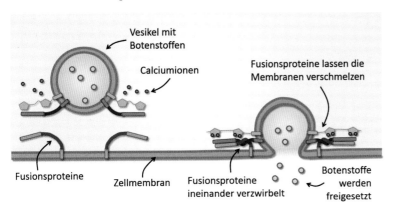

Botenstoffe werden in Nervenzellen in Vesikeln gespeichert. Zur deren Ausschüttung müssen die Vesikel mit der Zellmembran verschmelzen und ihren Inhalt freisetzen. Diese komplizierte Aufgabe übernehmen Fusionsproteine. Werden diese durch Calciumionen aktiviert, sorgen sie dafür, dass die Vesikel aufplatzen.

Neurotransmitter
Die Biochemie der Informationsübertragung

Damit an einer Synapse etwas vorangeht, übernehmen die Neurotransmitter die wichtige Vermittlerfunktion. Sie übersetzen das eigentlich digitale Aktionspotential (das entweder da ist oder eben nicht) kurzfristig in ein analoges Signal.

Neurotransmitter müssen immer wieder in großer Zahl von einer Nervenzelle hergestellt und ausgeschüttet werden. Deswegen leiten sich viele dieser Botenstoffe von einfachen Molekülen ab, die oft in der Zelle vorkommen: den Aminosäuren. Manche Aminosäuren können sogar direkt als Neurotransmitter verwendet werden, das ist zum Beispiel bei Glutamat oder Glycin der Fall. Während Glutamat (bekannt auch als Würzmittel für herzhafte Fleischgerichte) der wichtigste erregende Neurotransmitter ist, hat Glycin (die einfachste aller möglichen Aminosäuren) die gegenteilige Funktion und wirkt überwiegend hemmend.

Durch einen einfachen Umbau des Glutamats entsteht ein weiterer wichtiger Neurotransmitter, GABA genannt (von engl. für *gamma-aminobutyricacid*). GABA wirkt ebenfalls überwiegend hemmend auf Synapsen und ähnelt in seiner Struktur dem Wirkstoff aus K.-o.-Tropfen.

Eine weitere bekannte Stoffgruppe der Neurotransmitter ist die Familie bestehend aus Adrenalin, Noradrenalin und Dopamin. Alle drei Moleküle leiten sich von der Aminosäure Tyrosin ab und haben ein breites Wirkspektrum im Gehirn. So kann Dopamin sowohl erregend als auch hemmend wirken oder die Aktivität

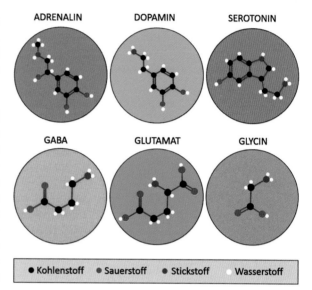

Eine Übersicht der Strukturen einiger wichtiger Neurotransmitter im Gehirn.

von anderen Neurotransmittern beeinflussen. In letzterer Form ist es als sogenannter „Neuromodulator" aktiv, funktioniert also nicht als eigenständiger Überträgerstoff an einer Synapse (wie normalerweise üblich), sondern beeinflusst, wie andere Synapsen reagieren. So wie man den Kontrast oder die Farbsättigung eines Fernsehbildes justieren kann, ohne dass sich der Informationsgehalt des Bildes ändert, „justiert" Dopamin andere Synapsen und sorgt dafür, dass sie leichter oder schwerer erregbar sind.

Auch Serotonin leitet sich von einer Aminosäure ab,

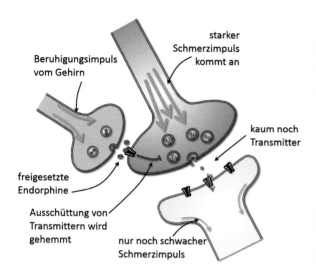

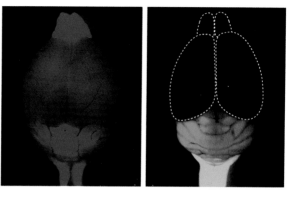

Botenstoffe kommen nicht überall im Gehirn vor. Hier ist ein Maus-gehirn gezeigt. Am oberen Bildende liegt der Riechkolben, in der Mitte der Neocortex, am unteren Bildrand das Kleinhirn. Während der Botenstoff GABA überall im Gehirn produziert wird (rot), spielt Glycin offenbar nur im Kleinhirn und Hirnstamm (grün) eine Rolle.

Endorphine sind Botenstoffe, die die Aktivität anderer Synapsen beeinflussen. Soll zum Beispiel ein Schmerzimpuls gehemmt wer-den, kann das Gehirn veranlassen, dass ein Beruhigungsimpuls ausgelöst wird. Dabei setzt eine Synapse eben jene Endorphine frei, die an einer Schmerzsynapse die Freisetzung von Botenstoffen hemmen und diese dadurch ruhig stellen.

dem Tryptophan. Serotonin wirkt oft an Synapsen, die an der Bildverarbeitung und Gefühlssteuerung beteiligt sind. Es wird vermutet, dass bei Menschen, die an Depressionen (↓) leiden, bestimmte Synapsen genau dieses Serotonin nicht ausgiebig genug nutzen. Hier können Antidepressiva ansetzen und den Seroto-nin-Spiegel wieder erhöhen (zum Beispiel, indem sie verhindern, dass Serotonin abgebaut wird).

Einer der wichtigsten erregenden Neurotransmitter (neben Glutamat) ist das Acetylcholin. Dieses Mo-lekül hat im Gegensatz zu den bisher erwähnten Bo-tenstoffen nichts mit Aminosäuren zu tun und wirkt unter anderem erregend auf Muskeln. Mit Hilfe dieses Botenstoffs können Nervenzellen daher Muskelzellen

ansteuern und diese durch einen Nervenimpuls akti-vieren (↓).

Im Nervensystem kommen noch viele weitere Boten-stoffe vor, die die Aktivität der Neurotransmitter be-einflussen oder selbst als Transmitter wirken können. Oftmals sind es kleine Peptide, also kurze Ketten aus Aminosäuren, die in einem Gemisch (als Transmit-ter-Cocktail gewissermaßen) an der Synapse ausge-schüttet werden. Dazu zählen zum Beispiel die Endor-phine oder Enkephaline, die nicht nur Glücksgefühle auslösen, sondern auch unser Schmerzempfinden un-terdrücken können.

Wichtig ist jedoch immer: Es ist nicht der Botenstoff alleine, der über die Wirkung an der Synapse entschei-det. Ein Botenstoff ist ein Botenstoff. Erst der Rezeptor, an den ein Transmitter bindet, löst die Aktion in der Zielzelle aus – und entscheidet darüber, ob ein Trans-mitter erregend oder hemmend wirkt.

Depression → S. 254
Muskelsteuerung → S. 184

Abb. oben rechts: Mit freundlicher Genehmigung von Springer Science+Business Media: Co-Existence and Co-Release of Classical Neurot-ransmitters, Postsynaptic Determinants of Inhibitory Transmission at Mixed GABAergic/Glycinergic Synapses, 2008, Stéphane Dieudonné

Gap Junctions
Hilfreiche Lücken im Informationsaustausch

Nervenzellen haben die Möglichkeit, über Synapsen (↓) mit anderen Zellen Kontakt aufzunehmen. Synapsen haben dabei den Vorteil, dass Informationen analog (durch ein Gemisch von Botenstoffen) verarbeitet werden können. Der Nachteil jedoch: Es ist nicht ganz so schnell – und es geht nur in eine Richtung.

Manchmal muss eine Nervenzelle jedoch zügig und ohne Umwege über Neurotransmitter mit anderen Nervenzellen kommunizieren. Dafür gibt es eine Abkürzung: die *Gap Junctions* (engl. für „Verknüpfung durch eine Lücke"), die sogenannte elektrische Synapsen bilden. An elektrischen Synapsen werden keine Neurotransmitter ausgeschüttet (wie bei chemischen Synapsen), die dann von einer Zelle zur anderen laufen. Sie verbinden zwei Zellen viel direkter, ohne den Umweg eines synaptischen Spalts.

Bilden zwei Zellen eine elektrische Synapse aus, rücken sie mit ihren Zellmembranen sehr dicht

aneinander. Spezielle Proteine verbinden diese beiden Zellmembranen und formen eine Pore, durch die Stoffe zwischen den beiden Zellen hin und her laufen können. Ein solcher Kontakt ist zehnmal schmaler als bei einer chemischen Synapse, und durch viele solcher engen Gap Junctions formen die Zellen ein einheitliches funktionelles Gebilde.

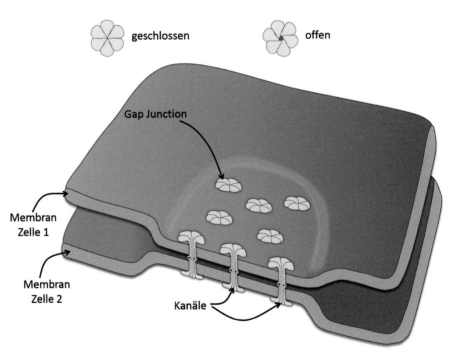

Gap Junctions koppeln das Zellinnere benachbarter Zellen. Durch spezielle Poren können dabei Ionen und andere kleine Moleküle von einer Zelle in eine andere gelangen. Auf diese Weise bilden die Zellen ein funktionelles Ganzes und synchronisieren unter anderem ihre elektrischen Entladungen.

Synapse → S. 110

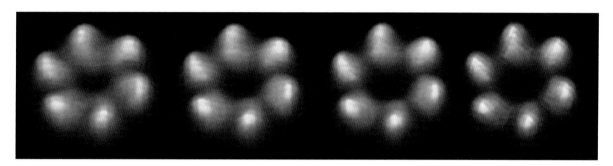

Ein Kanal zwischen zwei Zellen besteht aus mehreren Untereinheiten (hier scheinen es sechs zu sein), die in einem Ring angeordnet sind. Indem die Untereinheiten auseinanderrücken, öffnet sich der Kanal und lässt Ionen oder Zuckermoleküle passieren.

Gap junctions arbeiten sehr schnell, denn durch die Porenöffnungen können kleine Moleküle (oder auch Natriumionen) zwischen den Zellen ausgetauscht werden, ohne vorher umständlich Neurotransmitter auszuschütten. Ionen und Stoffwechselprodukte (wie Zucker) schwimmen quasi von einer Zelle zur nächsten, die dadurch wiederum elektrisch erregt werden kann. Das geschieht zwischen beiden Zellen gleichermaßen hin und her, Gap Junctions haben also keine Richtung.

Durch diesen engen Austausch ihrer Ionen können sich Zellen zu einem funktionellen Ganzen koppeln. Manchmal müssen größere Gruppen von Nervenzellen besonders schnell eine gleichartige elektrische Entladung synchronisieren (das beobachtet man zum Beispiel in bestimmten Regionen im Kleinhirn). Da hat es Vorteile, wenn man die Abkürzung über die elektrischen Synapsen wählt und die Ionen direkt austauscht.

Doch nicht nur Nervenzellen sind über solche Gap Junctions miteinander verbunden, sondern auch ihre Helfer, die Gliazellen. Auf diese Weise registrieren sie Änderungen der Ionenverteilung und synchronisieren sich ihrerseits. Über Gap Junctions sind Gliazellen auch mit den Muskelzellen der Hirnblutgefäße gekoppelt und regulieren die Durchblutung (↓) des Gehirns.

Zellmembranen können über und über mit Kanälen besetzt sein, die Gap Junctions formen. Diese Abbildung ist eine elektronenmikroskopische Aufnahme dieser sechseckigen Kanalöffnungen, die den Stoffaustausch zwischen den Zellen regulieren.

Durchblutung des Gehirns → S. 72
Abb. oben Mitte und unten rechts: Mit freundlicher Genehmigung von Macmillan Publishers Ltd: Atomic force microscopy as a multifunctional molecular toolbox in nanobiotechnology, 2008, Daniel J. Muller, Yves F. Dufrene

Astroglia

Ein Stern, der deinen Namen trägt

Im Gehirn gibt es eine ganze Menge zu tun. Nervenzellen spezialisieren sich dabei auf ihre besonders wichtige Aufgabe: elektrische Impulse zu erzeugen und untereinander auszutauschen. Mehr aber auch nicht. Dieses Empfangen, Verrechnen und Versenden von Aktionspotentialen (↓) ist so aufwendig, dass viele wichtige Aufgaben auf der Strecke bleiben. Damit sich Nervenzellen ständig auf ihren Job konzentrieren können, gibt es Helferzellen, die alle wichtigen Aufgaben übernehmen, für die eine Nervenzelle keine Zeit hat.

Diese Helferzellen werden *Gliazellen* genannt (vom griech. *glia* – Glibber, Kleber), denn sie sitzen wie eine klebrige Füllmasse zwischen den Nervenzellen und unterstützen sie bei ihrer Arbeit. Der zahlenmäßig häufigste Typ Gliazelle sind die *Astroglia*. „Astro", weil sie sich sternförmig in das Nervengeflecht verzweigen, eine Gerüststruktur bilden und direkt mit den Nervenzellen Kontakt aufnehmen. Auf den ersten Blick sehen sie mit ihren vielen Ausläufern den Neuronen nicht unähnlich. Doch es gibt einen großen Unterschied zwischen diesen beiden Zelltypen: Neurone sind polarisiert, haben also eine Richtung. Astroglia verzweigen sich gleichmäßig in alle Richtungen, sie sind nicht polarisiert.

Astroglia übernehmen eine Vielzahl an Aufgaben. Besonders wichtig ist die Ernährung der Nervenzellen, denn

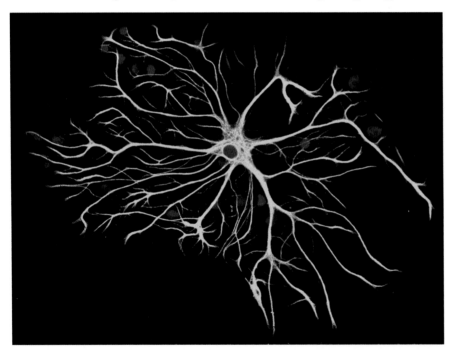

Eine Astroglia-Zelle ist hier in Gelb gezeigt. Sie trägt ihren Namen („Stern-Helferzelle") zu Recht, weil sie sich mit ihren vielen Ausläufern sternförmig in alle Richtungen ausbreitet. So versorgt sie umliegende Zellen (deren Zellkerne in Blau) mit Nährstoffen oder nimmt deren Abfallstoffe auf.

Aktionspotential → S. 108
Abb. unten links: Gerry Shaw, EnCor Biotechnology Inc.

das ständige Erzeugen von Nervenimpulsen erfordert einen hohen Energieumsatz. Astroglia nehmen dabei die wichtigen Nährstoffe (überwiegend Zucker) aus dem Blut auf, verstoffwechseln diese und scheiden diese Stoffwechsel-Zwischenprodukte für die Nervenzellen aus. Wenn man so will, sind die Astroglia die Vorkoster der Neurone und stellen ihre vorverdaute Nahrung den Nervenzellen zur Verfügung.

Astroglia kontrollieren überdies sehr streng, welche Stoffe sich in der Umgebung der Nervenzellen befinden dürfen. Überschüssige Botenstoffe oder Stoffwechselprodukte werden auf diese Weise schnell entfernt. Auch die wichtige Konzentration der Ionen in unmittelbarer Umgebung der Nervenzellen wird ständig von den Astroglia überwacht.

Astroglia besitzen überdies eine Eigenschaft, die im Nervensystem gar nicht so verbreitet ist: Sie können sich vermehren. Nervenzellen hingegen sind teilungsunfähig. Einmal ein Neuron, immer ein Neuron. Und nur wenn eine Nervenzelle ausreichend und immer wieder aktiviert wird, überlebt sie, ansonsten opfert sie sich für das Wohl des Netzwerks und geht in einen kontrollierten Selbstmord über. Astroglia können sich hingegen teilen und neue Zellen bilden. Tatsächlich bilden Sonderformen der Astroglia wichtige Stammzellen, die im Gehirn sogar neue Nervenzellen bilden können. Allerdings ist dieses Ausmaß der Nervenzellneubildung recht begrenzt (wenige Tausend Zellen pro Tag) und findet auch nur im Hippocampus (↓) und im Riechhirn (↓) statt.

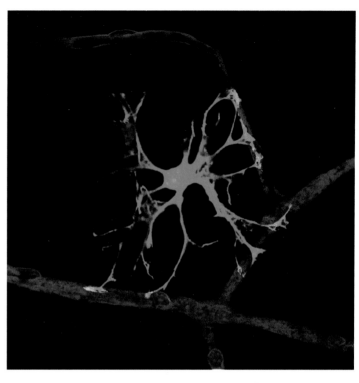

Eine Astroglia-Zelle (in Grün) umschlingt mehrere Blutgefäße (rot, die Zellkerne der Blutgefäßzellen in Blau). Auf diese Weise regulieren die Astroglia, welche Stoffe ins Nervensystem eintreten dürfen und versorgen die Neurone mit Nährstoffen.

Niemals sollte man daher diese helfenden Gliazellen unterschätzen. Sie sind weit mehr als eine dumpfe Füllmasse zwischen den Neuronen. Gerade in den letzten Jahren stellt man fest, dass Astroglia direkt an der Informationsverarbeitung beteiligt sind. Über Gap Junctions (↓) können sie ihre elektrische Aktivität koppeln, oder sie reagieren auf die Aktivität von Nervenzellen mit eigenen elektrischen Entladungen. Welche Bedeutung das für die Funktion des Gehirns hat, ist jedoch bei weitem noch nicht geklärt.

Hippocampus → S. 44
Riechhirn → S. 48
Gap Junctions → S. 118
Abb. oben rechts: Steven K. Fisher, Gabriel Luna und Patrick Keeley, University of California, Santa Barbara

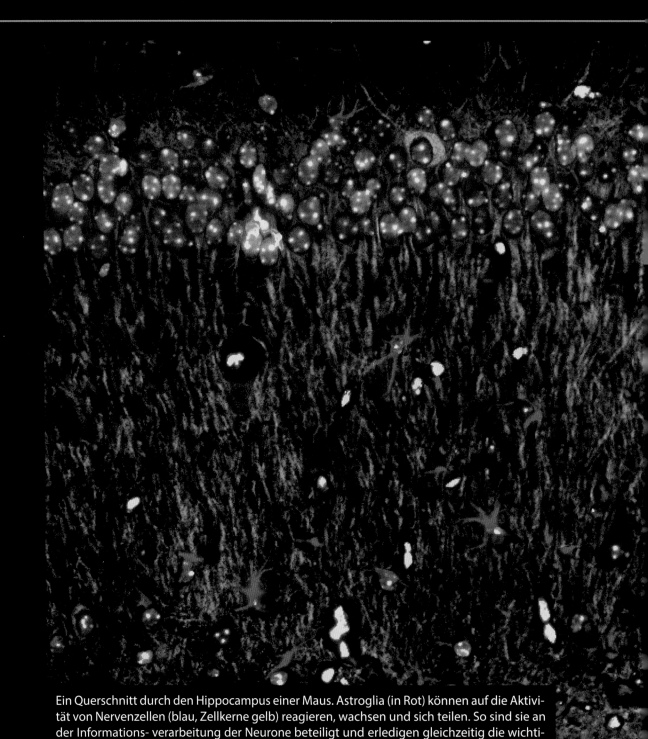

Ein Querschnitt durch den Hippocampus einer Maus. Astroglia (in Rot) können auf die Aktivität von Nervenzellen (blau, Zellkerne gelb) reagieren, wachsen und sich teilen. So sind sie an der Informations- verarbeitung der Neurone beteiligt und erledigen gleichzeitig die wichtigen Versorgungsdienste, indem sie die Nervenzellen permanent mit Nährstoffen beliefern.

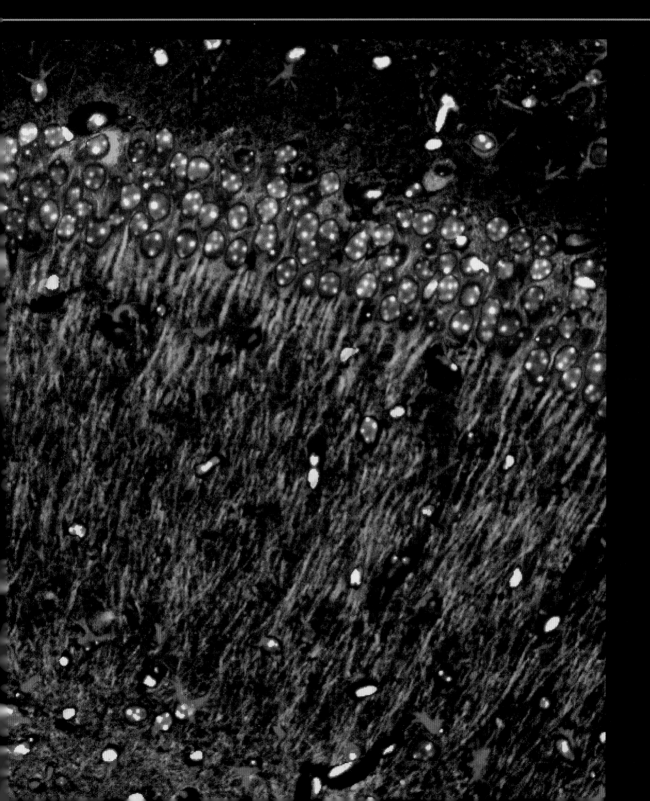

Blut-Hirn-Schranke

Du kommst hier nicht rein: der Grenzposten des Gehirns

Nervenzellen führen ein äußerst energieaufwendiges Leben. Tatsächlich ist kein Organ so sehr auf eine permanente Energiezufuhr angewiesen wie das Gehirn. Schon im Ruhezustand des Körpers ist es an 20 Prozent des gesamten Energieumsatzes beteiligt. Schließlich ist es ein kostspieliges Unterfangen, permanent Nervenimpulse zu erzeugen, das Ionengleichgewicht an den Zellmembranen aufrechtzuerhalten und Zellpartikel durch meterlange Nervenfasern zu transportieren. Aus diesem Grund werden Nervenzellen von ihren helfenden Kollegen, den Astroglia, mit Nährstoffen beliefert.

Nun ist es jedoch problematisch, so empfindliche und gleichzeitig wichtige Zellen wie die Neurone des Gehirns mit Nahrungsmitteln zu versorgen. Denn Nervenzellen sind hochsensibel, reagieren empfindlich auf Änderungen der Salzkonzentration oder des Zuckerhaushalts – und wenn sie einmal abgestorben sind, werden sie in aller Regel auch nicht mehr ersetzt. Deswegen ist das Nervengewebe des Gehirns gut geschützt und kommt niemals direkt mit der Außenwelt in Kontakt. Das Gehirn ist eine recht geschlossene Gesellschaft, die den Zutritt streng reguliert. Zwar ist das Gehirn von kilometerlangen Blutgefäßen durchzogen (↓), doch all diese Gefäße werden hermetisch vom Nervenzellgewebe abgeschirmt: durch die Blut-Hirn-Schranke.

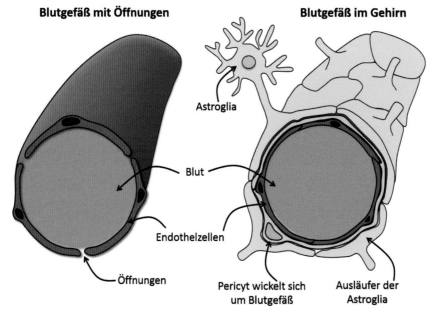

Blutgefäß mit Öffnungen

Blutgefäß im Gehirn

Astroglia

Blut

Endothelzellen

Öffnungen

Pericyt wickelt sich um Blutgefäß

Ausläufer der Astroglia

Im Gegensatz zu vielen Blutgefäßen im restlichen Körper, sind Blutgefäße im Gehirn von einer Vielzahl an abdichtenden Zellen umgeben: Zellen der Blutgefäßwand (Endothelzellen und Pericyten) formen zusammen mit den Astroglia eine undurchdringliche Barriere, die Blut-Hirn-Schranke. Selbst kleinste Ritzen zwischen den Zellen werden dabei verschlossen.

Zusammen mit den Zellen der Blutgefäßwand sind es die Astroglia, die

Blutgefäße des Gehirns → S. 72

ebenjene Barriere aufbauen und entscheiden, welche Nährstoffe zu den Nervenzellen vordringen und welche nicht. In gewisser Weise arbeiten sie ähnlich wie ein Türsteher vor einer Edel-Disko: Auch der entscheidet, wer rein darf und wer draußen bleiben muss. Im Falle der Blut-Hirn-Schranke verbünden sich die Astroglia mit Zellen der Blutgefäßwand (den *Endothelzellen* und den *Pericyten*) und formen eine undurchdringliche Barriere. So schlüpft nichts zwischen diesen Zellen durch – und alles, was zu den Nervenzellen gelangen muss, muss zunächst von den Astroglia aufgenommen werden, die es anschließend an die Neurone weiterreichen.

Dabei achten diese Zellen sehr genau darauf, was aus dem Blutgefäß ins Nervengewebe treten darf. Besonders schwer haben es kleine und geladene Teilchen wie Salze oder Zucker. Diese werden daher genau begutachtet, bevor sie von den Astroglia mithilfe spezieller Transportmoleküle aufgenommen werden. Auf diese Weise wird das wichtige Ionengleichgewicht (also die Salzkonzentration in der Gewebsflüssigkeit) kontrolliert. Etwas leichter schlüpfen schmierige Stoffe wie Fette durch die Membran der Astroglia. Deswegen sind alle Drogen (↓) fettlösliche Moleküle. So umgehen sie die Blut-Hirn-Schranke und fluten das gesamte Gehirn in wenigen Sekunden.

Die Blut-Hirn-Schranke schirmt die Nervenzellen von nahezu allen Stoffen im Blut ab: Hormone, Proteine und Salze gelangen also niemals leicht ins Gehirn, sondern nur, wenn die Astroglia die Passiererlaubnis erteilen. Dadurch stellt die Blut-Hirn-Schranke ein nicht zu unterschätzendes Problem für Medikamente dar: Da viele Arzneistoffe einfach von den Astroglia abgeblockt werden, gelangen sie nur schwer an den gewünschten Wirkort im Gehirn.

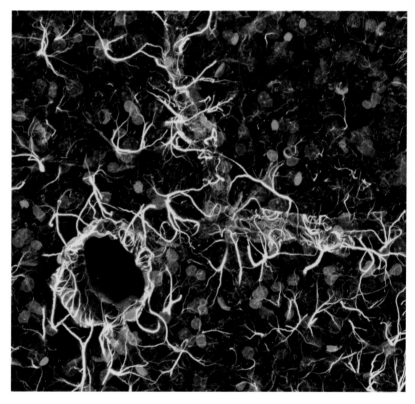

Astroglia (in Gelb) dichten mit ihren Ausläufern ein Blutgefäß (das dunkle Rohr links unten, die Blutgefäßzellen in Rot) hermetisch ab. So kommen die vielen Zellen im Nervengewebe (deren Zellkerne in Cyan) niemals direkt mit der Außenwelt des Blutsystems in Kontakt.

Drogen → S. 245
Abb. unten rechts: Madelyn May and the 2011 Olympus BioScapes Competition, www.OlympusBioScapes.com
Abb. nächste Seite: Alexandra Schreiner, Cologne University of Applied Sciences

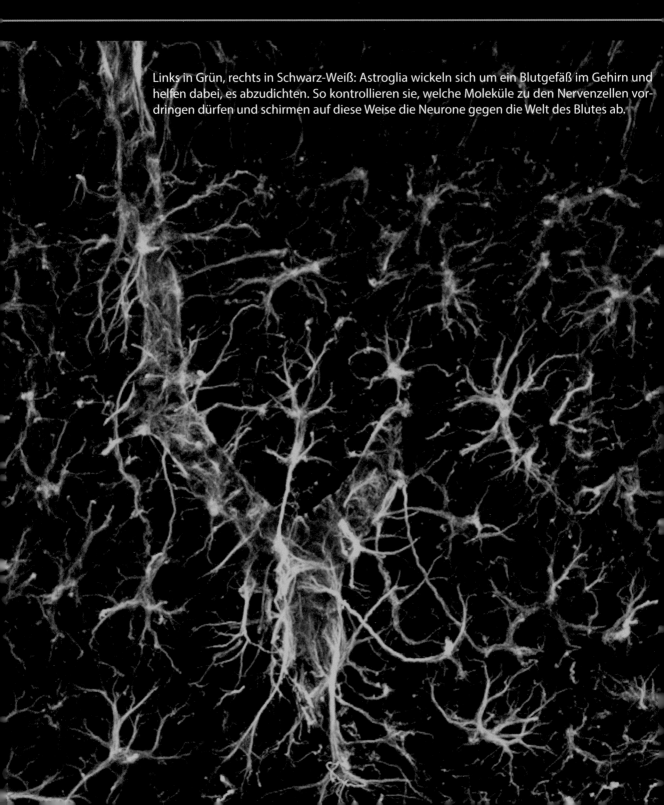

Links in Grün, rechts in Schwarz-Weiß: Astroglia wickeln sich um ein Blutgefäß im Gehirn und helfen dabei, es abzudichten. So kontrollieren sie, welche Moleküle zu den Nervenzellen vordringen dürfen und schirmen auf diese Weise die Neurone gegen die Welt des Blutes ab.

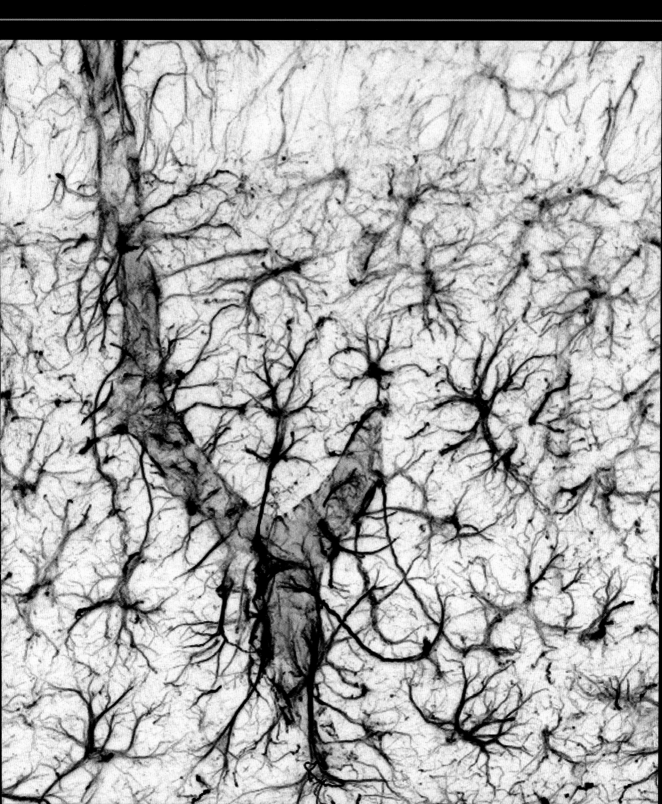

Mikroglia
Die Gehirn-Security

Das Nervensystem ist ein gut geschützter, vermutlich der bestgesicherte Ort in unserem Organismus. Der kostbare Schatz unseres Denkorgans, die feine Architektur der Verknüpfungen zwischen den Nervenzellen, darf auf keinen Fall durch eindringende Mikroben (↓) gefährdet werden. Deswegen gibt es einen besonderen Zelltyp, der sich darauf konzentriert, Angreifer des Gehirns abzuwehren: die *Mikroglia*.

Mikroglia sind gewissermaßen die Security des Gehirns, hochspezialisierte Zellen, die sich darauf konzentrieren, Eindringlinge zu finden und zu vernichten. Da die Zellen (auch die Gliazellen) des Gehirns in aller Regel nicht mit den notwendigen Kampftechniken zur Mikrobenabwehr vertraut sind, haben sie sich im Falle der Mikroglia externe Hilfe geholt. Die Profis der Immunabwehr im menschlichen Körper findet man nämlich nicht im Gehirn, sondern im Blutsystem: weiße Blutkörperchen, die im Knochenmark gebildet werden. Mikroglia sind dabei eine besondere Form solcher Immunzellen. Im eigentlichen Sinne handelt es sich bei ihnen also gar nicht um Gliazellen des Gehirns. Es sind eher Söldner, die zunächst im Knochenmark gebildet werden und noch vor der Geburt ins Nervensystem einwandern.

Damit die Mikroglia im Gehirn frühzeitig erkennen, wenn ein Mikrobenangriff stattfindet, befinden sie sich ständig in einem Überwachungsmodus: Sie entsenden stark verzweigte Ausläufer in alle Richtungen des

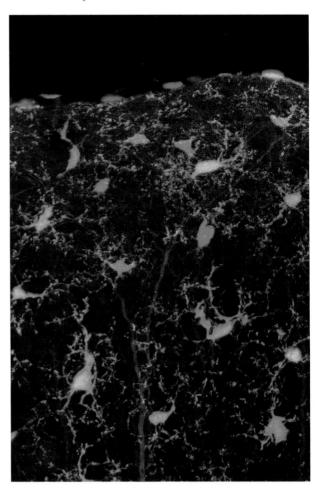

In der Großhirnrinde (hier im Querschnitt gezeigt, der Rand des Nervengewebes liegt am oberen Bildrand) übernehmen die Mikroglia (grün) die wichtige Funktion des Schutzes der Nervenzellen (rot). So verteidigen sie das Nervengewebe gegen Eindringlinge.

Infektionen des Gehirns → S. 244
Abb. rechts: Leah Fuller und Michael Dailey, Dept. of Biology, University of Iowa, USA

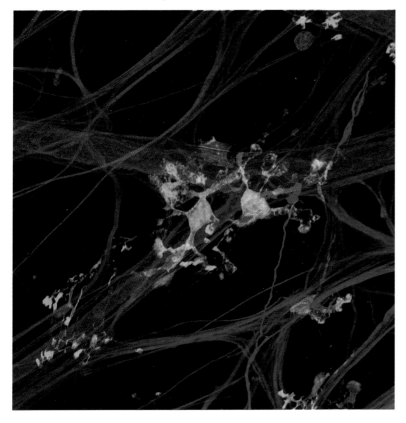

Ein Blutgefäß (blau) in der Netzhaut wird von Astroglia (rot) umwickelt. Mikroglia (grün) befinden sich zwischen diesen Zellen, räumen Zelltrümmer aus dem Weg oder wehren Mikroben ab.

ginnen sie sofort, die chemische Keule zu schwingen und keimtötende Stoffe (vor allem giftige Sauerstoffradikale) auf die Angreifer auszuschütten. Mikroglia gehen dabei nicht gerade zimperlich zu Werke, denn die freigesetzten Kampfstoffe sind auch für Nervenzellen gefährlich. Schließlich ist das Gehirn ein denkbar ungünstiger Ort für eine solch wilde Schlacht mit Mikroben. Deswegen setzen die Mikroglia sogleich auch Botenstoffe in die Blutbahn frei, die ebenjene professionellen Immunzellen aus dem Blut anlocken. Nichtsdestotrotz ist eine überschießende Entzündungsreaktion der Mikroglia oft besonders schädlich für das Gehirn. Man merkt es schon an den Namen der Erkrankungen: Man spricht von einer Gehirn*entzündung*.

Glücklicherweise wird das Gehirn recht selten von Mikroben attackiert. Aber auch sonst sitzen Mikroglia nicht tatenlos im Nervengewebe herum, sondern kümmern sich um die täglichen Instandhaltungsmaß-

Nervengewebes. Mit diesen feinen Antennen nehmen sie sofort wahr, wenn etwas nicht stimmt. Ist das der Fall (zum Beispiel wenn eindringende Viren eine Gehirnentzündung, eine *Enzephalitis*, auslösen), ändern sie sofort ihre äußere Erscheinung: Sie ziehen die verzweigten Ausläufer ein und können so viel schneller, ämobengleich, zwischen den Nervenzellen hindurch schlüpfen. Am Ort der Infektion angekommen, be-

nahmen: Mal stirbt eine Nervenzelle ab und hinterlässt ihre Zelltrümmer, mal bröckelt eine Nervenfaser weg. Die Überreste werden dann sofort von den Mikroglia weggeräumt. Auf diese Weise organisieren sie, dass die wichtige Infrastruktur zwischen den Neuronen intakt bleibt. Wie kleine Hausmeister führen sie kleine Reparaturen durch und kümmern sich darum, dass alles im Gehirn seine Ordnung hat.

Abb. oben links: D. Scott Mcleod, Imran Bhutto und Gerard A. Lutty, Johns Hopkins University School of Medicine, Wilmer Eye Institute, Baltimore MD., veröffentlicht auf dem Cover von Retina Times, Summer 2013

Oligodendroglia und Schwann-Zellen
Eine Isolierung für die Nervenfasern

Wer sich ein Stromkabel bei sich zu Hause anschaut, stellt fest: Es ist von einer dicken Gummihülle isoliert. So kann man das Kabel problemlos anfassen, ohne einen Schlag zu bekommen und kann viele Kabel bündeln, ohne dass es zu einem Kurzschluss kommt. Nervenfasern sind oftmals auch isoliert – im Gehirn übernehmen das die *Oligodendroglia*, im peripheren Nervensystem die *Schwann-Zellen*.

Wie fast alle Zellen im Nervensystem bilden auch Oligodendroglia Ausläufer aus. Einige dieser Ausläufer verästeln sich dabei wie Äste eines Baumes (daher der Name „Oligodendro", der so viel bedeutet wie „wenige Bäumchen"). Auf diese Weise nehmen die Oligodendroglia gleichzeitig Kontakt zu vielen Nervenfasern auf. Einmal kontaktiert, schlingt sich ein solcher Ausläufer immer und immer wieder um die Faser herum. So quetscht er seinen Zellsaft heraus, und es bleibt nur die eiweiß- und fettreiche Hülle der Zellmembran (↓) übrig, welche die Faser an dieser Stelle isoliert: das *Myelin* (griech. für „Mark").

Schwann-Zellen gehen ganz ähnlich vor, auch sie wickeln sich bis zu einigen Hundert Mal um die Nervenfaser herum, bis diese durch das Myelin isoliert wurde. Im Unterschied zu den Oligodendroglia im Gehirn entsenden die Schwann-Zellen jedoch keine Ausläufer, sondern umschlingen jeweils nur eine einzelne Stelle an einer Nervenfaser.

Diese beiden isolierenden Gliazelltypen sorgen letztendlich dafür, dass eine Nervenfaser von Myelin umhüllt wird. Allerdings nicht durchgängig, sondern immer nur Stück für Stück – kleine Lücken bleiben zwischen diesen Myelinscheiden immer frei. Man nennt sie

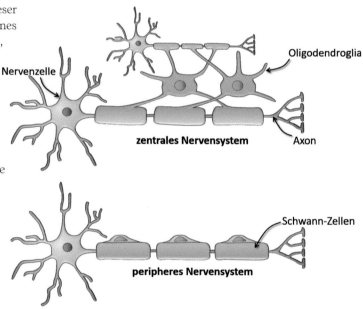

Nervenzelle

Oligodendroglia

zentrales Nervensystem   Axon

Schwann-Zellen

peripheres Nervensystem

Oligodendroglia (oben) isolieren Nervenfasern im zentralen Nervensystem und wickeln sich dafür um mehrere verschiedene Nervenfasern. Im peripheren Nervensystem werden Nervenfasern von den Schwann-Zellen isoliert (unten).

Zellmembran→ S. 92

Eine Oligodendroglia-Zelle (grün) umschlingt mit ihren Ausläufern hier in einer Zellkulturschale eine rote Nervenfaser und isoliert sie an dieser Stelle. Auf diese Weise wird die Impulsweiterleitung entlang der Faser beschleunigt. Zellkerne sind in Blau dargestellt.

Ranvier'sche Schnürringe. Diese Lücken sind etwa 1000 Mal schmaler als der Bereich des Myelins. Diese Lücken sind vollgepackt mit Ionenpumpen und Kanälen, die es ermöglichen, dass sich ein elektrisches Feld an der Membran schnell ausbilden kann.

Dieser Aufbau der elektrischen Isolierung der Nervenfasern mutet zunächst seltsam an, denn wozu sollte das Myelin immer wieder von Lücken unterbrochen sein? Tatsächlich ist dadurch eine besonders schnelle Nervenimpulsübertragung möglich: Anstatt den ganzen Weg an der Nervenfaser entlangzuwandern, kann ein Nervenimpuls ein elektrisches Feld erzeugen, das von einer Lücke zur nächsten reicht. So springt er über das Myelin hinweg – und zwar mit über 400 km/h.

Der Prozess der Myelinisierung der Nervenfasern ist in seiner Wichtigkeit nicht zu unterschätzen. Kein ande-

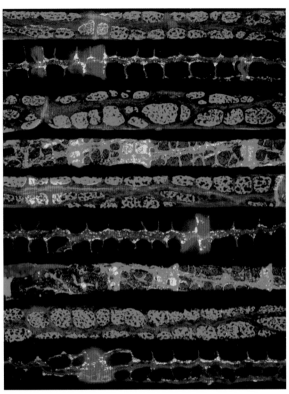

Das Myelin, die isolierende Schutzschicht der Nervenfasern, setzt sich aus unterschiedlichen Proteinen zusammen. Hier sind von oben nach unten verschiedene Abschnitte des Ischiasnervs gezeigt. In jedem einzelnen Fall wurde ein anderes Myelinprotein grün, blau oder rot gefärbt. Man erkennt, wie unterschiedlich die Myelinproteine in der Schutzhülle verteilt sind, manche formen runde Ansammlungen, andere sind eher sternförmig angeordnet.

res Lebewesen hat derart ausgiebig isolierte Fasern wie der Mensch. Überhaupt dauert es recht lange, bis sich das fertige Myelin ausgebildet hat: Beim Menschen einige Jahre bis in die Pubertät hinein. Denn genauso wichtig wie funktionierende Nervenzellen ist eine leistungsstarke Infrastruktur zur Kommunikation.

Abb. oben rechts: Felipe Court, Department of Physiology, Faculty of Biology, Pontificia Universidad Catolica de Chile and Neurounion Biomedical Foundation, veröffentlicht auf dem Cover von Current Opinion in Neurobiology, vol. 16 (5), 2006, Copyright Elsevier

Abb. nächste Seite: Thomas Deerinck und Mark Ellisman, The National Center for Microscopy and Imaging Research, UCSD

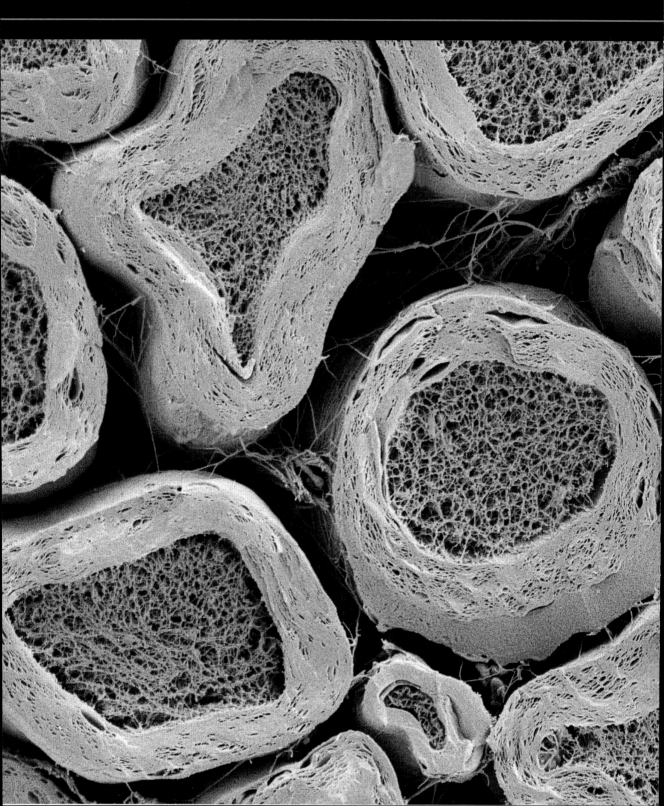

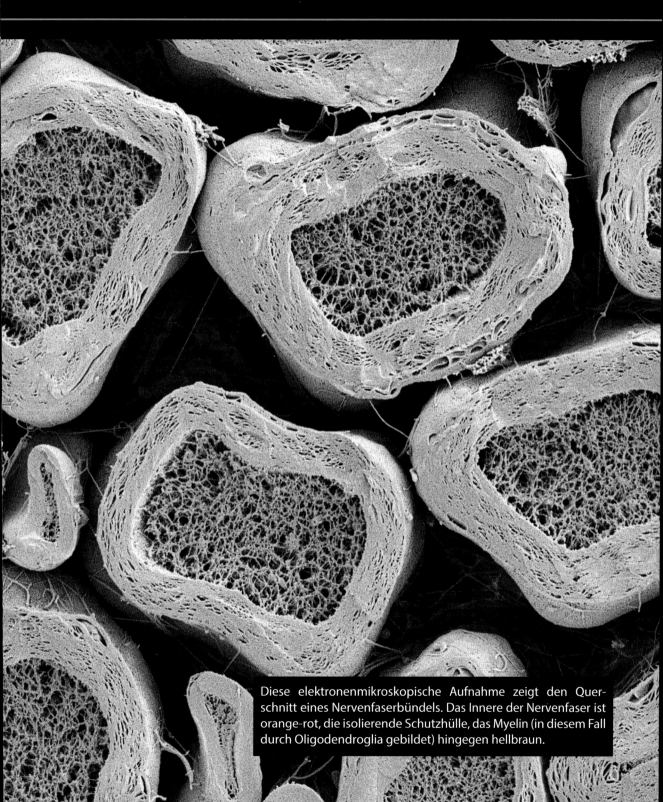

Diese elektronenmikroskopische Aufnahme zeigt den Querschnitt eines Nervenfaserbündels. Das Innere der Nervenfaser ist orange-rot, die isolierende Schutzhülle, das Myelin (in diesem Fall durch Oligodendroglia gebildet) hingegen hellbraun.

Radialglia
Konstrukteure des Nervensystems

Nicht nur im ausgewachsenen Organismus übernehmen Gliazellen wichtige Hilfsaufgaben für die Nervenzellen. Auch während der Entstehung des Nervensystems sind sie unentbehrlich, damit sich eine funktionierende Infrastruktur ausbilden kann.

Entscheidend für die Funktion des Gehirns ist seine Architektur. Deswegen müssen die Nervenzellen beispielsweise in der Großhirnrinde korrekt platziert werden, damit das Netzwerk anschließend funktionieren kann. Während der Embryonalentwicklung entsteht das Gehirn aus einer besonderen Vorläuferstruktur, dem Neuralrohr (↓). An der inneren Wand dieses Rohrs werden vor allem in der 10. bis 18. Schwangerschaftswoche Abermilliarden neue Nervenzellen gebildet. Doch schon kurz nach ihrer Entstehung wandern sie vom inneren Rand des Neuralrohrs an den äußeren Rand, der später die Großhirnrinde bildet. So entsteht der bekannte Schichtenaufbau der Großhirnrinde (↓): von innen nach außen.

Da es im Falle der Großhirnrinde besonders wichtig ist, wo die neugebildeten Nervenzellen schließlich landen, bedient sich das Nervensystem eines Tricks, damit sich die Nervenzellen nicht verlaufen: Spezielle Gliazellen, die *Radialglia*, bilden lange Schnüre aus, die das Nervengewebe von innen nach außen durchziehen. Wie Speichen eines Rades (daher der Name von lat. *radius* für Speiche) formen sie ein Gerüst, an dem sich die auswandernden Nervenzellen entlanghangeln können. Dieser besondere Typ Helferzelle spielt aber nur während der Embryonalentwicklung eine Rolle und ist überdies fast ausschließlich an der korrekten Ausbildung der Großhirnrinde beteiligt. In anderen Hirnregionen verlassen sich die wandernden Nervenzellen auf Signalmoleküle und Lockstoffe, die sie an die richtige Position dirigieren.

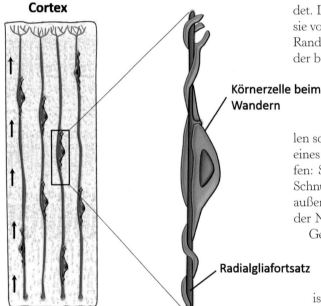

Cortex

Körnerzelle beim Wandern

Radialgliafortsatz

In einem sich entwickelnden Nervensystem bilden die Radialglia im Cortex, der Hirnrinde, lange Schnüre, an denen sich die gerade neu gebildeten Nervenzellen (zum Beispiel die sogenannten Körnerzellen) bei ihrer Wanderung orientieren können. So gelangen sie von den tieferen Hirnschichten (unten im Bild) zu den äußeren Gebieten (oben im Bild).

Neuralrohr→ S. 24
Schichtenaufbau der Großhirnrinde → S. 39

In einem Neuralrohr, dem Vorläufergewebe des Gehirns, bilden die Radialglia (grün) ein Gerüst aus, an dem sich die Nervenzellen (Zellkerne in Blau) entlanghangeln können. In diesem Bild entstehen neue Nervenzellen am unteren Rand und wandern nach oben (bis zur Hirnrinde) aus.

Abb. oben links: Victor Borrell, Instituto de Neurociencias, CSIC & Universidad Miguel Hernández, Publication: "A Role for Intermediate Radial Glia in the Tangential Expansion of the Mammalian Cerebral Cortex", journal Cerebral Cortex (21:1674—1694), 2011, Isabel Reillo, Camino de Juan Romero, Miguel Ángel García-Cabezas and Victor Borrell.

Ependymzellen
Spülen kräftig durch

Damit das Gehirn immer gut gepolstert in seinem Flüssigkeitskissen (dem Liquor) schwimmen kann, hat sich ein besonderer Typ Gliazellen darauf konzentriert, immer genügend von ebenjenem Liquor zu produzieren. Diese *Ependymzellen* (aus dem Griech. für „Oberflächenzellen") kleiden den gesamten Innenraum des flüssigkeitsgefüllten Gängesystems (der Ventrikel ↓) im Gehirn aus, produzieren neue Hirnflüssigkeit und pumpen diese ständig hin und her.

Die meisten Ependymzellen besitzen eine charakteristische Struktur: Wie kleine Bauklötze sitzen sie nebeneinander und bilden die Innenwand der Ventrikel. Als einer der ganz wenigen Zelltypen im Nervensystem bilden die Ependymzellen also keine langen Ausläufer, das macht sie schon mal besonders. Ins Innere der flüssigkeitsgefüllten Hohlräume zeigen die Ependymzellen eine charakteristische Oberfläche: Wie bei einem Kamm bilden diese Zellen viele kleine Ausstülpungen, die dadurch die Oberfläche der Zellen vergrößern. Auf diesen Ausstülpungen sitzen wiederum wie kleine Bürsten zahlreiche Fasern, mit denen die Hirnflüssigkeit ständig durchmischt wird (siehe Bild links).

Ependymzellen müssen täglich fast einen halben Liter Hirnflüssigkeit neu herstellen bzw. aufnehmen. Aus diesem Grund haben sie ihre Oberfläche stark vergrößert und können so besonders leicht neue Flüssigkeit in das Gängesystem absondern. Ependymzellen

Die Hirnflüssigkeit wird in der Wand der Ventrikel gebildet. Das reicht natürlich nicht, damit dieser Liquor auch überall im verzweigten Gängesystem des zentralen Nervensystems verteilt werden kann. Aus diesem Grund sind die Zellen in der Ventrikelwand mit kleinen Härchen (hier in Grün gezeigt) ausgestattet. Diese sogenannten Zilien wedeln hin und her, so können die Zellen die Hirnflüssigkeit durch die Ventrikel pumpen.

Ventrikelsystem → S. 68

bilden zwar eine Wand, die diese flüssigkeitsgefüllten Hohlräume auskleidet, doch im Gegensatz zur Blut-Hirn-Schranke (↓) ist diese Liquor-Hirn-Schranke nicht so dicht. Durch kleine Lücken sickert der Liquor leicht in das Nervengewebe ein und bildet somit ein durchgängiges Flüssigkeitssystem. Tatsächlich ist der Liquor eine keimfreie und glasklare Flüssigkeit ohne viele Nährstoffe oder Salze – seine Hauptaufgabe besteht vielmehr darin, lediglich die Lücken im Gehirn zu füllen und dieses gegen Stöße und Druck zu schützen.

Umso wichtiger ist es daher, dass der Liquor prinzipiell vom Blutsystem abgeschirmt wird. Dies übernimmt ein spezieller Typ Ependymzellen, die *Tanyzyten*. Diese Zellen haben wieder eine Form, wie man sie von Zellen im Nervensystem erwartet: Lange Ausläufer erstrecken sich von der Ventrikelwand, in der sie sitzen, bis zu den Blutgefäßen im Gehirn. Tanyzyten überbrücken deswegen das Blut- und das Liquorsystem und regulieren auf diese Weise, welche Stoffe vom Blut in die Hirnflüssigkeit übertreten und welche nicht. Quasi wie Türsteher des Liquorsystems passen sie auf, welche Stoffe in den Liquor dringen dürfen.

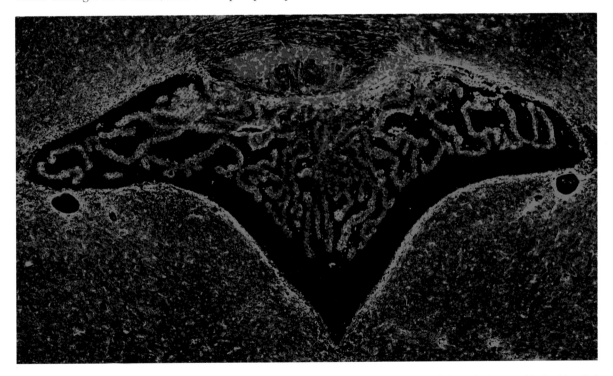

Eine Ventrikelhöhle im Gehirn der Maus wird mit Ependymzellen ausgekleidet, die die Hirnflüssigkeit produzieren und in den Ventrikel absondern. Diese Region nennt man *Plexus choroideus*. In Blau sind Zellkerne in diesem Gewebe markiert, so erkennt man die Ependymzellen, die wie ein blaues Büschel in den dunklen Ventrikelraum vordringen und den Liquor absondern. In Grün sind Gliazellen gefärbt.

Blut-Hirn-Schranke → S. 124
Abb. nächste Seite: © Gschmeissner / Agentur Focus / Science Photo Library

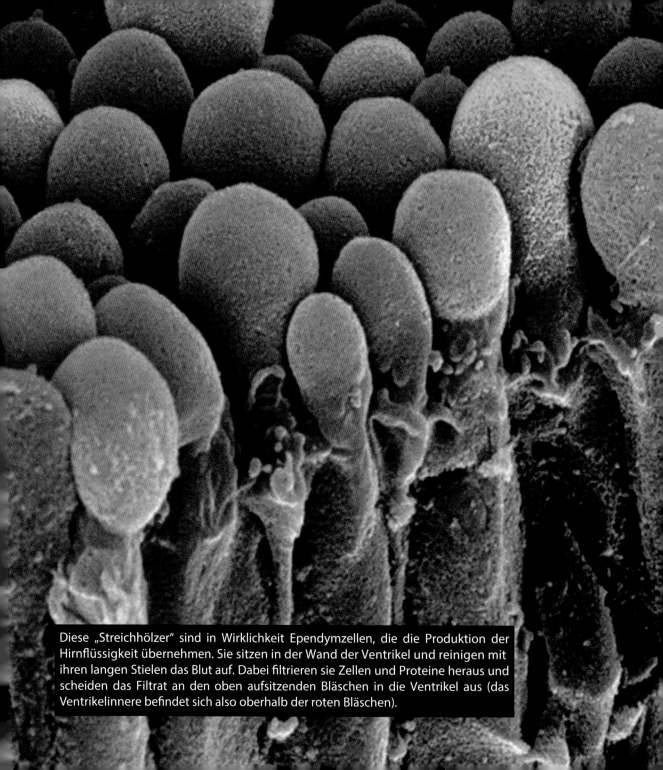

Diese „Streichhölzer" sind in Wirklichkeit Ependymzellen, die die Produktion der Hirnflüssigkeit übernehmen. Sie sitzen in der Wand der Ventrikel und reinigen mit ihren langen Stielen das Blut auf. Dabei filtrieren sie Zellen und Proteine heraus und scheiden das Filtrat an den oben aufsitzenden Bläschen in die Ventrikel aus (das Ventrikelinnere befindet sich also oberhalb der roten Bläschen).

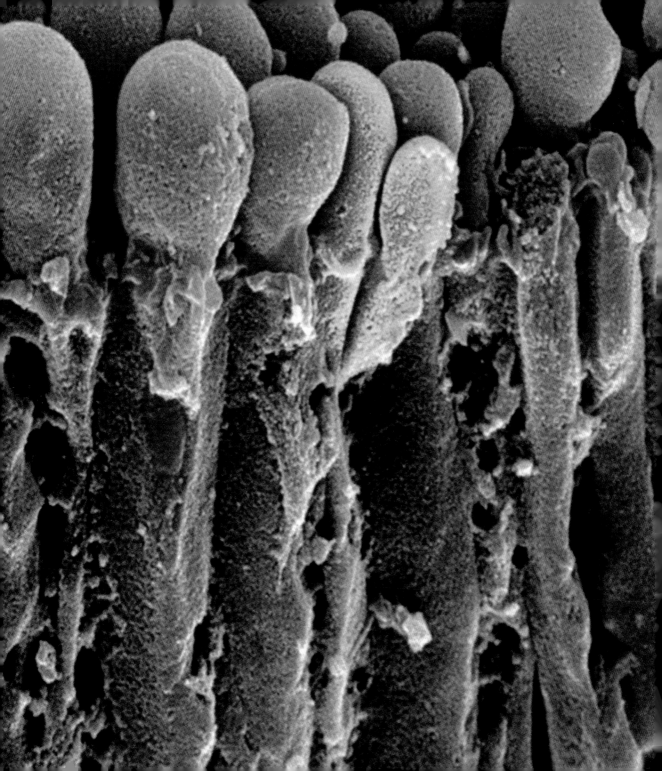

Egal ob Rockmusik oder eine Beethoven-Symphonie: Die Empfindung jeglicher Musik beginnt hier: In einer flüssigkeitsgefüllten Schlaufe im Innenohr registrieren Sinneszellen (hier in Grün, in Rot deren Nervenfasern), die Druckschwankungen in der Luft und erzeugen die elektrische Erregung, die unser Gehirn als Ton interpretiert.

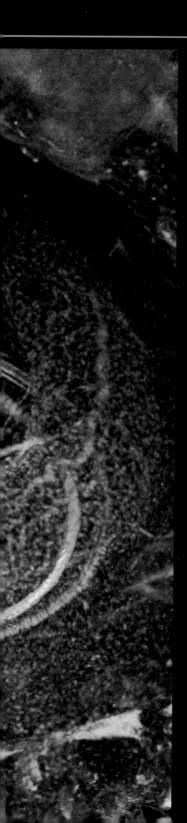

4 Neurone in Aktion

Die bisherigen Kapitel haben schon gezeigt, wie kompliziert Hirnregionen aufgebaut sind und mit welch raffinierten Mechanismen die verschiedenen Zelltypen im Gehirn zusammenarbeiten. Angesichts dessen könnte man meinen, dass ein solch aufwendig organisiertes System auch besonders störanfällig sein sollte. Denn je größer die Komplexität ist, desto mehr Möglichkeiten gibt es auch, dass Hirnfunktionen nicht korrekt ausgeführt werden können. Doch es ist gerade andersherum: Gerade weil ein Nervennetzwerk so komplex aufgebaut ist, verarbeitet es Informationen parallel und so robust, dass es die verschiedensten Aufgaben lösen kann.

Nach den bisherigen eher organisch-strukturellen Kapiteln möchten wir nun einen kurzen Einblick geben in die Welt der Hirnfunktionen. Denn nahezu alle Abläufe im Körper werden mehr oder weniger vom Nervensystem beeinflusst.

Dabei kann das Gehirn drei unterschiedliche Rollen einnehmen. Zum einen analysiert und interpretiert es Sinnesinformationen und formt dadurch das Bild unserer Umwelt und unseres eigenen Körpers. Diese Erzeugung einer Sinneswahrnehmung ist dabei weit mehr als die passive Auswertung von Reizen unserer Sinnesorgane, sondern ein kreativer Prozess.

Außerdem kann das Gehirn in das Körpergeschehen eingreifen und Körperfunktionen direkt steuern. Das betrifft nicht nur die offensichtliche Motorik, die Aktivierung unserer Muskeln und die Kontrolle der Sprache. Auch Motivation und Emotion, die Aktivität vegetativer Funktionen wie Herzschlag und Blutdruck sowie Durst und Schlaf werden vom Gehirn kontrolliert.

Schließlich entstehen einige Hirnfunktionen durch die Integration all dieser Vorgänge: Lernen und Gedächtnis, die Fähigkeit, intelligent oder kreativ zu denken, sind die höchsten Leistungen, die unser Gehirn vollbringen kann.

In diesem Kapitel beginnen wir daher mit der Beschreibung der Sinnesverarbeitung, zeigen anschließend, wie das Gehirn Körperfunktionen steuert, und widmen uns dann den übergeordneten Leistungen des Nervensystems wie Gedächtnis und Intelligenz.

Sinnesverarbeitung

Vom Reiz zum „Bild im Kopf"

Wie viele Sinne besitzen wir? Fünf, sechs oder gar sieben? Es kommt immer darauf an, was wir unter dem Begriff „Sinn" verstehen, ob es nur um den bloßen Sinnesreiz geht oder auch um den daraus resultierenden Sinneseindruck und die darauf aufbauende Sinneswahrnehmung. Denn um die Umwelt zu erkennen, geht das Nervensystem schrittweise vor und baut sich aus den ursprünglichen Sinnesreizen nach und nach eine „Wahrnehmungswelt im Kopf" auf. Allgemein unterscheidet man deswegen die physikalisch-chemischen Abläufe in einem Sinnessystem (zum Beispiel die Reizung und Aktivierung der Sinneszellen im Auge, wenn wir einen roten Apfel sehen) von der subjektiven Empfindung einer Sinneswahrnehmung (wie wir den roten Apfel als „Bild im Kopf" haben).

Obwohl sich unsere Sinne beträchtlich in der Art der aufgenommenen Umgebungsreize unterscheiden, sind die Verarbeitungsschritte des Gehirns oft erstaunlich ähnlich. Das Nervensystem wendet dabei ein trickreiches Prinzip an, um Sinnesinformationen zu verstärken und zu einem Gesamtbild zusammenzufügen. Besonders gut verstanden ist dieses Verfahren für den Sehsinn, doch für die meisten anderen Sinne lässt sich ein vergleichbares Verarbeitungsprinzip erkennen.

Alle unsere Sinnessysteme sind durch eine hierarchische Struktur gekennzeichnet. Sie beginnt auf

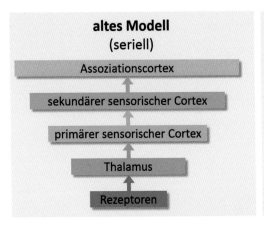

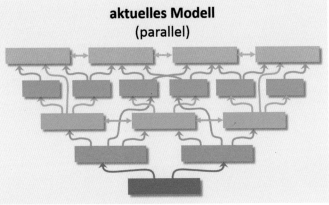

Früher hat man sich vorgestellt, dass unser Sinnesystem streng hierarchisch und schrittweise vorgeht, um aus dem ersten Reiz an den Rezeptoren (zum Beispiel im Auge oder Ohr) eine fertige Sinneswahrnehmung zusammenzusetzen. Aktuell geht man jedoch davon aus, dass unser Nervensystem die Sinnesinformationen parallel zwischen den einzelnen Verarbeitungsebenen (z. B. Hirnarealen) im Netzwerk verteilt. So werden die Informationen schneller zu Sinneseindrücken kombiniert.

Zwischenhirn → S. 54

der einfachsten Stufe: den Rezeptoren des Sinnesorgans. Sie nehmen ein Signal auf und leiten es fast immer (Ausnahme: der Geruchssinn) in den Thalamus im Zwischenhirn (↓). Der Thalamus fungiert als Umschaltstelle und leitet die Sinnesinformation zunächst in die betreffende *primäre sensorische Hirnrinde*, wo die Sinnesempfindung das erste Mal zentral verarbeitet wird (z. B. werden beim Sehsinn einfache Strukturen wie Kanten oder Kontrast erkannt).

Nächster Schritt: Die vorverarbeiteten Informationen der primären sensorischen Hirnrinde werden anschließend in der *sekundären sensorischen Hirnrinde* zusammengefügt (Beispiel Sehsinn: Erkennung von zusammengesetzten Farbmustern oder der Bildtiefe). Erst in den anschließenden Assoziationsfeldern des Gehirns werden jedoch die Informationen verschiedener Sinne zu einem Gesamtbild kombiniert.

Innerhalb dieser Hierarchiestufen teilen sich die beteiligten Nervenzellen die Arbeit in Grüppchen auf. Das bedeutet, dass jede Ebene der Sinnesverarbeitung spezialisierte Neuroneneinheiten enthält, die sich auf die Analyse von ganz bestimmten Sinnesreizen spezialisiert haben. So laufen beim Sehsinn die Erkennung von Kontrasten, Farben oder Richtungen getrennt voneinander ab.

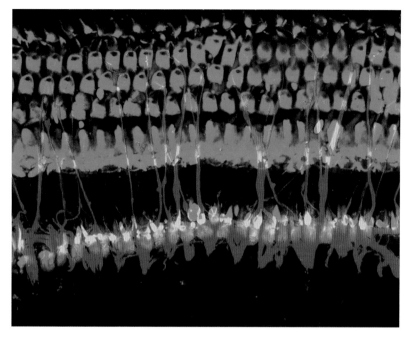

Bei jedem Sinn muss sich irgendwann die Welt der Nervenzellen mit unserer Umwelt berühren. Dieser wichtige Übergang zwischen physikalischem Reiz und Neuronen ist hier gezeigt. Die Maiskolben-artige Struktur (grün) im oberen Bildteil besteht aus Sinneszellen des Ohrs. Diese Rezeptoren fangen die Akustik in unserer Umgebung ein und erzeugen einen Impuls, der von den Nervenzellen (rot) abgegriffen und ins Gehirn geleitet wird.

Dies bedeutet auch, dass die Informationsverarbeitung im Gehirn nicht nacheinander, sondern parallel (und damit besonders schnell) abläuft. Ein Sinnesreiz kann auf verschiedene Weise die primäre sensorische Hirnrinde betreten und dann nach unterschiedlichen Kriterien verarbeitet werden. Überdies kann das Gehirn „von oben nach unten" die Reizverarbeitung von den höheren Ebenen auf den niedrigeren Ebenen steuern. So ist es möglich, dass wir Reize gezielt ausblenden und zum Beispiel die Schmerzwahrnehmung unterdrücken.

Abb. oben rechts: mit freundlicher Genehmigung von Macmillan Publishers Ltd: BDNF gene therapy induces auditory nerve survival and fiber sprouting in deaf Pou4f3 mutant mice, H. Fukui, H. T. Wong, L. A. Beyer, B. G. Case, D. L. Swiderski, A. Di Polo, A. F. Ryan & Y. Raphael, Scientific Reports, 2012

Das neuronale Netz

Wie Informationen verknüpft werden

Die Verarbeitung einer Sinnesinformation beginnt nicht erst im Gehirn. Schon in den allerersten Schritten nach der Informationsaufnahme wird der Sinnesreiz verändert. So verstärkt unser Sinnessystem gezielt den Kontrast zwischen Sinnesreizen.

Dies liegt daran, dass Informationen im Nervensystem nicht nacheinander verarbeitet werden (wie in einem klassischen Computerprogramm), sondern parallel in einem Netzwerk. Dabei beginnt die Aufnahme eines Sinnesreizes immer durch Sinneszellen mit spezifischen Rezeptoren (z. B. Druckrezeptoren in der Haut). Diese Aktivierung der Sinnesrezeptoren führt anschließend zur Aktivierung einer *primären sensorischen Nervenzelle*, die einen Nervenimpuls auslöst und weiterleitet. Oftmals wird eine Nervenzelle von mehreren Sinnesrezeptoren aktiviert, erhält also Input von mehreren Rezeptoren gleichzeitig. So entsteht ein *„primäres rezeptives Feld“*, quasi der „Abtastbereich“ einer Nervenzelle, aus dem sie Sinnesinformationen erhält (siehe Abbildung rechts).

Dieser erste Nervenimpuls wird auf ein zweites (sekundäres) sensorisches Neuron geleitet. Üblicherweise sitzt dieses im Rückenmark (↓). Von dort aus ziehen sich die sensorischen Nervenbahnen in die Hirnrinde und bringen die Sinnesinformation ins Gehirn.

Nicht selten sind dabei mehrere primäre Sinnesneurone mit einem einzelnen Rückenmarksneuron verbunden, die Sinnesinformation vieler kleiner rezeptiver Felder läuft also zusammen, man spricht von *Konvergenz*.

Das führt dazu, dass sich die Wahrnehmungsfelder im Gehirn vergrößern, die Herkunft der Information wird also gröber. Daher ist es uns manchmal schwer möglich, einen Schmerz genau zu lokalisieren, er ist diffus verteilt (wir haben ein „undeutliches“ Bauchweh).

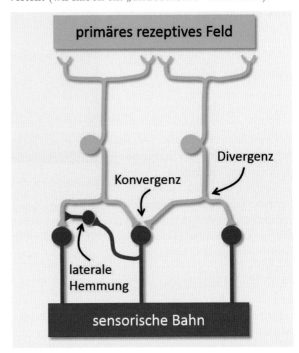

Nervenzellen gruppieren sich und tasten gemeinsam einen bestimmten Bereich ab: das primäre rezeptive Feld (z. B. eine Region auf der Haut, die von Tastrezeptoren erkannt wird). Die primären Nervenzellen (blau) teilen sich jedoch mit ihren Fasern auf, bevor sie auf die sensorischen Bahnen (z. B. im Rückenmark) treffen. Durch diese Verschaltungen sind Verstärkungen und Hemmungen des eigentlichen Sinnesreizes möglich.

Rückenmark → S. 20

In anderen Fällen teilt sich das primäre Sinnesneuron jedoch auf und versorgt mehrere Rückenmarksneurone (sog. *Divergenz*). Dadurch wird das Wahrnehmungsfeld im Gehirn sehr viel genauer. Zum Beispiel sind die Hirnbereiche, die Tastinformationen (↓) der Fingerkuppen verarbeiten, sehr viel größer als diejenigen, die Informationen vom Rücken erhalten. Das sensorische Feld unserer Finger ist also sehr viel kleiner und damit präziser als das unseres Rückens.

Durch Vereinigung (Konvergenz) und Verteilung (Divergenz) von Sinnesfasern wird unser Sinnessystem besonders robust. Denn durch die Aktivierung mehrerer Kanäle gleichzeitig kann der Ausfall eines Sinneskanals in gewissen Grenzen kompensiert werden.

Bei fast allen Sinnen ist es gar nicht so wichtig, wie stark die Sinneszellen absolut erregt werden. Für das Gehirn ist vielmehr entscheidend, dass Unterschiede möglichst genau erkannt werden. Deswegen hat sich ein trickreiches System im Nervennetz herausgebildet, dass den Kontrast zwischen Sinnesreizen schon gleich zu Beginn verstärkt (siehe Abb. links). Wenn Sinneszellen erregt werden, verstärkt sich diese Erregung auf die nächste Ebene der Neurone. Gleichzeitig werden jedoch die benachbarten Zellen gehemmt. Diese Hemmung wird durch zwischengelagerte Neurone (sog. *Interneurone*) ermöglicht und ist ein wichtiges Prinzip, damit der Kontrast zweier Sinnesreize verstärkt wird. Schon nach wenigen Verarbeitungsschritten kann das Nervennetzwerk auf diese Weise verstärkte und gleichzeitig voneinander getrennte Signale verarbeiten.

Dieses Schema macht deutlich, wie die Informationsverarbeitung im neuronalen Netz funktioniert. Man stelle sich vor, von allen Sinneszellen (blau) werden zwei erregt (+4) und erregen dadurch ihre Nachbarzellen gleich mit (jeweils +2). In jedem weiteren Schritt wird die Erregung um den Faktor 3 auf die Nervenzellen (gelb) verstärkt und gleichzeitig hemmende Nervenzellen (orange) mit erregt. An jeder Nervenzelle kombinieren sich die eintreffenden Erregungen und Hemmungen. Schon nach zwei Verarbeitungsschritten ist ein kontrastreiches und verstärktes Signal entstanden. Hier sieht man, wie wichtig es ist, Nervenzellen auch zu hemmen. Erst so kann der Kontrast zwischen den Reizen verstärkt werden.

Tastsinn → S. 164
Abb. nächste Seite: Y. Albert Pan, PhD, Assistant Professor, Medical College of Georgia, Georgia Regents University

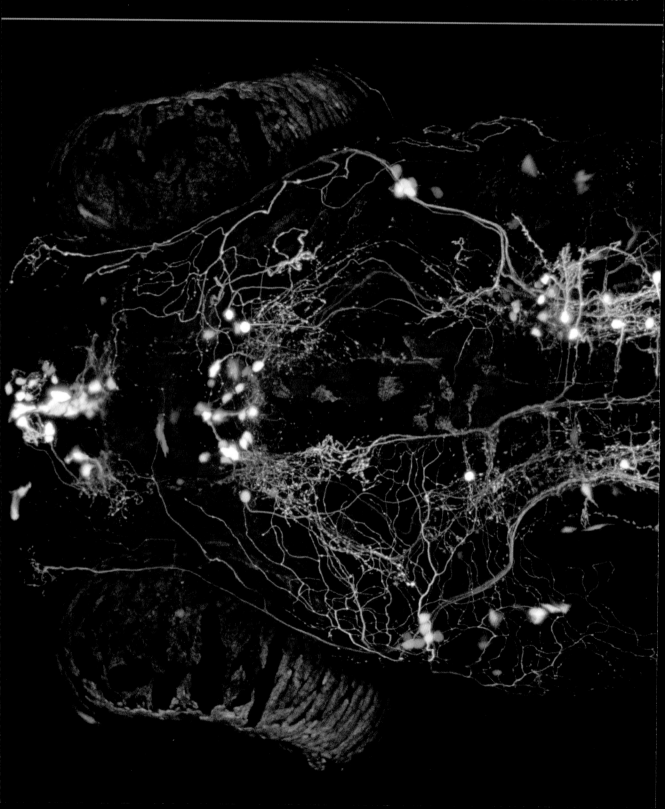

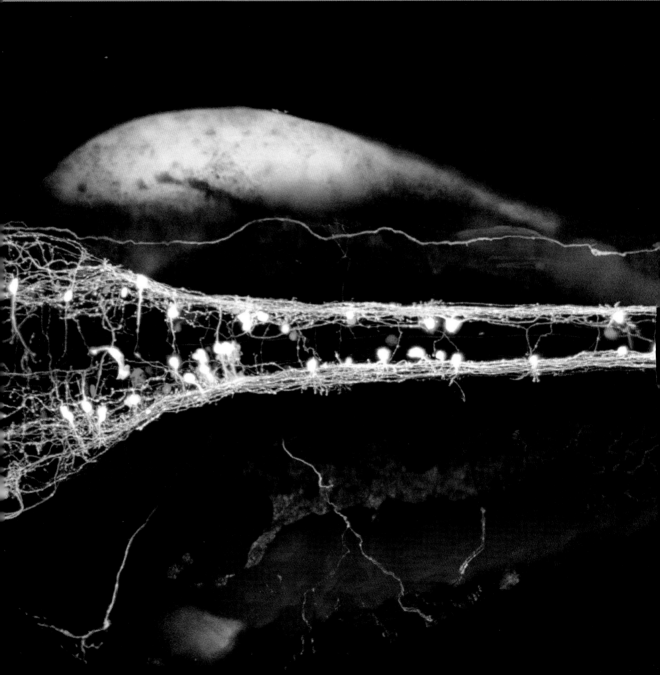

Ein neuronales Netz bildet sich schrittweise und passt sich schon während seiner Entwicklung den eintreffenden Reizen an. So optimiert es seine Verbindungen von Anfang an, hier beispielsweise von einem Zebrafischembryo von oben gesehen. Links entwickelt sich gerade das Gehirn, seitlich davon (oben und unten im Bild) sind die Augen erkennbar. Nach rechts zieht sich das Rückenmark (überwiegend weiß gefärbt).

Das Auge
Ein optisches Hilfsmittel des Gehirns

Wir sehen mit den Augen, richtig? Falsch. Wir sehen mit dem Gehirn. Und zwar aus doppeltem Grund: Zum einen findet die eigentliche Bildverarbeitung, die Zusammensetzung der optischen Signale, erst im Gehirn statt. Zum anderen ist der Teil unseres Auges, der die Lichtsignale in elektrische Impulse übersetzt (die Netzhaut) ursprünglich aus dem Nervensystem hervorgegangen. Das Auge ist also nichts weiter als eine Ausstülpung des Gehirns, die sich mit optischen Hilfsmitteln aufgerüstet hat, um Lichtstrahlen bestmöglich aufzunehmen.

Das optische System des Auges ist im Prinzip ein zusammengesetztes Linsensystem. Einfallende Lichtstrahlen durchlaufen zunächst die durchsichtige Hornhaut, durchqueren die mit Kammerwasser gefüllten

Augenkammern, werden dann in der Linse gebündelt und treffen am hinteren Ende des Glaskörpers auf die Netzhaut (siehe Abbildung links).

Bei ausreichender Beleuchtung kann sich die ringförmige Iris vor der Linse zusammenziehen und die Pupille verkleinern. Dadurch wird die Sehschärfe erhöht. In einer dunklen Umgebung erweitert sich die Pupille, was eine Abnahme der Sehschärfe zur Folge hat. Die Linse selbst wird durch die *Ziliarmuskeln* in Form gehalten. Wenn sich diese Muskeln anspannen, wird die Linse kugeliger und erhöht damit ihre Brechkraft. Maximal schafft das gesamte Auge eine Brechkraft von knapp 59 Dioptrien. Das bedeutet, dass diese Buchstaben (etwa 3 mm groß) in 30 cm Leseentfernung auf der Netzhaut Ihres Auges gerade etwa 0,17 mm groß sind.

Die Netzhaut ist der Ort, an dem die optischen Signale (das Licht) in elektrische Impulse umgewandelt werden (siehe Schema auf der nächsten Seite). Diese wichtige Umschaltfunktion übernehmen spezialisierte Neuronen, sogenannte Rezeptorzellen, die an der Rückseite des Augapfels liegen. Sie erzeugen je nach Lichtreiz ein elektrisches Signal, das sie in eine Schicht aus *bipolaren Nervenzellen* (↓) leiten, die diese elektrische Erregung neu verschalten. Schließlich münden diese bipolaren Neurone in eine Schicht aus speziellen Nervenzellen (den *retinalen Ganglienzellen*), die mit ihren Nervenfasern den Sehnerv bilden.

Es gibt zwei Arten von Rezeptoren im menschlichen Auge: etwa 120 Millionen stäbchenförmige

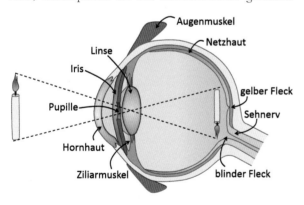

Das Auge ist ein optischer Hilfsapparat, damit das Gehirn besser sehen kann. Von außen fällt Licht durch die Pupille, wird durch die Linse gebündelt und trifft auf die Netzhaut. Die dortigen Nervenzellen werden erregt und erzeugen einen Impuls, der über den Sehnerv weiter ins Gehirn geleitet wird.

bipolare Nervenzellen → S. 86

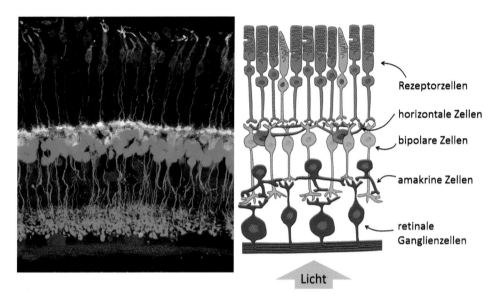

Rezeptorzellen
horizontale Zellen
bipolare Zellen
amakrine Zellen
retinale Ganglienzellen

Licht

Ein Querschnitt durch die Netzhaut (links) und dessen schematische Erklärung (rechts). Rezeptorzellen liegen am Rand der Netzhaut und werden durch Licht erregt. Sie erzeugen einen Nervenimpuls, der über bipolare Zellen zu den Ganglienzellen und schließlich zum Sehnerv geschickt wird. Horizontale und amakrine Zellen dienen der Signalverstärkung bzw. vermitteln das Umschalten zwischen Hell-Dunkel- und Farbsehen.

gen an und werden je nach Typ durch rotes, blaues oder grünes Licht erregt.

Der beschriebene Aufbau der Netzhaut hat zwei bedeutende Nachteile: Zum einen muss einfallendes Licht erst einmal die bestehenden Schichten aus Nervenzellen durchdringen, bis es bei den Rezeptoren ist (siehe Schema links). So wird ein Bild unscharf. Dieses Problem wird durch die *Fovea*

Rezeptoren und etwa 6 Millionen zapfenförmige. Stäbchen sind sensitiver als Zapfen und werden schon bei niedriger Lichtintensität erregt. Sie ermöglichen das Sehen in einer dunklen Umgebung. Die Zapfen benötigen zwar mehr Licht, um erregt zu werden, doch sie liefern höher aufgelöste und farbige Bilder von der Welt. Das Wechseln zwischen Stäbchen- und Zapfensehen wird durch einen speziellen Neuronentyp ermöglicht, die *amakrinen Zellen* (siehe Abbildung oben), die quasi einen Schalter für Hell- oder Dunkelsehen darstellen.

Das Farbensehen wird dabei durch drei verschiedene Zapfentypen ermöglicht. Jeder Typ hat einen speziellen Sehfarbstoff, der sich vom Vitamin A ableitet. So sprechen die Zapfentypen auf verschiedene Wellenlän-

gelöst (den „gelben Fleck"), eine Einbuchtung in der Netzhaut von etwa 3 mm Durchmesser. Hier sind die Schichten aus bipolaren Neuronen und Ganglienzellen dünn und die Zapfenzahl besonders hoch. Es ist der Ort des schärfsten Sehens und wenn Sie gerade diese Zeilen lesen, fällt das Licht auf ihre Fovea.

Zum anderen müssen durch den umgedrehten Aufbau der Netzhaut die Nervenfasern irgendwann durch den Augapfel hindurch. Dort entsteht ein Punkt, an dem kein Sehen möglich ist, der blinde Fleck. Das Gehirn gleicht diese blinde Stelle aus und ergänzt es mit umliegenden Bildinformationen. Denn das fertige Bild der Dinge entsteht immer erst in unserem Gehirn.

Abb. oben links: Rachel Wong, Department of Biological Structure, University of Washington
Abb. nächste Seite links: Thomas Pratt, The University of Edinburgh, Scotland
Abb. nächste Seite rechts: Sachihiro Suzuki und Rachel Wong, Department of Biological Structure, University of Washington, USA

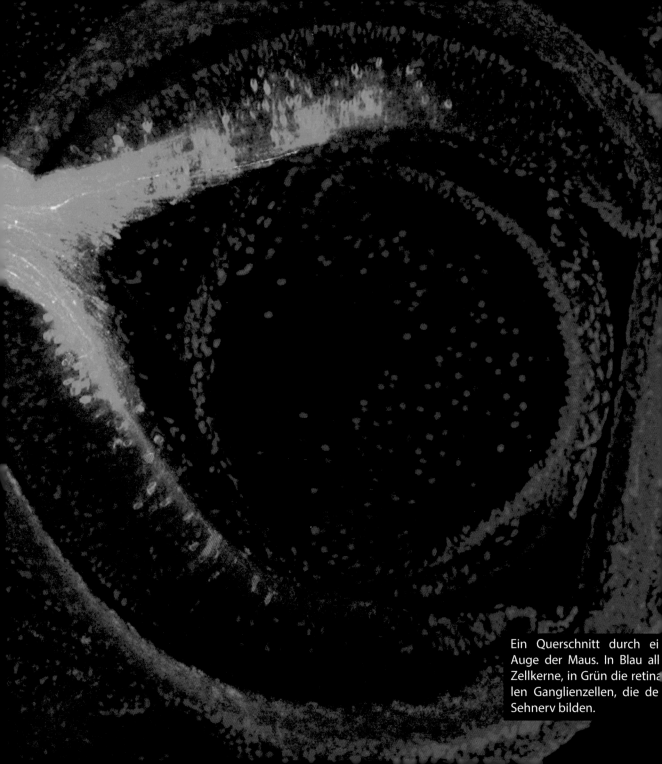

Ein Querschnitt durch ei
Auge der Maus. In Blau all
Zellkerne, in Grün die retina
len Ganglienzellen, die de
Sehnerv bilden.

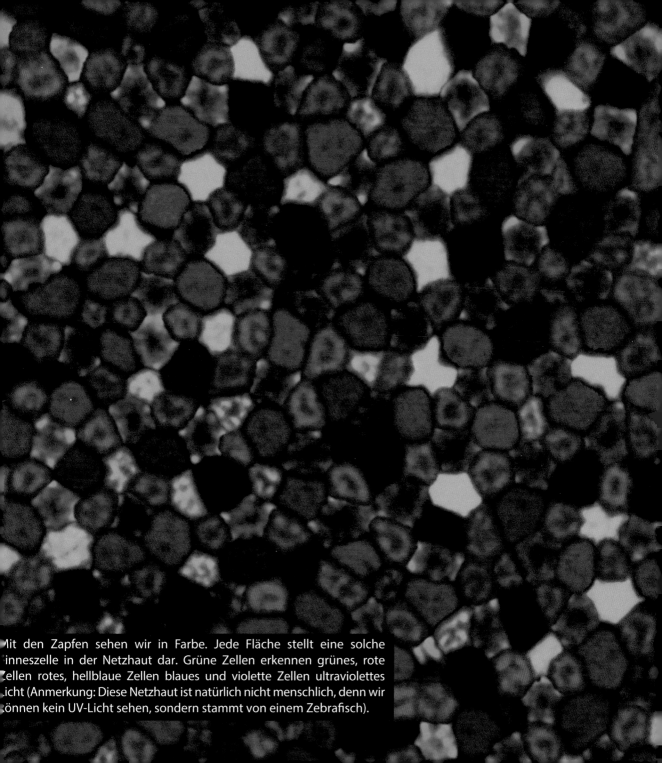

Mit den Zapfen sehen wir in Farbe. Jede Fläche stellt eine solche Sinneszelle in der Netzhaut dar. Grüne Zellen erkennen grünes, rote Zellen rotes, hellblaue Zellen blaues und violette Zellen ultraviolettes Licht (Anmerkung: Diese Netzhaut ist natürlich nicht menschlich, denn wir können kein UV-Licht sehen, sondern stammt von einem Zebrafisch).

Sehen
Man sieht nur mit dem Großhirn gut

Oftmals stellt man sich vor, dass beim Sehprozess optische Informationen, die das Auge aufnimmt, im Gehirn wieder zu einem Gesamtbild zusammengesetzt werden. Als würde das visuelle System ein Abbild unserer Welt ins Gehirn übertragen. Doch Sehen ist viel mehr. Es ist ein kreativer Prozess, bei dem das Gehirn aus Merkmalen unserer Umwelt ein neues Bild interpretiert.

Beim Sehen werden alle optischen Informationen zunächst einmal im Gehirn gesammelt. Die Sehnerven beider Augen überkreuzen sich dazu im sogenannten *Chiasma opticum*, der Sehnervkreuzung an der Schädelbasis, und teilen sich auf. Alle Sehnerven, die Informationen aus dem rechten Gesichtsfeld erhalten, verlaufen in die linke Hirnhälfte und umgekehrt (siehe Abb. rechts). Die erste Station, bei der die Nerven neu verschaltet werden, liegt im Thalamus (↓). Von dort aus ziehen etwa 1 Million Nervenfasern in die *primäre Sehrinde*, die im nackenseitigen Großhirn liegt.

Ein wichtiges Organisationsprinzip wird dabei immer beibehalten: die *Retinotopie*. Das bedeutet, dass alle bildverarbeitenden Regionen des Gehirns wie eine Karte der Netzhaut aufgebaut sind. Bereiche, die auf der Netzhaut nebeneinander liegen, liegen auch im Gehirn nebeneinander. Auch in der primären Sehrinde wird diese „Kartierung" beibehalten, wenngleich etwas verändert: Der Bereich des schärfsten Sehens

auf der Netzhaut bekommt im Gehirn extra viel Platz.

Einmal in der Sehrinde angekommen, werden die optischen Informationen von speziellen Neuronentypen verarbeitet. Diese Neuronen sind in einer Säulenstruktur angeordnet, und jede Säule verarbeitet Informationen aus derselben Region des Gesichtsfeldes. Innerhalb einer Säule teilen sich die Nervenzellen die Arbeit jedoch auf. So werden einige Neuronengruppen nur aktiv, wenn sie durch eine bestimmte Orientierung oder eine Lage oder eine Bewegungsrichtung eines Objektes erregt werden.

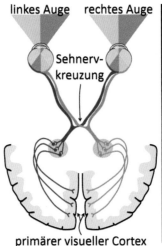
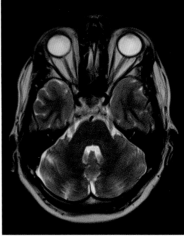

Bildinformationen überkreuzen sich an der Sehnervkreuzung auf ihrem Weg ins Gehirn, sodass Bilder im rechten Gesichtsfeld von der linken Hirnhälfte verarbeitet werden (und umgekehrt). Rechts: Dieselbe Perspektive, nun jedoch durch ein MRT des menschlichen Gehirns sichtbar gemacht.

Thalamus → S. 54

So kompliziert die dabei ablaufenden Vorgänge im Detail sind, das grundlegende Prinzip ist einfach: Kleine Neuronengruppen sind auf einen bestimmten Reiz spezialisiert und werden durch bestimmte räumliche Ausdehnungen, Winkel oder Konturen besonders angesprochen. Es sind quasi Experten für ihre individuelle Sehinformation. Sie warten auf genau dieses optische Signal, und wenn es eintrifft, erzeugen sie ein eigenes Reizmuster, das sie dann in die nächste Verarbeitungsregion, den *sekundären visuellen Cortex*, leiten.

Dort werden die Bildinformationen zu komplexeren Mustern, beispielsweise der dreidimensionalen Verarbeitung oder der Farberkennung zusammengefügt. Das ist mehr als eine einfache Zusammenstellung der Bildinformationen. Das Phänomen der Farbkonstanz ist ein schönes Beispiel hierfür: Möglicherweise haben Sie ein rotes T-Shirt, das Sie gerne tragen. Unter den allermeisten Lichtverhältnissen, egal ob Sie in der Mittagssonne sitzen oder in einem künstlich beleuchteten Raum, wird Ihnen das T-Shirt immer gleich rot vorkommen. Und das, obwohl sich die reflektierten Lichtstrahlen des T-Shirts je nach Beleuchtung unterscheiden. Denn für das Gehirn ist nicht entscheidend, welche absoluten Wellenlängen des reflektierten Lichtes ankommen, sondern wie sich diese Wellenlängen relativ zur Umgebung verhalten. So konstruiert sich das Gehirn seine eigene Wirklichkeit.

Schlussendlich entsteht in den ausgedehnten Assoziationsfeldern der Großhirnrinde das fertige „Bild im Kopf". Zwei Hauptbahnen ziehen sich dabei von der primären Sehrinde durch das Gehirn. Die eine Bahn läuft nach oben in Richtung des Scheitellappens bis zum Stirnhirn. Sie bestimmt vor allem den Ort („Wo?") und die Richtung („Wohin?") eines Objektes und löst Körperbewegungen aus (z. B. das Greifen einer Hand nach einem Gegenstand). Die andere Bahn läuft von der primären Sehrinde seitlich nach vorne zum Schläfenlappen und identifiziert das Objekt („Was?") (siehe Abb. unten links).

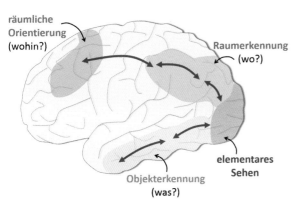

Der Sehprozess findet im Großhirn statt. Die optische Information der Augen wird zunächst in der primären Sehrinde (blau) aufbereitet und dann in den sekundären Arealen weiterverarbeitet.

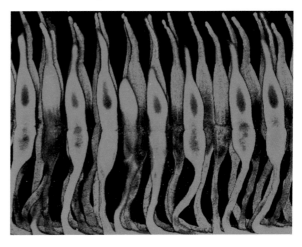

Sehen ist weit mehr als das bloße Zusammenfügen von optischen Informationen der Netzhaut (deren Rezeptorzellen sind hier in Grün gezeigt). Es ist die kreative Interpretation von Lichtsinneseindrücken, die uns hilft, uns in der Welt zurechtzufinden.

Abb. unten rechts: Stephen Massey, GSBS, University of Texas, Abbildung publiziert auf dem Cover des Journal of Neuroscience im März 2012
Abb. nächste Seite: Ryuta Koyama, PhD, Beth Stevens Lab, Department of Neurology, F.M. Kirby Neurobiology Center

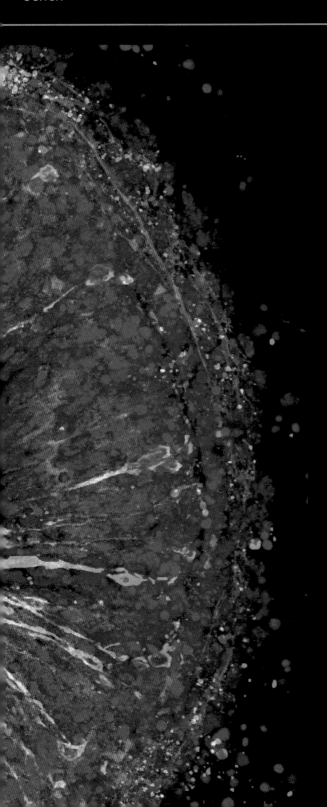

Die hier abgebildete Netzhaut einer Maus wuchs künstlich in einer Zellkulturschale aus. Zellkerne sind blau, Zellmembranen grün, Nervenfasern rot gefärbt. Irgendwo müssen die Fasern die Netzhaut verlassen und zum Gehirn gelangen. Deswegen ziehen die Nervenfasern in ein großes Loch in der Mitte und verschwinden dort. Das ist der „blinde Fleck", quasi ein Totpunkt des Sehens. Denn ohne Rezeptorzellen werden Lichtstrahlen, die auf diesen Punkt treffen, nicht erkannt. Wir alle haben diese (allerdings sehr kleine) Region in unserem Auge und sehen die Welt mit zwei blinden Flecken (einem rechts, einem links). Doch das fällt nicht auf, denn das Gehirn korrigiert diese Blindheit und füllt den Fleck mit optischen Informationen aus dem Umfeld auf.

Hören
Mit kleinen Härchen Töne fassen

Alle Klänge und Geräusche unserer Umwelt sind Druckunterschiede der Luft, mechanische Schallwellen. Die Stärke des Schalldrucks wird dabei in Dezibel angegeben. Wenn wir etwas akustisch wahrnehmen, überlagern sich in Wirklichkeit oft die Frequenzen (Tonhöhen) und Amplituden (Lautstärken) verschiedener Töne und ergeben ein zusammengesetztes Klangbild. Wenn wir nun beispielsweise eine menschliche Stimme hören, hat das Gehirn die Aufgabe, diese unterschiedlichen Komponenten zu erkennen und zu einem Gesamtmuster zusammenzusetzen.

Der Gehörsinn zählt zu den empfindlichsten Sinnen überhaupt. So liegt die menschliche Hörschwelle im besten Falle bei -5 Dezibel (etwa 10 Mal leiser als das Geräusch von ruhigem Atmen). Gleichzeitig ist unser Hörumfang sehr weit: Bis zur Schmerzgrenze von knapp 130 Dezibel (zum Beispiel einem Pistolenschuss) kann der Schalldruck, der auf das Gehör wirkt, um mehr als das Fünfmillionenfache zunehmen (eine Zunahme von 20 Dezibel bedeutet eine Verzehnfachung des Schalldrucks). Wie gut wir Töne wahrnehmen, hängt auch von der Frequenz ab. Besonders wichtig ist es, menschliche Sprache zu erkennen, deswegen hören wir im Frequenzbereich zwischen 2000 und 5000 Hertz (dort liegt die Tonhöhe der menschlichen Stimme) besonders gut. Der Hörbereich des Menschen umfasst jedoch Frequenzen von 20 (sehr tiefe Töne) bis 16.000 Hertz.

Damit Schallwellen vom Gehirn verarbeitet werden können, müssen sie in elektrische Signale übertragen werden. Das geschieht im Ohr, genauer gesagt im Innenohr (siehe Abbildung links).

Schallwellen treffen zunächst durch den Gehörgang auf das Trommelfell, eine dünne Membran, die dadurch in Schwingung versetzt wird. Diese Schwingung wird durch einen Hebelmechanismus der drei Gehörknochen Hammer, Amboss

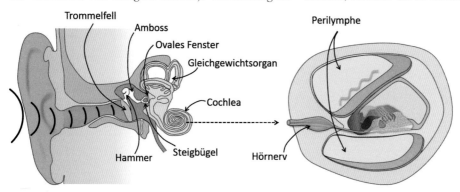

Im Ohr werden Schallwellen der Luft vom Trommelfell aufgenommen (links), es gerät in Schwingung. Diese Schwingung wird von den Gehörknöchelchen auf das Innenohr, die Gehörschnecke (lat. *Cochlea*), übertragen. Wenn das Trommelfell vibriert, vibriert also auch die Flüssigkeit, die *Perilymphe*, im Innenohr und schwappt hin und her. Dies wird von Sinneszellen registriert, die daraufhin einen Impuls auslösen und über den Hörnerv ans Gehirn schicken.

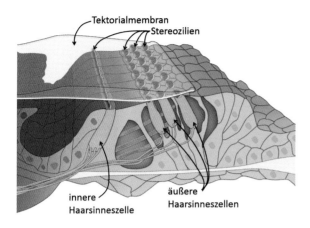

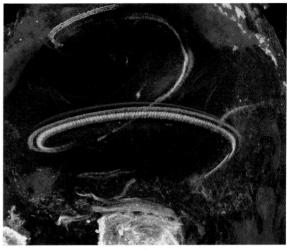

Die Haarsinneszellen sind die sensiblen Rezeptoren der Töne. Mit ihren Sinneshärchen, den *Stereozilien*, ragen sie in die wässrige Flüssigkeit und registrieren sofort, wenn diese durch einen äußeren Ton in Schwingung geraten ist.

Das Innenohr bildet eine Gehörschnecke aus, um alle Haarsinneszellen (grün) unterzubringen. Diese entsenden Nervenfasern (rot) zum Gehirn (blau: umliegendes Gewebe).

und Steigbügel auf eine zweite Membran übertragen: das *ovale Fenster* am Innenohr. Das Innenohr besteht aus vier flüssigkeitsgefüllten Schläuchen. Damit diese Schläuche überhaupt in den engen Raum des Ohres passen, ist das Innenohr in Form einer Schnecke, der *Cochlea*, aufgerollt.

Jeder Druck auf das Trommelfell löst einen Druck auf das ovale Fenster und damit eine Flüssigkeitswelle im Innenohr aus. Dadurch schwappt die Flüssigkeit im Innenohr ein bisschen hin und her. Dieses „Schwappen" und die anschließende Bewegung der Tektorialmembran wird durch Sinneszellen erkannt, die dafür feine Härchen ausbilden, die wie Antennen in die Flüssigkeit ragen. Die Sinneszellen des Innenohrs sind sehr empfindlich. Ein gerade noch wahrnehmbarer Schalldruck des menschlichen Ohres führt zu einer Auslenkung von einem zehntel Nanometer, das ist in etwa der Durchmesser eines Wasserstoffatoms – und das ist wirklich wenig!

Wenn diese Härchen durch die Bewegung der Flüssigkeit im Innenohr gebeugt werden, lösen die Sinneszellen ein elektrisches Signal aus, das über den Hörnerv sofort ans Gehirn weitergeleitet wird. Doch wie unterscheidet ein Gehirn nun, welcher elektrische Reiz welcher Tonhöhe und welcher Lautstärke entspricht?

Die Lautstärke wird durch die Auslenkung der Sinneszellen codiert. Je stärker diese durch das Schwappen der Flüssigkeit gebeugt werden, desto intensiver wird das elektrische Signal. Für die Erkennung der Tonhöhe ist entscheidend, dass je nach Tonfrequenz verschiedene Sinneszellen an unterschiedlichen Orten im Innenohr ausgelenkt werden. Je höher der Ton, desto näher liegt die maximale Reizung der Sinneszellen am ovalen Fenster, je tiefer, desto weiter in Richtung der Schneckenspitze. So kann das Gehirn anhand des Ortes der gereizten Sinneszellen die Tonfrequenz erkennen.

Abb. oben rechts: Edwin W. Rubel und Glen MacDonald, Virginia Merrill Bloedel Hearing Research Center, University of Washington, Seattle, USA
Abb. nächste Seite: U. Müller und A. Littlewood-Evans (2001). Mechanisms that Regulate Mechanosensory Hair Cell Development. Trends in Cell Biology 11, 334-342. (Titelbild)

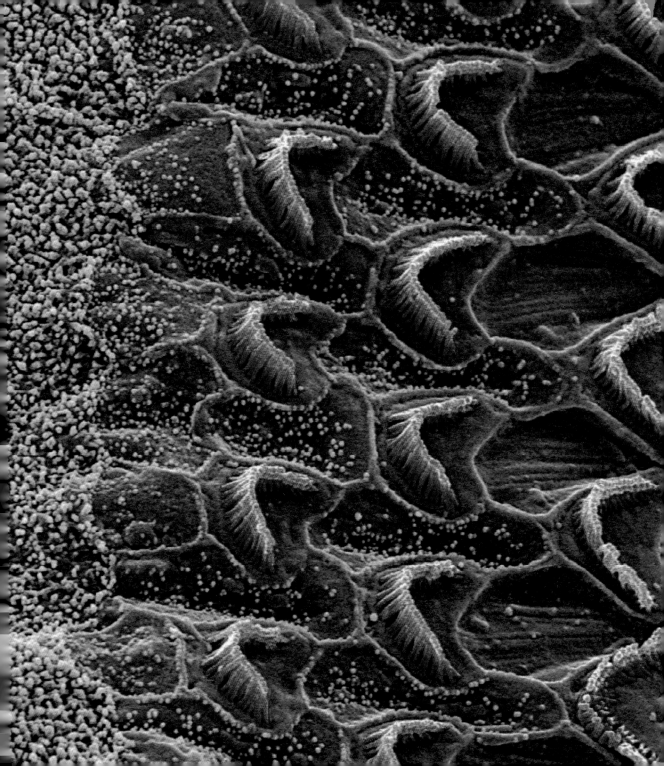

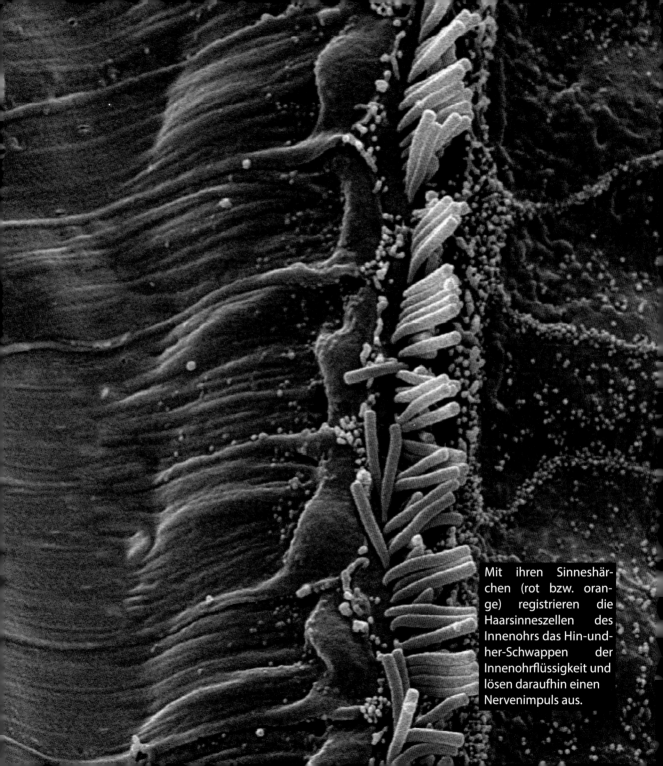

Mit ihren Sinneshärchen (rot bzw. orange) registrieren die Haarsinneszellen des Innenohrs das Hin-und-her-Schwappen der Innenohrflüssigkeit und lösen daraufhin einen Nervenimpuls aus.

Der Gleichgewichtssinn
Der zweite Sinn unseres Ohres

Das Innenohr eignet sich nicht nur, um Schwingungen der Luft in elektrische Signale zu übersetzen. Denn das Prinzip, das die Sinneszellen nutzen, um aus dem Hin-und-her-Schwappen der Innenohrflüssigkeit einen Sinnesreiz zu erzeugen, kann auch für einen anderen Zweck verwendet werden: zur Bestimmung der Lage im Raum, dem Gleichgewicht und der Beschleunigung unseres Kopfes. Aus diesem Grund liegt das Gleichgewichtsorgan gleich neben der Gehörschnecke im Innenohr.

Das Gleichgewichtssystem besteht aus einem Labyrinthsystem aus flüssigkeitsgefüllten und miteinander verbundenen Gängen (siehe Abbildung rechts). Dabei sind drei schlaufenförmige Gänge in den drei Raumrichtungen angeordnet und bilden das Bogengangsorgan, das Drehbewegungen des Kopfes erkennt. Außerdem gibt es noch zwei grubenförmige Einbuchtungen, die *Makulaorgane*, in denen Beschleunigungen (unter anderem die Erdanziehungskraft) gemessen wird.

Innerhalb der Bogengänge befinden sich Sinneszellen, die in ihrem Aufbau den Zellen der Hörschnecke (↓) ähneln. Sie bilden kleine Härchen aus, die in den Innenraum der flüssigkeitsgefüllten Bogengänge reichen. Diese Härchen werden allerdings zusätzlich von einer kleinen gallertartigen Kapsel umgeben, die mit der knöchernen Kanalwand verwachsen ist.

Was passiert nun, wenn wir den Kopf drehen? Die Bogengänge bewegen sich schnell in eine Richtung, die enthaltene Flüssigkeit ist jedoch ein wenig träger und kann nicht so schnell auf die Drehung reagieren. Folglich verschieben sich die Flüssigkeit

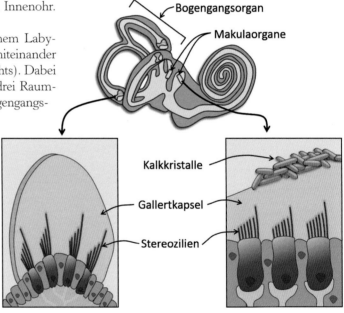

Das Bogengangsorgan liegt direkt neben der Hörschnecke im Innenohr. Seine drei Schlaufen sind in die drei Raumrichtungen ausgerichtet. Bei einer Kopfdrehung werden die feinen Härchen der Sinneszellen in der Gallertkapsel bewegt und lösen einen elektrischen Impuls aus. Das Gehirn berechnet daraus die genaue Drehung des Kopfes. Die Makulaorgane registrieren permanent die Richtung der Schwerkraft.

Hörschnecke → S. 156

und die Wand des Bogenganges zueinander. Dies führt zum Verbiegen der gallertartigen Kapsel, die die Härchen der Sinneszellen umschließt. Genau wie beim Hörvorgang führt eine Biegung der Sinneszellhärchen zur Aktivierung nachgeschalteter Nervenzellen, die einen Nervenimpuls erzeugen. Da die Bogengänge entlang der drei Raumrichtungen ausgerichtet sind, kann das Gehirn berechnen, in welche Richtung der Kopf gedreht wurde.

Ganz ähnlich funktioniert auch der Beschleunigungssinn. In diesem Fall ist die Gallertkapsel jedoch nicht mit der knöchernen Wand verwachsen, sondern mit kleinen Kalkkristallen bedeckt. Diese Kristalle wirken wie ein Schweresensor: Im Falle einer Beschleunigung bleibt das mit Kalkkristallen bedeckte Gallertkissen etwas hinter der sich bewegenden Innenohrflüssigkeit zurück. Genauso wie auch ein loser Gegenstand in einem

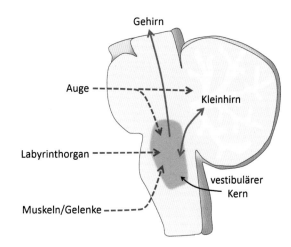

Unser Gleichgewichts- und Lageempfinden wird in den vestibulären (Gleichgewichts-)Kernen des Hirnstamms berechnet. Wenn sich die eintreffenden Sinnesinformationen (z. B. vom Auge und Innenohr) widersprechen, kann uns schnell mal schwindelig werden.

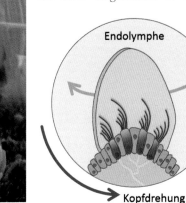

Links: Ein Büschel der Sinneshärchen im Innenohr mit Hilfe eines Elektronenmikroskops sichtbar gemacht und willkürlich eingefärbt. Rechts: Wenn wir den Kopf drehen, dreht sich die Flüssigkeit, die *Endolymphe*, im Gleichgewichtsorgan mit. Die Gallertkapsel mit den Sinneshärchen wird verbogen, die Sinneszellen lösen daraufhin einen elektrischen Impuls aus, der vom Gehirn erkannt wird.

beschleunigenden Auto nach hinten rutscht. Durch diese verzögerte Bewegung werden die Härchen der Sinneszellen ebenfalls abgelenkt, und in einem weiteren Schritt wird ein Nervenimpuls erzeugt. Selbst wenn wir in Ruhe sind, wird dies von den Sinneszellen registriert: Die Kristalle drücken ein wenig auf das Gallertkissen, verbiegen die Sinneshärchen und aktivieren diese. So wissen wir immer, wo oben und unten ist.

Für unser komplettes Gleichgewichts- und Lageempfinden reichen das Bogengangs- und die Makulaorgane im Innenohr jedoch nicht aus. In speziellen Nervenkernen im Hirnstamm (↓), den *vestibulären* (Gleichgewichts-)Kernen, werden nicht nur die Lageinformationen des Labyrinthsystems des Innenohrs, sondern auch optische Eindrücke und Informationen über Muskelspannung und Gelenkstellung kombiniert. Erst dadurch können wir uns mit unserem Körper umfassend im Raum zurechtfinden.

Hirnstamm → S. 62
Abb. unten links: Shaked Shivatzki und Prof. Karen Avraham, Tel Aviv University, Israel
Abb. nächste Seite: Scanning Electronic Microscopy, Nicolas Grillet, Stanford University, USA

Diese kleinen Büschel sind die feinen Sinneshärchen, die im Innenohr erkennen, wenn wir den Kopf drehen. Dann werden sie im Raum abgelenkt und sorgen dafür, dass ein Nervenimpuls zum Gehirn ausgelöst wird.

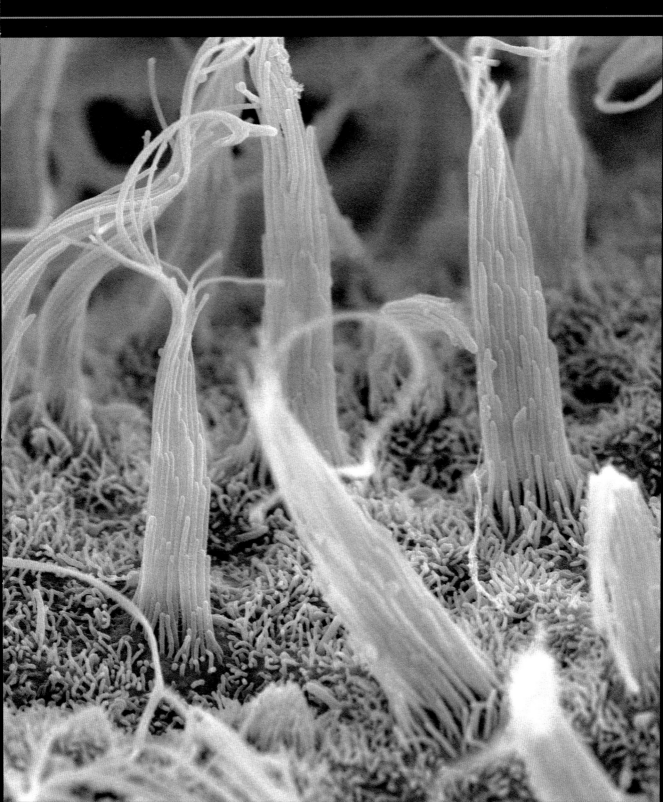

Tast- und Temperatursinn
Um die Welt zu begreifen

Die Haut ist mit etwa zwei Quadratmetern Fläche mit Abstand unser größtes Sinnesorgan. Außerdem ist es das erste funktionsfähige Sinnesorgan unseres Lebens. Schon in der siebten Schwangerschaftswoche sind die ersten Sinneszellen der Haut aktiv, und mit Mund und Händen „begreifen" wir buchstäblich in den ersten Lebensmonaten unsere Umwelt. Zwei Empfindungssysteme der Haut sind dabei besonders bedeutsam: der Tast- und der Temperatursinn.

Zwar kann die Haut bereits den Reiz eines wenigen Milligramm schweren Gewichtes feststellen, doch der Tastsinn ist nicht gleichmäßig über die Haut verteilt.

So sind Hände und Lippen besonders dicht mit *Mechanorezeptoren* besetzt, die Druckreize viel detaillierter erkennen als beispielsweise der Rückenbereich. Zu beachten ist, dass die Anzahl der Rezeptoren die Zahl der unterscheidbaren Tastpunkte bei weitem übersteigt. Denn erst die Kombination der Aktivität einiger Rezeptoren in der Haut erzeugt ein Tastgefühl.

Der Tastsinn muss generell drei unterschiedliche Eigenschaften eines Druckreizes erkennen: die Stärke (Intensität) des Reizes, seine Geschwindigkeit (Berührungsänderung) und Beschleunigung (Vibration). Für alle drei Eigenschaften gibt es spezielle

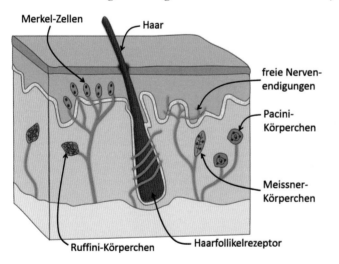

In der Haut befinden sich viele Druck- und Temperatursensoren, die freie Endigungen von Nervenfasern sind. Merkel-Zellen und Ruffini-Körperchen registrieren dauerhafte Druckempfindungen, Meissner-Körperchen schnelle Bewegungen entlang der Haut und Pacini-Körperchen Vibrationen.

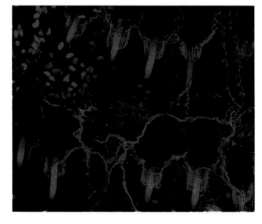

Die Haare in der Haut (hier als blaue Zapfen sichtbar) werden von speziellen Sinneszellen, den Haarfollikelzellen umhüllt, um auch feinste Bewegungen der Haare registrieren zu können. In Rot sind die feinen Nervenendigungen dieser Haarfollikelzellen gezeigt, die die Haare wie Körbchen umhüllen.

Abb. unten rechts: Paul Heppenstall/Laura Castaldi, EMBL

Rezeptoren, die in der Haut eingelagert sind. *Merkel-Zellen* und *Ruffini-Körperchen* sind langsam ansprechende Sensoren, die ein lang andauerndes Druckgefühl vermitteln (zum Beispiel das Tragen von Kleidung). *Meissner-Körperchen* werden durch sich schnell ändernde Druckreize angesprochen und registrieren Bewegungen entlang der Haut (zum Beispiel ein Entlangstreichen). *Pacini-Körperchen* sind schließlich für die Registrierung von Vibrationen zuständig.

Im Prinzip sind alle diese Sensoren nichts weiter als freie Enden ihrer entsprechenden Nervenfaser (kein Vergleich also zu den hochspezialisierten Rezeptoren im Auge oder Ohr). Durch Druck auf diese Nervenendigung öffnen sich Ionenkanäle in der Membran des Neurons, ein Aktionspotential (↓) wird ausgelöst und

ein elektrischer Impuls zum Gehirn geschickt.

Nach einem ähnlichen Prinzip funktionieren die Thermosensoren der Haut. Auch hier liegen quasi Nervenenden frei in der Haut und sind mit Ionenkanälen besetzt, die Temperaturänderungen registrieren. So gibt es Kanäle, die auf eine Temperaturerhöhung mit einer Strukturänderung reagieren (sog. Warmsensoren). Durch einen Wärmereiz öffnen sie sich und lösen ein Aktionspotential aus. Umgekehrt öffnen sich bei Kaltsensoren Ionenkanäle, wenn die Temperatur sinkt, und führen zu einem Nervenimpuls.

Über zwei getrennte Hauptnervenbahnen im Rückenmark werden die Tast- und Temperaturempfindungen ins Gehirn geleitet. Die dortige Sammelstelle ist wieder der Thalamus (↓), der die eintreffenden Signale wie auch beim Seh- und Hörsinn auf eine primäre sensorische Hirnrinde verteilt; in diesem Fall handelt es sich um den *primären somatosensorischen* (körperempfindenden) *Cortex*. Und wie schon beim Sehen und Hören ist diese primäre Sinnes-hirnrinde in Form einer Körperlandkarte angeordnet: Sehr empfindliche Körperregionen (wie Hände oder Gesicht) nehmen dabei einen größeren Platz in dieser Hirnrinde ein als nur wenig empfindliche (wie der Rücken). Von dort erfolgt anschließend die Weiterleitung in sekundäre sensorische Gebiete des Gehirns und schließlich in die Assoziationsregionen, in denen die Tastempfindungen mit den restlichen Informationen des Körpers zusammengeführt werden.

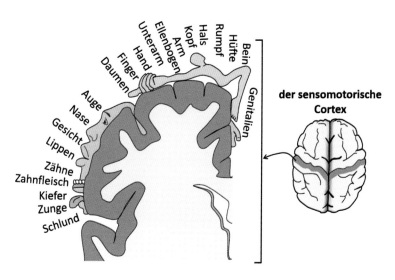

der sensomotorische Cortex

Unser sensorischer Cortex ist der Teil der Hirnrinde, der unsere Körperempfindungen registriert und auswertet. Dadurch baut er eine Art innere „Gehirn-Landkarte" unseres Körpers auf: Die Regionen, die mit zahlreichen Druckinformationen zu unserem Tastempfinden beitragen (zum Beispiel das Gesicht), bekommen viel Platz im Gehirn, andere, tastunempfindliche Stellen wie der Rücken weniger Platz.

Aktionspotential → S. 108
Thalamus → S. 54
Abb. nächste Seite: Paul Heppenstall/Laura Castaldi, EMBL

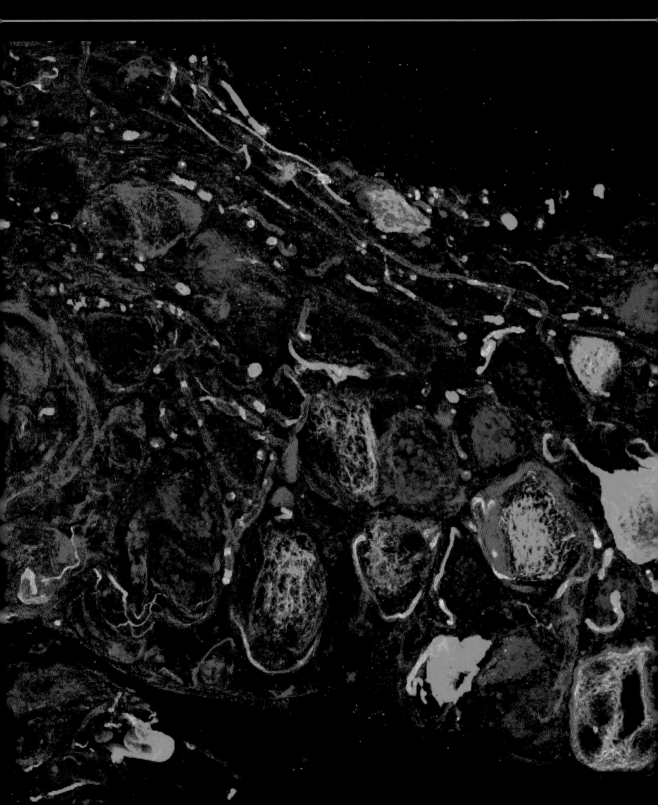

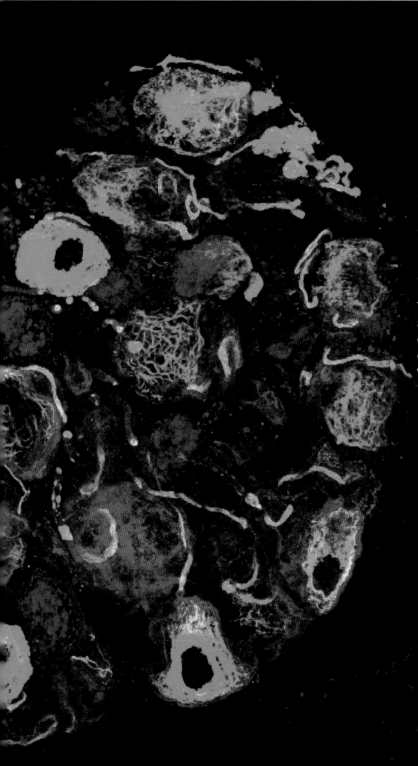

Druckempfindungen der Haut müssen irgendwann zum Gehirn. Das übernehmen spezielle Nerven- zellen, die dafür ihre Nervenfasern zum Rückenmark ausbilden und in einer gemeinsamen Ansammlung (dem Ganglion) direkt neben dem Rückenmark liegen.
Diese Aufnahme ist besonders, denn sie zeigt diese Nervenzellen in einer lebenden Maus. Grüne Zellen registrieren leichte Druckempfindungen, rote und blaue Zellen erkennen Schmerz. Alle diese unterschiedlichen Nervenzellen sammeln Druck-, Tast- und Schmerzinformationen aus der Haut und leiten sie über das Faserbündel am linken Rand des Bildes zum Rückenmark weiter.

Schmecken

Was lecker ist, bestimmt das Hirn

Der Geschmackssinn ist relativ grob. Im Vergleich zu anderen Sinnen, die Tausende oder Millionen unterschiedlicher Qualitäten (zum Beispiel Farben) wahrnehmen können, ist es uns nur möglich, fünf verschiedene Geschmacksrichtungen auseinanderzuhalten: sauer, süß, salzig, bitter und würzig-herzhaft (umami genannt). Außerdem ist unser Geschmacksempfinden nicht besonders sensitiv, lediglich der Bittergeschmack spricht schon auf sehr geringe Konzentrationen an Bitterstoffen an – eine evolutionäre Anpassung, damit giftige Substanzen gar nicht erst verzehrt werden.

Der Geschmackssinn ist folglich ein Nahsinn, also ungeeignet um schon von weitem feinste Qualitätsunterschiede in der Nahrung aufzuspüren, sondern eher um Reflexe (z. B. den Speichelfluss) und die emotionale Beurteilung der Nahrungsaufnahme zu steuern.

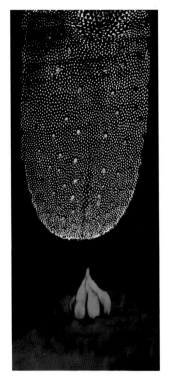

Auf der Zunge liegen die allermeisten Geschmackssinneszellen. Es sind spezialisierte Oberflächenzellen, die mit Rezeptoren ausgestattet sind, um die jeweilige Geschmacksrichtung zu erkennen. Dies ist vor allem beim Süß- und Bittergeschmack der Fall. Hier binden Geschmacksmoleküle (z. B. ein Zucker- oder Nikotinmolekül) an einen Rezeptor in der Geschmackssinneszelle und aktivieren diese, sodass sie Botenstoffe freisetzt und eine nachgeschaltete Nervenzelle aktiviert. Im Falle des

Unsere Zunge ist mit Geschmacksknospen besetzt, die in den sogenannten Papillen sitzen. Wallpapillen können mehr als hundert Geschmacksknospen enthalten, Blätterpapillen etwa 50, Pilzpapillen oft nur drei oder vier.

Oben: Die Geschmacksknospen (blau) verteilen sich ungleichmäßig auf der Zunge einer Maus (Bindegewebe in Gelb).
Unten: eine einzelne Geschmacksknospe, ihre Rezeptorzellen in Grün, Blutgefäße in Rot, umgebendes Stützgewebe in Blau.

Sauer- und Salzgeschmacks lösen hingegen schon die freien Ionen (z. B. Natriumionen) in der Nahrung eine direkte Aktivierung der Sinneszellen aus. Neben reinen Geschmackssinneszellen besitzen wir auf der Zunge auch Thermorezeptoren. Interessanterweise können auch diese von einzelnen Molekülen aktiviert werden: So aktiviert Menthol die Kälterezeptoren und Capsaicin (ein Inhaltsstoff von Chilischoten) die Wärmerezeptoren. „Scharf" ist also kein Geschmack an sich, sondern eigentlich ein Wärmeempfinden, das durch die Bindung eines Capsaicin-Moleküls an einen Thermorezeptor ausgelöst wird.

Der Geschmackssinn ist also schon aufgrund der geringen Zahl an Rezeptoren nicht sehr präzise. Hinzu kommt, dass die Geschmacksinnesfasern der Hirnnerven (im Falle der Geschmacksempfindung der Zunge sind das der *Nervus facialis* und der *Nervus glossopharyngeus* ↓) gleich mehrere Sinneszellen versorgen können. Wenn also ein Nervenimpuls von den Sinneszellen ausgelöst wird, ist nicht sofort klar, um welchen Geschmack es sich handelt. Insofern unterscheidet sich der Geschmackssinn von den anderen Sinnen. Erst wenn das Gehirn aus den Erregungen aller Geschmackssinneszellen ein Muster erzeugt, entsteht das Geschmacksempfinden (anders beim Sehen: da ist klar, dass die Erregung eines bestimmten Rezeptors zur Empfindung der Farbe „Rot" führen muss).

Dieses komplizierte nachgeschaltete Dechiffrieren der Geschmacksinformation gelingt nur, wenn die Zahl der Sinneszellen nicht übermäßig groß ist. Tatsächlich besitzen wir nur einige Zehntausend Geschmackssinneszellen (zum Vergleich: Allein im Auge haben wir knapp 130 Millionen Sinneszellen), die in Geschmacksknospen angeordnet sind und sich jede Woche komplett erneuern. Die Geschmacksknospen liegen wiederum in den Geschmackspapillen, die es in drei Ausführungen gibt: Pilzpapillen kommen am häufigsten (bis zu 400 Mal auf der Zunge) vor und liegen auf der ganzen Zungenoberfläche verstreut, Blätterpapillen liegen an der Zungenseite und die knapp 12 Wallpapillen liegen am Zungengrund. Doch Vorsicht: Die unterschiedlichen Geschmacksrichtungen werden nicht von bestimmten Zungenregionen erkannt, wie man es oft fälschlicherweise abgebildet sieht. Wir schmecken überall auf der Zunge süß oder bitter gleich gut.

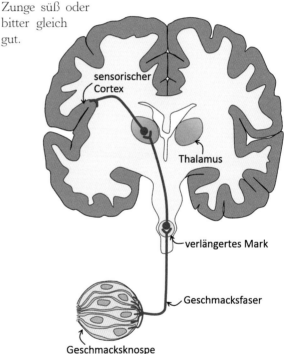

Die Empfindungen der Geschmackknospen auf unserer Zunge werden über das Rückenmark und den Thalamus zum sensorischen Cortex geleitet und dort interpretiert. Außerdem verlaufen Nervenbahnen in den Bereich des limbischen Systems (hier nicht gezeigt) und ermöglichen angeborene Reflexe auf saure oder bittere Reize.

Hirnnerven → S. 14
Abb. nächste Seite: © Clouds Hill / Agentur Focus / Science Photo Library

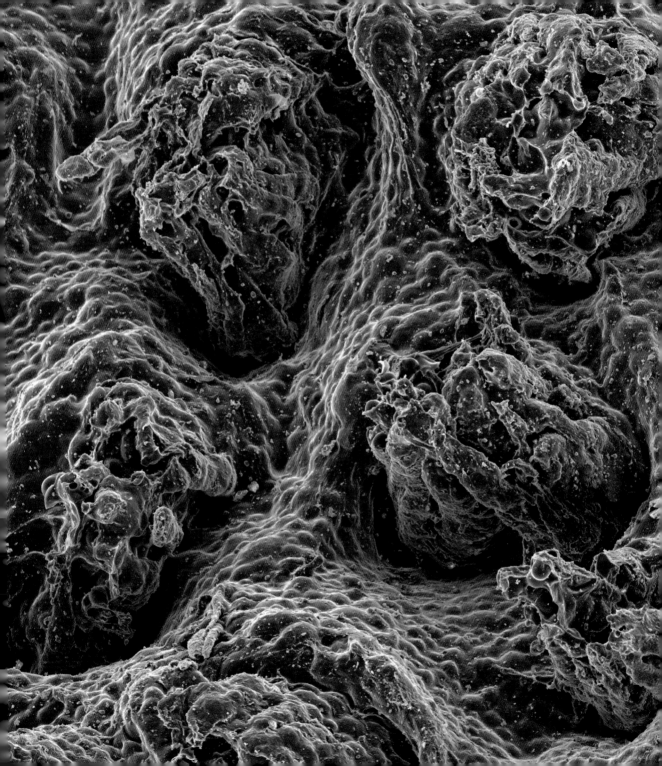

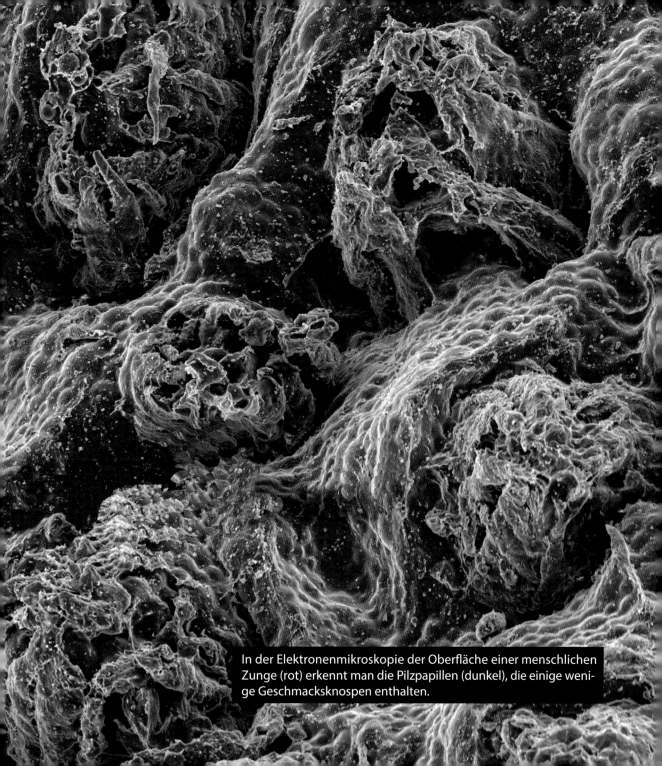

In der Elektronenmikroskopie der Oberfläche einer menschlichen Zunge (rot) erkennt man die Pilzpapillen (dunkel), die einige wenige Geschmacksknospen enthalten.

Riechen

Mehr Düfte als Wörter

Der Geruchssinn ist der einzige Sinn für den sich extra eine eigene Hirnregion ausgebildet hat, das Riechhirn (↓). Dies liegt auch daran, dass man die Riechsinneszellen der Nase als „Verlängerung des Gehirns" ansehen kann, ähnlich wie auch die Netzhaut des Auges ein Teil des Gehirns ist.

Um Geruchsmoleküle erkennen zu können, werden sie vom etwa zehn Quadratzentimeter großen Riechepithel der Nasenschleimhaut erfasst. In dieser oberflächlichen Zellschicht sind etwa 30 Millionen Riechsinneszellen eingelagert, die jeweils auf ein bestimmtes Geruchsmolekül ansprechen. Ähnlich wie beim Schmecken von süßen oder bitteren Stoffen wird durch Bindung eines Geruchsmoleküls an einen Rezeptor in der Sinneszelle eine Aktivierung der Zelle bewirkt. Sie löst daraufhin ein Aktionspotential aus und leitet es in den Riechkolben weiter.

Der Riechkolben stellt eine Nervenbahn dar, die als Teil des Riechhirns bis in die Nase zieht. Bemerkenswerterweise ist der Riechkolben eine der wenigen Regionen, in denen absterbende Nervenzellen permanent durch nachwachsende Neurone ersetzt werden. Dadurch erneuern sich unsere Geruchssinneszellen ständig.

Der Geruchssinn hat eine Besonderheit. Während sonst alle Sinnesfasern zuerst in den Thalamus laufen, bevor sie für die primären Sinnesareale im Großhirn verschaltet werden, laufen die Nervenfasern des Riechkolbens zuvor in das Riechhirn und Teile des limbischen Systems, unter anderem in die Amygdala (↓). Deswegen erfolgt eine emotionale Bewertung

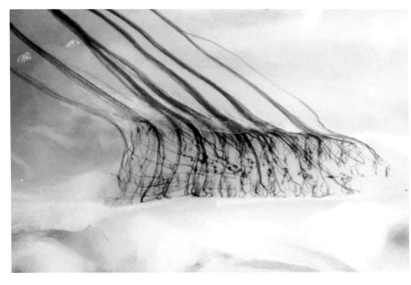

In der Nase drängen sich viele Nervenzellen, um die Vielfalt der Gerüche auseinanderhalten zu können. Die blauen Fasern in diesem Bild zeigen Endigungen von Nervenzellen in der Nase einer Maus. An den feinen Verästelungen nehmen die Zellen Geruchsstoffe auf und erzeugen bei genügend starker Erregung einen Nervenimpuls, den sie über ihre Verbindungen im Riechkolben zum Gehirn schicken.

Riechhirn → S. 48
Amygdala → S. 43
Abb. unten links: Dr. Catherine Dulac Harvard University, Howard Hughes Medical Institute

eines Duftes, bevor wir diesen bewusst verarbeiten. Gerüche sind deswegen immer mit Gefühlen verbunden. Einen neutralen Geruch gibt es nicht.

Während man die anderen Sinne gut in verschiedene Qualitäten einteilen kann (blau, grün, rot oder süß, sauer, salzig, bitter, herzhaft), ist dies beim Geruchssinn schwierig. Nach neuesten Untersuchungen kann der Mensch vermutlich etwa eine Billion unterschiedlicher Gerüche auseinanderhalten (zumindest theoretisch), was jedoch erst durch die nachgeschaltete Verarbeitung im Gehirn ermöglicht wird. Wir besitzen bei weitem nicht so viele Rezeptoren, um eine derartige Geruchsvielfalt zu unterscheiden. Erschwerend kommt hinzu, dass die Sinneszellen der Nase nicht nach einem einfachen Kartenprinzip (wie beim Hören oder Sehen) angeordnet sind. Das verkompliziert die Erforschung des menschlichen Riechsystems.

Umstritten ist auch die Bedeutung von Pheromonen für die Geruchskommunikation des Menschen. Während andere Säugetiere

vorwiegend über solche Sexuallockstoffe kommunizieren können, ist die Wirkung von geschlechtsspezifischen Duftstoffen beim Menschen weitaus schwächer. Zwar besitzen wir eine Vorrichtung zur Erkennung von Pheromonen, das *Vomeronasalorgan*, eine etwa ein Zentimeter lange Grube an der Nasenscheidewand. Doch dieses Organ ist stark rückgebildet und bei etwa 20 Prozent der Menschen gar nicht mehr vorhanden. Daher konnte bisher nicht gezeigt werden, dass bei uns Sexuallockstoffe eine Rolle bei der Partnerwahl spielen.

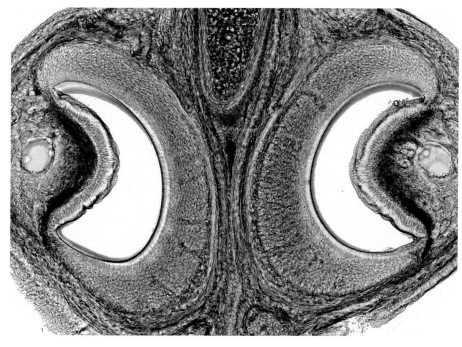

Vielleicht spielt das Vomeronasalorgan bei der Erkennung von Sexuallockstoffen eine Rolle. Sehr wahrscheinlich ist diese Funktion beim Menschen jedoch deutlich überbewertet und viel schwächer als bei anderen Tieren (beispielsweise Mäusen). Überhaupt kann man dieses kleine „Organ" deswegen auch nur gut bei Nagetieren untersuchen, wie hier in einer Maus. Die weißen sichelförmigen Öffnungen sind die Nasengänge, die von braun gefärbtem Gewebe umgeben sind. In Blau sind Sinneszellen des Vomeronasalorgans gezeigt, die auf Pheromone reagieren. So finden Mäuse paarungsbereite Partner.

Abb. unten rechts: Darren Logan, Wellcome Trust Sanger Institute, Cambridge
Abb. nächste Seite: Nachdruck aus Neuron, 57(6), Kaneko-Goto T, Yoshihara S, Miyazaki H, Yoshihara Y, BIG-2 Mediates Olfactory Axon Convergence to Target Glomeruli, 834-46, Copyright (2008), mit freundlicher Genehmigung von Elsevier

Schmerz
Das überlebenswichtige Alarmsignal

Schmerz hat einen schlechten Ruf. Er ist mit negativen Gefühlen verbunden, es gilt, ihn abzuschwächen oder gar nicht erst entstehen zu lassen. Genau das ist auch die biologische Funktion des Schmerzerlebnisses: Er signalisiert, dass das Gewebe des Körpers auf irgendeine Art geschädigt wird. Das muss natürlich vermieden werden, deswegen ist der Schmerz ein wichtiges Alarmsignal, das hilft, uns körperschonend zu verhalten. Menschen, denen die Fähigkeit zur Schmerzempfindung fehlt, sterben deswegen oft in jungen Jahren an Infektionen und entzündeten Gelenkfehlstellungen.

Um Schmerz zu empfinden, braucht es Sinneszellen, die erkennen, dass ein bestimmter Gewebeabschnitt

geschädigt wird (oder wurde). Man spricht von der Erkennung von *noxischen*, also schädlichen Reizen (lat. *noxa* – der Schaden) und nennt das Schmerzsystem des Körpers *nozizeptives System* („schadenerkennendes System"). Das eigentliche Schmerzempfinden entsteht allerdings erst im Gehirn, indem die eintreffenden Schmerzreize verarbeitet werden. Das kann sehr subjektiv sein, und je nach Gemütsverfassung sind wir schmerzempfindlicher oder resistenter.

Nun kann ein Gewebeabschnitt durch zahlreiche Schädigungen bedroht werden, deswegen gibt es keine spezialisierten Schmerzsinneszellen wie es etwa Lichtsinneszellen im Auge gibt, die nur auf einen ganz konkreten Reiz ansprechen (z. B. das Licht einer bestimmten Wellenlänge ↓). Schmerzrezeptoren sind eigentlich freiliegende Nervenendigungen, die mit einer Vielzahl an Rezeptoren ausgestattet sind, die auf schädliche Veränderungen reagieren können. Manche Rezeptoren werden durch einen Temperaturreiz, durch Verformung, durch Säuren oder durch freigesetzte Entzündungsstoffe (z. B. beim Fieber) aktiviert. Die Mechanismen dieser Aktivierung unterscheiden sich stark voneinander. Gemeinsam ist allen Reizen jedoch, dass sie zur Auslösung eines Aktionspotentials in

In der Haut gibt es unterschiedliche Schmerzfasertypen, die hier in verschiedenen Farben gezeigt sind. Grüne Fasern nutzen kleine Neurotransmitter zur Schmerzweiterleitung, rote Fasern verwenden dafür auch Peptide (kurze Ketten aus Aminosäuren). Auf diese Weise können Schmerzen verändert werden. Beispielsweise können Endorphine in die Schmerzweiterleitung eingreifen und das Schmerzempfinden abschwächen (↓). Zellkerne sind in diesem Bild in Blau dargestellt.

Sinneszellen im Auge → S. 148
Endorphine → S. 110
Abb. unten links: Prof. Mark Zylka, Department of Cell Biology and Physiology, University of North Carolina, USA

der Rezeptorzelle führen, wenn sie stark genug sind.

Einmal ausgelöst muss ein Schmerzimpuls schnell zum Gehirn – so könnte man meinen, doch das ist gar nicht der Fall. Denn Schmerzimpulse zählen zu den langsamsten Impulsen überhaupt im Körper und werden gerade mal mit einem Meter pro Sekunde weitergeleitet. Zum Vergleich: Im Gehirn können Impulse über 100 Mal schneller sein. Viele Schmerzfasern aus ähnlichen Körperregionen laufen zunächst im Rückenmark zusammen, was dazu führt, dass es dem Gehirn später schwerfällt, den genauen Schmerzort auszumachen. So schmerzt bei einem Herzinfarkt oft der linke Arm anstatt des Herzens.

Vom Rückenmark werden die Impulse nun schnell ins Gehirn geleitet. Zentrale Sammelstelle ist auch hier der Thalamus (↓), der das Schmerzsignal auf verschiedene Bereiche der Großhirnrinde verteilt. Im Unterschied zu den anderen Sinneswahrnehmungen gibt es für den Schmerz jedoch keine separate Hirnregion, die das gesamte Schmerzempfinden verarbeitet. Ein Schmerzgefühl wird vielmehr mit den restlichen Sinneseindrücken sowie Erfahrungen zu einem Gesamtbild kombiniert.

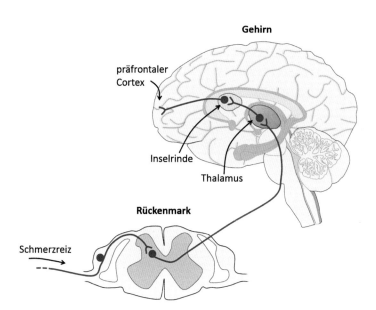

Schmerzreize, die in der Peripherie irgendwo im Körper entstehen, sind zunächst recht langsam. Erst wenn sie das Rückenmark erreicht haben, werden sie sehr schnell ins Gehirn weitergeleitet. Die dortigen Umschaltstellen sind der Thalamus im Zwischenhirn und die Inselrinde, die unsere Schmerzwahrnehmung verarbeitet und mit den Aufmerksamkeitsarealen im präfrontalen Cortex verknüpft. Erst dann entsteht ein bewusstes Schmerzempfinden.

Das Gehirn hat keine eigenen Schmerzrezeptoren, ist also im Prinzip schmerzfrei. Dennoch können massive Kopfschmerzen oder Migräne entstehen, bei denen das Gehirn das Schmerzgefühl quasi aktiv erzeugt. Das macht deutlich: Schmerz ist immer real, niemals Einbildung.

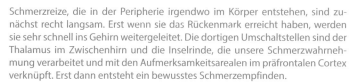

Thalamus → S. 54
Abb. unten rechts: Elena Groß, Neurologie, Universität Basel
Abb. nächste Seite: Xinzhong Dong, Department of Neuroscience at Johns Hopkins University School of Medicine

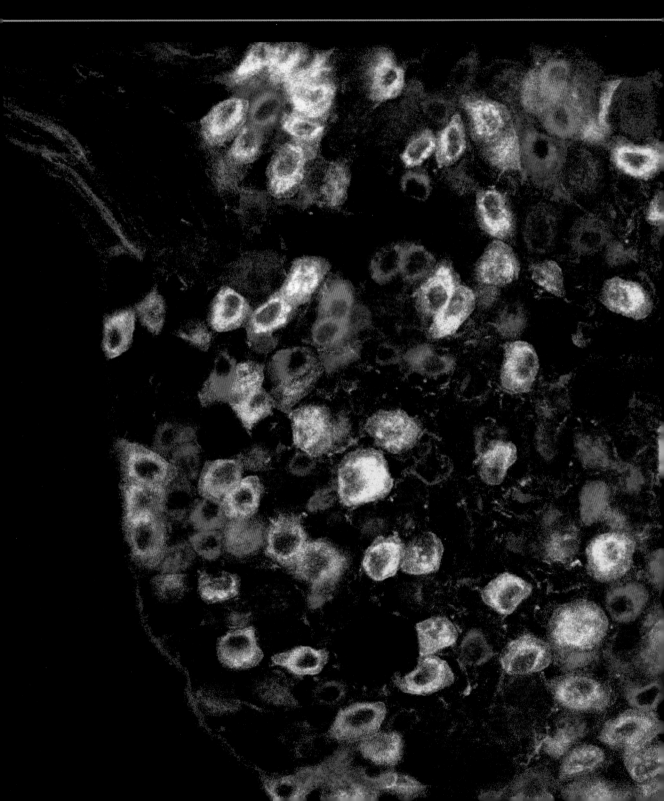

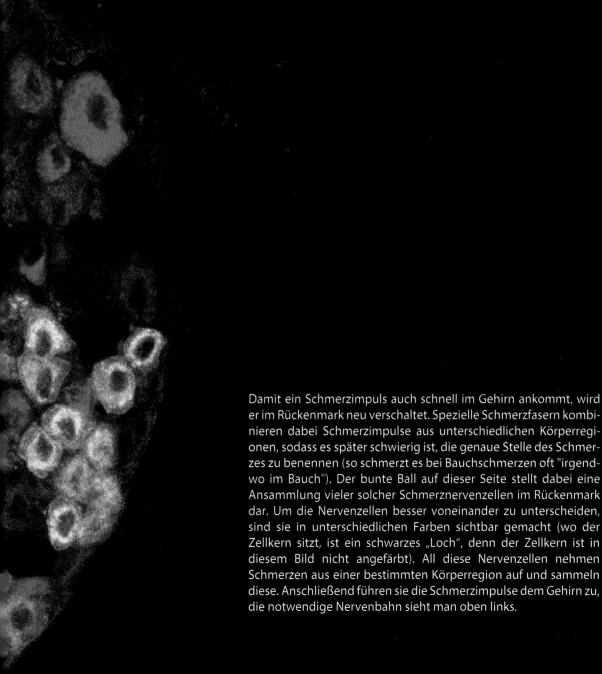

Damit ein Schmerzimpuls auch schnell im Gehirn ankommt, wird er im Rückenmark neu verschaltet. Spezielle Schmerzfasern kombinieren dabei Schmerzimpulse aus unterschiedlichen Körperregionen, sodass es später schwierig ist, die genaue Stelle des Schmerzes zu benennen (so schmerzt es bei Bauchschmerzen oft "irgendwo im Bauch"). Der bunte Ball auf dieser Seite stellt dabei eine Ansammlung vieler solcher Schmerznervenzellen im Rückenmark dar. Um die Nervenzellen besser voneinander zu unterscheiden, sind sie in unterschiedlichen Farben sichtbar gemacht (wo der Zellkern sitzt, ist ein schwarzes „Loch", denn der Zellkern ist in diesem Bild nicht angefärbt). All diese Nervenzellen nehmen Schmerzen aus einer bestimmten Körperregion auf und sammeln diese. Anschließend führen sie die Schmerzimpulse dem Gehirn zu, die notwendige Nervenbahn sieht man oben links.

Bewegung

Schritt für Schritt – und immer dabeibleiben

Es sieht so einfach aus: einfach einen Fuß vor den anderen setzen, Schritt für Schritt – der aufrechte Gang ist ein Kinderspiel, freigegeben ab 10 Monaten. Und doch handelt es sich um eine hochkomplexe Angelegenheit, bei der auch heute noch zahlreiche Roboter verzweifeln. Denn das menschliche Gehen ist eine fein abgestimmte motorische Leistung.

Die Steuerung von Bewegungen ist in mancherlei Hinsicht eine Umkehr der Abläufe bei der Sinnesverarbeitung. Während sich Sinneswahrnehmungen aus vielen Einzelreizen zu einer Gesamtempfindung zusammensetzen, wird für die Steuerung von Bewegungen zunächst ein grobes Bewegungsmuster entworfen und schrittweise in immer detailliertere Bewegungsimpulse übersetzt (siehe Abb. unten links).

Stellen Sie sich vor, Sie möchten loslaufen und dafür mit dem rechten Fuß beginnen. Zunächst muss die „Idee" von der Laufbewegung in ihrem Kopf entstehen. Dies geschieht in den Assoziationsbereichen in Ihrem Großhirn. Für Bewegungen sind dabei Bereiche im Frontallappen (der präfrontale Cortex) und im Scheitellappen wichtig. Damit die Bewegungssteuerung reibungslos ablaufen kann, muss dabei zunächst einmal bestimmt werden, wo sich überhaupt die Gliedmaßen befinden, wie stark die Muskeln angespannt sind und welche Stellung die Gelenke einnehmen. Außerdem müssen die Sinnesinformationen (zum Beispiel die Struktur des Fußbodens oder ob Sie Schuhe anhaben) mit einbezogen werden, um ein funktionierendes Bewegungsprogramm zu entwerfen.

Im nächsten Schritt sammeln die Bereiche des *sekundären motorischen Cortex* (also der „zweiten Bewegungshirnrinde") die Informationen der Assoziationsfelder und erarbeiten

Die hohe Kunst, eine Bewegung zu erzeugen: Zunächst müssen möglichst viele Sinnesinformationen (1) gesammelt und kombiniert werden (2). Als nächstes wird die Bewegungsidee entworfen (3) und die dafür nötigen Muskelgruppen bestimmt (4). Der primäre motorische Cortex erzeugt die Bewegungsbefehle, die für die konkrete Bewegung notwendig sind (5), stimmt sie mit dem sekundären motorischen Cortex ab und schickt sie ins Rückenmark.

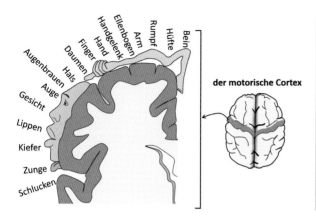

der motorische Cortex

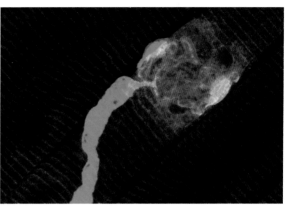

Der primäre motorische Cortex entwirft die konkreten Befehle, um die Muskulatur zu steuern. Er ist wie eine Karte angeordnet: Körperregionen, die sehr präzise angesteuert werden (wie die Lippen oder die Finger) bekommen viel Platz im motorischen Cortex.

Irgendwann muss der Bewegungsbefehl, der im motorischen Cortex erzeugt wurde, auch im Muskel umgesetzt werden. Das geschieht direkt an der Stelle, an der ein Nerv (grün) auf eine Muskelfaser (rot gestreift) trifft (diese Stelle in Blau).

genauere Bewegungsmuster. So könnten sie die Abfolge der Bewegungen planen, die nötig sind, um den Oberschenkel anzuheben, den Unterschenkel nach vorne zu bewegen und den Fuß abzusetzen. Praktischerweise liegt der sekundäre motorische Cortex direkt zwischen den Assoziationsfeldern und dem eigentlichen Zielgebiet der Bewegungssteuerung im Gehirn: dem *primären motorischen Cortex*.

Dieser Teil des Gehirns arbeitet nun die konkreten Bewegungsimpulse für die Muskeln aus, um das geplante Bewegungsmuster durchzuführen. So muss festgelegt werden, wann genau welcher Muskel in welchem Ausmaß angespannt werden muss, damit man fehlerfrei nach vorne laufen kann. Interessanterweise stellt man fest, dass der entsprechende Steuerbereich in der Hirnrinde umso größer ist, je detaillierter die Bewegung der entsprechenden Körperregion ist (siehe Abb. oben links).

Vom primären motorischen Cortex werden die Bewegungsimpulse anschließend in den Hirnstamm und über die Pyramidenbahnen im Rückenmark zu den Muskeln geleitet. Zwei wichtige Hirnbereiche können dabei die Anwendung dieser Bewegungsimpulse verändern. Das Kleinhirn (↓) vergleicht ständig den Ist-Wert der Bewegung („Wo sind die Gliedmaßen?") mit dem Soll-Wert („Wo sollen sie hin?") und korrigiert gegenenfalls das Bewegungsmuster. Die Basalganglien (↓) dienen als wichtige Umschaltstelle, die verschiedene Bewegungsprogramme synchronisiert.

Natürlich sind beim Gehen nicht permanent alle Hirnregionen derart intensiv beteiligt. Im Laufe der Zeit automatisieren wir die fürs Gehen nötigen Bewegungsmuster. Das Gehirn lagert diese dafür an Bereiche des Kleinhirns und des Rückenmarks aus und greift nur ein, wenn das Gehen bewusst verändert werden soll. So spart es sich lästige Rechenarbeit für wichtigere Dinge ein – eine Kunst, die immer noch kein Roboter beherrscht.

Kleinhirn → S. 58
Basalganglien → S. 50
Abb. oben rechts: Felipe A. Court, Ph.D., Department of Physiology, Faculty of Biology, P. Universidad Católica de Chile
Abb. nächste Seite: Prof. Dr. Klaus Scheffler, Max Planck Institut für biologische Kybernetik, Tübingen

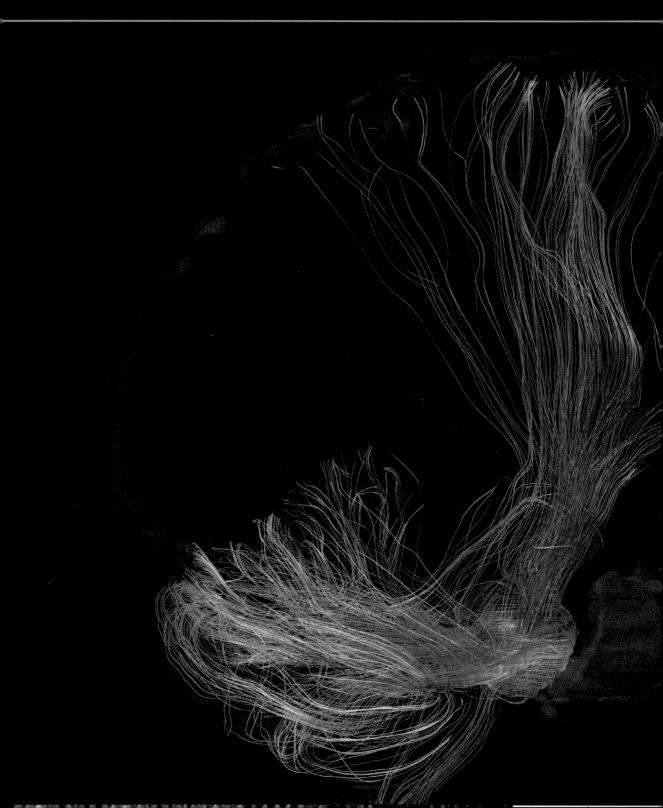

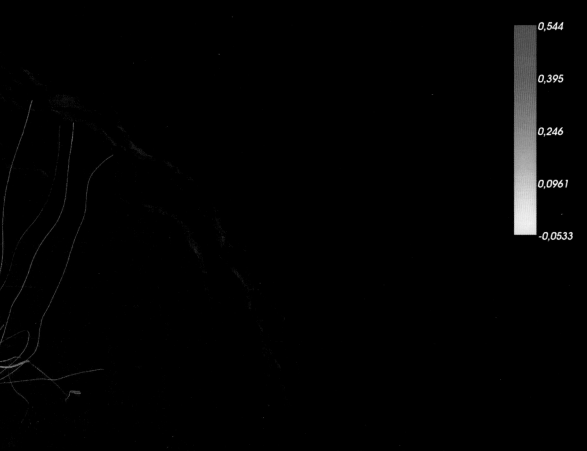

0,544

0,395

0,246

0,0961

-0,0533

Das Großhirn ist faul und hat einen Großteil der lästigen Rechenarbeit zur Bewegung des Körpers ans Kleinhirn ausgelagert. Die dafür wichtige motorische Achse ist hier in einem speziellen MRT gezeigt. In der Großhirnrinde werden Bewegungsabläufe geplant und mit den motorischen Programmen im Kleinhirn (unten links) verglichen. So spart das Großhirn die Berechnung der feinmotorischen Bewegungen ein: Wie die Gelenke stehen, welche Muskeln angespannt sind und wie die Bewegungen an das geplante Bewegungsprogramm angepasst werden müssen, all dies wird vom Kleinhirn übernommen. Über den Hirnstamm (genauer gesagt: der Brücke, dem „Knoten" unten im Bild) sind Groß- und Kleinhirn verbunden. Dort verlassen auch die motorischen Fasern das Gehirn Richtung Rückenmark.

Muskelsteuerung
Action, please!

Was nützt der schönste Gedanke einer Bewegung, wenn sie nicht ausgeführt wird? Irgendwann müssen aus den Bewegungsprogrammen und Nervenimpulsen des Gehirns auch wirkliche Bewegungen der Muskeln werden. Außerdem muss das Nervensystem ständig die Rückmeldung der Muskeln in die Steuerung der Bewegungen mit einbeziehen.

Wenn man beispielsweise eine vermeintlich schwere Kiste aufheben möchte (die in Wirklichkeit ganz leicht ist), kann es passieren, dass man die Kiste zunächst ruckartig in die Luft reißt. Schnell werden von den Sinneszellen in der Muskulatur Informationen über den Gewichtszustand der Kiste ins Nervensystem geleitet. Durch Regelkreise passt sich das Bewegungsprogramm dann schnell an. Es nimmt quasi eine Abkürzung und muss nicht vom Gehirn neu überdacht und verarbeitet werden. Viele Reflexe basieren auf solchen kurzen Regelkreisen (↓).

Die Steuerung von Muskelbewegungen ist also keineswegs eine Einbahnstraße, die vom Gehirn zu den Muskeln läuft. Innerhalb der Skelettmuskulatur befinden sich zwei Typen von Sinneszellen, die zum einen den Dehnungszustand des Muskels messen (die Muskelspindeln), zum anderen auf die Zunahme der Muskelspannung reagieren (die Golgi-Sehnenorgane, die in die Sehnen eingebettet sind). Die Veränderung des Muskelzustandes wirkt sich damit sofort auf das Nervensystem aus und bewirkt schnelle Reflexe oder die Änderung ganzer Bewegungsmuster. So ist

beispielsweise das Kleinhirn ständig über den Zustand unserer Muskulatur informiert und daher in der Lage, Bewegungsprogramme des Großhirns zu justieren.

Jede willentliche Bewegung beginnt im Gehirn, wo die wichtigen Bewegungsprogramme ausgearbeitet werden. So wird bestimmt, welche Muskeln wann und in welchem Ausmaß angespannt werden. Dieses synchronisierte und fein abgestimmte Bewegungsprogramm wird anschließend in eine Abfolge aus Nervenimpulsen übersetzt, die zu den Muskeln gelangen.

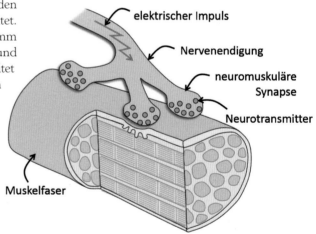

Eine Muskelfaser wird von Nervenimpulsen an der sogenannten motorischen Endplatte aktiviert. Dort befinden sich Nervenendigungen, die eine Synapse bilden. Wird diese durch einen elektrischen Bewegungsimpuls vom Gehirn aktiviert, schüttet sie den Botenstoff Acetylcholin aus. Dies bewirkt, dass sich die Muskelfasern zusammenziehen können, sodass sich der gesamte Muskel verkürzt.

Reflexe → S. 20

Doch wie erfolgt dieser entscheidende Schritt der Übersetzung eines Bewegungsbefehls des Gehirns in eine Aktivität einer Muskelfaser?

Der wichtige Übergang zwischen Nervensystem und Muskulatur findet an der sogenannten *motorischen Endplatte* statt (siehe Abb. vorige Seite). Hier endet die Nervenfaser aus dem Rückenmark an den Muskeln, und der Bewegungsimpuls wird an dieser Stelle in eine Muskelaktivität übersetzt. Nun „verstehen" Muskelzellen einen Bewegungsimpuls nicht sofort. Denn damit ein elektrischer Impuls der Nervenfasern wirken kann, muss er in ein chemisches Signal umgewandelt werden, das die Muskeln aktiviert. Dabei greift die Nervenzelle auf das Prinzip der synaptischen Übertragung (↓) zurück: Dort wo die Nervenfaser am Muskel endet, bildet sie eine besondere Kontaktstelle, die *neuromuskuläre Synapse*. Diese Synapse hat sich auf einen bestimmten Botenstoff spezialisiert und schüttet ausschließlich Acetylcholin aus.

Acetylcholin wandert schnell an die Membran der Muskelzelle und sorgt dafür, dass sich der elektrische Impuls über die gesamte Zelle ausbreitet. Dies führt dazu, dass im Inneren der Muskelzelle Calciumionen freigesetzt werden. Das ist ein besonderes Ereignis, denn freie Calciumionen kommen in der Zelle nur sehr selten vor. Insofern ist das für die Strukturmoleküle der Muskelzelle das entscheidende Signal: Durch das Calcium aktiviert, ziehen sich viele einzelne Fasern innerhalb der Muskelzelle zusammen, der Muskel kontrahiert. Das ist auch alles, was Muskeln können: sich zusammenziehen. Das Gehirn kann deswegen nur Kontraktionsbefehle erteilen. Auf jeden Muskel kommt daher ein Gegenmuskel, der ersterer wieder in seinen gedehnten Zustand zieht und für eine neue Kontraktionsrunde bereit macht.

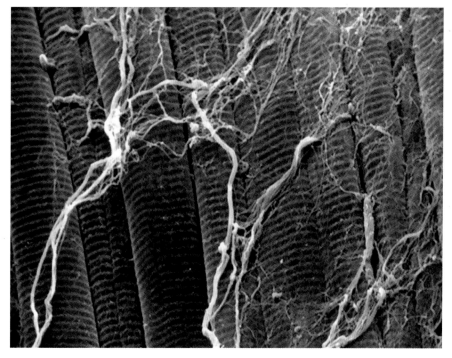

Elektronenmikroskopisch wird deutlich, wie sich die Nervenfasern (die helleren Fäden) an die Muskelzellen (die quergestreiften Säulen) anlagern. Auf diese Weise bilden sie Synapsen, die die Muskelfasern direkt erregen und zum Zusammenziehen veranlassen.

synaptische Übertragung→ S. 114
Abb. unten rechts: Felipe A. Court, Ph.D., Department of Physiology, Faculty of Biology, P. Universidad Católica de Chile
Abb. nächste Seite: Konfokalmikroskopie von Ryan W. Draft, Harvard University, USA

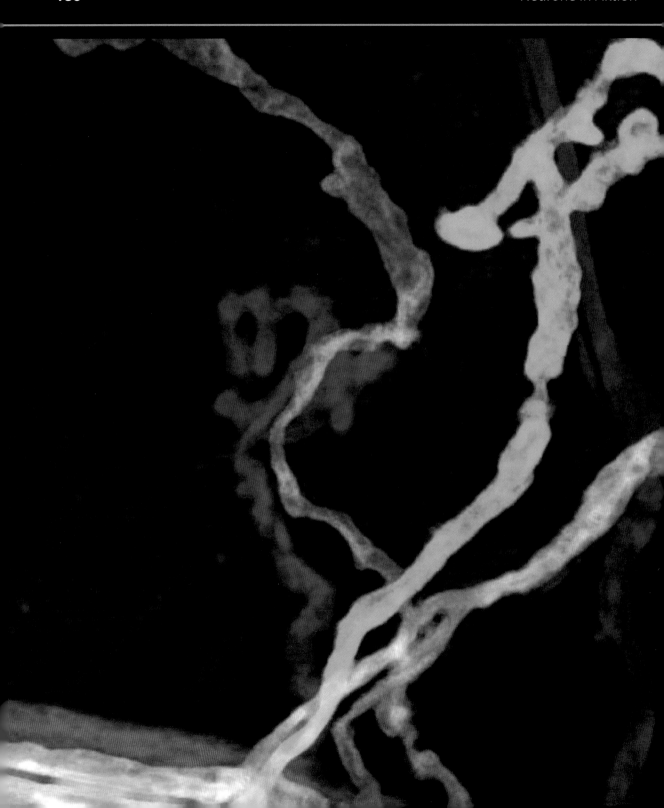

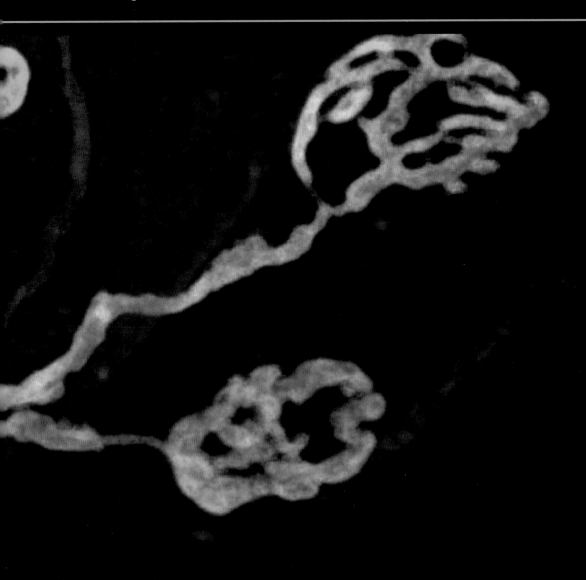

Am linken unteren Rand des Bildes läuft ein Bündel aus Nervenfasern, in dem jede Faser mit einer individuellen Farbe versehen wurde. Nach links oben entwickeln diese Fasern die motorischen Endplatten und docken mit ihren Synapsen an den Muskelfasern an (ganz schwach in Rot gezeigt).

Sprechen
Wörter finden und verstehen

Alle kognitiven Prozesse sind mehr oder weniger gleichmäßig auf unsere beiden Hirnhälften verteilt. Gerade wenn es darum geht, Sinneseindrücke zu verarbeiten oder Bewegungen zu erzeugen, liegen die entsprechenden Hirnareale meist auf der gegenüberliegenden Körperseite (↓). Die am Sprachprozess beteiligten Hirnregionen findet man hingegen fast ausschließlich in der linken Hirnhälfte (zu etwa 95 Prozent, wenn man Rechtshänder ist, und zu etwa 70 Prozent, wenn man Linkshänder ist).

Klassischerweise schreibt man dem Sprachprozess zwei Hauptregionen im Gehirn zu, die unterschiedliche Funktionen übernehmen. Nach ihren jeweiligen Erstbeschreibern im späten 19. Jahrhundert, den Anatomen Carl Wernicke und Paul Broca, nennt man diese Regionen daher Wernicke- und Broca-Areal.

Das Wernicke-Areal liegt im seitlichen (dem Temporal-)Lappen des Gehirns, in unmittelbarer Nachbarschaft zur primären Hörrinde. Hier kommt die Toninformation gesprochener Wörter an und wird im Wernicke-Areal ihrer Bedeutung zugeordnet. Wenn wir hingegen etwas lesen, wird die optische Information der geschriebenen Wörter zunächst in der primären Sehrinde (↓) (im Nackenbereich des Gehirns) aufgenommen und dann zum Wernicke-Are-

al geleitet. Dort wird wiederum die Wortbedeutung verstanden. Das Gehirn macht insofern keinen Unterschied zwischen gesprochenen und geschriebenen Wörtern, denn die Wortbedeutung existiert unabhängig davon, ob ein Wort gelesen oder gehört wurde.

Um aus diesem sprachlichen Input eigene gesprochene Wörter zu erzeugen, ist das Wernicke-Areal über ein Faserbündel (den *Fasciculus arcuatus*) mit dem Broca-Areal verbunden. Dieses wird oftmals als das

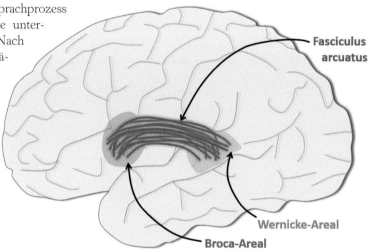

Sprache wird in unserem Gehirn vornehmlich in einer bestimmten Hälfte (meist der linken) verarbeitet. Die beiden wichtigsten Regionen für menschliche Sprache sind das Wernicke-Areal (dient dem Sprachverständnis) und das Broca-Areal (zur Spracherzeugung). Beide Regionen sind über ein wichtiges Faserbündel, den Fasciculus arcuatus, verknüpft und tauschen sich darüber aus.

Symmetrie → S. 76
Sehrinde → S. 152

„Spracherzeugungszentrum" des Gehirns bezeichnet. Praktischerweise liegt es direkt neben der primären motorischen Hirnrinde und kann auf diese Weise die Idee eines gesprochenen Wortes in ein konkretes Bewegungsprogramm für die Muskeln übersetzen. Interessant ist, dass das Broca-Areal generell an der Sprachbewegung unseres Körpers beteiligt zu sein scheint. Dabei ist es egal, ob es sich um Muskeln im Kehlkopf oder die Finger und Hände (bei Gehörlosen) handelt. Die Erzeugung von Sprache im Gehirn scheint sich dabei nicht zu unterscheiden.

Dieses grobe Modell (Sinnesinformationen werden im Wernicke-Areal verstanden, im Broca-Areal wird die Sprachbewegung erzeugt) ist natürlich stark vereinfacht und greift etwas zu kurz. Bei manchen Hirnschädigungen (zum Beispiel der operativen Entfernung von Hirngewebe) kann die Spracherzeugung gestört werden. Dies passiert aber nur, wenn neben dem Broca-Areal auch umliegende Gebiete betroffen sind. Das Broca-Areal steuert die Sprachmotorik also nicht allein.

Durch fMRT-Untersuchungen (↓) der Hirnaktivität beim Sprachvorgang (siehe Abb. unten links) weiß man mittlerweile, dass das Wernicke- und Broca-Areal zwar wichtige Regionen sind, die bei der Spracherzeugung mitwirken, jedoch arbeiten sie sehr viel stärker gemeinsam im Duett als bisher angenommen. So ist das Wernicke-Areal nicht nur ausschließlich für das Sprachverständnis, sondern teilweise auch für die Spracherzeugung wichtig. Um einem Wort seine Bedeutung zuzuschreiben, müssen überdies oft Gedächtnisinhalte aus weiteren Hirnregionen hinzugezogen werden. Außerdem ist die rechte Hirnhälfte beim Sprachprozess keineswegs stumm, sondern wichtig, um eine Sprachmelodie zu erzeugen oder zu erkennen. Wie so vieles im Gehirn entsteht also auch die Sprache durch ein paralleles Wechselspiel vieler Hirnregionen und nicht schrittweise nacheinander, wie man oft vereinfacht.

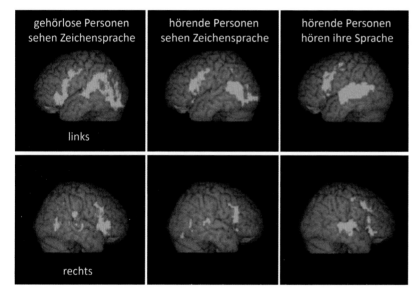

gehörlose Personen sehen Zeichensprache

hörende Personen sehen Zeichensprache

hörende Personen hören ihre Sprache

links

rechts

Durch fMRT-Untersuchungen kann man grob sichtbar machen, welche Hirnregionen beim Sprachprozess mitwirken können. Hier sind Aufnahmen des Großhirns gezeigt und je nach Aufgabenstellung überdurchschnittlich gut durchblutete Regionen gelb gefärbt. Auffällig ist: Alle Sprachprozesse scheinen die linke Hirnhälfte stärker zu aktivieren als die rechte. Außerdem gleichen sich die Regionen zur Sprachverarbeitung, egal ob Gehörlose ihre Zeichensprache sehen oder Hörende ihre Sprache hören. Denn die sprachlichen Konzepte, die Wortbedeutung und Grammatik werden im Gehirn auf ähnliche Weise verarbeitet, ganz egal, ob man Wörter hört oder sieht.

fMRT→ S. 272
Abb. unten links: Mairéad MacSweeney et al. Neural systems underlying British Sign Language and audio-visual English processing in native users; Brain, Jul 2002, 125 (7) 1583-1593; mit freundlicher Genehmigung der Oxford University Press

Kontrolle der Homöostase
Wie alles im Gleichgewicht bleibt

Das Gehirn steuert nicht nur die bewussten Körperprozesse, sondern reguliert auch die Vorgänge, die weitgehend automatisiert und ohne unser Zutun ablaufen. Das übergeordnete Ziel dieser Abläufe ist die sogenannte *Homöostase* (griech. für Gleichstand), also die Konstanthaltung der Körperfunktionen in einem Gleichgewichtszustand.

Die zentrale Steuereinheit unseres Körpers befindet sich im Zwischenhirn (↓): der Hypothalamus mit der angrenzenden Hirnanhangdrüse, der Hypophyse. Gemeinsam regulieren sie nicht nur unsere Körpertemperatur, den Schlaf-Wach-Rhythmus und unser Ess- und Trinkverhalten, sondern lösen auch Stressreaktionen aus und beeinflussen unser Sexualverhalten.

Der Hypothalamus ist nicht besonders groß und wiegt gerade mal 5 Gramm. Er ist aufgebaut aus einer Ansammlung von Nervenkernen (also Grüppchen aus Nervenzellen) und registriert die wichtigsten Veränderungen, die in unserem Körper ablaufen. Diese Nervenkerne übernehmen oft verschiedene Aufgaben, insofern kann man nicht von einem Hunger- oder Sättigungszentrum im Hypothalamus sprechen, wie man es nicht selten hört.

Der Hypothalamus ist die Stellschraube unserer Körperfunktionen und sorgt dafür, dass die gemessenen Parameter immer möglichst nahe an ihrem Sollwert liegen (z. B. unsere Körperkerntemperatur bei knapp 37 °C). Die dabei genutzten Regelkreise können sehr komplex sein. Doch prinzipiell erhält der Hypothalamus über zwei verschiedene Wege Informationen aus dem Körper.

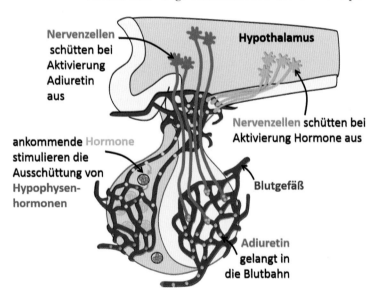

Der Hypothalamus arbeitet mit der Hypophyse (dem runden Anhängsel im unteren Bildbereich) zusammen, um die Körperfunktionen zu steuern. Zum einen können Nervenzellen (gelb) im Hypothalamus vom Gehirn aktiviert werden und daraufhin Steuerhormone freisetzen, die in unmittelbarer Nachbarschaft die Ausschüttung von Hypophysenhormonen (blau) bewirken. Bei Stresshormonen spielt das eine wichtige Rolle. Andere Nervenzellen (grün) messen permanent die Salzkonzentration im Blut und schütten bei „Übersalzung" des Blutes das Hormon Adiuretin in die Blutbahn aus, das die Urinproduktion hemmt.

Hypophyse → S. 54
Sehrinde → S. 152

Entweder führt er eigene Messungen in der Blutbahn durch oder empfängt Nervenimpulse aus den betreffenden Organen. Die Steuerung unseres Durstempfindens macht diese Vorgänge schön deutlich.

Im Hypothalamus befinden sich Rezeptorzellen, die ständig die Salzkonzentration im Blut messen. Steigt die Salzkonzentration im Blut an, sickert Wasser aus den Rezeptorzellen im Hypothalamus in die Blutbahn. Die Zellen des Hypothalamus schrumpfen ein und signalisieren so, dass der Körper weniger Wasser ausscheiden sollte. Daraufhin aktiviert der Hypothalamus seine angrenzende Hormondrüse, die Hypophyse, um das Hormon Adiuretin in die Blutbahn auszuschütten. Dieses Hormon bewirkt in der Niere, dass weniger Urin produziert wird, so sparen wir Wasser ein. Gleichzeitig löst der Hypothalamus über direkte Nervenverbindungen im Gehirn ein psychisches Durstgefühl aus und sorgt so für eine verstärkte Wasserzufuhr.

Wenn wir hingegen zu viel trinken, geschieht das Umgekehrte: Die Sinneszellen des Hypothalamus nehmen Wasser auf, die Adiuretin-Freisetzung wird beendet. Adiuretin hat im Blut eine Halbwertszeit von wenigen Minuten, deswegen müssen wir etwa eine gute halbe Stunde, nachdem wir zu viel getrunken haben, auf die Toilette.

Diese bunten Nervenzellen sind Teil des Hypothalamus und verantwortlich für die Freisetzung von Hormonen in die Blutbahn. Die blauen Zellen stellen dabei das Adiuretin her, das unseren Wasserhaushalt reguliert. Ähnlich aufgebaut wie das Adiuretin ist das zweite Hormon, das von den gelb-grün-orangenen Zellen hergestellt wird: das Oxytocin, das eine Rolle für menschliche Beziehungen zu spielen scheint.

Haben Sie sich schon mal gefragt, warum viele kleine Kinder im Schwimmbecken so oft pinkeln müssen? Der Grund dafür ist der *Gauer-Henry-Reflex*: Durch den äußeren Druck des Wassers auf die Blutgefäße wird aus den Beinen Blut in den Rumpf gedrückt. Im Herzen sitzen Sinneszellen, die den Dehnungszustand der Blutgefäße und damit das Blutvolumen messen. Sie werden gereizt und melden dem Gehirn: „Blutgefäße gedehnt! Zu viel Wasser im Blut!" Der Hypothalamus beendet daraufhin die Ausschüttung des Adiuretins. Also wird das Wasser in der Niere nicht zurückgehalten, und es kommt zum verstärkten Harndrang (auch wenn man zum Beispiel zu lange in der Badewanne sitzt).

Abb. unten links: Valery Grinevich, Schaller Research Group of Neuropeptides, Deutsches Krebsforschungszentrum (DKFZ) und Universität Heidelberg
Abb. nächste Seite: Dr. Sebastien G. Bouret, University of Southern California, USA

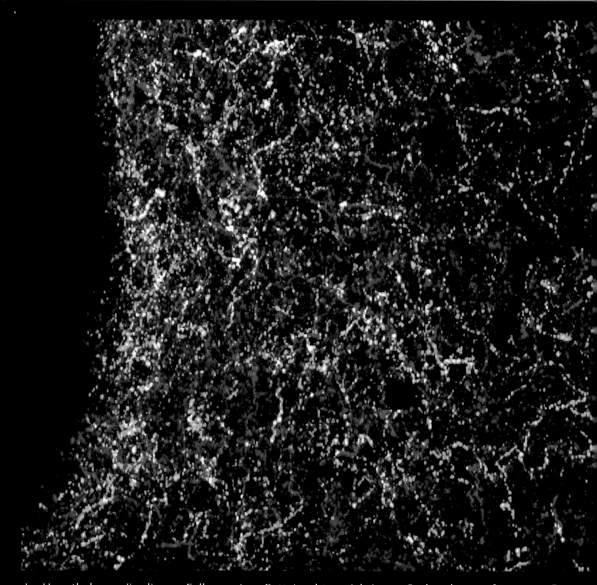

Im Hypothalamus (in diesem Fall von einer Ratte) geht es richtig zur Sache, denn auf engstem Raum versammeln sich die Zellen, die für die Steuerung zahlreicher Körperfunktionen zuständig sind. Neben dem Durstempfinden (siehe vorherige Seite) trifft das auch auf unser Hungergefühl zu. In Rot sind Nervenfasern gezeigt, die verschiedene Regionen innerhalb des Hypothalamus verknüpfen. Sie enthalten entweder einen appetitzügelnden Botenstoff (grün) oder appetitanregende Endorphin-Moleküle (blau). Die hier gezeigten Nervenfasern stehen unter Kontrolle des Hormons Leptin, das während der Nahrungsaufnahme ins Blut ausgeschüttet wird. Je nach Leptinmenge (und Menge gegessenen Essens) kann der Hypothalamus nun das Hungergefühl steuern, indem er die grünen oder blauen Zellen aktiviert.

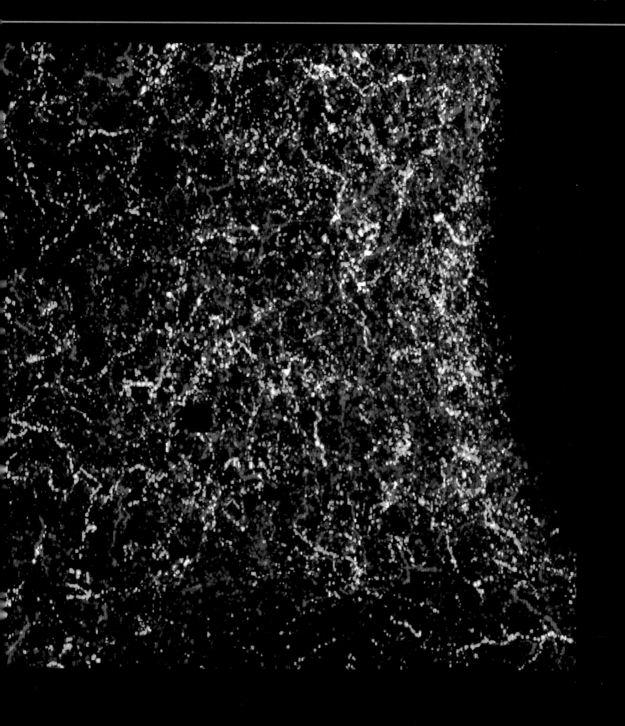

Stress

Zwei Wege, um mit Druck klarzukommen

Wer kennt es nicht: Gehetzt eilt man von Termin zu Termin, steht permanent unter Leistungsdruck und muss Beruf, Familie, Freunde und Freizeit unter einen Hut bringen. Kurz: Man ist gestresst.

Stress hat in unserer Welt ein schlechtes Image. In erster Linie gilt es, Stress zu vermeiden oder stressfrei zu leben. Dabei ist Stress prinzipiell eine sehr sinnvolle Reaktion des Körpers auf eine Änderung der Umwelt: Stress macht uns widerstandsfähig, aufmerksam und leistungsbereit. Problematisch wird es erst, wenn Stress dauerhaft wird. Dann können uns die körperlichen Stressreaktionen schädigen.

Die Abläufe beim Stress zeigen eindrucksvoll, wie umfangreich, präzise und schnell das Gehirn in unsere Körperfunktionen eingreifen kann. Jeder Stress beginnt mit einem Auslöser, einem *Stressor*. Das können positive Anreize sein (z. B. die Geburtstagsfeier am nächsten Tag) oder negative (z. B. Termindruck bei der Arbeit). Die körperlichen Reaktionen ähneln sich jedoch beim positiven *Eustress* und negativen *Distress*.

In einer Stresssituation muss der Organismus zwei Dinge leisten: Er muss besonders leistungsfähig und aufmerksam werden, um mit dem Stressor fertigzuwerden. Zum anderen muss dafür Sorge getragen werden, dass permanent Energie für diese erhöhte Leistung zur Verfügung steht. Beides reguliert der Hypothalamus im Zwischenhirn (↓).

In einer Stresssituation erregt das Großhirn den Hy-

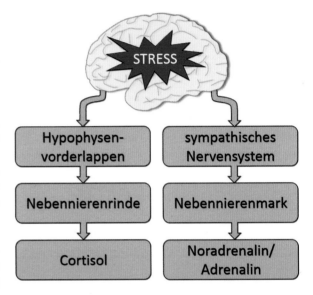

Im Körper gibt es zwei Achsen, die unsere Stressreaktion vermitteln. Über längere Zeit wirkende Stressfaktoren stimulieren die Hypophyse, was zur Freisetzung von Cortisol führt (sog. „chronischer Stress"). Akute und kurzfristige Stressoren aktivieren das sympathische Nervensystem und führen zur Freisetzung von Adrenalin (sog. „akuter Stress").

pothalamus, der seinerseits die an ihn angeschlossene Hirnanhangdrüse (die Hypophyse) nutzt, um den Hormonhaushalt des Körpers anzupassen (↓). Die Hirnanhangdrüse besteht grob aus zwei Bereichen, die man wie so oft im Gehirn „Lappen" nennt: den Vorder- und den Hinterlappen.

Für die Stressreaktion ist der Vorderlappen entscheidend: Dort schüttet die Hypophyse ein Steuerhormon

Hypothalamus im Zwischenhirn → S. 54
Hormonhaushalt und Körperfunktionen → S. 190

(das *adrenocorticotrope Hormon*, ACTH) in die Blutbahn aus. Dieses wirkt auf die Aktivität der Nebenniere ein, deren beiläufiger Name nicht über die Bedeutung dieses Organs hinwegtäuschen sollte. Die Nebenniere ist beileibe kein Anhängsel der Niere, sondern ein eigenständiges Organ. Unter Einfluss des Hypophysen-Steuerhormons ACTH beginnt sie, das Stresshormon *Cortisol* auszuschütten. Cortisol gilt als der Stressmarker im Blut und sorgt dafür, dass die Fettreserven des Körpers angegriffen werden und für unsere erhöhte Leistungsfähigkeit mehr Energie zur Verfügung steht. Cortisol fördert aber auch den Abbau von Antikörpern im Blut – chronischer Stress macht uns also infektanfällig.

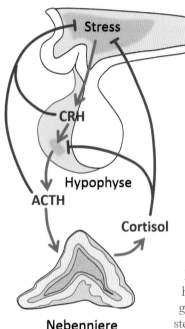

Die Stressreaktion entsteht im Hypothalamus. Durch einen Stressfaktor erregt, schüttet er das CRH (Corticotropin-releasing -Hormon) aus, das in der Hypophyse die Freisetzung von ACTH (dem adrenocorticotropen Hormon) bewirkt. Dieses ACTH fördert in der Nebennierenrinde die Ausschüttung des eigentlichen Stresshormons Cortisol, dass den Stoffwechsel des Körpers so verändert, dass wir leistungsbereiter werden. Rückkopplungsschleifen (in Rot) wirken auf den Hypothalamus zurück und bremsen die Stressreaktion.

Der Hypothalamus sorgt aber auch dafür, dass wir unmittelbar und schnell leistungsbereit werden. Über Nervenverbindungen steht er deswegen in direktem Kontakt mit dem Sympathikus (↓), der zahlreiche Organe in einen leistungsbereiten Zustand versetzt. Einige Nervenzellen des Sympathikus aktivieren außerdem spezialisierte Zellen im Nebennierenmark, die daraufhin Adrenalin und Noradrenalin in die Blutbahn freisetzen. Adrenalin wirkt äußerst schnell auf unser Kreislaufsystem, erhöht den Blutdruck und die Herzfrequenz, erweitert die Bronchien und sorgt so ebenfalls für eine verbesserte Leistungsfähigkeit. Adrenalin hat im Blut nur eine Halbwertszeit von 2 Minuten, eignet sich deswegen besser für eine schnelle Stressreaktion als Cortisol, das auch längerfristige Stressanpassungen vermittelt.

Das Beispiel Stress macht deutlich, wie integriert die Hirnfunktionen in den Organismus sind. Körper und Geist wirken immer zusammen.

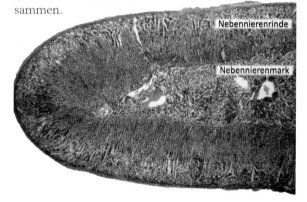

Sieht aus wie eine Zunge, ist aber ein Querschnitt durch die Nebenniere. In Violett gefärbt sind die Zellen der Nebennierenrinde (außen) und des Nebennierenmarks (etwas größere Struktur innen). Während die Rinde Cortisol ausschüttet, setzt das Mark Adrenalin frei und wirkt so schnell auf die Körperfunktionen.

Sympathikus ––→ S. 4
Abb. unten rechts: WIKIMEDIA COMMONS, https://commons.wikimedia.org/wiki/File:Adrenal_gland_%28cortex%29.JPG

Emotionen
Oder: Der Gefühlsbaukasten des Gehirns

Auch wenn Gefühle oft dem Bauch oder Herz zugeschrieben werden: Emotionen entstehen im Gehirn. Tatsächlich sind emotionale Äußerungen weit mehr als das eigentliche Gefühl, das wir spüren, wenn wir traurig oder fröhlich sind. Es sind Verhaltensweisen mit denen wir uns nach einem schnellen und teilweise automatisierten Schema auf äußere Reize einstellen können. Emotionen werden dabei sicherlich im Gehirn ausgelöst, doch die Auswirkungen einer Emotion betreffen den ganzen Körper, denn Gefühle greifen in unsere Bewegungsmuster, das vegetative Nervensystem oder die Ausschüttung von Hormonen ein.

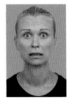
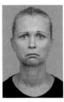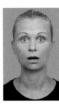

Die klassischen Basisemotionen, die sich in universellen und schnellen Gesichtsregungen (sog. Mikroexpressionen) zeigen. Von oben links, nach unten rechts: Freude, Ekel, Angst, Wut, Trauer, Überraschung, Verachtung. Wir erkennen sehr schnell, ob diese Regungen echt sind. So fällt beim Bild unten rechts auf: Es ist der Ausdruck gespielter Freude, ein unechtes Lächeln, denn es fehlen die klassischen Augenfältchen eines echten Lächelns..

In der Wissenschaft unterscheidet man in der Regel sieben Primär- bzw. Basisemotionen, die kulturübergreifend von allen Menschen empfunden und interpretiert werden: Freude, Ekel, Angst, Wut, Trauer, Überraschung und Verachtung. Interessanterweise äußern sich diese Basisemotionen in Gesichtsausdrücken, die universell richtig interpretiert werden können (siehe Abb. rechts).

Ist Ihnen aufgefallen, dass nur eine der klassischen Basisemotionen einen angenehmen Wert (man spricht von *„positiver Valenz"*) hat: die Freude? Dies könnte daran liegen, dass alle angenehmen Gefühle, so verschieden sie auch ausgelöst werden, in die Aktivierung derselben Hirnstruktur münden: dem *mesolimbischen Dopaminsystem* (↓).

Lange Zeit hatte die neurowissenschaftliche Emotionsforschung ein Problem: Weil wir in unserem Sprachgebrauch Gefühle eindeutig voneinander abgrenzen können (wir sprechen von „der Freude" oder „der Trauer"), gingen die Forscher davon aus, dass es auch solche separaten Entsprechungen der Emotionen im Gehirn geben muss (z. B. ein „Trauermodul"). Das ist jedoch nicht unbedingt der Fall, denn für keine der genannten Basisemotionen gibt es eine einzige Hirnregion (kein „Emotionszentrum"), die ein Gefühl alleinig entstehen lässt. Es ist vielmehr das Wechselspiel verschiedenerer Hirnareale, das charakteristisch für eine bestimmte Emotion ist. Dies wird im Falle der bestuntersuchten Emotion, der akuten Furcht, der Schreckreaktion, besonders deutlich.

mesolimbisches Dopaminsystem und Belohnung im Gehirn → S. 50
Abb. oben rechts: Dirk W. Eilert, Eilert-Akademie für emotionale Intelligenz, Fotografien von Bettina Volke

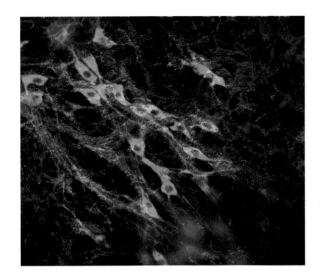

Was hier scheinbar ungeordnet durcheinander liegt, sind in Wirklichkeit die Zellen, die die Herstellung wichtiger Neurotransmitter im „Belohnungs- und Motivationszentrum" des Gehirns regulieren. Sie liegen im ventralen Tegmentum im Mittelhirn. Rot angefärbte Zellen stellen dabei den Botenstoff GABA her, der in der Regel hemmende Wirkung hat. Grüne Zellen produzieren hingegen das Dopamin. Damit kann das ventrale Tegmentum seine positive Verstärkerfunktion ausführen: Dopamin wird freigesetzt und führt in der benachbarten Hirnregion, dem Nucleus accumbens, zu einem starken Glücksgefühl.

daran beteiligen Hirnregion der Anmut eines Schokokuchens nicht gerecht, denn sie wird etwas sperrig *ventrales Tegmentum* (lat. für „vordere Bedeckung") im Mittelhirn genannt.

In dieser Ansammlung verschiedener Nervenkerne gibt es eine spezielle Neuronengruppe, die Verbindungen zu einem anderen, für Belohnungsempfinden sehr wichtigen Hirnbereich ausbildet: dem *Nucleus accumbens* (dem Beischlafkern) im limbischen System (↓), gewissermaßen dem Chef unseres Belohnungszentrums.

Was passiert nun, wenn wir ein leckeres Stück Schokoladenkuchen essen? Die Neurone des ventralen Tegmentums werden aktiv, sie schütten Dopamin aus, das im Nucleus accumbens das positive Gefühl verursacht. Das ist gleichzeitig das Signal für andere Hirnbereiche, dieses Ereignis abzuspeichern, damit es in Zukunft wiederholt werden kann. Dazu ist dieses Belohnungssystem auch mit dem Hippocampus und Bereichen des Stirnhirns verbunden. So vergessen wir auch nicht, dass es der Schokokuchen war, der so lecker geschmeckt hat, und wo es diesen Schokokuchen gibt. Die Erinnerung an dieses schöne Ereignis ist es also, die uns dazu motiviert, dieses Empfinden wieder zu erleben.

Dieses Motivations- und Belohnungssystem ist im Prinzip nichts weiter als eine besonders schnelle und effektive Form des Lernens. Dadurch ist es möglich, dass ein Ereignis mitunter nur ein einziges Mal erlebt werden muss, um sich genau daran zu erinnern. Positive Emotionen und unser Glücksempfinden sind insofern ein nützliches Verstärkersystem, um interessante Informationen schnell und dauerhaft zu speichern – der biologische Sinn des Glücks ist also das Lernen. Wer hätte das gedacht?

Ob wir den Schokokuchen (oder ein beliebiges anderes angenehmes Ereignis) als „positiv" empfinden, hängt übrigens maßgeblich von unserer Erwartung ab. Die Dopamin-Neurone, die den Nucleus accumbens anregen, sind nämlich umso aktiver, je mehr die Belohnung unsere Erwartung übersteigt. Wenn der Schokokuchen also noch leckerer war, als wir eigentlich dachten, ist unser Glücksempfinden umso größer. Der entscheidende Schritt, um glücklich zu sein, ist daher, die Erwartungen zu dämpfen. Denn nichts macht uns glücklicher als die positive Überraschung.

limbisches System → S. 43

Abb. oben links. Alberto Granato, MD, Department of Psychology, Catholic University, Milan, Italy. alberto. granato@unicatt.it, Luc Jasmin, MD, PhD, Department of Oral und Maxilofacial Surgery, School of Dentistry, University of California San Francisco, California, USA. ljasmin@gmail.com, Peter Ohara PhD, Department of Anatomy, School of Medicine, University of California San Francisco, California, USA. peter.ohara@ucsf.edu

Abb. nächste Seite: Whole-Brain Mapping of Direct Inputs to Midbrain Dopamine Neurons, Watabe-Uchida et al., 2012

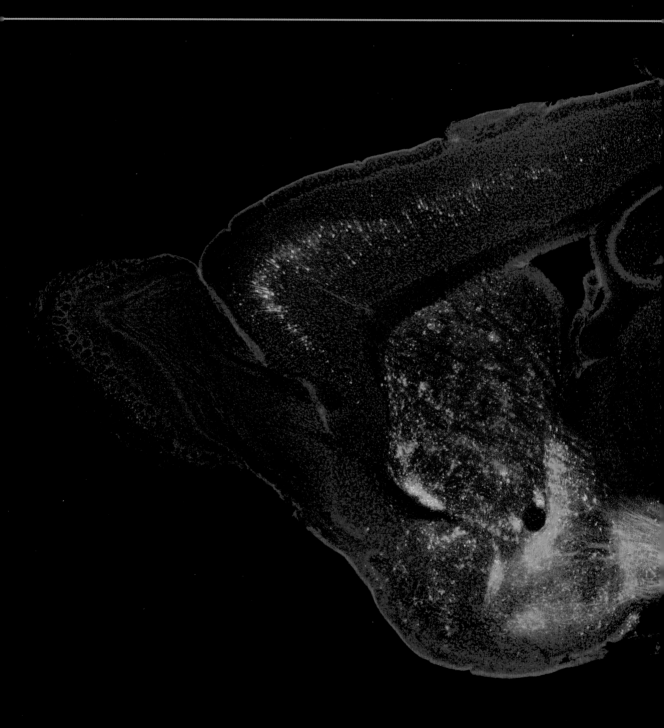

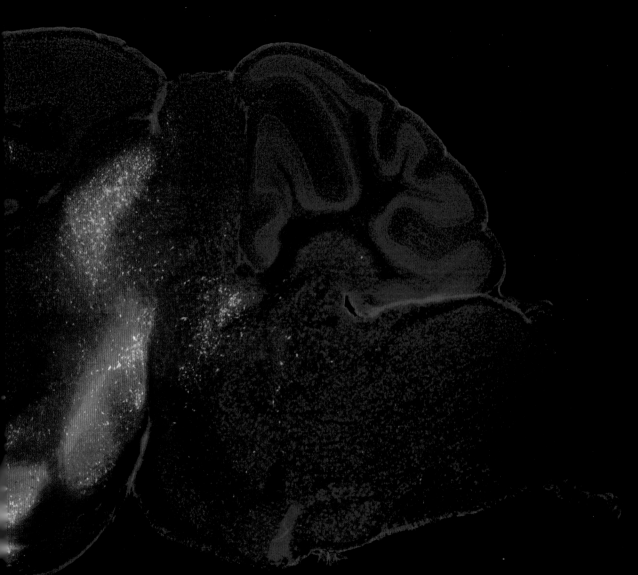

Auch im Gehirn von Mäusen existiert eine Belohnungsachse. In diesem seitlichen Querschnitt eines Mausgehirns erkennt man rechts oben die gewundenen Ausstülpungen des Kleinhirns. Am oberen linken Rand zieht sich die Zellschicht der Großhirnrinde entlang und formt links eine pfeilspitzartige Ausstülpung: den Riechkolben. Zellkerne sind in Blau gefärbt, in Grün Nervenzellen, die Dopamin-Neurone im Mittelhirn aktivieren. Grüne Zellen führen also dazu, dass das Mittelhirn seinerseits aktiv wird und über Dopamin weitere Bereiche des Belohnungszentrums aktiviert. In Rot ist eine andere Gruppe von Dopamin aktivierten Neuronen gezeigt. Diese sitzen jedoch nicht im Belohnungszentrum, sondern in der Substantia nigra, die ihrerseits wichtig für die Bewegungssteuerung ist. Fazit: Wie Dopamin wirkt (ob glücklichmachend oder bewegungssteuernd), kommt immer auf den Ort an, an dem es wirkt.

Schlaf

Ohne Pause auch beim Schlafen: das Gehirn

Warum wir schlafen müssen, ist immer noch nicht endgültig geklärt. Doch dass wir es tun müssen, ist jedem klar. So ist unser gesamtes Leben einem Schlaf-Wach-Rhythmus unterworfen, der sich grob an der Helligkeit orientiert.

Die Steuerung dieses Rhythmus wird vom Hypothalamus (↓) übernommen. Damit dieser auch weiß, ob es Schlafenszeit ist, wird er über eine Nervenverbindung direkt mit Lichtinformationen von den Sinneszellen im Auge versorgt. Der entsprechende Nervenkern liegt dabei direkt über der Sehnervkreuzung (↓) und trägt daher den passenden Namen *Nucleus suprachiasmaticus* (lat. und griech. für „Kern, der über der Kreuzung liegt"). Er funktioniert quasi wie eine übergeordnete innere Uhr, die die anderen Hirnregionen in ihrem Rhythmus synchronisiert. Er sagt zwar nicht genau, wann man einschlafen soll, sondern sorgt vielmehr dafür, dass die dafür notwendigen Prozesse im Gehirn aufeinander abgestimmt werden.

Wenn das dafür notwendige Dämmerungssignal ausfällt (z. B. weil man von forschenden Neurobiologen in einem Untersuchungslabor untergebracht wird, in dem permanent das Licht brennt), ist das jedoch kein großes Problem. Unsere Körperfunktionen unterliegen einem eingebauten Rhythmus, der etwa 25 Stunden beträgt. Weil das etwas mehr als ein Tag ist, spricht man auch vom *circadianen* (lat. für „circa ein Tag") Rhythmus.

Das eigentliche Signal für den Einschlafprozess geht allerdings nicht vom Hypothalamus, sondern vom verlängerten Mark (↓) aus. Dort existiert eine verstreute Anordnung von Nervenzellen in der sogenannten Netzwerkformation (lat. *Formatio reticularis*). Die Netzwerkformation versorgt das Großhirn mit einem permanenten Strom an aktivierenden Nervenimpulsen.

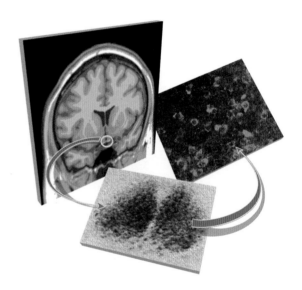

Die wichtigste Steuereinheit unseres Schlaf-Wach-Rhythmus im Gehirn ist der Nucleus suprachiasmaticus, quasi der zentrale Taktgeber, der direkt über der Sehnervkreuzung in der Mitte des Gehirns liegt (im MRT-Bild links eingekreist). Dieser Nervenkern setzt sich wiederum aus vielen einzelnen Nervenzellen zusammen, wie man auf dem mittleren Bild erkennt (jeder blaue Punkt ist eine Nervenzelle). In noch größerer Vergrößerung erkennt man in Grün gefärbt die einzelnen Nervenzellen dieser Hirnregion, die besonders gut mit anderen Hirnbereichen vernetzt ist, um diese tageszeitabhängig zu steuern.

Hypothalamus → S. 54
Sehnervkreuzung → S. 152
verlängertes Mark → S. 63
Abb. unten rechts: Dr Michael Hastings, Division of Neurobiology, Medical Research Council, UK, Paul Margiotta, Visual Aids, Medical Research Council, UK

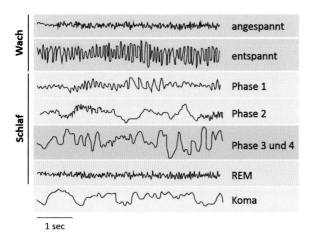

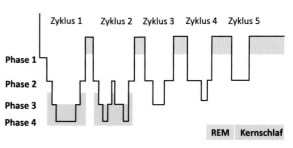

Während der Nacht schlafen wir unterschiedlich tief. Je nach Art der Hirnaktivität befinden wir uns in tiefen Schlafstadien oder träumen in REM-Schlafphasen. Überlebenswichtig sind die ersten zwei bis drei Zyklen des Wechsels von REM-Schlaf und tiefen Schlafstadien, der sogenannte Kernschlaf.

Eine Methode, um unterschiedliche Schlaftiefen zu unterteilen, nutzt das Auslesen der Hirnwellen in einem EEG (↓). Gemessen wird also, wie sich Nervenzellen in ihrer Aktivität synchronisieren. Je konzentrierter wir sind (ganz oben), desto schneller wechseln die elektrischen Felder der Nervenzellen. Je tiefer wir schlafen, desto langsamer werden die Schwankungen. Im REM-Schlaf sind sie vergleichbar mit dem konzentrierten Wachsein, im Koma sind sie besonders langsam.

Wenn diese ständige Aktivierung jedoch nachlässt, schlafen wir ein. Aus diesem Grund ist die Netzwerkformation ein beliebtes Ziel für Schlafmittel, die in den Prozess der aktivierenden Nervenimpulse eingreifen.

Wenn wir einschlafen, beginnt das Gehirn sofort mit dem lebenswichtigen Kernschlaf. Dieser dauert etwa 4 Stunden und besteht aus einem periodischen Wechsel aus leichten und tiefen Schlafstadien. Jeder Schlafzyklus dauert dabei 60 bis 90 Minuten. Insgesamt kann man vier verschiedene Schlaftiefen unterscheiden, die man anhand der Synchronisierung der Nervenzellen im EEG (↓) auseinanderhält (Abb. oben links).

Typisch für jeden Schlafzyklus ist das Auftreten des REM-Schlafes (engl. für *rapid eye movement*) an des-

sen Ende. Der REM-Schlaf unterscheidet sich hinsichtlich der Hirnaktivität kaum vom Wachsein (daher auch die Bezeichnung „paradoxer Schlaf") und ist gekennzeichnet durch ein schnelles Hin- und Herbewegen der Augen (bis zu viermal pro Sekunde). Andererseits sind unsere restlichen Muskeln währenddessen nahezu komplett gehemmt. Die REM-Schlafphasen nehmen gegen Ende der Nacht auf bis zu 30 Minuten Länge zu. Dies ist die Zeit, in der wir besonders intensiv träumen.

Doch warum durchlaufen wir überhaupt die verschiedenen Schlafstadien während einer Nacht? Gegenwärtige Theorien gehen davon aus, dass es gerade der Wechsel aus tiefen und leichten Schlafstadien ist, der entscheidend an der Ausbildung des Gedächtnisses beteiligt ist. So schafft sich das Gehirn im Tiefschlaf einen reizfreien Raum, den es nutzt, um Informationen neu zu ordnen. Ohne ausreichend Schlaf fällt es uns daher schwer, neue Erinnerungen aufzubauen. Außerdem wirkt sich Schlafmangel auch auf die Stoffwechselfunktionen aus. Offenbar ist es wichtig, dass sich unser Körper im Schlaf erholen und regenerieren kann. Ein Grund mehr, ausreichend zu schlafen.

EEG (Elektroenzephalographie) → S. 316

Gedächtnis
Informationen speichern – und wieder vergessen

Eine der wichtigsten Leistungen des Gehirns ist seine Fähigkeit, neue Informationen zu lernen und dauerhaft abzuspeichern. Nur auf diese Weise ist es überhaupt möglich, Erinnerungen in einem Gedächtnis aufzubauen. Wie groß unser „Speicherplatz" im Gehirn genau ist, ist wissenschaftlich nicht abzuschätzen, denn das Gehirn speichert Informationen grundsätzlich anders als wir es aus der Computerwelt mit Festplatten und Speicherkarten kennen.

Es gibt eine Reihe von Möglichkeiten, unser Gedächtnissystem einzuteilen, doch zwei Eigenschaften des Gedächtnisses bieten sich für ein Ordnungsmodell an: was wir speichern und wie lange wir das tun.

Jede neue Information, die von den Sinnesorganen eintrifft, wird zunächst in einem sensorischen Ultrakurzzeitgedächtnis gespeichert (siehe Abb. rechts). Diese Speicherung dauert nur wenige Zehntelsekunden und ist notwendig, damit das Gehirn die Möglichkeit erhält, alle eintreffende Reize zu sichten. Das ist natürlich eine große Menge an Information, also wird ein Großteil schnell gelöscht und gelangt gar nicht erst in das Kurzzeitgedächtnis.

Dort wiederum werden Informationen für wenige Minuten aktiv gehalten und können verwendet werden, um im Langzeitgedächtnis gespeichert zu werden. Die Kapazität des Kurzzeitgedächtnisses ist begrenzt, es können nicht mehr als etwa sieben Informationseinheiten (sog. *„chunks"* wie Wörter oder Bilder) gespeichert werden.

Das Langzeitgedächtnis hat hingegen ein viel größeres Speichervermögen. Je nach Art des Gedächtnisinhaltes unterscheidet man dabei das *deklarative* vom *nicht-deklarativen* Gedächtnis. Während das deklarative Gedächtnis bewusste Informationen wie Fakten oder Ereignisse

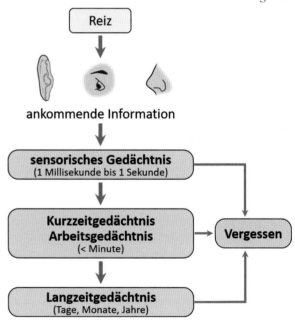

Klassischerweise unterteilt man das Gedächtnis in drei Bereiche, die sich hinsichtlich der Speicherdauer unterscheiden. Eintreffende Sinnesinformationen werden zunächst für weniger als eine Sekunde im sensorischen Gedächtnis gespeichert und, falls für wichtig befunden, ins Kurzzeitgedächtnis überführt. Dauerhaft werden Informationen hingegen im Langzeitgedächtnis der Großhirnrinde gespeichert. Genauso wichtig wie das langfristige Speichern ist jedoch auch das kontrollierte Vergessen. Nur so kann das Gehirn der Flut an Informationen Herr werden.

umfasst, speichern wir im nicht-deklarativen Gedächtnis Fertigkeiten oder Bewegungen. Ein Beispiel: Was ein Fahrrad ist, ist im deklarativen Gedächtnis abgelegt. Wie wir hingegen Fahrrad fahren, speichern wir im nicht-deklarativen Gedächtnis. Auch einfache Anpassungsreaktionen auf einen Reiz wie die sogenannte *Habituation* (eine Gewöhnungsform) werden im nicht-deklarativen Gedächtnis gespeichert: So erschrecken wir oft, wenn wir einen lauten Knall hören. Doch wenn wir den Knall kurz danach wieder und wieder hören, ist der Schreck viel geringer, wir haben uns daran gewöhnt.

An jeder Gedächtnisform ist eine andere Hirnregion beteiligt. Wir haben also kein separates „Gedächtniszentrum", sondern speichern Informationen immer in den Regionen ab, die auch bei dessen Erlernen beteiligt waren. Deswegen werden Bewegungsmuster häufig im Kleinhirn (↓) und im motorischen Cortex gespeichert. Der Hippocampus (↓) merkt sich hingegen Orte, die Schläfenlappen des Großhirns speichern Wörter und deren Bedeutungen. Überdies sind alle diese Regionen miteinander verbunden und sollten nicht als separate Gedächtnismodule gesehen werden. Wenn wir beispielsweise gerade das Fahrradfahren gelernt haben, ist im motorischen Cortex gespeichert, wie wir unsere Muskeln bewegen müssen, das Kleinhirn hat die Auge-Hand-Koordination gelernt, der Hippocampus „weiß", wo man am besten entlangfährt und in der Großhirnrinde stehen Informationen über die Art und Beschaffenheit des Fahrrads bereit.

Doch was wird überhaupt abgespeichert, wenn wir etwas in unserem Gedächtnis ablegen? Interessanterweise sind Informationen im Gehirn etwas anderes als in einem Computer. Wenn man sich auf einer Computerfestplatte etwas abspeichern will, braucht man dafür etwas, das man speichert (die Daten aus Nullen und Einsen) und einen Ort, wo man diese Daten ablegt. Man unterscheidet also zwischen Hard- und Software. Im Gehirn gibt es diese Trennung nicht. Denn jede Information, die man speichert, ist ein charakteristisches Aktivierungsmuster des Nervennetzwerks. Wann immer Sie an etwas denken, ist ihr Netzwerk auf eine ganz persönliche Art und Weise „aktiviert". Denken Sie an einen roten Apfel, dann zeigt ihr neuronales Netzwerk ein individuelles Aktivierungsmuster. So entsteht gewissermaßen ein persönlicher „Informationsabdruck" in Ihrem Nervennetzwerk. Das, was man abspeichert (das Aktivierungsmuster), und der Ort (das Netzwerk) sind also identisch. Insofern sind Hard- und Software im Gehirn ein und dasselbe.

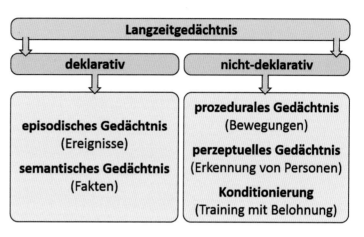

Das Langzeitgedächtnis unterteilt man in das deklarative Gedächtnis (auch explizites Gedächtnis genannt) und in das nicht-deklarative (das implizite) Gedächtnis. Deklarativ merken wir uns Fakten und Ereignisse, Dinge, an die wir uns bewusst erinnern können. Nicht-deklarativ speichern wir Bewegungen, Gesichter und unterbewusste Verhaltensweisen.

Kleinhirn → S. 58
Hippocampus → S. 44
Abb. nächste Seite: Dr. Angelos Skodras, German Centre for Neurodegenerative Diseases (DZNE) and Hertie Institute for clinical brain research, Department of Cellular Neurology, Tübingen

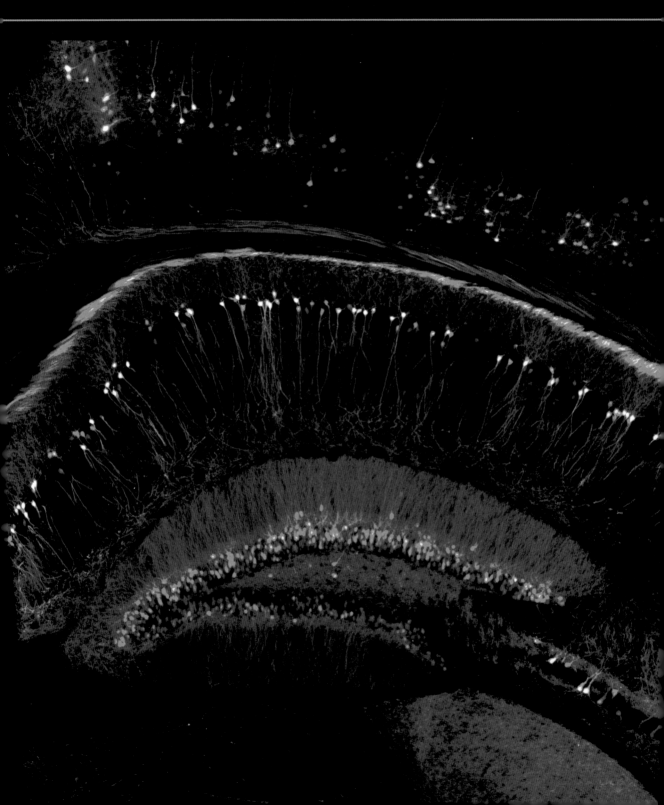

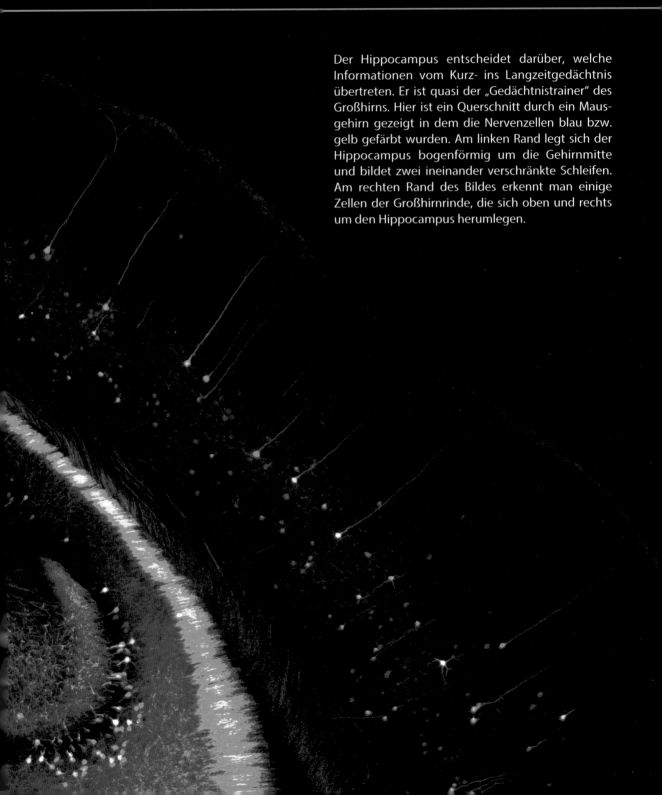

Der Hippocampus entscheidet darüber, welche Informationen vom Kurz- ins Langzeitgedächtnis übertreten. Er ist quasi der „Gedächtnistrainer" des Großhirns. Hier ist ein Querschnitt durch ein Mausgehirn gezeigt in dem die Nervenzellen blau bzw. gelb gefärbt wurden. Am linken Rand legt sich der Hippocampus bogenförmig um die Gehirnmitte und bildet zwei ineinander verschränkte Schleifen. Am rechten Rand des Bildes erkennt man einige Zellen der Großhirnrinde, die sich oben und rechts um den Hippocampus herumlegen.

Lernen und Plastizität
Warum das Gehirn niemals fertig ist

Erinnerungen werden im gesamten Gehirn gespeichert und nicht in einem bestimmten Gedächtnismodul. Doch wie gelangen die Informationen überhaupt dorthin und wie werden sie langfristig gesichert?

Das Gehirn muss einen komplizierten Spagat schaffen: Auf der einen Seite sollte es dauerhafte Strukturen ausbilden, damit gespeicherte Informationen nicht verloren gehen. Auf der anderen Seite muss es dennoch dynamisch und anpassungsfähig genug sein, um neue Informationen aufnehmen zu können. Man spricht von der „Plastizität des Gehirns", der Fähigkeit, ständig formbar zu sein, um sich neuen Eindrücken anzupassen. Man stelle sich das Gehirn deswegen niemals als fertiges Organ vor, das eine ganz bestimmte Struktur sein Leben lang aufrechterhält (wie beispielsweise das Herz oder die Lunge). Das Gehirn verändert nämlich seine feine Architektur zwischen den Nervenzellen permanent, und das ist auch der Grund dafür, dass wir Neues lernen können.

Jede neue Information, jeder Sinneseindruck sorgt in unserem Gehirn dafür, dass die Nervenzellen auf eine ganz bestimmte Art erregt werden. Wenn viele Millionen Nervenzellen in einem Netzwerk ein solches Aktivitätsmuster erzeugen, dann ist genau dieses Muster der Gedanke, den wir gerade denken. Informationen sind also die Art und Weise, wie ein Nervennetzwerk aktiv ist. Bei einem solchen Aktivitätsmuster sind manche Zellen mehr, manche weniger beteiligt. Die Verbindungen zwischen den Nervenzellen werden nun so angepasst, dass das Aktivitätsmuster beim nächsten Mal leichter ausgelöst werden kann. Das nennt man Lernen.

Die biologische Grundlage dafür ist die Fähigkeit der Synapsen (↓), auf ihre eigene Aktivierung zu reagieren. Wird eine Synapse häufig aktiviert, passt sie ihre Struktur an, wird größer, robuster und schüttet bei der nächsten Aktivierung mehr Botenstoffe aus. Auf diese Weise werden Synapsen durch Benutzung leitungsfähiger. Umgekehrt können Synapsen auch verschwinden, wenn sie nicht genügend aktiviert werden. Durch diese zwei

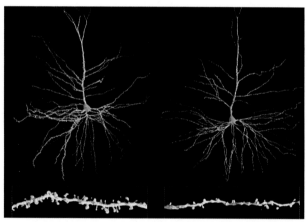

Nervenzellen sind niemals fertig, sondern passen sich immer an. Links ist eine noch junge Nervenzelle gezeigt. Sie hat noch viele Fasern (oben links) und zahlreiche Kontaktstellen entlang einer solchen Faser (unten links). Dadurch kann sie auf viele Reize reagieren, die wichtigen Strukturen ausbauen, die unwichtigen entsorgen. Im Laufe der Zeit entwickelt sich eine gereifte Nervenzelle (rechts). Diese hat weniger Fasern und weniger Kontaktstellen zu anderen Zellen, lernt deswegen nicht mehr ganz so gut wie in jungen Jahren.

Synapse → S. 110

Abb. unten rechts: Nachdruck mit freundlicher Genehmigung von Macmillan Publishers Ltd: Nature Reviews Neuroscience, The ageing cortical synapse: hallmarks and implications for cognitive decline, John H. Morrison und Mark G. Baxter, Copyright 2012

Mechanismen hat das Netzwerk die Möglichkeit, sich ständig zu optimieren, um Informationen bestmöglich (aber niemals perfekt) zu verarbeiten.

Um Neues zu lernen, müssen also Aktivitätsmuster im Gehirn möglichst oft wiederholt werden, damit die Strukturen im Nervennetzwerk auch die Möglichkeit bekommen, sich entsprechend der Aktivierung zu verändern. Das ist ein aufwendiger Prozess, der glücklicherweise von einer Struktur im Unterbewusstsein übernommen wird: dem Hippocampus (↓). Der Hippocampus fungiert wie eine Art „Trainer des Großhirns" und entscheidet, welche Informationen aus dem Kurzzeitspeicher in das Langzeitgedächtnis (im Großhirn) übertreten dürfen.

Wie eine Art Puffer speichert der Hippocampus eintreffende Informationen (also Aktivitätsmuster in seinem Netzwerk). Überwiegend während wir schlafen, holt er diese Informationen hervor und präsentiert

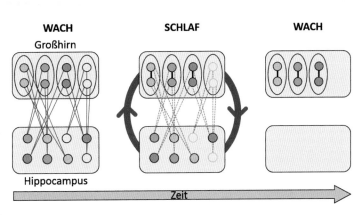

Der Hippocampus ist der Gedächtnistrainer des Großhirns: Wenn wir wach sind, werden viele Aktivitätsmuster im Nervennetzwerk des Großhirns (oben) erzeugt (z. B. die gelben, grünen oder blauen Zellen aktiviert). Der Hippocampus (unten) registriert diese Erregung und reaktiviert die aktivsten Zellen des Tages während der Nacht noch einmal (die gelben, grünen und blauen Zellen). Diese Zellen verstärken daraufhin ihre Verbindung untereinander (ganz oben rechts), sodass das Aktivierungsmuster das nächste Mal leichter ausgelöst werden kann. Das System hat gelernt. Werden Zellen jedoch nicht genügend benutzt (z. B. die weißen Zellen), sterben sie auf Dauer ab.

sie dem Großhirn. Durch diese ständige Wiederholung der Aktivitätsmuster bekommt das Großhirn somit die Möglichkeit, seine eigenen Netzwerkstrukturen so anzupassen, dass das Aktivitätsmuster das nächste Mal leichter ausgelöst werden kann. Explizite Gedächtnisinhalte können auf diese Weise also dauerhaft in der Architektur des Nervennetzwerks gespeichert werden.

Das Gehirn ist vor allem in den frühen Entwicklungsphasen ein äußerst plastisches Organ. In der Abbildung links ist ein Extremfall dieser Plastizität gezeigt: Die Person wurde mit nur einer Hirnhälfte geboren. Schon während der Embryonalentwicklung hat daher die übrige Hirnhälfte Funktionen übernommen, die normalerweise in der anderen Gehirnhälfte liegen. So werden beispielsweise Sehprozesse im nackenseitigen Hirnbereich verarbeitet, die sonst zwischen den beiden Hirnhälften aufgeteilt werden. Diese Sehareale sind in dieser Abbildung in Rot und Blau gezeigt und ermöglichen es der Patientin beidseitig zu sehen. Wäre die eine Hirnhälfte später im Leben verletzt worden, wäre sie halbseitig blind. Die Plastizität in der Embryonalentwicklung hat das verhindert.

Hippocampus → S. 44
Abb. unten links: Bilateral visual field maps in a patient with only one hemisphere, PNAS, Band 106 (31), 13034–13039, 2009, mit freundlicher Genehmigung von Lars Muckli, Marcus J. Naumer und Wolf Singer

Fast Mapping
Wenn es "Klick" macht

Sie können neue Sachen lernen. Das ist kein Problem und erfordert lediglich ausreichend Zeit und etwas Übung. Wenn Sie bestimmte Tätigkeiten oft wiederholen, sich Vokabeln immer und immer wieder einprägen oder neue Bewegungen gut trainieren, haben Sie es irgendwann gelernt. Diese Vorgänge sind gut erforscht und erfordern vor allem die Tätigkeit des Hippocampus (↓). Dieser arbeitet wie ein Zwischenspeicher, der neue Informationen priorisiert und konsolidiert. Deswegen stellt man bei Lernprozessen immer fest, dass die gelernten Inhalte nach einer Runde Schlaf besser behalten werden.

Doch wenn wir nur auf diese Weise Neues lernen würden, wären wir ziemlich langsam und wenig anpassungsfähig. Jeder Lernprozess ein aufwendiges Wiederholen und Einüben? So kämen wir geistig nie voran. Schließlich lernen zweieinhalbjährige Kinder über fünf neue Wörter pro Tag — und behalten diese anschließend ein Leben lang. So gut kann gar kein Vokabeltraining

unter Mitwirkung des Hippocampus sein. Das Gehirn muss noch einen weiteren Trick auf Lager haben.

Wenn Sie etwas lernen, können Sie es anschließend auch ver-lernen. Doch wenn Sie etwas verstanden haben, können Sie es anschließend nicht ent-verstehen. Denn sie haben auf Anhieb kapiert, um was es geht. Das machen nicht nur kleine Kinder, sondern auch Erwachsene ständig. Auf diese Weise verstehen wir beim ersten Mal, was mit neuen

Merk dir die „Kafei"!   **Welches ist die „Kafei"?**

Es gibt unterschiedliche Techniken zur Informationsaufnahme. Links: Klassisches Lernen, bei dem man sich ein Objekt immer und immer wieder anschaut. Rechts: Fast Mapping, bei dem man verschiedene Objekte einmal nebeneinander präsentiert. Das Kunstwort "Kafei" wird dabei beim ersten Mal mit der ungewöhnlichen Frucht verknüpft und dadurch behalten.

Hippocampus → S. 44

Abb. unten rechts: Nachdruck mit freundlicher Genehmigung von Macmillan Publishers Ltd: Nature Reviews Neuroscience, The ageing cortical synapse: hallmarks and implications for cognitive decline, John H. Morrison und Mark G. Baxter, Copyright 2012

Kunstwörtern gemeint sein könnte, obwohl man sie vorher noch nie gehört hat. Denn was sich hinter Begriffen wie „Brexit", „Teuro", „Flexitarier" oder „Selfie" verbirgt, das mussten wir nicht ständig wiederholen, sondern haben es beim ersten Mal begriffen.

Diese Form des Lernens bei einmaligem Kontakt nennt man in der Wissenschaft *„Fast Mapping"*, also die schnelle Abbildung. Denn genau das passiert auch im Gehirn: In kürzester Zeit (nämlich wenigen Sekunden) bildet das Gehirn eine neue Information inhaltlich in den Sprachnetzwerken ab. Dabei zeigt sich, dass die klassischen Lernrouten über den Hippocampus umgangen werden. Fast Mapping funktioniert sofort und so Aufgenommenes wird nicht erst nach einer Nacht Schlaf besser behalten. Für diesen Hippocampus-unabhängigen Vorgang werden vielmehr die Regionen

genutzt, die die Bedeutung eines neuen Wortes sofort erfassen. In der Neuropsychologie spricht man davon, dass die semantischen Netzwerke unmittelbar aktiviert werden. Umgangssprachlich würde man sagen, es hat „Klick" gemacht.

Es gibt verschiedene Theorien darüber, wie das Gehirn genau dabei vorgeht, wenn es bei einmaligem Kontakt ein neues Wort oder einen neuen Begriff versteht. Woher weiß ein Kind beispielsweise, wenn es eine Banane sieht, dass der Begriff „krumm" auf die Form, nicht aber auf die Größe, die Farbe oder den Geschmack bezogen ist? Sehr wahrscheinlich achten wir in solchen Situationen nicht nur auf die Banane an sich, sondern auch darauf, inwiefern sie sich von anderen Objekten unterscheidet. Ein neuer Begriff bekommt schließlich auch dadurch seine Bedeutung, dass er gegen etwas anderes abgrenzt wird. Da Menschen prinzipiell an solchen Unterschieden interessiert sind, könnte es sein, dass wir dadurch besonders schnell Wörter in einen Kontext einbetten und verstehen können.

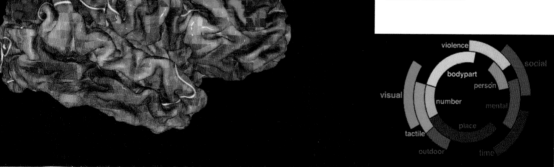

Im Gehirn werden Wortbedeutungen in sogenannten semantischen Netzwerken verarbeitet. Hier ist links die schematische Aufnahme eines Gehirns gezeigt, in dem farblich die Netzwerke markiert sind, die für die Verarbeitung unterschiedlicher Bedeutungsgruppen zuständig sind (rechts gezeigt). Man erkennt, wie weit verzweigt die Verarbeitung von Wortbedeutungen im Gehirn ist.

Abb. unten: http://gallantlab.org/huth2016/; Prof. Jack Gallant, Dr. Alexander Huth, Helen Wills Neuroscience Institute, University of California, Berkeley

Grammatisches Denken
Die Zusammenhänge erfassen

Stellen Sie sich vor, Sie möchten eine Tasse auf einem Tisch hochheben. Eine einfache Aufgabe, wie es scheint – und doch muss das Gehirn in einem solchen Moment zwei wichtige kognitive Aufgaben leisten: Zum einen muss es wissen, was eine Tasse ist, es muss die Bedeutung, die Semantik, der Tasse erkennen, sonst zielt es womöglich auf einen Teller statt die Tasse. Zum anderen muss es den Ort der Tasse erfassen, also wissen, wo die Tasse ist.

Dieses grundlegende Prinzip steckt hinter vielen kognitiven Aufgaben unseres Lebens. Erst durch das Zusammenwirken von Bedeutungsebene und Zusammenhang können wir uns zurechtfinden. Die Semantik begreifen wir mitunter sehr schnell (siehe vorheriges Kapitel), doch auch die Zusammenhänge, die Grammatik unserer Umwelt ist wichtig, um korrekte Handlungen zu planen.

Das Gehirn erfasst sehr zügig, ob Dinge zueinander passen und die Ordnung zwischen ihnen stimmt. Kommt es zu einer Abweichung, reagiert das Gehirn irritiert – mit einem Ablehnungssignal. Dieses Signal kann man per EEG (↓) messen, es gehört zu den bekanntesten überhaupt: das N400-Signal.

"Morgens trinke ich gerne eine Tasse Käse." Etwa 400 Millisekunden nachdem Sie diesen Satz gelesen haben, reagiert das Gehirn mit einem der in der Wissenschaft bekanntesten EEG-Signale: dem N400-Signal. Das elektrische Potential fällt dabei ab und pendelt sich nach einer Sekunde wieder auf die Ausgangslage ein. Bevor Ihnen bewusst geworden ist, dass mit dem Satz etwas nicht stimmt, hat es im Gehirn schon einen grammatikalischen Aufschrei gegeben, gewissermaßen die neurobiologische Form von Irritation.

Stellen Sie sich vor, Sie lesen folgenden Satz: Morgens trinke ich gerne eine Tasse Käse. Verwundert fragen Sie sich, wie man Käse trinken kann. Denn obwohl der Begriff „Käse" inhaltlich einwandfrei ist, passt er doch nicht zu den ihn umgebenden Begriffen im Satzbau. Das Gehirn baut durch die Wörter im Umfeld also eine Erwartungshaltung auf (wir vermuten, dass man morgens eine Tasse Kaffee trinkt), doch diese wird gebrochen. Keine

EEG → S. 282

400 Millisekunden nachdem wir den überraschenden Begriff „Käse" gelesen haben, kommt es schon zu dieser irritierten Antwort des Gehirns: einem negativen Ausschlag beim Auslesen der elektrischen Aktivität der Nervenzellen (deswegen N400).

Dieser Vorgang zeigt gewissermaßen neurophysiologisch, dass auch das Gehirn zwischen der Wortbedeutung und der Grammatik trennt. Nur im beiderseitigen Zusammenspiel haben sie einen Sinn. Das gilt jedoch nicht nur für Sprache, sondern auch für alle Objekte in unserer Umwelt. Eine Kaffeetasse auf einem Tisch ist semantisch genauso korrekt wie eine Luftpumpe. Doch wenn eine Luftpumpe auf einem Küchentisch steht, schauen wir genauer hin, weil die Grammatik des Raumes gestört wird.

Umgekehrt gilt genauso: Da wir ein grammatikalisches Konzept unserer Umwelt aufbauen, können wir uns auch in neuen, aber unbekannten Orten zurechtfinden. Sind wir beispielsweise in einem fremden Arbeitszimmer und suchen einen Laptop, schauen wir womöglich zuerst auf dem Schreibtisch nach, zuletzt vielleicht auf dem Fensterbrett. Und wenn wir einen Raum betreten, haben wir schon eine geistige Erwartungshaltung im Kopf: In einem Arbeitszimmer erwarten wir einen Schreibtisch mit Bürostuhl und Regale an der Wand. Sitzt auf einmal ein Teddy auf dem Chefsessel, sind wir irritiert.

Das zeigt auch: Unsere Umwelt wirkt sich auf unser Denken aus. Das kennt jeder, der schon mal von einem Raum in einen anderen gegangen ist und vergaß, was er eigentlich wollte. Vielleicht hat ihn die Grammatik des neuen Raumes dazu verleitet, neue Bedeutungsschwerpunkte zu setzen und plötzlich ist nicht mehr so wichtig, was vorher war. Denn wo wir denken wirkt sich darauf aus, wie wir denken.

Wir ordnen unsere Umgebung nach grammatikalischen Prinzipien. Sollen Probanden in einem ihnen unbekannten Zimmer nach Objekten suchen, tun sie das daher nach einem typischen Schema. Links sollte nach einem Laptop gesucht werden, rechts nach einem Teddy. Obwohl beide Objekte nicht im Bild waren, konzentrierten sich die Probanden doch auf die üblichen Orte, wo diese Objekte liegen (Teddy auf dem Bett, Laptop auf dem Schreibtisch). Die Färbung gibt an, wie lange die Probanden auf verschiedene Positionen geschaut haben, je röter, desto länger.

Abb. unten: Prof. Melissa Võ, Scene Grammar Lab, Department of Cognitive Psychology, Goethe Universität Frankfurt

Intelligenz
Das Geheimnis schnellen Denkens

Intelligenz ist nichts, was man einfach so in der Natur finden und messen kann (wie z. B. die Geschwindigkeit eines Autos oder die Körpergröße). Denn Intelligenz ist eine relative Größe und statistisch definiert. Wenn Sie in einem Test Ihren Intelligenzquotienten ermitteln, messen Sie daher nicht, wie gut Sie absolut denken, sondern immer den Vergleich zu anderen Testpersonen des gleichen Tests. Aus diesem Grund muss man für einen IQ-Test eine genügend große Menge an Menschen untersuchen und deren mittleres Testergebnis einfach auf den Wert 100 normieren. Wenn Sie einen IQ von 130 haben, bedeutet das, dass Sie im Test besser abschneiden als knapp 98 Prozent der anderen Teilnehmer – mehr nicht.

In einem guten IQ-Test untersucht man immer eine Vielzahl an geistigen Fähigkeiten. Mal muss man Rechenaufgaben lösen, dann ein Logikrätsel oder einen Sprachtest. Das hat auch einen guten Grund, denn oftmals stellt man fest, dass die Ergebnisse zwischen den Aufgaben (so verschieden sie auch sein mögen) zusammenhängen: Sie *korrelieren*. Denn Intelligenz ist eine übergeordnete mentale Fähigkeit, um Probleme zu lösen und keine Sonderbegabung für eine konkrete Aufgabe.

Was muss ein intelligentes Gehirn mitbringen, um in einem IQ-Test gut abzuschneiden? Wer vermutet, dass

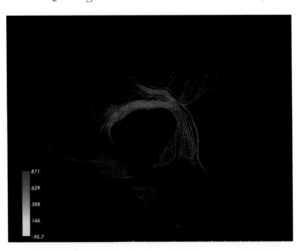

Intelligente Gehirne verknüpfen die wichtigen Hirnregionen besonders effizient miteinander. Entscheidend scheinen die hinteren und vorderen Hirnregionen zu sein, die zum einen eine Denkaufgabe erkennen und kategorisieren bzw. schließlich lösen können. Der Fasciculus arcuatus ist dabei nicht nur ein wichtiges Faserbündel, das die Sprachzentren (↓) verknüpft, sondern dient auch als wichtige Datenleitung zwischen eben jenen hinteren und vorderen Hirnbereichen.

Diese MRT-Aufnahme macht selektiv die Fasern der Sprachregionen des Gehirns sichtbar. Man erkennt, wie sie sich bogenförmig zu einem dichten Faserbündel zusammenfinden: dem Fasciculus arcuatus. Dieser Faserstrang scheint eine wichtige Rolle zu spielen, um die hinteren und vorderen Hirnregionen im Gehirn zu verbinden – eine wichtige anatomische Voraussetzung für Intelligenz.

Sprachzentren → S. 188
Abb. unten rechts: Prof. Dr. Klaus Scheffler, Prof. Dr. Wolfgang Grodd, Max Planck Institut für biologische Kybernetik

intelligente Gehirne ganz besonders aktiv sind, wenn sie eine Denkaufgabe lösen, sieht sich getäuscht. Denn tatsächlich setzen intelligente Gehirne weniger Energie um als durchschnittlich intelligente. Dies erklärt man mit Hilfe des *neuronalen Effizienzmodells*: Nach dieser Theorie ist Intelligenz die Fähigkeit, seine Denkprozesse soweit zu optimieren, dass sich das Gehirn nicht mit unnötiger Denkarbeit aufhalten muss. So misst man in der Tat, dass die Hirnaktivität bei intelligenten Personen bei mittelschweren Aufgaben geringer ist als bei weniger Intelligenten. Im Laufe der Zeit haben ihre Nervennetzwerke gelernt, nur die nötigsten Verbindungen zu aktivieren und lösen die Aufgaben quasi im Autopilotenmodus. Erst bei schweren Aufgaben steigt die Aktivität auch in anderen Hirnbereichen an – und die Intelligenten zünden ihren Denkturbo.

Neben einer energieoptimierten Architektur der Nervennetzwerke ist überdies wichtig, dass die an einer Problemlösung beteiligten Hirnregionen auch gut und ohne Umwege miteinander verknüpft sind. Für eine intelligente Lösung ist es dabei besonders wichtig, die seitlichen und hinteren mit den vorderen Hirnbereichen ausgiebig zu verbinden. Schließlich sind die hinteren und seitlichen Hirnlappen oft daran beteiligt, eine Sinnesinformation zu interpretieren (also den Inhalt einer IQ-Testaufgabe zu erkennen), während die vorderen Hirnregionen bekanntes Wissen zu einer Lösung neu kombinieren können. Über ein wichtiges Faserbündel, den *Fasciculus arcuatus*, sind diese Hirnregionen miteinander verbunden und wirken auf diese Weise an der Entstehung von Intelligenz zusammen.

Dieses Modell, das man etwas sperrig als *parieto-frontale Integrationstheorie* (also seitlich-vordere Zusammenführungstheorie) bezeichnet, ist das derzeit beste, um die anatomische Grundlage eines intelligenten Ge-

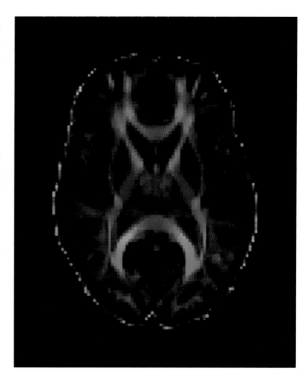

Auch wenn es kein „Intelligenz-Gen" gibt, liegt eine Ursache für intelligentes Denken in der Tat in der Anatomie des Gehirns: Je stärker (also leistungsfähiger und effizienter) die Verbindungen zwischen den Hirnregionen sind, desto besser für intelligentes Denken. Diese Aufnahme zeigt ein Gehirn in der Aufsicht, die wichtigsten Faserverläufe sind farblich markiert. Grüne Fasern verbinden vordere und hintere Hirnregionen und sind für Intelligenz genauso wichtig wie rote Fasern (verknüpfen rechts und links).

hirns zu erklären. In dieser Form wäre Intelligenz das Ergebnis eines Optimierungsprozesses, bei dem die wirklich wichtigen Hirnregionen besonders gut miteinander verknüpft sind. Insofern gibt es auch kein „Intelligenzmodul" im Gehirn. Intelligenz ist vielmehr die Art und Weise, wie das Nervennetzwerk an sich funktioniert: schnell, direkt und energiesparend.

Abb. oben rechts: Prof. Dr. Klaus Scheffler, Prof. Dr. Wolfgang Grodd, Max Planck Institut für biologische Kybernetik

Kreativität
Wie wir auf unmögliche Ideen kommen

Die Königsdisziplin unseres Denkens ist die Kreativität. Denn Gehirne sind bis heute die einzigen Systeme, die neuartige Gedanken und kreative Ideen hervorbringen können. Damit sind Gehirne gängigen Computerprogrammen bei weitem überlegen, und werden es auch noch einige Zeit bleiben.

Interessanterweise steckt die Kreativitätsforschung noch immer in den Kinderschuhen. Das liegt auch daran, dass sich Kreativität recht schwer methodisch untersuchen lässt. Intelligenz zu messen, ist relativ einfach. Man benötigt nur einen möglichst vielfältigen Test mentaler Aufgaben und eine genügend große Testgruppe. Der Rest ist Vergleichen: Der Beste erhält immer die beste Note, den höchsten IQ ($\downarrow$).

Doch im Falle der Kreativität kann man die Güte neuer Ideen nur schwer messbar machen und vergleichen. Denn wie definiert man eine besonders „kreative Idee"? In Kreativitätstests misst man daher zum einen den Ideenfluss der Teilnehmer (wie viele Ideen hervorgebracht wurden) und lässt zum anderen die Originalität der einzelnen Ideen (was wurde hervorgebracht) von dritten Personen bewerten. Hier sieht man schon: Kreativität liegt im Auge des Betrachters und lässt sich nur schwer objektiv beurteilen.

	Vorgabe	Lösung	
		kreativ	nicht so kreativ
Produzieren	○	lustiges Maus-Gesicht	Kette
Kombinieren	▯ ∘ ⊿	König	Gesicht
Vervollständigen	⊔ ∘	Fisch will weg	Kochtopf

Kreativität zu messen ist immer noch nicht ganz einfach. Ein typischer Kreativitätstest ist hier abgebildet: ein sogenannter Torrance-Test für divergentes Denken. Die Aufgabe ist jeweils einfach: Stellen Sie mit der Vorgabe an, was Sie wollen, produzieren Sie etwas Neues, kombinieren Sie die Dinge oder vervollständigen Sie sie. Anschließend misst man zum einen den Ideenfluss (die Anzahl der Ideen), zum anderen die Originalität der Ergebnisse (wie ungewöhnlich sie sind), indem man sie von dritten Personen begutachten lässt. Hier sieht man schon: Kreativität ist nur schwer objektiv zu ermitteln und liegt üblicherweise im Auge des Betrachters.

In der Kreativitätsforschung untersucht man verschiedene Teilbereiche kreativen Denkens. Manche Experimente konzentrieren sich dabei zum Beispiel auf einen künstlerischen Schaffensprozess, das also, was viele auf den ersten Blick mit „Kreativität" verbinden. So

Intelligenz → S. 216

kann man die Hirnaktivität von Musikern oder Malern untersuchen, während sie in ihrer Kunst besonders ausgiebig improvisieren. Dabei stellt man fest, dass es im Gehirn kein Kreativitätszentrum gibt. Auch das Märchen von der „kreativen" oder „phantasievollen" rechten Gehirnhälfte entpuppt sich als Irrtum. Wir aktivieren vielmehr immer genau die Regionen, die für die kreative Aufgabe benötigt werden. Das können motorische Zentren im Kleinhirn genauso sein wie Sprachzentren in der Großhirnrinde.

Doch was passiert nun im Gehirn, wenn wir stundenlang über einer Aufgabe brüten und plötzlich den rettenden Einfall, den Geistesblitz haben? Dies untersucht man mit sogenannten „Einsichts-Experimenten" (engl. *insight experiments*). Eine typische Aufgabe könnte sein, dass die Probanden die Aufgabe bekommen, eine Zahlenreihe sinnvoll zu ergänzen: 1, 1, 2, 3, 5, 8, ? Nun gibt es zwei Möglichkeiten, ein solches Problem zu lösen: Man setzt sich vor die Aufgabe, grübelt und rechnet nach, bis man auf die Lösung kommt. Dieses Vorgehen wird dann erfolgreich sein, wenn wir schnell und effizient denken können, also intelligent sind. In der Psychologie kennt man diesen Vorgang unter dem Begriff des „konvergenten Denkens", man führt also viele Informationen konzentriert zusammen. Doch es gibt noch eine andere Möglichkeit: Man schaut sich die Zahlen an und schweift dann mit seinen Gedanken ab. In manchen Fällen kommt dann die Lösung „wie aus heiterem Himmel" als kreative Eingebung in den Sinn. Man nennt dies „divergentes Denken", bei dem man abschweifende Gedanken zusammenfasst.

Gegenwärtig stellt man sich vor, dass das Gehirn zu-nächst eine Problemstellung erkennen und annehmen muss. Kreativität ist insofern ein Problemlösungsverfahren, bei dem das Gehirn einen unkonventionellen Weg geht. Anstatt nacheinander die Aufgabe bewusst „durchzurechnen", verteilt das Gehirn die Problemstellung unterbewusst auf verschiedene Hirnbereiche, die ihrerseits Lösungsvorschläge ausarbeiten und zum Stirnhirn schicken. Dort werden die eintreffenden Lösungsmöglichkeiten gesammelt und mit der Problemstellung verglichen. Bewusst wird uns ein neuer Gedanke erst, wenn er das Problem zumindest in Teilen löst. Dies scheint umso leichter zu geschehen, wenn wir abgelenkt und entspannt sind. Dann kann das Gehirn auch unkonventionelle Informationen zu einer möglichen Lösung kombinieren – ein Grund dafür, weshalb so viele Ideen bei alltäglichen Routinetätigkeiten wie Autofahren oder Duschen entstehen.

Kreativität entsteht also durch einen Wechsel von konvergentem und divergentem Denken: Manchmal ist es wichtig, sich auf eine Aufgabe zu konzentrieren und mögliche Lösungen auszusortieren, ein anderes Mal müssen wir freier assoziieren, um überhaupt auf neue Gedanken zu kommen.

Neue Gedanken werden in unserem Gehirn dabei permanent erzeugt: Wenn wir sprechen, erzeugen wir beispielsweise ständig neue, bisher nie gesprochene Kombinationen von Wörtern (↓). Offenbar liegt die Kunst im kreativen Denken darin, aus der Flut an möglichen neuen Ideen nur diejenigen auszuwählen, die auch zum Problem passen. Doch wie das genau passiert, bleibt immer noch ein Rätsel.

Sprache → S. 188

Synästhesie
Farben hören, Töne schmecken

Welche Farbe hat die Zahl „7"? Wie schmeckt ein tiefer Brummton? Können Sie hören, wie sich ein Kratzen anfühlt?

Normalerweise laufen unsere Sinnesempfindungen getrennt voneinander ab. Denn die eintreffenden Sinnesreize werden in unserem Gehirn separat voneinander bearbeitet, sodass wir Töne hören und Farben sehen. Doch bei sogenannten *Synästhetikern* ist das anders: Manche von ihnen fühlen tatsächlich Töne oder empfinden Farben, wenn sie Zahlen sehen. Vom griechischen Wort für „gemeinsame Empfindung" (*synaisthesis*) nennt man dieses Phänomen daher *Synästhesie*.

Ordnen Sie diesen beiden Objekten einen passenden Namen zu. Sie dürfen wählen aus „Bouba" und „Kiki". Unabhängig von ihrem Kulturkreis bezeichnen Menschen die stachelige Figur eher mit „Kiki", den runden Fleck mit „Bouba". Nach dem „Charakter" der Figuren gefragt, sagen Menschen kulturübergreifend, Kiki sei eher aufgeregt und nervös, Bouba eher gemütlich und langsam.

Dass sich Sinneswahrnehmungen überschneiden, tritt auch bei Personen auf, die keine ausgesprochene Synästhesie-Fähigkeit haben. Viele fühlen regelrecht den Ton, wenn jemand mit spitzen Fingernägeln über eine Tafel kratzt. Ein solcher einfacher Fall von Synästhesie lässt sich gut dadurch erklären, dass ein bestimmter Sinnesreiz (z. B. das Kratzen auf der Tafel) nicht nur die Bereiche im Gehirn aktiviert, die für das Hören zuständig sind, sondern auch benachbarte Regionen, die Tastempfindungen verarbeiten. Ein Reiz löst gewissermaßen zwei unterschiedliche Empfindungen aus, die sich überschneiden.

Das erklärt jedoch nicht das Phänomen, das ausgeprägte Synästhetiker zeigen: Sie haben eine ganz individuelle Kombination verschiedener Empfindungskonzepte, die oft ein Leben lang andauert. Synästhetiker verschmelzen dabei zwei konkrete Empfindungen – und

zwar nur diese. So gibt es Synästhetiker, die Farben von Buchstaben „sehen", andere „spüren" jedoch, wie sich die Buchstaben anfühlen (Buchstabe „A" zum Beispiel pelzig, das „B" glatt).

Die aktuelle Forschung geht dabei gar nicht davon aus, dass in Synästhetiker-Gehirnen Sinnesempfindungen miteinander verknüpft werden, indem ein Reiz automatisch zwei Hirnregionen für unterschiedliche Sinnesverarbeitungen aktiviert. Vielmehr scheinen Synästhetiker das „Konzept eines Buchstabens" mit einer Sinnesempfindung (einem Ton oder einer Farbe) zu verbinden. Wenn Synästhetiker beispielsweise dem Buchstaben „A" die Farbe „rot" zuschreiben, dann tun sie das auch für ein ihnen fremdes Schriftzeichen einer anderen Sprache, wenn es dort dieselbe Funktion wie ein „A" ausübt. Es wird also nicht die Sinnesempfindung (die Optik des Buchstabens) mit einer anderen

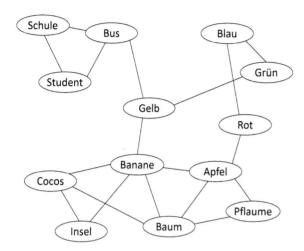

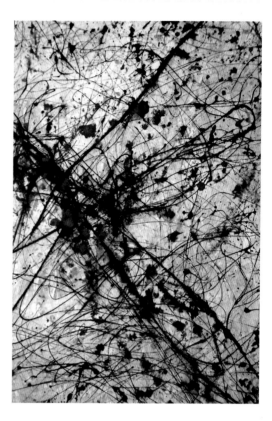

Wahrscheinlich kategorisiert unser Gehirn alle Eindrücke der Welt und ordnet ihnen Bedeutungsebenen zu. Auf diese Weise kann es entfernte Empfindungen, Verhaltensweisen oder Informationen neu kombinieren. Bei Synästhetikern läuft diese Verknüpfung vermutlich übermäßig stark zwischen zwei Sinnesreizen ab.

Sinnesempfindung verknüpft, sondern das Bedeutungskonzept eines Buchstabens.

Vermutlich ist dies ein generelles Vorgehen unseres Gehirns: Es schreibt allen äußeren Eindrücken ein solches Konzept zu und ordnet die Welt in Kategorien. Beispielsweise empfinden Menschen kulturübergreifend die Tonart Dur eher als fröhlich, die Tonart Moll eher als bedrückend. Eine stachelige Figur (siehe Abb. vorige Seite) wird eher als aufgeregt und nervös beschrieben, ein runder Fleck eher als langsam und gemütlich und zwar unabhängig von der Kultur, in der man aufgewachsen ist. Offenbar existiert im Gehirn ein Konzept von „Aufgeregtsein", das dann auf verschiedene Sinnesreize angewendet werden kann.

Wissenschaftler bezeichnen dieses Denkprinzip des Gehirns daher auch als *Ideästhesie*": Sinneseindrü-

Der Einsatz von „Ideennetzwerken" kann künstlerisch genutzt werden. Man spricht davon, sich „inspirieren" zu lassen, was nichts anderes bedeutet, als entfernte Ideen zu verknüpfen und in einem künstlerischen Werk zusammenzufassen (in diesem Fall beispielsweise das Streiten zweier Personen). Man muss daher kein Synästhetiker sein, um ungewöhnliche abstrakte Kunst zu erschaffen, denn das zugrundeliegende Prinzip nutzen alle Menschen.

cke, Reize, quasi alle Informationen, werden im Gehirn zu Konzepten kategorisiert. Synästhesie wäre demnach keine „Fehlverknüpfung" von Sinnesregionen in unserem Gehirn, sondern lediglich die ungewöhnliche Anwendung dieses grundlegenden „Konzepte-Denkens" auf gewöhnliche Sinneseindrücke.

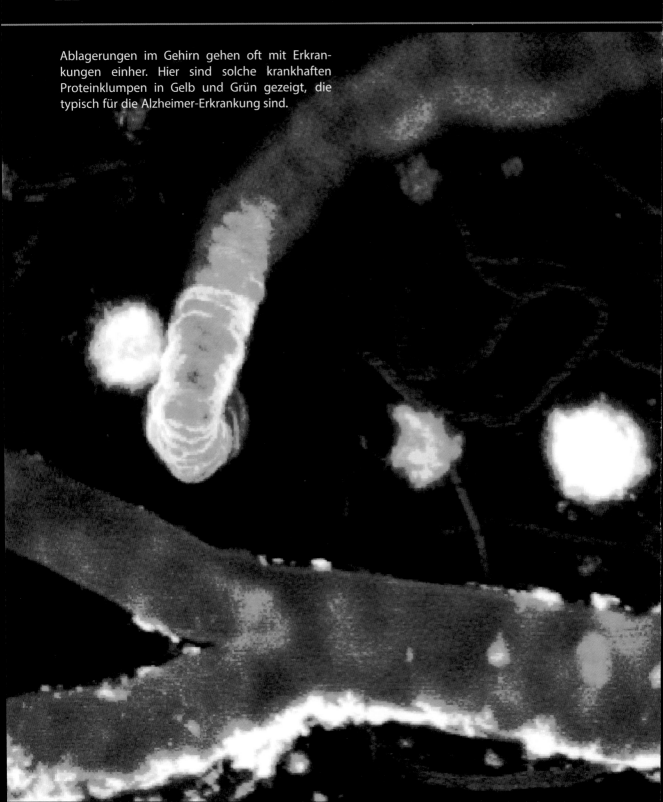

Ablagerungen im Gehirn gehen oft mit Erkrankungen einher. Hier sind solche krankhaften Proteinklumpen in Gelb und Grün gezeigt, die typisch für die Alzheimer-Erkrankung sind.

5 Krank im Kopf

Auch wenn das Gehirn zu den am besten versorgten Organen des Körpers gehört, läuft nicht immer alles rund in unserem Nervensystem. Zahlreiche Kontrollmechanismen und die ständige Aktivität der helfenden Gliazellen sorgen meist dafür, dass größere Störungen unterbleiben und die Nervenzellen korrekt arbeiten. Manchmal kommt es jedoch zu Erkrankungen und Fehlfunktionen im Gehirn oder Rückenmark – oftmals mit schwerwiegenden Folgen.

Besonders schädlich sind die Auswirkungen neuronaler Erkrankungen auch deshalb, weil das Nervensystem nur begrenzt regenerationsfähig ist. Alle anderen Organe des Körpers erneuern sich mehr oder weniger schnell, können auf Verletzungen reagieren oder im Notfall problemlos entfernt, transplantiert oder durch Maschinen ersetzt werden. Nichts von alledem ist beim Gehirn möglich.

Was Ausfallerscheinungen des Gehirns so belastend macht, ist dass sie unser Leben, unsere Handlungsfähigkeit mitunter sogar unsere Persönlichkeit auf mysteriöse Weise beeinflussen. Kaum ein anderer Typ von Erkrankung erschreckt uns deswegen derart wie eine Erkrankung des Gehirns. Schließlich ist es das Gehirn, das unsere einzigartige Persönlichkeit ausmacht.

Intensiv untersucht man deswegen die Ursachen solcher Erkrankungen des Nervensystems, denn vielfach sind die Gründe für deren Zustandekommen noch nicht verstanden. So hofft man, die neurologischen Zustände unseres Körpers nicht nur besser zu verstehen, sondern Krankheiten auch zukünftig heilen zu können.

Anmerkung: Wir möchten in diesem Kapitel zeigen, welcher Teil des Nervensystems bei bestimmten Erkrankungen auf welche Art betroffen ist. Beginnen Sie nicht, die vorgestellten Symptome bei sich selbst zu diagnostizieren, sondern konsultieren Sie bei ernsthaften Bedenken einen Arzt.

Alzheimer
Der Schrecken des Vergessens

Die Alzheimer-Erkrankung gehört zu den bekanntesten und häufigsten Formen der Demenz. Allein in Deutschland soll über ein Fünftel der über 85-Jährigen an dieser Krankheit leiden. Dabei ist nicht jede demente Person automatisch ein Alzheimer-Patient. Demenz (von lat. *dementia* = ohne Geist) ist ein Überbegriff für neurodegenerative Erkrankungen, die einen krankhaften Abbau der geistigen Leistungsfähigkeit bedeuten. Morbus Alzheimer (so der Fachbegriff für die Erkrankung) ist also eine besondere Demenz-Form.

1906 beschrieb Alois Alzheimer zum ersten Mal die Symptome der nach ihm benannten Krankheit. Sie beginnt schleichend mit leichter Vergesslichkeit und Konzentrationsschwächen, verschlimmert sich im Laufe von Jahren über Verwirrung, Angst, räumlicher und zeitlicher Desorientierung und führt schließlich unheilbar zum Tod. Ob ein Mensch an Alzheimer erkrankt ist, lässt sich jedoch erst nach seinem Tod mit Sicherheit bestimmen. Dazu untersucht man die Gewebestruktur des Gehirns, wie es schon Alois Alzheimer tat, und prüft auf das Vorhandensein von charakteristischen Ablagerungen, sogenannten *Plaques*, im Gehirn.

So dramatisch die Ausfallerscheinungen des Gehirns im Laufe der Erkrankung sind, die Ursachen sind auch heute noch nicht endgültig geklärt. Zwei Theorien zur Entstehung von Alzheimer werden dabei momentan in der Wissenschaft diskutiert: die *Amyloid-* und die *Neurofibrillenbündel-Hypothese.*

Charakteristisch für Gehirne von Alzheimer-Patienten

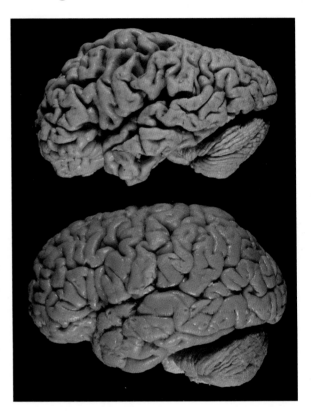

Ein gesundes (unten) und ein an Alzheimer erkranktes Gehirn (oben). Im Verlauf der Erkrankung sterben Nervenzellen unwiederbringlich ab, und die Hirnmasse schrumpft. Schwere Ausfallerscheinungen können die Folge sein.

sind zahlreiche Ablagerungen, die sich zwischen den Nervenzellen ansammeln. Diese Plaques bestehen aus Bruchstücken eines Proteins, das normalerweise in der

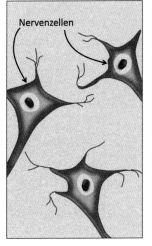

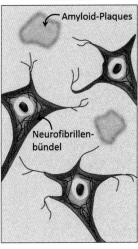

Gesund

Nervenzellen

Alzheimer

Amyloid-Plaques

Neurofibrillen-
bündel

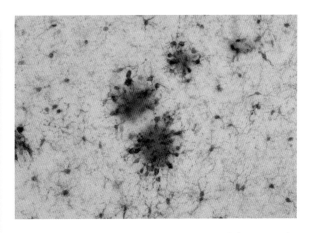

Die Plaque-Ablagerungen (hier in Rot) sind typisch für ein an Alzheimer erkranktes Gehirn. Diese Plaques bestehen aus fehlerhaften Proteinbruchstücken und werden im Gehirn sogleich von Mikroglia-Zellen (in Blau) angegriffen. Dennoch gelingt es dem Gehirn nicht, mit den Ablagerungen fertigzuwerden. Die Neurone gehen im Laufe der Zeit ein.

Die Abläufe auf Nervenzellebene sind bei der Alzheimer-Erkrankung gut bekannt: So bilden Neurone bei Alzheimer charakteristische Faserbündel (die Tau-Neurofibrillen) in ihrem Inneren und lagern zwischen den Zellen sogenannte Amyloid-Plaques ab. Beide Vorgänge führen vermutlich zu einem Nervenzellsterben.

Zellmembran (↓) der Nervenzellen sitzt. Was die genaue Funktion dieses Membranproteins ist, weiß man nicht, wohl aber, was passiert, wenn es fälschlicherweise aus der Membran abgespalten wird: Die Bruchstücke verklumpen untereinander und sammeln sich wie Schrotthaufen im Nervengewebe an. Möglicherweise gehen dadurch die Nervenzellen zugrunde und das Gewebe vernarbt.

Ein weiteres Merkmal der Alzheimer-Erkrankung sind sogenannte Tau-Fibrillen. Normalerweise ist das Strukturprotein Tau in Nervenfasern dafür verantwortlich, das Zellskelett (↓) in Form zu halten. Doch wenn es sich übermäßig stark zu eigenen Aggregaten und Bündeln zusammenlagert, verstopft es die Nervenfaser. Wichtige Transportprozesse könnten so behindert

werden und die Nervenzelle schließlich absterben.

Problematisch ist das Neuronensterben vor allem dort, wo bewusste Kontrolle und Gedächtnis gesteuert werden: im Hippocampus (↓) und im Stirnhirn. Dort findet auch ein übermäßiger Verlust an Nervenzellen statt, was die Symptome der Erkrankung erklärt.

Auch wenn es vermutlich nicht das eine „Alzheimer-Gen" gibt, spielen zahlreiche genetische Faktoren bei der Entstehung der Krankheit eine Rolle. Manche stark erblich bedingte Formen des Morbus Alzheimer beginnen sogar schon mit dem 40. Lebensjahr. Andere, später beginnende Krankheitsformen zeigen eine familiäre Häufung. Leider ist die genaue Ursache für die Ausbildung der Alzheimer-Erkrankung bis heute ungeklärt. Vermutlich ist das Wechselspiel zwischen Umwelt und Genen für den Beginn der Krankheit entscheidend.

Zellmembran → S. 92
Zellskelett → S. 98
Hippocampus → S. 44
Abb. oben rechts: Jasmin Mahler, Hertie Institut für klinische Hirnforschung, Tübingen, Farbstoffe von Peter Nilsson, Universität Linköping, Schweden
Abb. nächste Seite: Angie Chi-An Chiang and Joanna L. Jankowsky, Department of Neuroscience, Baylor College of Medicine,, Texas, USA

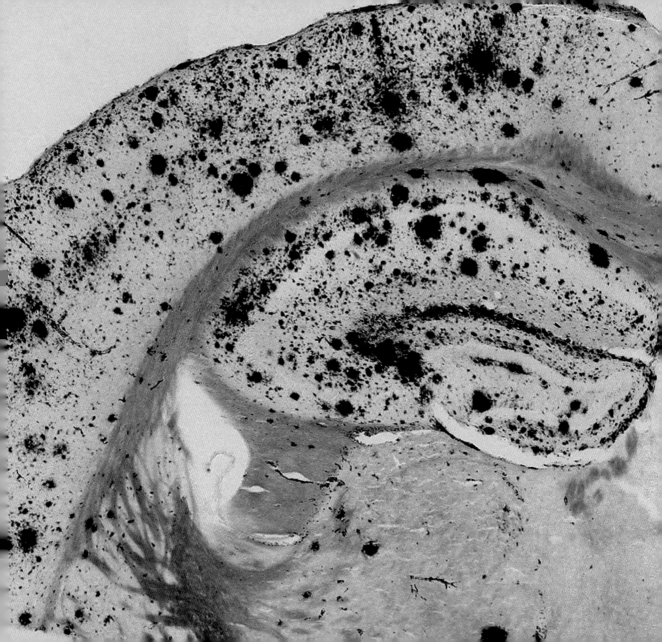

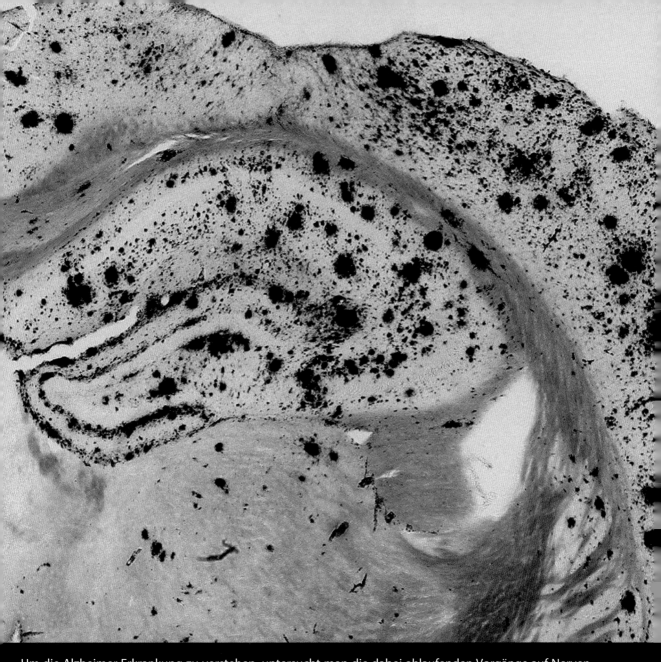

Um die Alzheimer Erkrankung zu verstehen, untersucht man die dabei ablaufenden Vorgänge auf Nerven-zellebene. In dieser Aufnahme sieht man ein quergeschnittenes Mausgehirn, in dem besonders viele der gefährlichen Amyloid-Plaques (in Schwarz) auftreten. Rötlich-braun sind Faserverläufe gefärbt, man erkennt den geschwungenen Balken in der Mitte. Die schwarzen Plaques lagern sich bevorzugt in der Groß-hirnrinde (oberhalb des Balkens) und im Hippocampus (geschwungene Schleifen unterhalb des Balkens) ab.

Parkinson
Wenn Bewegung aus dem Takt gerät

Auch die Parkinson-Erkrankung (Morbus Parkinson) ist eine fortschreitende Erkrankung des Gehirns, bei der Zellen in einer bestimmten Hirnregion absterben. Charakteristisch ist eine Bewegungsstörung, die etwa 1 bis 2 Prozent der älteren Bevölkerung betrifft. Auch wenn die Patienten oft nur eingeschränkt auf Sinnesreize re-

agieren, ist die Parkinson-Erkrankung typischerweise keine Demenz. Die geistige Leistungsfähigkeit bleibt nämlich erhalten. Ganz im Gegensatz zur Fähigkeit, Bewegungen zu kontrollieren.

Charakteristisch für Morbus Parkinson sind drei Hauptsymptome. Schon im Ruhezustand zeigt sich ein deutliches und nicht kontrollierbares Muskelzittern (ein sogenannter *Tremor*), der bei willkürlichen Bewegungen oder während des Schlafes schwächer wird. Außerdem sind die Muskeln meist steif (sie zeigen einen *Rigor*, eine Starrheit) und können nur schwer neue Bewegungen beginnen. Schließlich ist das Bewegungsbild von Parkinson-Patienten generell verarmt, sie bewegen sich langsamer oder zeigen ein maskenhaftes Gesicht.

Die organische Ursache für diese Krankheit ist bekannt: Es sind unter anderem absterbende Nervenzellen in einem besonderen Hirnbereich, der *Substantia nigra* (der schwarzen Substanz). Wozu diese Hirnregion im Mittelhirn (↓) schwarz gefärbt ist, weiß man nicht. Doch wenn die Dopamin produzierenden Zellen dort absterben, können sie nicht mehr ihre Funktion erfüllen. Normalerweise hemmt die Substantia nigra durch einen permanenten Strom an Nervenimpulsen die Aktivität von Bewegungsimpulsen. Sterben diese Zellen ab, fällt die Hemmung weg, und die Muskeln werden unkoordiniert und übermäßig stark aktiviert (deswegen das Zittern und die Starrheit).

gesundes Gehirn | **Parkinson Gehirn**

SN: Substantia nigra   **BG:** Basalganglien   **TH:** Thalamus

Bei der Parkinson Erkrankung sterben Nervenzellen in der Substantia nigra (der schwarzen Substanz). Normalerweise hemmen die dortigen Neurone über die Basalganglien und den Thalamus die Bewegungsprogramme des Großhirns. Fällt diese Hemmung durch die Substantia nigra weg, werden Bewegungsimpulse des Gehirns nicht mehr aufeinander abgestimmt. Unkontrollierte Muskelaktivität ist die Folge.

Mittelhirn und Hirnstamm → S. 62

Obwohl nur wenige Hunderttausend dieser „Bewegungskontroll-Nervenzellen" in der Substantia nigra absterben, ist das genug, um die bekannten Symptome auszulösen. Was zu diesem Neuronentod führt, ist noch nicht genau bekannt. Wieder scheint es jedoch ein Zusammenspiel von genetischen Faktoren und Umwelteinflüssen zu sein, das in Folge ein unkontrolliertes Sterben der Nervenzellen auslöst.

Sehr wahrscheinlich führen wieder Proteinablagerungen dazu, dass die Nervenzellen nicht mehr funktionieren. Im Gegensatz zur Alzheimer-Erkrankung, bei der man solche Ablagerungen außerhalb der Nervenzellen findet, treten bei der Parkinson-Erkrankung Proteinklumpen innerhalb der Neurone auf. Bei Morbus Parkinson werden jedoch gänzlich andere Proteine als bei der Alzheimer-Erkrankung abgelagert, die sich in speziellen Körperchen, den *Lewy-Körperchen*, innerhalb der Zelle sammeln. Vermutlich blockieren diese Proteinansammlungen die Prozesse in der Zelle, sodass die

Neurone schließlich nicht mehr korrekt arbeiten und zugrunde gehen. Darüber hinaus geht man davon aus, dass auch die Mitochondrien (↓), die Kraftwerke innerhalb der Zelle, gestört werden und im Laufe der Zeit kaputt gehen. Ohne deren Energiezufuhr kann jedoch keine Nervenzelle auf Dauer überleben.

Lange Zeit behandelte man Morbus Parkinson, indem man den Patienten eine Vorstufe des Dopamins gab. Die noch nicht abgestorbenen Nervenzellen der Substantia nigra konnten diese Vorstufe aufnehmen, anschließend vermehrt Dopamin produzieren und so ihre abgestorbenen Nachbarzellen durch eine verstärkte Aktivität ersetzen. Moderne Behandlungstechniken ersetzen sogar die Funktion der Substantia nigra komplett: Sogenannte Hirnschrittmacher sorgen durch schnelle elektrische Impulse dafür, dass genau die Regionen, die bei der Parkinson-Erkrankung überaktiv sind, gehemmt werden. Auf diese Weise bessern sich die Symptome deutlich.

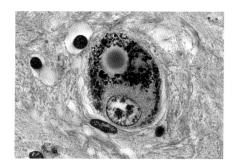

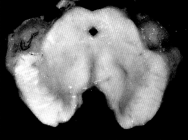

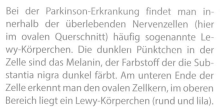

Bei der Parkinson-Erkrankung findet man innerhalb der überlebenden Nervenzellen (hier im ovalen Querschnitt) häufig sogenannte Lewy-Körperchen. Die dunklen Pünktchen in der Zelle sind das Melanin, der Farbstoff der die Substantia nigra dunkel färbt. Am unteren Ende der Zelle erkennt man den ovalen Zellkern, im oberen Bereich liegt ein Lewy-Körperchen (rund und lila).

Was hier ein bisschen eklig aussieht, ist ein Querschnitt durch das Mittelhirn. Die anatomischen Details überlassen wir den Spezialisten, doch auch wer nicht vom Fach ist, erkennt: Im linken Gewebe gibt es im unteren Bereich einen dunkel gefärbten Bogen. Das ist die Substantia nigra, die elementar für die Kontrolle unserer Bewegungen ist. Im rechten Bild fehlt dieser dunkle Bogen, denn die schwarzen Neurone sind abgestorben. Dieser Schnitt wurde von einem Gehirn gemacht, das an Morbus Parkinson erkrankt ist.

Mitochondrien → S. 102
Abb. unten links: D.P. Agamanolis http://neuropathology-web.org, mit freundlicher Genehmigung des Autors
Abb. unten rechts: D.P. Agamanolis http://neuropathology-web.org, mit freundlicher Genehmigung des Autors

Multiple Sklerose

Warum die Isolierung der Nervenfasern so wichtig ist

Im Gegensatz zu vielen anderen Erkrankungen des Nervensystems sind bei der multiplen Sklerose keine Nervenzellen an sich, sondern vor allem die helfenden Gliazellen betroffen. Genauer gesagt, sterben die Oligodendroglia (↓) ab, die normalerweise dafür sorgen, dass die Nervenfasern im Gehirn gut isoliert werden. Die Auswirkungen der multiplen Sklerose sind insofern gravierend, als dass diese Krankheit vor allem junge Erwachsene zwischen ihrem 20. und 30. Lebensjahr befällt und unheilbar bleibt.

Zu Beginn der Erkrankung zeigen sich nur mikroskopisch kleine Veränderungen der isolierenden Schutzschicht um die Nervenfasern, dem Myelin. Ohne ihre Isolation sind die Nervenfasern jedoch nicht fähig, ausreichend schnell Nervenimpulse weiterzuleiten. Somit kommt mit fortschreitender Schädigung des Myelins die Informationsverarbeitung im Gehirn zum Erliegen. Das betrifft vor allem das motorische System, das die Körperbewegungen steuert. Anfangs zeigen sich daher vor allem Symptome wie Muskelschwäche oder die Unfähigkeit, Muskeln koordiniert zu bewegen. Später können auch die Sinneswahrnehmung oder emotionale Verarbeitung von Sinnesreizen gestört sein.

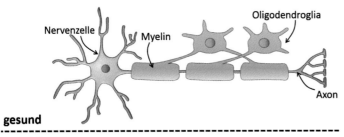

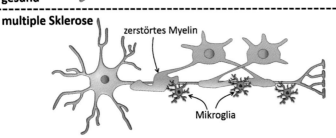

Bei der multiplen Sklerose sterben nicht wie bei vielen anderen Erkrankungen des Nervensystems Nervenzellen ab, sondern zunächst die helfenden Gliazellen. In einem gesunden Zustand (oben) isolieren diese Zellen mit ihrer Myelin-Schutzhülle die Nervenfasern und sorgen für eine schnelle Impulsweiterleitung. Im Krankheitsfall (unten) stirbt das Myelin jedoch ab. Dadurch werden Mikro-glia-Zellen angelockt, die eine Entzündungsreaktion auslösen und die Krankheit noch verschlimmern.

Das Besondere der multiplen Sklerose ist ihr schubweiser Verlauf: Manchmal sind die Symptome sehr stark, doch diese Phase klingt oft ab und geht in einen fast symptomlosen Zustand über. Dieser kann durchaus einige Monate andauern, bis es zum nächsten Krankheitsschub, oftmals mit verschlimmerten Symptomen, kommt. Schlussendlich degeneriert die Isolationsschicht um die Nervenfasern vollständig und das Nervengewebe vernarbt (multiple Sklerose bedeutet so viel wie „vielfache Vernarbung"). Dies stellt ein Problem dar, denn Narbengewebe im Gehirn bildet sich nicht zurück.

Oligodendroglia und Isolierung der Nervenfasern → S. 130

Die Ursachen für die Krankheit liegen noch weitgehend im Dunklen. So ist zum Beispiel nicht klar, ob zuerst die Nervenfasern ein Problem bekommen, sodass die Isolationsschicht abgebaut wird. Oder ob es andersrum ist und die Oligodendroglia aus irgendwelchen Gründen ihre isolierende Funktion verlieren. Was auch immer der Grund sein mag, das Hauptproblem entsteht erst, wenn die Mikroglia (↓), die „Aufpasser-Zellen" im Gehirn, erkennen, dass mit den Oligodendroglia etwas nicht stimmt. Sofort schütten sie entzündungsfördernde Stoffe aus, die das Gewebe erst richtig schädigen und auch zum Absterben der Nervenfaser führen können. Oftmals wird die multiple Sklerose daher zu den Autoimmunerkrankungen gerechnet, weil das Immunsystem des Gehirns quasi sein eigenes Organ angreift. Doch vermutlich ist diese Immunreaktion nur der zweite Schritt in der Degeneration der Isolierhülle um die Nervenfasern.

Ebendiese Entzündungsschübe gehen oft mit schweren Symptomen einher. Dazwischen können sich die Oligodendroglia jedoch ein wenig von der Aggression der Mikroglia erholen und neues Myelin bilden, was die symptomfreie Zeit zwischen den Schüben erklärt.

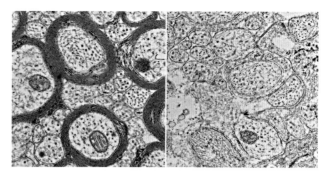

Dieses Bild zeigt links einen Querschnitt durch gesunde Nervenfasern. Die dicke Isolierung (graue Kreise) schützt das Innere der Nervenfasern. Rechts ist die Isolierung der Fasern nicht mehr vorhanden, die Fasern liegen ohne Schutz frei (und haben nur eine dünne Zellmembran als äußere Hülle, schwach zu erkennen als dünne Kreise). Ein solches Absterben der Isolierung wie bei der multiplen Sklerose führt dazu, dass Nervenimpulse verloren gehen und die Neurone nicht mehr funktionieren.

Leider ist es bis heute nicht möglich, diese Krankheit zu heilen, denn die Ursachen liegen noch weitgehend im Dunkeln. Therapien konzentrieren sich deswegen meist darauf, die Immunreaktion der Mikroglia zu dämpfen. Das kann die Symptome bessern, doch die Krankheit vermutlich nicht ursächlich behandeln.

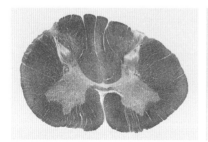
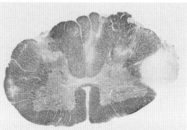
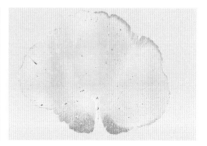

Dieser Querschnitt durch ein menschliches Rückenmark zeigt, wie mit fortschreitender multiplen Sklerose die Isolierung der Nervenfasern verschwindet. In einem gesunden Rückenmark (ganz links) sind die Fasern noch gut isoliert (die Isolierung ist in Blau gefärbt). Die blaue Farbe verschwindet jedoch vom mittleren zum rechten Bild, denn die Isolierung der Nervenfasern wird immer schwächer und verschwindet schließlich nahezu ganz.

Mikroglia → S. 128
Abb. unten: Sofia Anastasiadou und Bernd Knöll, Institut für physiologische Chemie, Universität Ulm. Das Gewebe wurde von der „UK multiple sclerosis tissue bank" zur Verfügung gestellt

Chorea Huntington

Wenn ein Gendefekt das Hirn zerstört

Die Huntington-Erkrankung ist eine besondere krankhafte Veränderung des Gehirns, denn im Gegensatz zu vielen anderen Hirnkrankheiten (wie Alzheimer oder Parkinson) weiß man hier sehr genau, wie sie entsteht: Sie wird zu 100 Prozent genetisch verursacht.

Bei der Huntington-Erkrankung ist eine ähnliche Hirnregion betroffen wie bei Morbus Parkinson: das Striatum, das als Teil der Basalganglien (↓) die Koordination der Bewegungsimpulse kontrolliert. Während bei Parkinson die Patienten oftmals in ihren Bewegungen verarmen, ist bei der Huntington-Erkrankung das Gegenteil der Fall: Die Betroffenen vollführen plötzliche, ruckartige, unwillkürliche Bewegungen, vor allem mit der Rumpfmuskulatur oder den Extremitäten. Daher leitet sich auch der Name „Veitstanz" oder „Reigentanz" für dieser Erkrankung ab (im Griechischen: *choreia*).

Zu Beginn ist dabei hauptsächlich das motorische System betroffen, doch im Laufe der Zeit sterben auch Nervenzellen in anderen Großhirnbereichen ab. Im Gegensatz zu Parkinson ist die Huntington-Erkrankung also eine Demenz mit schwerem intellektuellen Abbau, Gedächtnisverlust und Verhaltensauffälligkeiten wie Aggression und emotionaler Verfremdung. Sie ist nicht heilbar und führt immer zum Tod.

GEORGE HUNTINGTON.

George Huntington beschrieb im Jahre 1872 zum ersten Mal die später nach ihm benannte Krankheit. Schon er erkannte, dass diese Krankheit erblich bedingt war und unweigerlich zum Tode führte.

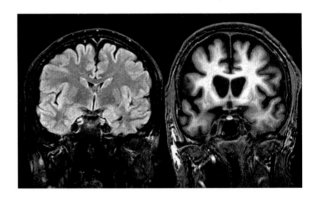

Links ein MRT-Bild des Gehirns eines der Buchautoren, rechts das Gehirn eines Huntington-Patienten. Man erkennt, wie durch das Absterben der Nervenzellen große Teile der Hirnmasse verschwinden. Der Raum zwischen den Einstülpungen (den Sulci) des Gehirns wird immer größer.

Basalganglien → S. 50

Die Ursache für Chorea Huntington ist so gut bekannt wie für keine andere Erkrankung des Gehirns. Der Defekt eines einzigen Gens ist dafür verantwortlich, dass sich die Krankheit ausbildet. Dieses Gen codiert für das sogenannte Huntingtin-Protein, ein sehr großes Protein, das vielfältige Funktionen in der Zelle ausüben kann. Wenn das Gen defekt ist, wird eine veränderte Form des Huntingtin-Proteins hergestellt, dass leicht mit anderen defekten Huntingtin-Proteinen verklumpen kann. Auf diese Weise bilden sich ganze Haufen aus Huntingtin-Proteinen, die die Zelle im Laufe der Zeit verstopfen können. Warum genau diese Huntingtin-Klumpen so giftig auf Nervenzellen wirken, ist nicht genau bekannt. Vermutet wird, dass sie den Transport in der Zelle (↓) blockieren, so können keine Zellpartikel mehr hin und her transportiert werden, und die Nervenzelle stirbt irgendwann ab.

Es gibt verschiedene Formen des fehlfunktionierenden Huntingtin-Proteins. Alle Formen tragen an ihrem Ende ein Anhängsel, das wie ein Klettverschluss wirkt. Über dieses Anhängsel können sich die Huntingtin-Proteine aneinander festhaken und verklumpen. Je länger dieses Anhängsel ist, desto leichter bilden sich ebenjene Huntingtin-Ablagerungen und desto früher und heftiger beginnt auch die Erkrankung. Üblicherweise treten die ersten Symptome ab dem 60. Lebensjahr auf, doch bei besonders aggressiven Formen (bei denen das Huntingtin-Protein besonders lange „klebrige Enden" hat), kann die

Erkrankung schon vor dem 40. Lebensjahr beginnen.

Das Huntingtin-Gen, das die Information für das schädliche Huntingtin-Protein schon enthält, wird dabei vererbt und führt auch bei den Nachkommen zur Erkrankung. Mit Hilfe eines Gentests kann man daher zweifelsfrei bestimmen, ob man selbst auch irgendwann die Huntington-Erkrankung bekommen wird (und sogar zeitlich eingrenzen, ob man mit 30, 40 oder 60 Jahren daran erkranken wird). Eine schwierige Entscheidung: Würden Sie, wenn Sie wüssten, dass Chorea Huntington in Ihrer Familie vorkommt, einen solchen Gentest machen?

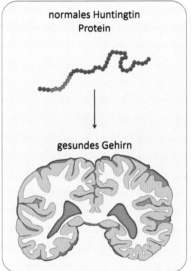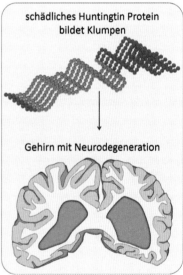

Die Ursache für Chorea Huntington ist gut bekannt: Es ist das Huntingtin-Protein, das verklumpt. Normalerweise verhakt sich dieses Protein nicht mit seinen Kollegen, doch wenn sein Endstück ungewöhnlich verlängert wird (orange), kann dieses wie ein klebriger Faden wirken, durch den sich die Huntingtin-Proteine verknäulen. Diese Huntingtin-Aggregate sammeln sich in den Nervenzellen an und führen zu ihrem Absterben. Der Neuronentod beginnt zunächst in den motorischen Systemen (den Basalganglien), greift dann aber auf das gesamte Gehirn über.

Transport in der Zelle → S. 98

Prionenerkrankungen
Klumpen in den Nervenzellen

Im Gehirn muss alles im Gleichgewicht gehalten werden: Die Elektrolytzusammensetzung innerhalb und außerhalb der Zellen, die Ausschüttung von Botenstoffen, die Positionierung von Proteinen – alles wird exakt gesteuert. Im Gegensatz zu anderen Organen hat das Gehirn nämlich ein Problem: Ein kleiner Fehler kann fatale Folgen haben, denn das Nervengewebe regeneriert sich schlecht und kann von schädlichen Substanzen nur schwer befreit werden.

Dass sich das Gehirn von giftigen Substanzen nicht leicht reinigen lässt, ist das Problem vieler Krankheiten. So bilden sich sowohl bei Alzheimer als auch bei Parkinson und Chorea Huntington ungesunde Ablagerungen von Proteinen, die entweder die Nervenzellen verstopfen oder den Raum zwischen den Neuronen überschütten. Eine besondere Art von Gehirnkrankheiten wird sogar ausschließlich dadurch ausgelöst, dass sich Proteine aneinander verkleben und das Nervengewebe zerstören: die *Prionenerkrankungen*, zu denen zum Beispiel die Creutzfeldt-Jakob-Krankheit oder die BSE zählen.

Prionen (das Wort ist eine Kurzform für „*proteinaceous infectious particles*", also proteinartige infektiöse Partikel) sind ein besonderer Typ von Proteinen, die normalerweise völlig ungefährlich in der Nervenzelle ihren Dienst verrichten. Was ihre genaue Aufgabe ist, ist nicht ganz klar. Sicher ist jedoch, dass sie in der Zellmembran (↓) der Neurone sitzen und möglicherweise daran beteiligt sind, Signale von außen in die Zelle zu leiten. Dafür ist es wichtig, dass diese Prionen eine ganz bestimmte räumliche Struktur haben. Nur in dieser besonderen dreidimensionalen Ausrichtung sind sie biologisch wirksam.

Nun kann es jedoch passieren, dass ein solches Prion-Protein zum Beispiel durch einen Gendefekt in eine andere dreidimensionale Struktur übergeht. Üblicherweise ist das kein Problem für die Zelle: Sie zerstört das falsch gefaltete Protein und entsorgt es. Manche

„normales" Prion-Protein

fehlgefaltetes Prion-Protein

fehlgefaltetes Prion-Protein begünstigt die Fehlfaltung weiterer Prion-Proteine

Prion-Protein- Aggregat

Prionen sind normalerweise harmlose Proteine, die in der Zelle ihren Dienst verrichten. Wenn sie jedoch in eine falsch gefaltete räumliche Ausrichtung übergehen, können sie andere Prionen zu dieser neuen räumlichen Ausrichtung "anstiften". Dies führt dazu, dass die Prionen zu Aggregaten verklumpen und die Nervenzelle innerlich verstopfen. Infolgedessen sterben die Neurone ab.

Proteine in der Zellmembran→ S. 92

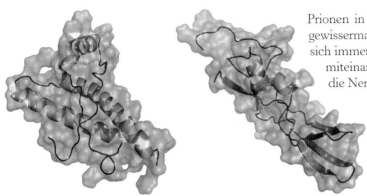

Prionen in die falsche Struktur übergehen, sie sind gewissermaßen ansteckend. Nach und nach häufen sich immer mehr dieser fehlerhaften Prionen an, die miteinander verklumpen und dafür sorgen, dass die Nervenzellen absterben.

Damit ein Protein richtig funktioniert, muss es korrekt gefaltet sein und eine präzise räumliche Ausrichtung annehmen. Im besten Fall sehen Prion-Proteine dann aus, wie in der linken Abbildung: Die gelben Spindeln zeigen, wie sich das Prion-Protein innerlich verdrillt und eine eher runde Form annimmt (die bräunliche Farbe zeigt die Oberfläche des Proteins). Wenn sich Prionen falsch falten, sind sie jedoch weniger verdrillt, sondern eher gestreckt (weniger gelbe Spindeln, dafür mehr orangene Faserstrukturen im rechten Bild). So können sie sich besser aneinander lagern und in der Nervenzelle verklumpen.

Prionenerkrankungen wurden schon bei Eingeborenenvölkern auf Neuguinea beobachtet. Die Kuru-Krankheit ähnelt stark der Creutzfeldt-Jakob-Erkrankung und beruht vermutlich auf rituellen Handlungen, bei denen menschliches Gehirn (mit giftigen Prionen) verzehrt wird. Die Creutzfeldt-Jakob-Krankheit wird wiederum durch einen Gendefekt verursacht, der infektiöse Prionen erzeugt. Nach und nach sammeln sich auf diese Weise fehlgefaltete Prionen an, lösen ein Verklumpen mit anderen Prionen aus, bis schließlich die Nerven-

fehlerhaften Prion-Proteine sind jedoch derart resistent gegen diesen Abbaumechanismus, dass sie sich in der Zelle ansammeln. Damit nicht genug, sie sorgen auch dafür, dass weitere (eigentlich korrekt gefaltete)

zelle und das betroffene Gewebe zugrunde gehen. Es beginnt mit unkontrollierten Muskelbewegungen und Verwirrtheit und geht schließlich in eine schwere Demenz über. Oftmals wird die Hirnmasse dabei löchrig wie ein Schwamm, daher auch der Name „spongiforme Enzephalopathie" (also schwammartige Gehirnerkrankung). Die BSE, die bovine (also rinderartige) schwammhafte Gehirnerkrankung, wird durch ähnliche Prionen ausgelöst wie die Creutzfeld-Jakob-Krankheit. Diese Prionen sind derart stabil, dass man auch eine Übertragung der Erkrankung von Rind zu Mensch befürchten muss.

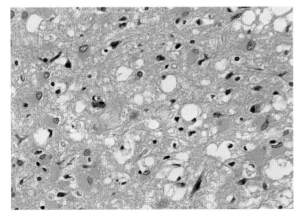

In dieser Färbung eines Gewebeschnittes eines an der Creutzfeld-Jakob-Krankheit erkrankten Gehirns sind die Zellkerne blau, der Rest der Zelle in Pinktönen gefärbt. Die eingelagerten weißen Blasen zeigen, wie das Gewebe schwammartig löchrig wird. Dort sind schon Nervenzellen durch die giftige Wirkung der Prion-Proteine abgestorben.

Abb. oben links: Campos, S., Machuqueiro, M., Baptista, A.M. (2010), Constant-pH molecular dynamics simulations reveal a β-rich form of the human prion protein, J. Phys. Chem. B, 114, 12692, http://dx.doi.org/10.1021/jp104753t
Abb. unten links: Sherif Zaki, Wun-Ju Shieh, http://commons.wikimedia.org/wiki/File:Variant_Creutzfeldt-Jakob_disease_%28vCJD%29,_H%26E.jpg

Epilepsie
Wenn Nervenzellen unkontrolliert aktiv werden

Manchmal ist das Gehirn aktiver als es nötig und gesund wäre. Geschehen derartige Überaktivitäten unkontrolliert und laufen aus dem Ruder, kann es zu epileptischen Anfällen kommen. Solche Anfälle sind gar nicht so selten und schätzungsweise 1 Prozent der Bevölkerung erleidet irgendwann im Leben einen epileptischen Anfall. Doch von einer Epilepsie (von griech. *epilepsia* = Anfall) spricht man erst, wenn sich diese Anfälle mehrfach und über einen längeren Zeitraum hinweg ereignen.

Epileptische Anfälle können eine ganze Bandbreite an Symptomen zeigen, die man auf den ersten Blick gar

Im EEG (↓) wird sichtbar, wie die Nervenzellen bei einem epileptischen Anfall übermäßig stark aktiv werden. Links sind die Nervenzellen noch normal aktiv, aber ab der Mitte beginnt ein epileptischer Anfall mit überschießender und unkontrollierter Nervenzellaktivität.

nicht mit einer Epilepsie in Verbindung bringen würde. Klassischerweise kennt man einen epileptischen Anfall als eine Form von Bewegungsstörung mit starken Muskelkrämpfen oder -zittern, die mit Bewusstseinsverlust und Störungen des Gleichgewichtes einhergehen. Doch das muss nicht sein. Viele Anfälle äußern sich durch eine Veränderung in der Stimmung, der Sinneswahrnehmung, dem Verhalten oder dem Denken und sind nicht immer leicht zu erkennen.

Was passiert bei einer Epilepsie im Gehirn? Allen Epilepsien ist ein charakteristisches Merkmal gemeinsam: Die Nervenzellen in einem bestimmten Gebiet sind übermäßig stark aktiv, weil sie nicht mehr gehemmt werden. Üblicherweise übernimmt der Botenstoff GABA (↓) die Aufgabe, Nervenzellen in ihrer Aktivität zu unterdrücken. Auf diese Weise kann deren Funktion gedrosselt werden. Fällt diese Hemmung weg, führt dies zu einem Überschießen der neuronalen Aktivität.

Je nachdem, wo im Gehirn diese Unterdrückung der Nervenzellen wegfällt, unterscheidet man verschiedene Arten der Epilepsie. Bei partiellen Anfällen ist die Überaktivität der Nervenzellen auf einen konkreten Bereich begrenzt, betrifft also nicht das ganze Gehirn. Je nach betroffener Region kann entweder die Bewegungskontrolle oder die Sinneswahrnehmung beeinträchtigt sein, und es kommt zu den bekannten Anfällen, allerdings üblicherweise ohne Bewusstseinsverlust.

EEG → S. 282
Botenstoffe und GABA → S. 116
Abb. unten links: Klinik für Neuropädiatrie, Universitätsklinikum Schleswig-Holstein

Generalisierte Anfälle breiten sich hingegen auf das gesamte Gehirn aus. Das kann passieren, wenn Regionen im Gehirn betroffen sind, die stark vernetzt und mit vielen anderen Hirnbereichen in Verbindung stehen (zum Beispiel der Thalamus im Zwischenhirn ↓). In einem solchen Fall ist das Gehirn in seiner koordinierten Funktion stark beeinträchtigt, und es kann zu schweren Anfällen mit Muskelverkrampfungen, -zittern, Ohnmacht und Sauerstoffunterversorgung des Gehirns kommen. Mitunter kommt es vor, dass vor einem epileptischen Anfall seltsame psychische

gesundes Gehirn

Hippocampus

epileptisches Gehirn

Verlust von Nervenzellen

abnormales Sprießen von Nervenfasern

Ein epileptischer Anfall ist in der Regel ein vorübergehendes Ereignis, von dem sich ein Gehirn erholen kann. Tritt eine Epilepsie jedoch über einen längeren Zeitraum auf, können Hirnstrukturen auch dauerhaft geschädigt werden. In Mausmodellen (wie dem obigen) kann man sogar zeigen, dass epileptische Anfälle dazu führen, dass im Hippocampus in einigen Regionen Nervenzellen absterben, in anderen jedoch übermäßig stark aussprossen. Ähnliche Vorgänge kennt man auch bei epileptischen Gehirnen von Menschen. Was das für die Hirnfunktionen bei Epilepsie bedeutet und wie sich das auf Lern- und Gedächtnisprozesse auswirkt, wird weiter untersucht.

Veränderungen, die sogenannte *epileptische Aura*, bemerkt werden. Das können Sinneshalluzinationen (zum Beispiel Gerüche oder Geschmäcker) oder eigenartige Gefühle wie Beklemmung oder Vertrautheit sein. Eine epileptische Aura ermöglicht es daher, sich rechtzeitig und vor dem Anfall auf diesen einzustellen.

Eine Epilepsie kann unterschiedliche Ursachen haben. Viele Arten von Hirnschädigungen (zum Beispiel Tumore, Infektionen, Gifte, Schädel-Hirn-Trauma-

ta) oder genetische Defekte können die Balance der Nervenzellen derart schädigen, dass sie in einer epileptischen Überfunktion mündet. Dies macht es unmöglich, Epilepsie ursächlich zu heilen. Durch Medikamente kann man jedoch Häufigkeit und Schwere der Anfälle mindern. In modernen Therapieformen lernen Epileptiker sogar, durch Beobachtung ihrer eigenen elektrischen Hirnaktivität (im EEG) zu erkennen, wenn ein Anfall droht und diesen bewusst zu unterdrücken.

Thalamus im Zwischenhirn → S. 54
Abb. oben rechts: Histologie von Pascal Lösing und Bernd Knöll, Institut für Physiologische Chemie, Universität Ulm

Hirntumore
Über das Ziel hinaus gewachsen

Wenn sich Zellen anfangen, sich unkontrolliert zu teilen, entsteht ein Problem. Die wuchernden Zellen können das umliegende Gewebe schädigen und sich über Tochterzellen (sogenannte Metastasen) auf andere Körperteile ausbreiten. Normalerweise kontrollieren Zellen ihr Wachstum, doch bei solchen Krebserkrankungen gerät die Zellteilung völlig außer Kontrolle. Wie Unkraut breiten sich die Tumore in den Körper aus.

Tumore entstehen deswegen besonders leicht in Geweben, die sich sowieso schon schnell teilen: in der Haut, dem Darm oder der Brust. Hirntumore sind im Vergleich dazu relativ selten, denn Hirngewebe wächst im Erwachsenenalter nicht mehr so schnell. Während sich der Darm alle fünf Tage runderneuert, teilen sich die Nervenzellen im Gehirn so gut wie gar nicht mehr (Ausnahme: Neurone im Hippocampus und im Riechhirn). Auch deswegen ist Darmkrebs 10 Mal häufiger als ein Hirntumor.

Für Krebserkrankungen des Gehirns sind daher so gut wie nie die Nervenzellen an sich verantwortlich, sondern die Gliazellen. Schließlich sind sie es, die sich auch im Erwachsenenalter noch teilen und vermehren können. Am häufigsten kommen deswegen Tumore vor, die sich von Astroglia (↓) oder Oligodendroglia (↓) ableiten und entsprechend ihrer Herkunft Astrozytom oder Oligondendrogliom genannt werden. Je nach genauem Gewebeursprung und nach Wucherungsgrad unterscheidet man weit über hundert verschiedene Tumortypen.

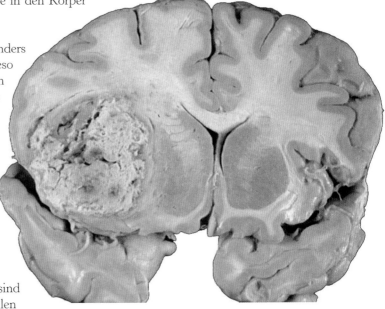

Glioblastome zählen zu den aggressivsten und bösartigsten Tumoren des Körpers. Sie leiten sich oft von den Astroglia ab, da sich diese auch in einem ausgewachsenen Gehirn noch regelmäßig teilen können – eine wichtige Voraussetzung, damit schließlich auch das Krebsgewebe wuchern kann. In diesem Hirnquerschnitt erkennt man, wie sich ein solches Glioblastom im linken Bereich des Gehirns ausgebreitet hat. Die runde, gröbere Struktur innerhalb des umliegenden Hirngewebes stellt den Tumor dar.

Astroglia → S. 120
Oligodendroglia → S. 130
Abb. unten rechts: D.P. Agamanolis http://neuropathology-web.org, mit freundlicher Genehmigung des Autors

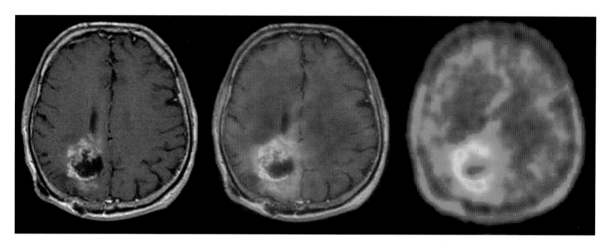

In der medizinischen Diagnostik spielt es eine wichtige Rolle, dass man Hirntumore nicht nur rechtzeitig, sondern auch eindeutig erkennt. Die Abbildung ganz links zeigt eine Aufnahme des Gehirns, die mit Hilfe der MRT (↓) gemacht wurde. Schon hier erkenn man, dass es im unteren Bildbereich (in der nackenseitigen Region der linken Gehirnhälfte) eine mögliche Tumorstruktur gibt. Das mittlere und rechte Bild wurden unter Zuhilfenahme einer anderen Methode erstellt: der PET (↓). Damit ist es möglich, Gewebe zu erkennen, dass eine besonders hohe Stoffwechselrate hat, wie sie üblicherweise nur bei sich teilendem Gewebe vorkommt. Auf diese Weise ist es möglich, wucherndes Gewebe zu erkennen, das sich vom restlichen Nervensystem durch eine ungewöhnliche Stoffwechselaktivität unterscheidet: Je größer diese ist, desto gelber ist sie hier eingefärbt. Das Tumorgewebe liegt also wahrscheinlich in den gelblichen Regionen.

Tumore lassen sich anhand ihres Schweregrades einteilen. In vier Stufen beurteilt man dabei die Bösartigkeit des wachsenden Tumorgewebes. In Stufe 1 ist ein Tumor gutartig. Das bedeutet, dass er sich meist von seinem umliegenden Gewebe abkapselt und seine Krebszellen nicht in den restlichen Körper auswandern. Symptome entstehen bei solchen Tumoren meist dadurch, dass deren schiere Größe auf das Hirngewebe drückt und dadurch dessen Funktion beeinträchtigt. Solche gutartigen Tumore lassen sich chirurgisch entfernen.

Je höher der Schweregrad eines Tumors, desto eher wuchern seine Zellen in umliegendes Gewebe ein, sie infiltrieren. Besonders bösartig sind beispielsweise

Glioblastome, die sich von den Astroglia ableiten und mehr als die Hälfte aller Hirntumore ausmachen. Astroglia wachsen schnell, Glioblastome sind daher ausgesprochen aggressiv und wuchern das Hirngewebe rasch zu. Eine Therapie ist schwierig, denn auch wenn man Teile des Glioms entfernt, regenerieren die Astroglia das Krebsgeschwür.

So vielfältig die Hirntumore sind, so unbekannt sind ihre Ursachen. Wir wissen heute nicht, welche Risikofaktoren konkret zur Entstehung eines Hirntumors beitragen. Bisher konnte nicht gezeigt werden, dass Umweltfaktoren, elektrische Felder, Ernährungsgewohnheiten oder Stress konsequenterweise zu Krebserkrankungen des Gehirns beitragen.

MRT → S. 270
PET → S. 280
Abb. oben Mitte: aus dem Artikel „Molecular imaging of gliomas with PET: Opportunities and limitations", NEURO-ONCOLOGY, Juli 2011, Christian la Fougère, Bogdana Suchorska, Peter Bartenstein, Friedrich-Wilhelm Kreth und Jörg-Christian Tonn

Schlaganfall
Wenn das Blut stockt

Kommt es zu einer plötzlichen Durchblutungsstörung des Gehirns, kann ein Schlaganfall die Folge sein. Schlaganfälle zählen zu den zehn häufigsten Todesursachen in Deutschland und zeigen deutlich, wie verwundbar das Gehirn tatsächlich ist. Je nach Art und Ort des Schlaganfalls können verschiedene Funktionen des Gehirns beeinträchtigt sein. So reichen die Symptome von Ausfallerscheinungen des Gedächtnisses (Amnesie) über Lähmungen bis hin zu Sprachschwierigkeiten.

Bei einem Schlaganfall stirbt Nervengewebe unwiederbringlich ab. Dieses tote Gewebe nennt man *Infarkt*. Genauso wie bei einem Herzinfarkt Muskelgewebe des Herzens durch eine Durchblutungsstörung abstirbt, geht dabei im Gehirn Nervengewebe zugrunde. Prinzipiell unterscheidet man zwei Hauptursachen des Schlaganfalls: Hirnblutungen und Unterbrechungen der Blutzufuhr. Merke: Zu viel Blut ist im Gehirn genauso schädlich wie zu wenig.

Wenn ein Blutgefäß (↓) im Gehirn reißt, sickert das austretende Blut schnell in das umliegende Nervengewebe ein. Das ist ein Problem, denn Blut ist angereichert mit zahlreichen Elektrolyten, Proteinen und Zellen. Alles Stoffe, die in dieser Form nichts im Gehirn zu suchen haben (man erinnere sich: der Liquor (↓), die Hirnflüssigkeit, wird von alledem weitgehend freigehalten).

Die Nervenzellen werden durch diese Einblutung übermäßig stark gereizt und gehen schließlich zugrunde. Hirnblutungen können entstehen, wenn das Blutgefäß im Gehirn eine Schwäche hat. Solche Orte übermäßiger Elastizität nennt man *Aneurysma* (griech. für „Erweiterung"), eine ballonförmige Ausstülpung des Gefäßes. Durch eine plötzliche Blutdruckerhöhung kann ein solches Aneurysma reißen und Blut in das Nervengewebe eindringen.

Ein weiterer Grund für einen Schlaganfall ist ein plötzlicher Stopp der Blutzufuhr zum Gehirn. Das kann zum Beispiel passieren, wenn ein wichtiges Versorgungsgefäß durch einen Pfropfen, einen *Thrombus*, verstopft wird. Ein solcher Thrombus

hämorrhagischer Schlaganfall

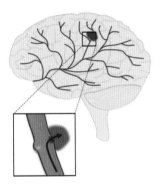

ischämischer Schlaganfall

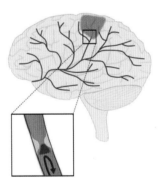

Ein Schlaganfall entsteht durch eine Durchblutungsstörung des Gehirns. Zwei dieser Störungen sind dabei typisch: Entweder das Blutgefäß ist zu elastisch und reißt irgendwann (links), das Blut sickert ins Nervengewebe, woraufhin die dortigen Nervenzellen absterben. Bei einem ischämischen Schlaganfall verstopft hingegen das Blutgefäß – die Nervenzellen werden nicht mehr mit Sauerstoff versorgt und gehen ebenfalls zugrunde.

Blutgefäße im Gehirn → S. 72
Liquor → S. 68

kann aus verklumpten Blutplättchen, aus Fetten oder Luftbläschen bestehen. Ganz Ähnliches passiert bei einer Arteriosklerose, bei der sich die Gefäßwand durch dauerhafte Ablagerungen von Fetten verengt, bis das Blutgefäß schließlich völlig undurchlässig wird. Nach den Blutgefäßen des Herzens sind die des Gehirns die davon am häufigsten betroffenen Gefäße des Körpers.

Nun könnte man meinen, dass die Sauerstoffunterversorgung des Gehirns schon Grund genug wäre, damit das Nervengewebe abstirbt. Doch tatsächlich bringen sich die Nervenzellen in einem solchen Fall auch noch aktiv selbst um. Wenn sie nämlich zu wenig Sauerstoff erhalten, werden Neurone übermäßig stark aktiv. Sie schütten den Neurotransmitter Glutamat aus, den wichtigsten erregenden Botenstoff im Gehirn. Dieser Glutamat-Schock führt in den Folgezellen ebenfalls zu ei-

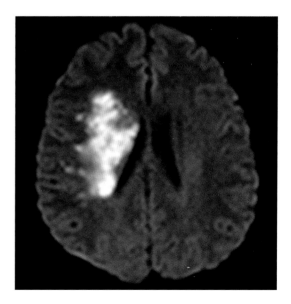

ner Überreizung. Die Nervenzellen werden regelrecht angesteckt von dieser Glutamat-Überaktivität und aktivieren ihrerseits andere Neurone, bevor sie anschließend selbst absterben. Denn zu viel Glutamat wirkt giftig und führt zu einem unkontrollierten Nervenzelltod. Insofern wirkt ein Schlaganfall wie ein Startschuss dafür, dass sich die Nervenzellen gegenseitig töten.

Ob man sich von einem Schlaganfall erholt, hängt sehr von dem Ausmaß und der Art der betroffenen Nervenzellen ab. Abgestorbenes Gewebe kann im Gehirn nicht ersetzt werden, doch manchmal können andere Hirnregionen die Funktionen des toten Gewebes übernehmen. Niemals sollte man dabei die Plastizität, die Formbarkeit des Nervengewebes unterschätzen.

Bei einem Schlaganfall bringen sich Nervenzellen auch gegenseitig um. Unter Sauerstoffmangel oder wenn Neurone plötzlich mit Blut in Berührung kommen, werden diese übermäßig stark erregt. Sie schütten den Botenstoff Glutamat aus und erregen damit benachbarte Nervenzellen. Diese Erregung ist jedoch so stark, dass das Glutamat giftig wird: Die Neurone aktivieren sich (ähnlich wie bei einer Epilepsie) übermäßig und sterben durch diesen Glutamat-Schock schließlich ab.

In einer MRT-Aufnahme (von oben auf das Gehirn) erkennt man, wie in diesem Fall in der linken Gehirnhälfte ein Schlaganfall stattgefunden hat. Das weiße Gewebe hat dabei einen Durchblutungsschock erfahren und wird absterben.

Abb. unten rechts: A Rare Cause of Stroke in Young Adults: Occlusion of the Middle Cerebral Artery by a Meningioma Postpartum, Case Reports in Neurological Medicine, 2013, Stéphane Mathis, Benoît Bataille, Samy Boucebci, Marion Jeantet, Jonathan Ciron, Laurène Vandamme und Jean-Philippe Neau.

Schädel-Hirn-Trauma
Ausgeknockt

Das Gehirn ist wie kein anderes Organ gegen äußere Stöße geschützt. So schwimmt es in einem Flüssigkeitskissen (dem Liquor ↓) und wird durch eine dicke Schädeldecke geschützt. Dennoch kann es vorkommen, dass Schläge auf den Kopf so stark sind, dass sie das Gehirn schädigen. Man spricht dann von einem Schädel-Hirn-Trauma.

Ein schwerer Schlag auf den Kopf kann eine Gehirnprellung zur Folge haben. Interessanterweise ist gerade die Härte des Schädels dafür verantwortlich, dass in einem solchen Fall das Gehirn geschädigt wird. Denn wenn es gegen den Schädelknochen stößt, können die Blutgefäße im Nervengewebe verletzt werden. Das austretende Blut kann wiederum die Nervenzellen so reizen, dass sie daran zugrunde gehen. Oftmals beobachtet man deswegen, dass die Hirnschädigung an der gegenüberliegenden Seite des eigentlichen Schlags auf den Kopf auftritt. Denn durch den äußeren Stoß wird das Gehirn auf der anderen Seite von innen gegen den Schädel gedrückt.

Gehirnprellungen nach einem Unfall gehen oft mit Bewusstseinsverlust, anschließender Verwirrtheit, Gedächtnisproblemen und Störungen der Sinneswahrnehmungen einher. Man vermutet, dass diese Symptome daher rühren, dass das Kreislaufsystem des Gehirns kurzzeitig geschädigt wird, sodass die Hirnfunktionen vorübergehend beeinträchtigt sind. Auch die Schaltkreise der Nervenzellen untereinander sind schlagempfindlich und können durch einen Stoß kurzzeitig gestört werden (man erinnert sich dann beispielsweise

nicht mehr daran, wie man ausgeknockt wurde). Diese Symptome gehen meist vorbei. Problematisch wird es erst, wenn der Schlag so stark war, dass die Blutgefäße (↓) des Gehirns beeinträchtigt sind.

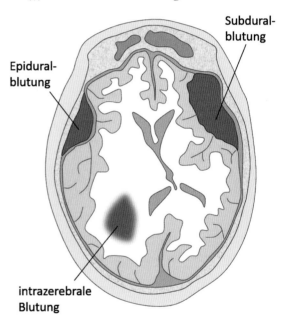

Subdural-blutung

Epidural-blutung

intrazerebrale Blutung

Das Gehirn kann durch unterschiedliche Blutungen geschädigt werden. Durch Schläge auf den Schädel kann eine Epiduralblutung auftreten, bei der arterielles (sauerstoffreiches) Blut schnell in den Spalt zwischen Hirnhaut und Schädelknochen strömt. Durch den entstehenden Druck kann das Nervengewebe zerstört werden. Subduralblutungen entstehen, wenn venöses (sauerstoffarmes) Blut in den Bereich unterhalb der Hirnhaut sickert. Eine solche Blutung dauert oft einige Tage oder Wochen. Intrazerebrale Blutungen (also innerhalb des Gehirns) entstehen, wenn Blutgefäße innerhalb des Hirngewebes verletzt werden.

Liquor → S. 68
Blutgefäßsystem des Gehirns → S. 72

Hirnblutungen können (nicht nur bei Schlaganfällen) gravierende Auswirkungen haben. Bei einer Gehirnprellung kann beispielsweise eine Arterie reißen, sodass schnell Blut zwischen den Schädelknochen und die äußerste Hirnhaut (die Dura mater ↓) strömt. Man spricht dann von einer *Epiduralblutung* (also einer Blutung oberhalb der harten Hirnhaut). Da arterielles Blut unter starkem Druck steht, strömt das Blut sehr schnell in den Spalt zwischen Schädel und Hirnhaut und bildet ein Blutgerinnsel, ein *Hämatom*. Innerhalb von Minuten oder Stunden kann der Druck auf das Gehirn so groß werden, dass die Nervenzellen absterben. Oftmals muss man daher den Schädelknochen von außen öffnen, damit der Druck durch das Hämatom gemindert wird.

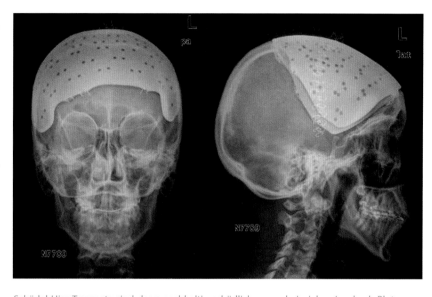

Schädel-Hirn-Traumata sind dann nachhaltig schädlich, wenn beispielsweise durch Blutungen das Nervengewebe abstirbt. Manchmal sind Schläge auf den Schädel jedoch auch so stark, dass der Knochen unwiederbringlich zerstört wird. Mittlerweile ist man medizinisch in der Lage, große Teile des Schädelknochens zu ersetzen, um dem Gehirn die nötige Schutzhülle zu rekonstruieren. Hier wurde ein großer Teil des Schädels durch ein Titan-Implantat ergänzt, dass in dieser computertomographischen Aufnahme als helle Kappe erkennbar ist.

Langsamer, aber nicht weniger gefährlich und heimtückisch, ist die *Subduralblutung*. In diesem Fall wird eine Vene beschädigt, das austretende Blut bildet nun unterhalb (lat. *„sub"*) der harten Hirnhaut ein Hämatom. Da venöses Blut unter geringerem Druck steht, kann es Tage oder Wochen dauern, bis sich nach dem Schlag auf den Kopf ein solches Hämatom ausbildet, das Nervengewebe verformt und schwere Kopfschmerzen verursacht. Oftmals bringt man es gar nicht mehr mit dem Unfall in Verbindung, dennoch kann ein solches verzögertes Hämatom genauso gefährlich sein wie eines, das sich sofort nach der Verletzung bildet.

Nicht jeder Schlag auf den Kopf führt sofort zu einer Hirnblutung. Meist bleibt es bei einer Gehirnerschütterung, die keine dauerhaften strukturellen Veränderungen des Nervengewebes zur Folge hat. Nicht verharmlosen sollte man allerdings die Langzeiteffekte von häufigen und wiederholten Gehirnerschütterungen. Bei Boxern sind Spätfolgen häufiger Gehirnerschütterungen beschrieben worden, die sich durch eine Demenz im frühen Alter (ab Mitte 50) zeigen.

Hirnhäute → S. 70
Abb. oben rechts: Maximilian Puchner, Neurochirurgische Klinik, Klinikum Vest GmbH, Knappschaftskrankenhaus Recklinghausen

Infektionen des Gehirns
Angriff auf das Nervengewebe

Wer das Gehirn infizieren will, hat es nicht leicht. Während es andere Organe den Erregern einfach machen und gut zugänglich sind (zum Beispiel die Nase oder die Lunge), wird das Gehirn durch die Blut-Hirn-Schranke abgeriegelt. Zusätzlich patrouillieren abwehrbereite Immunzellen im Gehirn, die Mikroglia (↓), die sofort bereitstehen, sollte es zu einem Mikrobenangriff kommen. Eine Gehirnentzündung (die sogenannte *Enzephalitis*) ist daher relativ selten. Wenn überhaupt, wird sie meist durch Viren ausgelöst.

Bakterien haben es nämlich besonders schwer, in das Nervengewebe einzudringen. Deswegen infizieren sie eher die umgebenden Hirnhäute, die sie leichter erreichen können. In einem solchen Fall spricht man von einer *Meningitis*, einer Hirnhautentzündung. *Meningokokken* haben sich genau darauf spezialisiert und befallen das Hirnhautgewebe direkt. Typisches Symptom dieser Erkrankung ist die Nackensteifheit. Durch moderne Antibiotikatherapien ist diese Erkrankung behandelbar, aber während einer Hirnhautentzündung abgestorbene Neurone können nicht ersetzt werden.

Eine weitere bakterienausgelöste Erkrankung des Gehirns kann die Syphilis sein. Üblicherweise befallen die Syphilisbakterien zunächst die Geschlechtsorgane, können jedoch nach einer jahrelangen Ruhephase auch das Nervensystem infizieren. So dringen die Bakterien in den Liquor ein und können ebenfalls die Hirnhäute befallen. Im Spätstadium sind Wahnsinn und Demenz die Folge, diese Form der Neurosyphilis endet unbehandelt tödlich.

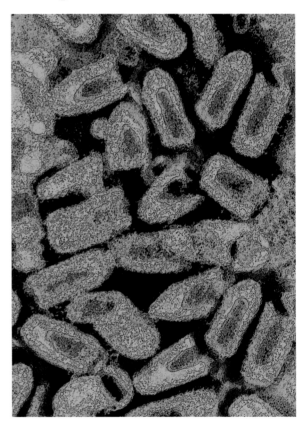

Der gespenstisch grüne Look täuscht nicht: Hier ist eine Gruppe Tollwutviren im Elektronenmikroskop sichtbar gemacht. Ein einzelnes Viruspartikel hat dabei eine kegelförmige Struktur: Der hellgrüne Rand schützt die dunkelgrüne Fracht im Inneren: die Erbsub-stanz, mit der das Virus eine befallene Nervenzelle zur Herstellung weiterer Viren umprogrammieren kann. Da Tollwutviren kleiner als die Wellenlänge des Lichts sind, erfolgt die Farbgebung in diesem elektronenmikroskopischen Bild natürlich willkürlich. In Wirklichkeit haben solche Viren keine Farbe.

Mikroglia → S. 128
Abb. rechts: Frederick A. Murphy, University of Texas Medical Branch, Galveston, Texas, USA

Auch manche Viren haben sich darauf spezialisiert, das Nervensystem zu befallen. Besonders bekannt ist die FSME, die Frühsommer-Meningoenzephalitis, die durch Zecken übertragen wird. Die FSME-Viren können in einem späten Stadium der Erkrankung (nach einer anfänglichen grippeähnlichen Phase) Teile der Hirnhäute oder gar das gesamte Gehirn inklusive Rückenmark infizieren. So kann es in solchen Fällen zu Lähmungen und Bewusstseinsstörungen kommen.

Ein weiteres Virus, das sich auf die Infektion des Nervensystems konzentriert, ist das Tollwutvirus. Diese Krankheit wird hauptsächlich durch Bisse tollwütiger Tiere übertragen. Durch einen solchen Biss gelangt das Virus vom Speichel des Tieres in die Muskulatur des Menschen. Dort angekommen, muss das Virus einen Weg finden, um zum Gehirn zu gelangen. Interessanterweise nutzt es dafür einen Trick und kapert gewissermaßen die Transportmaschinerie in der Nervenfaser (↓). Ständig werden dort Zellpartikel hin und her transportiert. Wie ein blinder Passagier lässt sich das Tollwutvirus von den Nervenendigungen in der Muskulatur zum Zellkern der Nervenzelle im Gehirn transportieren. Dort übernimmt es die Kontrolle der Nervenzelle, sodass diese immer wieder neue Viren produziert. Typisches Symptom

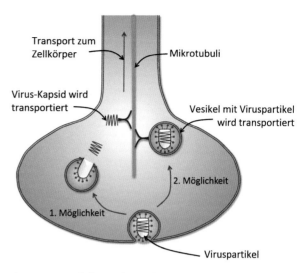

Transport zum Zellkörper

Mikrotubuli

Virus-Kapsid wird transportiert

Vesikel mit Viruspartikel wird transportiert

2. Möglichkeit

1. Möglichkeit

Viruspartikel

Wenn Viruspartikel ins Gehirn gelangen müssen, nutzen sie dafür meist das zelleigene Transportsystem und lassen sich von der Peripherie (z. B. den Muskeln) ins Gehirn bringen, das Tollwutvirus macht das so. Prinzipiell kann das Virus dabei als Ganzes in einem Membranbläschen (einem Vesikel) transportiert werden – oder nur das wichtige Innere des Virus (das Kapsid mit den Virusgenen) wird in der Nervenfaser zum Zellkern des Neurons transportiert.

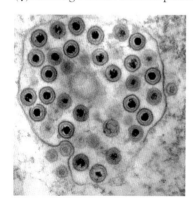

Auch das Herpesvirus kann das Gehirn infizieren. Hier sind die Herpesviren elektronenmikroskopisch gezeigt: Die dunklen Kreise stellen das Virusinnere dar, das zusätzlich von einer Schutzhülle (hellgrauer Ring) umgeben ist.

in dieser Krankheitsphase ist eine Wasserangst: Da das Virus die Muskulatur des Körpers lähmt, entstehen beim Trinken starke Krämpfe im Schlund, die bei den Betroffenen eine Panik vor Wasser auslösen. Im weiteren Stadium zerstört das Virus die Atemmuskulatur, sodass man unbehandelt nach einer Woche stirbt.

Interessanterweise sind viele Infektionen des Gehirns Entzündungen. Nicht immer sind es nämlich angreifende Mikroben, die eine Hirnschädigung auslösen. Oft sorgt erst die überschießende Reaktion der Immunzellen im Gehirn, der Mikroglia, dafür, dass das Nervengewebe durch keimtötende, aber eben auch giftige Stoffe zerstört wird.

Transport in der Nervenfaser → S. 98
Abb. unten links: Frederick A. Murphy, University of Texas Medical Branch, Galveston, Texas, USA

Rückenmarksverletzungen
Gehirn ohne Verbindung

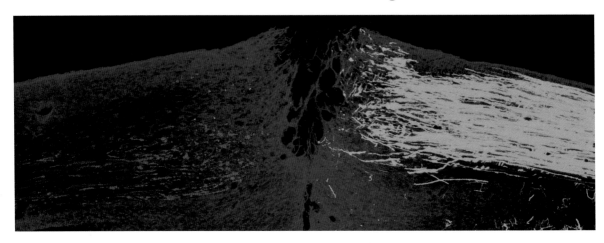

Wenn das Rückenmark verletzt wird, ergibt sich ein Problem, denn Nervenfasern des zentralen Nervensystems (zu dem auch das Rücken-mark gehört) regenerieren sich nicht so leicht. In diesem Bild eines Rückenmarks einer Ratte sieht man, was ein Schnitt ins Rückenmark anrichtet: In Blau erkennt man die Grundstruktur des Rückenmarks, in Rot und Grün sind jeweils Nervenfasern innerhalb dieses Nervenbündels gefärbt. Durch den Schnitt in der Mitte sind diese beiden Nervenfaserverläufe getrennt. Durch die Aktivität von Gliazellen vernarbt die Lücke und macht es neu auswachsenden Nervenfasern nahezu unmöglich, die Lücke zu überwinden.

Wenn man sich in den Finger schneidet, tut das weh. Wenn man sich richtig tief schneidet, kann auch das Gefühl in der Fingerkuppe verschwinden. Nämlich dann, wenn auch sensible Nervenfasern durchtrennt werden, sodass keine Impulse mehr von der Kuppe ins Gehirn geleitet werden können. Das ist insofern nicht weiter tragisch, als dass sich die dortigen Nerven (↓) bald wieder erholen. Das Gefühl kehrt so nach einigen Tagen oder Wochen in die Fingerkuppe zurück, denn diese Körperregion wird vom peripheren Nervensystem kontrolliert, und dieses kann sich regenerieren.

Anders ist das, wenn man sich ins Rückenmark schnei-

det. Im Prinzip ist das Rückenmark nichts anderes als ein Bündel aus Nervenfasern, und doch können sich die dortigen Nerven von einer Verletzung nur schwer erholen. Denn das Rückenmark gehört zum zentralen Nervensystem (↓), und das regeneriert sich schwerer.

Klassischerweise kennt man Rückenmarksverletzung unter dem Namen Querschnittslähmung. Doch nicht in allen Fällen ist das Rückenmark auch wirklich quer geschnitten, wenn es geschädigt wurde. Man kennt viele Verletzungen, bei denen die Nervenfasern entweder eingedrückt, gequetscht, zerrissen oder durch blutende Gefäße oder wachsende Tumore abgedrückt

periphere Nervenfasern → S. 16
peripheres / zentrales Nervensystem → S. 2
Abb. oben Mitte: Liu Y, Keefe K, Tang XQ, Lin S, Smith GM (2014) Use of Self-Complementary Adeno-Associated Virus Serotype 2 as a Tracer for Labeling Axons: Implications for Axon Regeneration. PLoS One. Feb 3;9(2):e87447 PMCID:PMC3911946

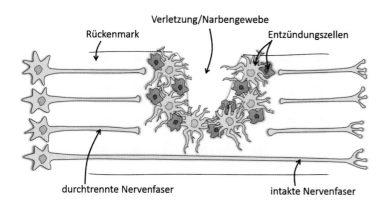

Rückenmark — Verletzung/Narbengewebe — Entzündungszellen

durchtrennte Nervenfaser — intakte Nervenfaser

Es gibt eine Reihe von Gründen, weshalb Nervenfasern im zentralen Nervensystem nur schwer wieder auswachsen. Zum einen wandern aktivierte Astrogliazellen in die verletzte Stelle ein und schütten Stoffe aus, die ein Nervenwachstum verhindern. Zum anderen lassen sie die betreffende Stelle vernarben. Nicht gezeigt ist in diesem Schema, dass auch freigesetztes Myelin (aus der Isolierungsschicht der Nervenfasern) ein erneutes Auswachsen verhindert.

werden. Je nach Ausmaß der Nervenschädigung entwickelt sich auch ein unterschiedlicher Schweregrad der anschließenden Lähmung.

Warum jedoch tun sich die Nervenfasern im zentralen Nervensystem so schwer damit, zu regenerieren? Bei einer Rückenmarksverletzung kommen mehrere ungünstige Faktoren zusammen: Ist das Nervenfaserbündel wirklich komplett durchtrennt, liegen die Nervenenden frei. Unabhängig davon, dass Neurone im zentralen Nervensystem nach und nach die Eigenschaft einbüßen, neu auszuwachsen, dringen nun Gliazellen in die Wunde ein. Dabei sind es vor allem Astroglia (↓), die Stoffe freisetzen, die ein erneutes Auswachsen der Nervenfasern verhindern. Überdies kommen die Nervenenden auf einmal mit Molekülen in Kontakt, mit denen sie normalerweise nichts direkt zu tun haben: Proteine, die in der isolierenden Schutz-

hülle um die Nervenfasern (dem Myelin ↓) liegen, werden durch die Verletzung freigesetzt und blockieren ebenfalls ein Nervenwachstum. So nützlich die Isolationsschicht um die Nervenfasern im Normalfall ist, unter diesen Bedingungen verhindern deren Bruchstücke eine Regeneration der Nerven. Im Laufe der Zeit vernarbt die verwundete Stelle im Rückenmark, sodass eine Heilung stark erschwert wird.

Das mag seltsam anmuten, denn warum sollte der Körper geradezu aktiv verhindern, dass sich Nervenfasern im Rückenmark nach einer Verletzung regenerieren? Man vermutet, dass das Nervensystem durch diese Prozesse besser kontrollieren kann, wie sich seine Verknüpfungen ausbilden. So vermeidet es, dass unbeabsichtigte Verschaltungen entstehen. Die Tatsache, dass Nervenfasern im Rückenmark nur schwer heilen, wäre demnach der Preis dafür, dass das Nervensystem seine Verbindungen über viele Jahre stabil und robust halten kann.

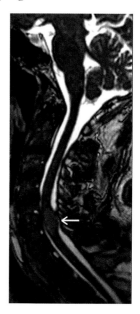

Im oberen Bereich dieser MRT-Aufnahme sieht man noch rechts das Kleinhirn (mit seinen feinen Furchen), links daneben beginnt das Rückenmark (der dunkle Strich, weiß umhüllt). Im unteren Bereich ist das Rückenmark verletzt.

Astroglia → S. 120
Myelin und die Schutzhülle der Nervenfasern → S. 130
Abb. unten rechts: Lawrence N. Tanenbaum MD FACR, Director of MRI, CT and Outpatient / Advanced Development Icahn School of Medicine at Mount Sinai

Amyotrophe Lateralsklerose

Paralysiert

Lähmungen des Körpers kann man in zwei Kategorien unterteilen: in zentrale und periphere Lähmungen. Bei einer zentralen Lähmung sind die Neurone im Rückenmark (↓) geschädigt, die Bewegungsimpulse vom Gehirn zu den Muskeln leiten. Zwar können die Muskeln dann nicht mehr willkürlich angesteuert werden (↓), dafür werden die Muskeleigenreflexe umso intensiver. Es kommt zu einer sogenannten *Spastik*, die Muskeln neigen zu unwillkürlichen Zuckungen, wenn man sie bewegt.

Bei einer peripheren Lähmung sind hingegen die peripheren Nerven im Rückenmark geschädigt. Der Bewegungsimpuls vom Gehirn kann also nicht auf diejenigen Nervenzellen verschaltet werden, die die Muskeln direkt ansteuern. Periphere Lähmungen sind deswegen immer schlaff, der Muskel reagiert nicht auf Impulse vom Gehirn.

Die *amyotrophe Lateralsklerose* (ALS) ist die einzige Erkrankung, bei der eine zentrale und eine periphere Lähmung gleichzeitig auftreten. Dabei sterben sowohl Nervenfasern ab, die Impulse vom Gehirn ins Rückenmark leiten als auch solche, die die Bewegungsimpulse anschließend an die Muskeln weitergeben. Dadurch entsteht ein einzigartiges Krankheitsbild: Eine Mischung aus einer schlaffen Lähmung, bei der die Muskeln nur erschwert angesteuert werden können, bei gleichzeitiger Verstärkung der Muskeleigenreflexe, es kommt zu unwillkürlichen Muskelzuckungen.

Die amyotrophe Lateralsklerose ist eine besondere Form einer Muskellähmung. Bei gesunden Menschen (links) werden Bewegungsimpulse im zentralen Nervensystem erzeugt und ins periphere Nervensystem zu den Muskeln geleitet. Bei der ALS sind nun sowohl die Verbindungen im zentralen als auch im peripheren Nervensystem betroffen. Dadurch können die Muskeln nur schwer angesteuert werden, gleichzeitig neigen die Muskeln zu spontanen Zuckungen.

Rückenmark → S. 20
Ansteuerung der Muskeln → S. 184

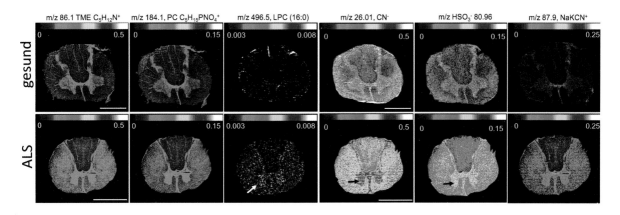

Bei der Erforschung der ALS konzentriert man sich vor allem auf krankhafte Veränderungen im Rückenmark. Und davon gibt es eine ganze Menge. Gezeigt ist hier jeweils ein Querschnitt durch ein Rückenmark, in der unteren Reihe ist dieses an ALS erkrankt. Die linken drei Bilder zeigen, dass sich Membranlipide (↓) und deren Bruchstücke (in Blau) in der Mitte des Rückenmarks anreichern (die zentralen Teile werden intensiver blau). Doch nicht nur Membranbestandteile, sondern auch Proteine lagern sich im zentralen Rückenmarksbereich ab, wie die rechten drei Bilder zeigen – je gelb/orangener, desto mehr Protein ist vorhanden. Offenbar ist bei ALS der Stoffwechsel der Zellen im Rückenmark fundamental gestört. Auf Dauer degeneriert die Impulsweiterleitung, und Muskeln werden nicht mehr angesteuert.

Der Begriff amyotrophe Lateralsklerose bezeichnet dabei den Muskelschwund (griech. „*amyotrophie*") bei seitlicher (*lateraler*) Verhärtung (*Sklerose*) des Rückenmarks.

Die ALS beginnt schleichend. Meist nimmt sie ihren Ausgang im Gehirn und setzt sich nach und nach in die Bereiche des Rückenmarks fort. Dabei nimmt die Schwere der Symptome immer mehr zu, bis es in schweren Fällen zu einer Ganzkörperlähmung kommen kann. Die Art der Symptome ist dabei sehr unterschiedlich und immer individuell. Gemeinsam ist ihnen jedoch, dass nur das willkürliche Bewegungssystem beeinträchtigt wird. Sinneswahrnehmungen wie das Berührungs- oder Temperaturempfinden oder unwillkürliche Körperfunktionen (Bewegung des Darms oder der Blase) bleiben hingegen intakt. Eine ALS geht nur sehr selten mit schwerwiegenden Beeinträchtigun-

gen der geistigen Leistungsfähigkeit einher, denn die ALS ist keine Demenz.

Die Ursachen der ALS liegen auch heute noch weitgehend im Dunkeln. Vermutet wird, dass die Mitochondrien, die Kraftwerke der Zelle, innerhalb der Nervenfasern absterben. Ohne eine ständige Zufuhr von energiereichen Molekülen degenerieren jedoch die betroffenen Fasern im Laufe der Zeit. Darüber hinaus untersucht man, ob außerdem Transportprozesse in den Nervenfasern unterbrochen sind oder ob die Fasern durch Entzündungsreaktionen angegriffen werden. Vermutlich ist es ein Zusammenspiel aus bisher unbekannten Gendefekten, die zur Entstehung der Krankheit beitragen. Eine Therapiemöglichkeit besteht bisher noch nicht, deswegen ist auch hier weitere Forschung wichtig.

Membranlipide → S. 92

Amnesie

Was ist nochmal genau passiert?

Erinnern Sie sich an den Moment Ihrer Geburt? Oder Ihren ersten Geburtstag? Vermutlich nicht, denn man erinnert sich nicht an seine ersten Lebensjahre. Wir alle haben also eine besondere Form von Gedächtnislücken: die *infantile Amnesie* (kindlicher Gedächtnisverlust). Wie es zu dieser besonderen Form von Amnesie kommt, ist bisher nicht ganz geklärt. Sehr wahrscheinlich liegt es daran, dass unsere Nervenzellen zu Beginn ihres Lebens übermäßig plastisch sind. Mit anderen Worten: Sie ändern ihre Verknüpfungen zu benachbarten Zellen derart stark, dass sich die ersten Lebenseindrücke nicht als explizites Gedächtnis ausprägen können. Erst wenn das Nervengeflecht im Laufe der Jahre stabil genug geworden ist, beginnt die bewusste Erinnerung.

Unabhängig von der kindlichen Amnesie unterscheidet man zwei Arten von Gedächtnisverlust: *anterograden* und *retrograden*. Bei einer anterograden (vorwärts gerichteten) Amnesie kann man keine neuen Gedächtnisinhalte aufbauen. Typisches Beispiel ist ein Schlag auf den Kopf, der zu einem Schädel-Hirn-Trauma (↓) führt: Auch wenn man nach dem Schlag wieder bei Bewusstsein ist, ist man manchmal so verwirrt, dass man die Eindrücke nach dem Unfall nicht abspeichern kann. Ist dieser Verwirrtheitszustand beendet, können auch wieder neue Gedächtnisinhalte aufgebaut werden.

Bei einer retrograden (rückwärts gerichteten) Amnesie erinnert man sich nicht mehr an Dinge, die in der Vergangenheit passiert sind. So kann man sich meist nicht mehr erinnern, wie es zu einem Schlag auf den Kopf gekommen ist. Die Sekunden oder Minuten vor dem Unfall bleiben im Dunkeln.

Ein Schädel-Hirn-Trauma ist die häufigste Ursache für Gedächtnisverlust im Erwachsenenalter. Doch es kann viele Gründe geben, weshalb man nicht mehr auf Erinnerungen zurückgreifen kann. Ein besonders drastisches Beispiel ist der Fall des Patienten H.M., der in die Medizingeschichte einging. Ihm wurde unter anderem sein kompletter Hippocampus (↓) entnommen, um dessen epileptische Anfälle (↓) zu heilen. Seine anschließende Unfähigkeit, eine neue bewusste Erinnerung aufzubauen, seine schwere anterograde Amnesie, zeigte erstmals, dass

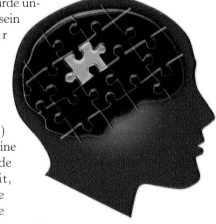

Lücken im Gedächtnis können durch vielerlei Ursachen entstehen. So können wir uns alle nicht an unsere Geburt oder die ersten Lebensmonate erinnern. Im hohen Alter können hingegen die Strukturen im Nervennetzwerk so verändert werden, dass bestehende Gedächtnisinhalte nicht mehr abgerufen werden können. Denn alles, was wir denken, ist in der Architektur des Nervennetzwerks gespeichert.

Schädel-Hirn-Trauma → S. 242
epileptische Anfälle → S. 236
Hippocampus → S. 44

retrograde Amnesie | Schlag auf den Kopf | anterograde Amnesie

Zeit

Der häufigste Grund für Gedächtnisverlust im Erwachsenenalter ist ein Schlag auf den Kopf. Dadurch werden die Neurone so durchgeschüttelt, dass sie die aktuellen Aktivierungsmuster verlieren. Infolgedessen kann man sich nicht daran erinnern, wie es zum Schlag auf den Kopf kam (eine retrograde Amnesie). Üblicherweise dauert es ein bisschen, bis sich die Neurone davon erholen. In dieser Zeit können keine neuen Erinnerungen aufgebaut werden (eine anterograde Amnesie).

der Hippocampus an dem Übergang von Informationen vom Kurzzeit- ins Langzeitgedächtnis beteiligt ist. Auch deswegen werden ähnliche Operationen heute nicht mehr durchgeführt.

Schwerer dauerhafter Alkoholkonsum (↓) über mehrere Jahre kann ebenfalls eine Gedächtnisstörung auslösen, die man als *Korsakow-Syndrom* bezeichnet. Die Patienten können keine neuen Gedächtnisinhalte aufbauen, sind zusätzlich verwirrt, halluzinieren und verlieren später auch schon bestehende Erinnerungen. Interessanterweise ist es nicht direkt der Alkohol, der (wie man vermuten könnte) in verschiedensten Hirnregionen die Nervenzellen tötet, was nach und nach auch das Gedächtnis auslöscht. Die Ursache liegt vielmehr darin, dass der Stoffwechsel der Leber derart gestört wird, dass es zu einer Unterversorgung mit Vitamin B1 kommt. Ohne dieses Vitamin sterben jedoch vor allem Zellen im Zwischenhirn ab, die mit dem Hippocampus verbunden sind. So verliert man indirekt durch den Al-kohol die Fähigkeit, sein Gedächtnis zu kontrollieren.

Hier erkennt man eine prinzipielle Ursache für Amnesie: die Schädigung der Architektur des Netzwerks. Dies ist deswegen so problematisch, da Gedächtnisinhalte (↓) in der Struktur der Nervennetzwerke gespeichert sind. Wenn wir uns an etwas erinnern, wird das Netzwerk also auf eine ganz charakteristische Weise aktiviert. Im Laufe der Zeit verbessert das Netzwerk seine Struktur derartig, dass diese Aktivierungsmuster das nächste Mal leichter ausgelöst werden können (was man „Lernen" nennt ↓). Alle Vorgänge, die diese Struktur des Nervennetzwerks verändern, führen demnach auch zu einer Einschränkung des Gedächtnisses. So gehen viele Demenzformen oder Schlaganfälle mit einem Neuronensterben einher. Diese Schädigung der Architektur des Netzwerks führt dabei dazu, dass man plötzlich oder fortschreitend immer mehr das Gedächtnis verlieren kann.

Ähnlich verhält es sich wahrscheinlich bei der infantilen Amnesie. Zu Beginn unseres Lebens sterben viele Nervenzellen und deren Kontakte ab. Das Gehirn ist dabei extrem plastisch und die Synapsen sehr formbar, um überhaupt erstmal die nötigen Strukturen für ein Gedächtnis zu bilden. Bei dieser besonderen Umgestaltung des Gehirns bleiben deswegen bewusste Gedächtnisinhalte auf der Strecke. Unbewusste jedoch nicht: Wenn Sie einmal das Laufen gelernt haben, vergessen Sie das nicht so schnell.

Alkohol → S. 262
Gedächtnisformen → S. 206
Lernen → S. 210

Schizophrenie
Wenn die Persönlichkeit aus dem Gleichgewicht gerät

Bei vielen Erkrankungen des Gehirns wird die Grenze zwischen rein organischen und psychischen Krankheiten durchbrochen. Psychosen sind daher genau auf diese Art definiert: Es handelt sich um Veränderungen der Persönlichkeit, die durch veränderte Hirnvorgänge hervorgerufen werden. Ein Beispiel für eine Psychose ist die Schizophrenie.

Der Wortbedeutung nach bezeichnet die Schizophrenie die „Teilung psychischer Funktionen". Das können völlig unterschiedliche Funktionen sein, was es schwierig macht, eine Schizophrenie anhand ihrer Symptome zu definieren. Üblicherweise unterteilt man Schizophreniesymptome daher in zwei Typen: Positivsymptome und Negativsymptome.

Positivsymptome sind überdrehte Verhaltensformen wie Wahnvorstellungen („Außerirdische wollen mich entführen") oder Halluzinationen (von Stimmen oder Personen). Demgegenüber verflachen bei den Negativsymptomen die normalen psychischen Funktionen, man ist antriebslos oder unfähig, Freude zu empfinden. Oftmals kommt es jedoch zu einer Kombination von verschiedenen Symptomen, das Krankheitsbild der Schizophrenie ist äußerst komplex – und das zeigt sich auch, wenn man die neurobiologischen Grundlagen dieser Erkrankung untersucht.

Lange Zeit ging man davon aus, dass eine Schizophrenie durch einen veränderten Dopaminspiegel ausgelöst wird. Dopamin ist ein wichtiger Botenstoff im Gehirn und übernimmt zahlreiche unterschiedliche Funktio-

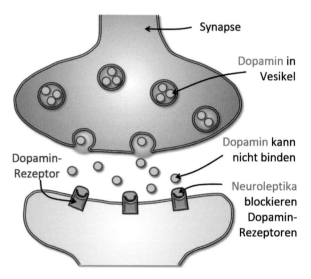

Nach einer Theorie wird Schizophrenie unter anderem durch eine übermäßig starke Ausschüttung des Botenstoffs Dopamin ausgelöst. Neuroleptika blockieren die Wirkung des Dopamins in der Synapse und werden deswegen als Schizophreniemedikament eingesetzt.

nen. Unter anderem kontrolliert es als Teil des Bewegungssystems unsere Motorik (↓), im Belohnungssystem (↓) löst es positive Gefühle aus. Bei Schizophrenie scheinen bestimmte Hirnregionen übermäßig viel Dopamin auszuschütten und so vor allem zur Bildung von Wahnvorstellungen beizutragen. Indem man mit Psychopharmaka die Bindung von Dopamin an seine Rezeptoren blockiert, verhindert man, dass solche Halluzinationen entstehen.

Bewegungssystem → S. 180
Belohnungssystem → S. 200

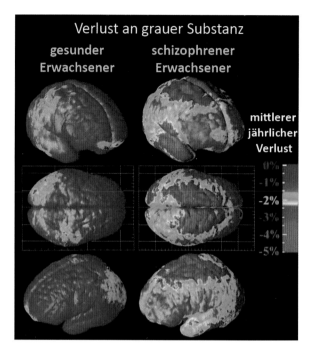

Verlust an grauer Substanz

gesunder Erwachsener | schizophrener Erwachsener

mittlerer jährlicher Verlust

0%
-1%
-2%
-3%
-4%
-5%

Die Schizophrenie ist eine psychische Erkrankung mit organischen Ursachen im Gehirn. So sterben bei Schizophreniepatienten im Laufe der Zeit Nervenzellen ab. Vor allem sind die oberen und seitlichen Hirnlappen betroffen (hier als rote Regionen erkennbar, in denen jährlich mindestens 3 Prozent der Hirnmasse schwindet).

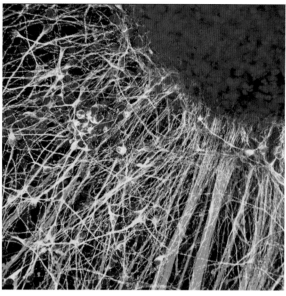

In Zellkultur untersucht man, ob auch die Nervenzellen von Schizophreniepatienten besondere Eigenschaften haben. Hier ist eine solche Kultur gezüchteter Nervenzellen eines Schizophrenie-Patienten gezeigt (Zellkerne in Blau, Nervenfasern in Gelb und Grün). Mit dieser sehr modernen Technik zeigt sich, dass „Schizophrenienervenzellen" tatsächlich weniger Kontakte ausbilden als gewöhnliche Neurone (in diesem Bild fairerweise nur bedingt erkennbar).

Allerdings scheint eine übersteigerte Aktivität des Dopaminsystems nicht der einzige Grund für eine Schizophrenie zu sein. So findet man auch strukturelle Veränderungen im Gehirn schizophrener Menschen. Oft ist deren Gehirnmasse verkleinert oder geschädigt, die Nervenzellen im Hippocampus sind chaotisch verteilt und können keine geordneten Strukturen ausbilden. Vermutlich wird so das Filtersystem für neue Reize in unserem Gehirn geschädigt: Wichtige Informationen können nicht mehr von unwichtigen unterschieden werden, werden mit zusammenhanglosen Erinnerungen vermischt und lösen folglich Wahnvorstellungen aus.

Deswegen geht man im Moment davon aus, dass die Schizophrenie durch eine Entwicklungsstörung des Gehirns ausgelöst wird, bei der viele Ursachen mitwirken. So spielen mit Sicherheit genetische Faktoren eine Rolle. Sie erhöhen das Risiko, dass unter ungünstigen Umweltbedingungen (wie Stress oder Mangelernährung vor der Geburt) eine Schizophrenie ausgelöst wird. Doch wie dieses Zusammenspiel aus genetischer Veranlagung und Umwelt genau funktioniert, ist noch unverstanden.

Abb. oben links: Mapping adolescent brain change reveals dynamic wave of accelerated gray matter loss in very early-onset schizophrenia., veröffentlicht im Journal PNAS im Juli 2001 von Paul M. Thompson, Christine Vidal, Jay N. Giedd, Peter Gochman, Jonathan Blumenthal, Robert Nicolson, Arthur W. Toga und Judith L. Rapoport.
Abb. oben rechts: Kristen Brennand, Icahn School of Medicine at Mount Sinai, Departments of Psychiatry and Neuroscience, New York, Fred H. Gage, Professor, Vi and John Adler Chair for Research on Age-Related Neurodegenerative Disease, Salk Institute for Biological Studies, La Jolla

Depression
Gehirn ohne emotionale Empfindung

Eine Depression ist eine häufige Reaktion auf ein schmerzliches Ereignis, zum Beispiel den Verlust einer geliebten Person oder der eigenen Gesundheit. Von einer krankhaften Depression spricht man erst dann, wenn drei Kernsymptome über mindestens zwei Wochen andauern: Die Betroffenen sind antriebslos, niedergeschlagen und unfähig, Freude neu zu empfinden. Nicht unterschätzen sollte man die Gefährlichkeit dieser Erkrankung. Ein Großteil der Selbstmorde geht auf das Konto einer unzureichend behandelten Depression.

Depressionen können sich entweder durch einseitige negative Stimmungen äußern, die so stark werden können, dass sich die Betroffenen nicht mehr zu alltäglichen Tätigkeiten (wie Aufstehen, Essen oder Kommunikation mit anderen Menschen) aufraffen können. Eine solche Depression ist mehr als eine bloße Traurigkeit, es ist vielmehr eine Abwesenheit jeglicher Gefühle bei gleichzeitiger Antriebslosigkeit. In diesem Fall spricht man von einer *unipolaren Depression*.

In manchen Fällen können sich solche Phasen extremer Niedergeschlagenheit jedoch mit dem exakten Gegenteil abwechseln: einer übersteigerten Antriebskraft, positiver Energie und guter Laune, einer *Manie*. Schwache Manien sind im Prinzip gar nichts Schlimmes, im Gegenteil: Leicht manische Menschen sind oft besonders leistungsfähig und gut gelaunt. Problematisch wird es erst, wenn eine Manie zu stark wird und dann oft eine Spur der Verwüstung, von angefangenen, aber unerledigten Projekten und zerbrochenen Beziehungen hinterlässt. Wechseln sich Manien mit Depressionen ab, spricht man von einer *bipolaren* (zweiseitigen) *Störung*.

Die Depression kann ein zweischneidiges Schwert sein. Schwere depressive Phasen völliger Antriebslosigkeit wechseln sich mitunter mit Episoden übersteigerten Tatendrangs (einer Manie) ab. Viele Künstler berichten oft von manisch-depressiven Phasen, die maßgeblich zu ihrem Schaffensprozess beigetragen haben - so auch der Maler dieses Bildes.

Abb. unten rechts: An der Schwelle zur Ewigkeit. Gemälde von Vincent van Gogh, 1890

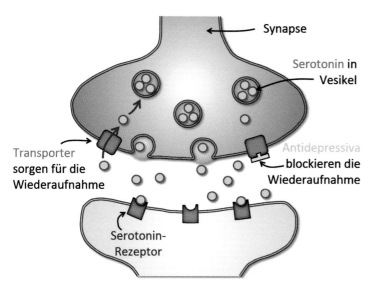

Synapse

Serotonin in Vesikel

Transporter **sorgen für die Wiederaufnahme**

Antidepressiva **blockieren die Wiederaufnahme**

Serotonin-Rezeptor

Auch wenn die Depression wie eine rein psychische Erkrankung anmutet, hat sie doch eine organische Ursache, die man mit Antidepressiva bekämpfen kann. Üblicherweise greifen solche Medikamente in den Serotoninstoffwechsel ein. Bei Depressiven scheint dieser Botenstoff nur schwach in die Synapsen ausgeschüttet zu werden. Antidepressiva blockieren die Wiederaufnahme des wenigen Serotonins und sorgen dafür, dass es länger wirken kann.

ist. Doch wie genau diese Fehlfunktion von Serotonin-Synapsen zur Depression beiträgt, weiß man nicht.

Depressionen können durch unterschiedlichste Ereignisse ausgelöst werden. Bekannt ist beispielsweise die „Winterdepression", eine Niedergeschlagenheit, die durch Lichtmangel bedingt ist. Hormonelle Schwankungen nach einer Entbindung führen hingegen bei 10 Prozent aller Mütter zu einer Wochenbettdepression, die bis zu drei Monaten anhalten kann. Hier sieht man: Äußere Ereignisse können mit bestimmten inneren Zuständen des Gehirn zusammenspielen, um eine Depression hervorzurufen. So kann eine genetische Veranlagung das Risiko erhöhen, auf schwerwiegende Ereignisse überzureagieren. Vermutet wird, dass bei Depressiven nicht nur Hirnstrukturen verändert sind (so wurde eine Störung der Verbindungen innerhalb des limbischen

Depressionen behandelt man meist mit Antidepressiva, die die Stimmung in akuten depressiven Phasen aufhellen, ohne davon abhängig zu machen (ein gesunder Mensch wird von Antidepressiva nicht „high"). Antidepressiva greifen meist in das Gleichgewicht der Botenstoffe im Gehirn ein. Wie sie das tun, ist sehr gut bekannt. So blockieren einige Medikamente den Abtransport des Neurotransmitters Serotonin (↓) aus der Synapse. So kann dieser Botenstoff länger wirken und seine Synapsen intensiver aktivieren (↓). Warum sich depressive Symptome dadurch bessern, ist jedoch nicht gänzlich klar. So vermutet man zwar, dass bei Gemütsstörungen die Freisetzung von Botenstoffen (Serotonin oder auch Dopamin bei Depressionen) gestört

Systems (↓) gezeigt), sondern auch die Freisetzung von Stresshormonen übersteigert ist. Moderne Behandlungsmethoden stimulieren deswegen direkt mit Hilfe von Elektroden bestimmte Hirnareale (unter anderem Teile des Stirnhirnbereichs), um deren vermutete Unterfunktion künstlich auszugleichen.

So vielfältig es ist, die Vielfalt an depressiven Verstimmungen oder die manisch-depressiven Schwankungen in ein einheitliches Modell zu packen, so wichtig ist es doch zu verstehen, dass die Depression eine organische Erkrankung des Gehirns ist, die oft tödlich endet. Rechtzeitig erkannt, kann eine Depression jedoch oft gut behandelt werden.

Neurotransmitter Serotonin → S. 116
synaptische Aktivierung → S. 114
limbisches System → S. 42
Abb. nächste Seite: Rachael Brust und Susan Dymecki, Department of Genetics, Harvard Medical School, USA

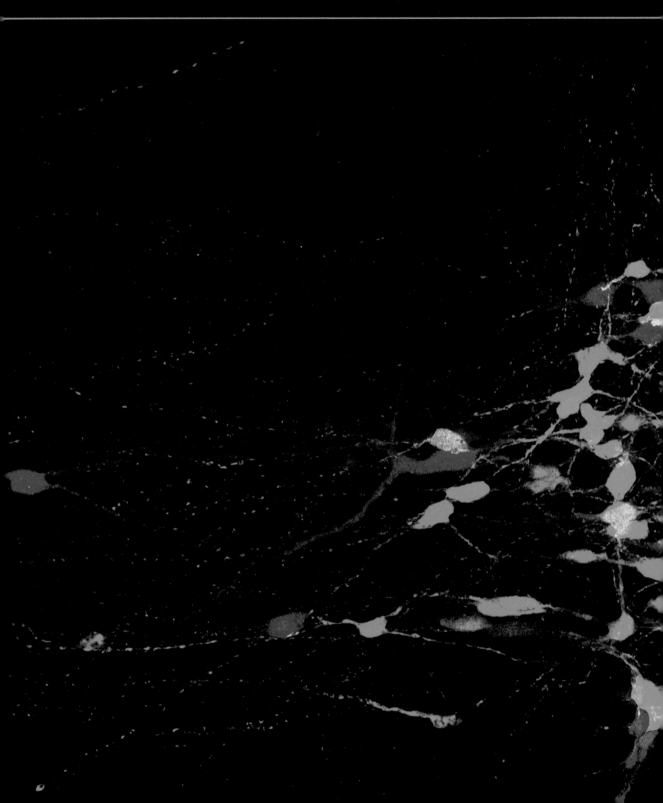

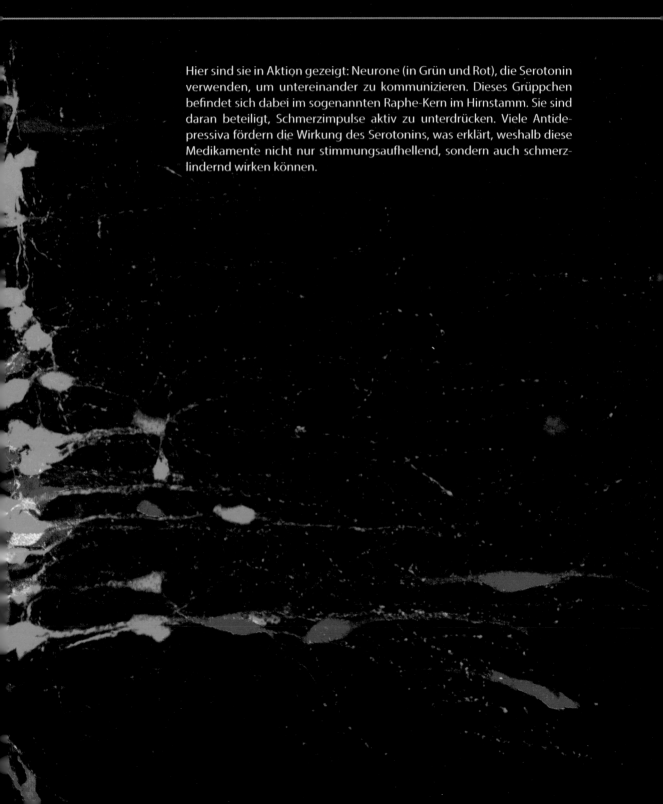

Hier sind sie in Aktion gezeigt: Neurone (in Grün und Rot), die Serotonin
verwenden, um untereinander zu kommunizieren. Dieses Grüppchen
befindet sich dabei im sogenannten Raphe-Kern im Hirnstamm. Sie sind
daran beteiligt, Schmerzimpulse aktiv zu unterdrücken. Viele Antidepressiva fördern die Wirkung des Serotonins, was erklärt, weshalb diese
Medikamente nicht nur stimmungsaufhellend, sondern auch schmerz-
lindernd wirken können.

Tourette-Syndrom
Wenn das Gehirn austic(k)t

Viele neuropsychologische Erkrankungen (wie die Schizophrenie oder die Depression) zeichnen sich durch eine Vielzahl an unterschiedlichen Symptomen aus, die es schwierig machen, ein klares Krankheitsbild zu definieren (so kennt man viele unterschiedliche Abstufungen von schizophrenem Verhalten). Beim *Tourette-Syndrom* ist das anders, denn es ist durch ganz spezifische Symptome charakterisiert, die man leicht erkennt: die sogenannten *Tics*.

Tics sind unfreiwillige, kleine Bewegungen oder Laute, die immer wiederholt werden. So können Augenzwinkern oder Kopfzucken genauso Tics sein wie das permanente Wiederholen von Wörtern. In schweren Fällen können sich Tics auch zu größeren Bewegungsabläufen ausweiten und dazu führen, dass man wiederholt Dinge berühren muss oder unkontrolliert Schimpfwörter und Obszönitäten ausspricht. Sind die Tics nur schwach ausgeprägt, müssen manche Menschen immer auf „geradzahlige" Treppenstufen steigen oder jeden Knopf dreimal drücken, wenn sie ihn sehen. Das Tourette-Syndrom ist also eine Zwangserkrankung.

Das Tourette-Syndrom betrifft dreimal so häufig Männer wie Frauen und beginnt meist in der Jugend oder dem frühen Erwachsenenalter. Häufig verschwinden die Symptome, wenn die Betroffenen älter werden. Das ist gut, erschwert aber auf der anderen Seite die Untersuchung von anatomischen Strukturen verstorbener Tourette-Patienten, da diese zum Zeitpunkt ihres Todes oftmals wieder symptomfrei waren. Wenn man live mit bildgebenden Verfahren erforschen will, was in einem Gehirn passiert, wenn ein Tic entsteht, ist das ebenfalls nicht einfach. Denn dazu müssten die Betroffenen unbeweglich in einem Kernspintomographen liegen – und eben keinen Tic-Anfall bekommen.

M. le Dʳ GILLES DE LA TOURETTE,
Médecin des Hôpitaux de Paris, directeur en chef
du service médical de l'Exposition de 1900.
Cliché E. Pirou.

Georges Gilles de la Tourette war 1885 der erste Mediziner, der den verschiedensten Zwangsstörungen ein gemeinsames Krankheitsbild zuschrieb: das später nach ihm benannte Tourette-Syndrom. Er war zu seiner Zeit in Paris ein medizinisches Ausnahmetalent, das jedoch früh mit Anfang 40 selbst an einer psychischen Erkrankung litt und wahnsinnig wurde. Heute wissen wir, dass er an einer Neurosyphilis (↓) erkrankte, bei der Bakterien sein Hirn befielen.

Neurosyphilis → S. 244
Abb. unten links: Aufnahme von E. Pirou (1841–1909)

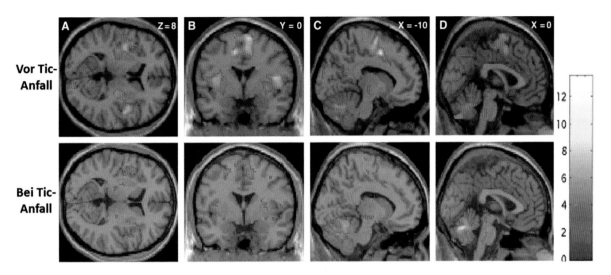

Es ist nicht immer einfach zu zeigen, was in einem Gehirn während eines Tic-Anfalls passiert. Die obigen Aufnahmen wurden daher mit Hilfe der sogenannten „ereignisbasierten MRT" gemacht: Die obere Reihe zeigt die verstärkte Aktivität des Gehirns unmittelbar (zwei Sekunden) vor dem Tic-Anfall. Die Skala rechts zeigt, wie die Aktivität im Bild eingefärbt wurde. Unten sind übermäßig aktive Hirnregionen während eines Tic-Anfalls gezeigt. Während vor dem Anfall vor allem Regionen in der Großhirnrinde aktiv sind (obere Reihe, zweites Bild von links), verlagert sich die Aktivität während des Tics zum Kleinhirn (Bild ganz rechts unten). Interessanterweise erinnert das Aktivierungsmuster vor dem Tic-Anfall an die Gehirnaktivität bei einem Juckreiz. Schließlich haben sowohl ein Tic als auch ein Jucken gemeinsam, dass man quasi zu einer Bewegung (z. B. dem Kratzen) gezwungen wird. Möglicherweise nutzt das Gehirn für beide Vorgänge ähnliche Neuronengruppen.

Aktuell konzentriert sich die Erforschung des Tourette-Syndroms auf eine besondere Hirnstruktur, die an der Kontrolle von Bewegungsimpulsen beteiligt ist: das Striatum, das Teil der Basalganglien (↓) ist. Über das Striatum kann das Gehirn Bewegungsimpulse zusammenführen und kontrollieren. Vermutet wird, dass bei Tourette-Patienten genau diese Großhirn-Striatum-Achse weniger gut funktioniert. Dies könnte daran liegen, dass das Striatum entweder verkleinert ist oder nicht mehr so gut auf Botenstoffe (wie Dopamin) anspricht. In der Folge würden unwillkürliche Bewegungen ausgelöst, die das Großhirn normalerweise blockieren würde, weil sie unangebracht sind. Bei der Tourette-Erkrankung fällt diese Filterfunktion quasi weg, und die Betroffenen sind ihren Zwängen ausgeliefert. Dazu passt, dass Tourette-Patienten ihre Tics mit großer Willenskraft unterdrücken können. Als wäre eine zusätzliche Anstrengung nötig, damit das Großhirn wieder auf das Striatum einwirken und die Kontrolle über die Tic-Bewegungen übernehmen kann.

Allerdings scheint auch das Tourette-Syndrom nicht allein durch Schädigungen im Bewegungssystem des Gehirns ausgelöst zu werden. Aktuelle Forschung konzentriert sich deswegen zum einen darauf, die beteiligten Hirnregionen genauer zu identifizieren, als auch einen möglicherweise veränderten Botenstoffwechsel in den dortigen Nervenzellen zu bestimmen.

Basalganglien → S. 50

Abb. oben Mitte: "Neural correlates of tic generation in Tourette syndrome: an event-related functional MRI study", Brain, 2006, von S. Bohlhalter, A. Goldfine, S. Matteson, G. Garraux, T. Hanakawa, K. Kansaku, R. Wurzman, M. Hallett., mit freundlicher Genehmigung von Oxford University Press

Suchtverhalten

Die übersteigerte Suche nach dem Glück

Wir alle sind mehr oder weniger süchtig. Denn Sucht ist prinzipiell nichts Besonderes, sondern eine grundlegende biologische Reaktion: Ein Stoff oder ein Verhaltensmuster führen zu einem positiven Gefühl, das uns motiviert, das jeweilige Verhalten zu wiederholen. Die biologischen Mechanismen der Sucht und des grundlegenden Motivationsverhaltens (↓) sind daher oft ähnlich: Hungergefühl oder Schlafbedürfnis treiben uns immer wieder an, zu essen oder zu schlafen. Positive Überraschungen (zum Beispiel der Gewinn beim Glücksspiel) motivieren uns, das entsprechende Verhalten zu wiederholen. Suchtverhalten ist im Prinzip ein solches übersteigertes Motivationsverhalten, das außer Kontrolle gerät und ein gesundheitsgefährdendes Maß erreicht.

Natürlich unterscheiden sich krankhaftes Suchtverhalten wie der Konsum von Drogen von normalen körperlichen Trieben wie Hunger und Durst: In einer körperlichen oder psychischen Abhängigkeit setzen Süchtige ihr Verhalten fort, obwohl sie wissen, dass es ihren Körper schädigt. So unterschiedlich die Dinge sind, die uns abhängig machen können (von illegalen Drogen bis zum Glücksspiel), zielen fast alle Abläufe bei einer Sucht auf die Aktivierung des gleichen Zielgebiets im Gehirn: dem Dopaminsystem im Zwischen- und Mittelhirn.

Es ist die gleiche Region, die auch für unser Motivationsverhalten zuständig ist: das ventrale Tegmentum im Mittelhirn (↓). Das ventrale Tegmentum ist die Steuereinheit unseres „Belohnungszentrums" und kontrolliert über Dopamin dessen Aktivität. Dopamin ist also,

neben den vielen anderen Funktionen, die dieser Botenstoff im Nervensystem hat, so etwas wie die „Mutter aller Drogen", denn jeglicher süchtig machender Stoff, wirkt auf die Aktivität dieser Dopaminnervenzellen ein.

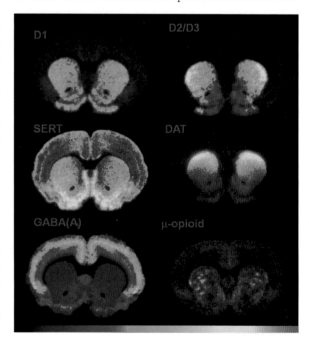

Hier sieht man, wo die wichtigsten Botenstoffe des Belohnungssystems im Gehirn einer Ratte wirken (immer in Gelb/Grün gezeigt): Dopamin bindet an D1- und D2/D3-Rezeptoren, die im Mittelhirn sitzen (der runde Bereich in der Mitte des Gehirns, dort sitzen auch Transportmoleküle, DAT, für Dopamin). Serotonin wird ebenfalls in dieser Region transportiert (durch die SERT, Serotonintransporter). Der hemmende Botenstoff GABA wirkt eher im Cortex (dem halbrunden grünen Streifen am Rand des Gehirns), Opioide besetzen nur kleine Regionen im Mittelhirn.

Motivationsverhalten → S. 200
Mittelhirn → S. 63
Abb. unten rechts: Dr. Bianca Jupp, Department of Psychology and Behavioural and Clinical Neuroscience Institute, University of Cambridge, UK

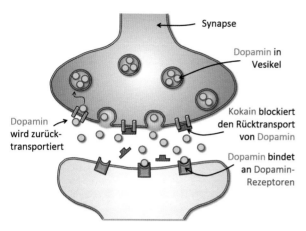

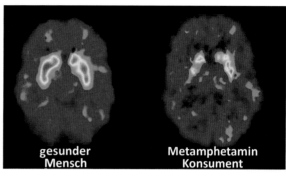

Ein typisch süchtig machender Stoff (hier das Kokain in Rot gezeigt) greift in den Dopaminstoffwechsel an den Synapsen des „Belohnungszentrums" im Gehirn ein. Kokain verhindert, dass Dopamin in die Präsynapse (↓) zurücktransportiert wird. So kann Dopamin länger wirken und die Motivationsregionen aktivieren.

Das Problem von Drogen ist, dass man sich daran gewöhnt, sodass man immer höhere Dosen zuführen muss, um den gleichen Effekt zu erzielen. In dieser Aufnahme ist gezeigt, wie und wo die Nervenzellen im Gehirn aktiv sind, wenn sie durch Metamphetamine (z. B. Crystal Meth) stimuliert werden (je röter, desto aktiver). Während bei einem gesunden Menschen die Nervenzellen stark und räumlich sehr begrenzt im Mittelhirn aktiv sind, sind sie bei einem Süchtigen (rechts) viel weniger aktiv. Man müsste also mehr von der Droge zuführen, um die gleiche Stimulation zu erhalten.

Was passiert nun im Gehirn beim Entstehen einer Sucht? Wird dieses Motivationssystem ständig durch die Zufuhr einer Droge überreizt, passt sich das Nervengewebe an. Besonders im Nucleus accumbens (dem „Motivationszentrum" im Gehirn) werden zusätzliche Dopamin-Rezeptoren gebildet, um den Dopaminreiz besser zu verarbeiten. Das bedeutet aber auch: Man muss immer mehr von der Droge zuführen, damit man denselben Effekt wie zuvor erzielt, man gewöhnt sich an den Drogenreiz. Wenn ein Raucher raucht, tut er das also nicht, damit er ein angenehmes Gefühl empfindet. Sondern damit er sich fühlt, wie sich ein Nichtraucher immer fühlt. Nahezu alle Drogen greifen irgendwo in diesen Mechanismus ein. Nikotin stimuliert die Dopaminneurone im ventralen Tegmentum direkt. Heroin und andere Opiate enthemmen diese. Kokain und Amphetamine (wie Ecstasy oder Crystal Meth)

hemmen wiederum den Abtransport von Dopamin im Nucleus accumbens und sorgen dafür, dass es länger wirken kann.

Obwohl das Dopaminsystem im Nucleus accumbens unser Glückempfinden dominiert, reicht es alleine nicht aus, um ein komplexes Suchtverhalten zu erklären. Je länger das Suchtverhalten dauert, desto mehr fordert der Nucleus accumbens nach stärkeren Stimulationen (er ist auf immer höhere Dosen angewiesen). Das Stirnhirn verliert immer mehr an Kontrolle, das Drogenverhalten wird nun von Regionen in den Basalganglien (↓) gesteuert, die für Gewohnheitsverhalten zuständig sind. Nach und nach werden Drogen- oder Verhaltenssüchtige also zwanghaft und schädigen sich selbst, obwohl sie sich dessen bewusst sind.

Präsynapse → S. 110
Basalganglien → S. 50
Abb. oben rechts: National Institute on Drug Abuse (NIDA), National Institutes of Health (NIH), Wikimedia Commons, gemeinfrei

Alkohol
Kleines Molekül, große Wirkung

Viele Drogen haben ein sehr konzentriertes Wirkungsspektrum. So wirkt Heroin gezielt auf Nervenzellen im Belohnungszentrum (↓) und blockiert den dortigen Abtransport von Dopamin. Kokain stimuliert hingegen die Freisetzung von Dopamin in dieser Region. In beiden Fällen wirkt sich das verstärkend auf unser Glücksempfinden aus. Bei Alkohol sind die Auswirkungen auf das Gehirn jedoch umfangreicher, was dazu führt, dass auch die Effekte des Alkoholkonsums sehr vielfältig sein können.

Alkohol (genau genommen Ethanol) ist ein kleines fettlösliches Molekül, das sich deswegen prima eignet, um ohne Probleme die Blut-Hirn-Schranke (↓) zu passieren. Der Blutalkoholspiegel wirkt sich deswegen direkt auf das Gehirn aus. Dort entfaltet Alkohol seine Wirkung an einer Vielzahl von Rezeptoren und beeinflusst dadurch, wie andere Neurotransmitter wirken (↓). In geringen Dosen zielt die Alkoholwirkung wie bei anderen Drogen auch auf die Belohnungsregionen im Nucleus accumbens. Dies löst bei moderatem Alkoholkonsum ein angenehmes und enthemmendes Gefühl aus.

Darüber hinaus wirkt Alkohol vorwiegend auf die hemmenden Botenstoffsysteme im Gehirn. So verstärkt er die Wirkung von gamma-Aminobuttersäure (GABA), dem wichtigsten hemmenden Neurotransmitter. Dadurch werden geistige Abläufe verlangsamt und auch die Koordination asynchron: Man spricht verzögert und geht schwankend. Verstärkt wird dieser Effekt dadurch, dass Alkohol auch die Wirkung des wichtigsten

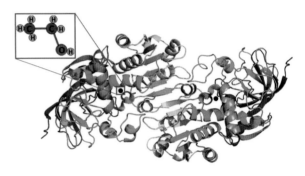

Ethanol (dessen Struktur oben links) ist ein relativ kleines Molekül und wird in der Leber von der Alkohol-Dehydrogenase abgebaut. Dieses Enzym ist in seiner Struktur hier bunt gezeigt und bindet Ethanol an den aktiven Zentren (zwei schwarze Kreise), um es dort zu verstoffwechseln.

erregenden Botenstoffs, dem Glutamat, hemmt. So bindet Alkohol an den Glutamat-Rezeptor und dämpft dessen Aktivität. Auch dies führt zu einer Beeinträchtigung und Verlangsamung unserer mentalen Prozesse, das Konzentrationsvermögen nimmt ab. Je nachdem in welcher Hirnregion Alkohol auf diese Neurotransmittersysteme wirkt, kommt es daher zu verschiedenen Symptomen: Die Systeme zur Verarbeitung von Informationen (im Großhirn und Hippocampus) können so stark aus dem Gleichgewicht geraten, dass es zu einem Aussetzen der Erinnerung („Filmriss") kommt. Im verlängerten Mark (↓) führt die Hemmung durch Alkohol zu einem Gefühl der Schläfrigkeit, im Kleinhirn stört Alkohol die Bewegungskontrolle, im Hypothalamus die Ausschüttung von Geschlechtshormonen und die sexuelle Leistungsfähigkeit.

Belohnungszentrum → S. 200
Blut-Hirn-Schranke → S. 124
Neurotransmitter → S. 116
verlängertes Mark→ S. 62

Auch wenn sich ein übermäßiger Alkoholkonsum am Folgetag anfühlt, als habe man massiv Gehirnzellen abgetötet, sind Kopfschmerzen und Übelkeit (der „Kater") in erster Linie Zeichen eines gestörten Elektrolythaushaltes und Flüssigkeitsverlustes (Alkohol verstärkt die Urinproduktion). Nichtsdestotrotz kann dauerhaftes Alkoholtrinken zu massiven Gehirnschädigungen führen. Während Alkoholiker eine Toleranz gegen höhere Alkoholmengen entwickeln, indem sich die Rezeptoren im Gehirn an den wiederkehrenden Alkoholkonsum anpassen, wird der Stoffwechsel stark beeinträchtigt. Durch eine Unterversorgung mit Vitamin B1 (Alkohol hemmt dessen Aufnahme im Verdauungstrakt) kann es bei langjährigen Alkoholkonsumenten dadurch zum Wernicke-Korsakoff-Syndrom kommen. Dabei nimmt die Hirnmasse ab, die Ventrikel vergrößern sich, die Dichte der Nervenzellen wird

reduziert. Diese Schäden sind unumkehrbar und die Betroffenen leiden unter schweren schizophrenen Störungen und können Realität und Wahn nicht mehr auseinander halten. In dieser Form führt Alkoholismus zu einer Demenz mit fortschreitendem geistigen Verfall.

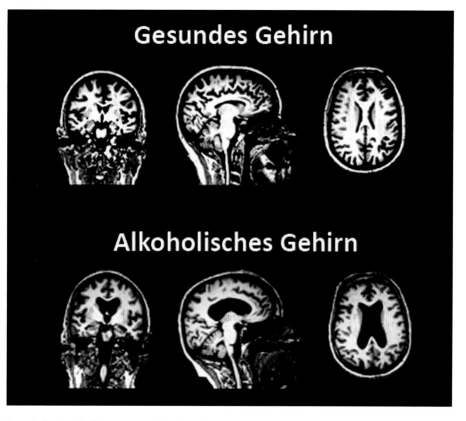

Dauerhafter Alkoholkonsum verändert das Gehirn irreversibel. Geringe Mengen können im Körper zwar schnell im Stoffwechsel umgesetzt werden, doch eine Wirkung auf das Gehirn tritt immer ein. Alkohol durchdringt die Blut-Hirn-Schranke problemlos und wirkt schnell auf die Aktivität der Nervenzellen ein. Vorübergehende Effekte kommen dadurch zustande, dass Alkohol die biochemische Balance der Neurotransmitterausschüttung stört. Übermäßiger und dauerhafter Alkoholkonsum hat hingegen massive anatomische Effekte. Hier ist in einer MRT-Aufnahme (↓) der Abbau von Hirngewebe in einem Gehirn eines Alkoholikers (unten) gezeigt. Deutlich erkennbar sind die größeren Löcher in der Mitte des Gehirns, dort haben sich die flüssigkeitsgefüllten Ventrikel (↓) ausgedehnt.

MRT-Aufnahme → S. 270
Ventrikel → S. 68

Abb. unten: Oscar-Berman, M., Valmas, M., Sawyer, K.S., Ruiz, S.M., Luhar, R., & Gravitz, Z. (2014). Profiles of impaired, spared, and recovered neuropsychological processes in alcoholism. In A. Pfefferbaum & E.V. Sullivan (Eds.), Handbook of Clinical Neurology: Alcohol and the Nervous System. Edinburgh: Elsevier, pp. 183-210

Neurotoxine
Vergiftete Nervenzellen

Wie jedes andere Organ auch, kann das Nervensystem mit chemischen Substanzen vergiftet werden. Die meisten dieser Stoffe greifen da an, wo die Nervenzelle am verwundbarsten ist: an ihrer Synapse, dort, wo die elektrischen Nervenimpulse kurzzeitig in die Ausschüttung chemischer Botenstoffe übersetzt werden (↓). In aller Kürze werden hier einige besonders bekannte Neurotoxine vorgestellt, die Synapsen blockieren.

Das giftigste Gift der Welt wird von einem Bakterium hergestellt, das in schlecht konservierten Lebensmitteln unter Luftabschluss gedeiht. Ein Esslöffel dieser Substanz würde ausreichen, um die gesamte Weltbevölkerung zu töten. Die Rede ist vom *Botulinus-Toxin*, kurz Botox. Bei Botox handelt es sich um ein Enzym, das verhindert, dass die Vesikel (↓) in den Synapsen ihre Neurotransmitter ausschütten können. Dazu spaltet Botox die Proteine, die normalerweise die Vesikel mit der Zellmembran verschmelzen lassen. So können keine Botenstoffe freigesetzt werden, eine Atemlähmung ist die Folge. Da Botox nur schlecht im Gewebe transportiert wird, kann man es (sehr stark verdünnt) dazu

Botulinus-/Tetanus-Toxin   **Curare**

Synapse

Neurotransmitter in Vesikel

Toxin **zerstört die Proteine, die für die Verschmelzung der Vesikel wichtig sind.**

Toxin **blockiert die Acetylcholin-Kanäle.**

Neurotransmitter **bindet an Natriumkanal. Natrium strömt ein und erzeugt** Aktionspotential.

Nervengifte blockieren sehr oft Synapsen. Links ist gezeigt, wie das Botulinus- oder auch das Tetanustoxin wirken: Sie zerstückeln die Fusionsproteine, die normalerweise dafür sorgen, dass die Vesikel mit Neurotransmittern mit der Zellmembran verschmelzen und ihre Fracht in den synaptischen Spalt ausschütten können. Die Weiterleitung kommt zum Erliegen.
Rechts sieht man, wie das Pflanzengift Curare wirkt: Er verhindert, dass der Botenstoff Acetylcholin an seinen Rezeptor bindet. So kann das Acetylcholin an den Muskeln nicht wirken, die motorische Endplatte (↓) der Muskeln wird gelähmt, es kann zum Atemstillstand kommen.

Synaptische Übertragung→ S. 114
Vesikel → S. 104
motorische Endplatte → S. 184

Dieser putzige Geselle links stellt eines der tödlichsten Nervengifte der Welt her: Der Kofferfisch (ein naher Verwandter des Kugelfischs) produziert das Tetrodotoxin, das die Weiterleitung der Nervenimpulse entlang einer Nervenfaser hemmt, indem es die dortigen Ionenkanäle blockiert.
Die Kegelschnecke rechts ist ebenfalls giftig. Ihre Toxine kann man in unterschiedliche Klassen einteilen, die entweder Ionenkanäle hemmen, sie übermäßig stark aktivieren oder Synapsen blockieren. In jedem Fall löst ihr Gift eine Lähmung aus. Die Wirksamkeit dieser Gifte könnte man ausnutzen, um nebenwirkungsarme Schmerzmedikamente herzustellen.

verwenden, um Gesichtsmuskeln gezielt zu lähmen und ein faltenfreies (aber ausdrucksloses) Gesicht zu erzeugen.

Ganz ähnlich wie Botox wirkt das Tetanus-Toxin, das von Bakterien während einer Wundstarrkrampf-Infektion gebildet wird. Auch dieses Gift zerstört genau die Proteine, die normalerweise die Vesikel mit der Zellmembran in einer Synapse verschmelzen lassen. Allerdings greift das Tetanustoxin hemmende Synapsen im Rückenmark an. Und was passiert, wenn man auf diese Weise eine Hemmung von Muskelfasern hemmt? Ein unkontrollierter Krampf, der die Atemmuskulatur zum Erliegen bringen kann.

Doch nicht nur die Freisetzung von Neurotransmittern kann gestört sein, manche Gifte verhindern auch, dass ein Botenstoff an seinen Rezeptor bindet. Das Ergebnis ist oft dasselbe: eine Lähmung der betroffenen Zellen, was bei der Atemmuskulatur tödlich sein kann. So wirkt beispielsweise das Pflanzengift Curare. Es blockiert die Bindungsstellen für das Acetylcholin, das normalerweise die Atemmuskulatur erregt.

Nicht unerwähnt bleiben soll an dieser Stelle ein anderes Nervengift, das allerdings nicht die Synapse direkt, sondern die Weiterleitung der Nervenimpulse stört: das Gift des Kugelfisches, Tetrodotoxin genannt. Im Gegensatz zum Botox ist das Tetrodotoxin kein Protein, sondern ein kleines Molekül – jedoch eines der toxischsten, die man kennt. Es bindet extrem stark an die Natrium-Kanäle, die bei einem Nervenimpuls Natriumionen in die Nervenzelle einströmen lassen. So blockiert, können sich die Impulse nicht mehr entlang der Nervenfaser ausbreiten (↓). Es beginnt mit Sensibilitätsstörungen (von Feinschmeckern als Kribbeln auf der Zunge bei einem Kugelfischgericht geschätzt), doch kann schon nach wenigen Minuten bis Stunden der Tod durch Atemlähmung eintreten.

Weiterleitung von Nervenimpulsen in einer Nervenfaser → S. 108
Abb. oben Mitte: Dr. Dominik Meisohle, Privataufnahmen aus dem Nationalpark Komodo, Indonesien

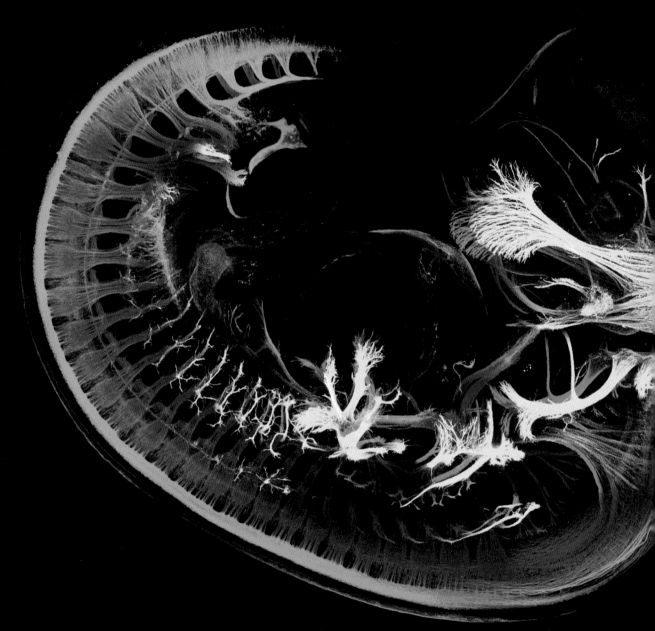

Kein Wesen einer anderen Welt, sondern ein Mausembryo. Oben rechts liegt der Kopf. Unten zieht sich das Rückenmark entlang. In der Mitte erkennt man den ovalen Dottersack . Mit einer speziellen Färbetechnik (der Immunhistochemie) sind die Nervenfasern des Embryos sichtbar gemacht. Jede Farbe gibt eine andere Tiefe im Gewebe an: Gelbe Fasern sind dem Betrachter am nächsten, grüne liegen am tiefsten, blau/violette Fasern befinden sich dazwischen.

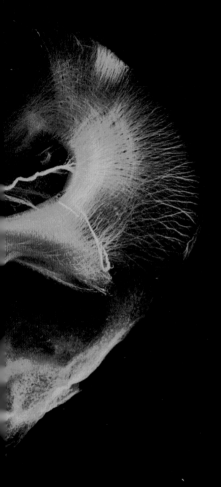

6 Methoden der Hirnforschung

Das Nervensystem ist ein recht unzugängliches Gebiet. So ist das Gehirn gut verpackt unter einer dicken Schädeldecke und sehr empfindlich gegen Eingriffe von außen. Wenn man sie untersuchen will, muss man deswegen mit raffinierten und ausgefallenen Methoden arbeiten. So erkennt man seine spannenden Details und Funktionen.

In kaum einer anderen biologischen Disziplin werden daher derart ausgefeilte und teure Techniken verwendet wie in der Neurowissenschaft. Denn während man manchmal untersuchen möchte, wie ganze Hirnareale funktionieren, liegt ein anderes Mal der Schwerpunkt auf dem Verständnis einer einzelnen Nervenzelle oder sogar eines einzigen Proteine innerhalb der Zellen. Vom großen Ganzen eines Gehirns bis zu den kleinen Details einer Nervenzelle müssen deswegen die Untersuchungsmethoden der Neurowissenschaft alles abdecken.

In den folgenden Kapiteln möchten wir daher nicht alle (das würde den Rahmen sprengen) aber doch die bekanntesten oder interessantesten experimentellen Ansätze vorstellen, mit denen man das Gehirn und seine Zellen untersucht. Wir werden dabei vom Großen ins Kleine voranschreiten und zunächst Methoden vorstellen, mit denen man große Hirnareale untersuchen kann, bevor wir zeigen, wie man auch einzelne Nervenzellen erforscht.

Nicht unerwähnt bleiben soll die Tatsache, dass der populärwissenschaftliche Aufschwung der Neurowissenschaften in den letzten Jahren auch auf dem Fortschreiten der experimentellen Techniken gründet. Denn eine Reihe neuartiger Versuchsmethoden liefert nicht nur spannende Erkenntnisse über die Funktion des Nervensystems, sondern produziert auch spektakuläre Bilder, die zeigen, wie faszinierend diese Welt der Nervenzellen ist.

Anfänge der Hirnforschung

Von kleinen Zellen und großen Karten

Hirnforschung ist nichts Neues. Im Gegenteil: Schon in der Jungsteinzeit wurden menschliche Schädel aufgebohrt und das Gehirn irgendwie untersucht (was genau, ist leider nicht mehr bekannt). Heutige Untersuchungen belegen, dass die Schädelöffnungen anschließend am Verheilen waren. Das zeigt, dass schon die steinzeitlichen Mediziner (oder wer auch immer den Schädel geöffnet hat) ihr Handwerk verstanden.

Während man sich in der Antike noch nicht einig darüber war, was die Funktion des Gehirns sei (Aristoteles behauptete gar, das Gehirn sei lediglich eine Art Kühlapparat für unser Blut), wurde im Laufe des Mittelalters immer klarer, dass das Gehirn der Sitz unserer geistigen Funktionen sei. Echter wissenschaftlicher Fortschritt gründet sich dabei meist auf neuen Methoden, die auf

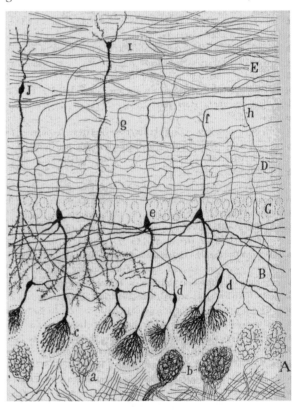

Schon etwa vor 5500 Jahren waren kundige Chirurgen in der Lage, die Schädeldecke bis zum Gehirn zu öffnen. Erstaunlich dabei: Der operierte Mensch überlebte den Eingriff.

Ramón y Cajal zeichnete als Erster vor über 110 Jahren solche Bilder von einzelnen Nervenzellen und -fasern im Nervengewebe (hier im Gehirn einer Katze). Er nutzte die seinerzeit modernsten Färbetechniken und ermöglichte erste Einblicke in die Struktur des Nervensystems. Er erhielt dafür 1906 den Nobelpreis für Medizin.

bekannte Fragestellungen angewendet werden. Nicht anders ist es auch beim Gehirn, das schon immer mit den modernsten Methoden ihrer Zeit untersucht wurde. Zwei Ausnahmekönner ihrer jeweiligen Wissenschaft haben dabei schon vor über hundert Jahren zum modernen Verständnis des Gehirns beigetragen: der deutsche Neuroanatom Korbinian Brodmann und der spanische Mediziner Santiago Ramón y Cajal.

Im Gegensatz zu anderen Organen spielt die feine Struktur des Gehirns eine besonders wichtige Rolle: Hirnstrukturen mit unterschiedlichsten Funktionen sind oft nur wenige Millimeter voneinander entfernt. Um sich zurechtzufinden, hat der Anatom Korbinian Brodmann im Jahre 1909 die menschliche Hirnrinde

anhand mikroskopischer Untersuchungen in 47 Bereiche, sogenannte *Areae*, unterteilt. Auf ihn geht auch die Unterteilung der Großhirnrinde in sechs Schichten zurück ($\downarrow$).

Brodmann orientierte sich dabei rein morphologisch, grenzte verschiedene Regionen also nur aufgrund ihrer Struktur voneinander ab. Dennoch wird seine Kartierung und die Bezeichnung der anatomischen Regionen noch heute verwendet: Die Hörrinde ist beispielsweise in den Brodmann-Areae 41 und 42 zu finden.

Ins andere Extrem ging Santiago Ramón y Cajal etwa zur gleichen Zeit. Unter Verwendung der seinerzeit modernsten Färbetechniken ($\downarrow$) war es ihm möglich, die Struktur einzelner Nervenzellen im Gewebe sichtbar zu machen. Ein ungeheurer Fortschritt, war es bis dahin doch nicht möglich gewesen, separate Zellen in ihrem natürlichen Umfeld zu untersuchen. Er beschrieb auf detaillierteste Weise den Aufbau der Nervenzellen und grenzte auch unterschiedliche Neuronentypen voneinander ab ($\downarrow$).

Wenngleich die heutigen Untersuchungsmethoden ungleich genauer sind als zu Beginn des 20. Jahrhunderts, haben beide Wissenschaftler den Weg der modernen Neurowissenschaften geebnet. Interessanterweise konzentrieren sich die meisten Forscher auch heute noch auf das große Ganze des Gehirns (wie Brodmann) oder das detailliert Kleine der Neurone (wie Cajal). Die spannende Welt dazwischen, wie aus den Zellen ein Netzwerk und schließlich ein funktionierendes Gehirn wird, ist auch heute noch ein Rätsel.

Der deutsche Neuroanatom Korbinian Brodmann zeichnete schon 1909 diese Karte vom menschlichen Gehirn. Er färbte viele kleine Gewebeschnitte, damit er auch die feinen Strukturen erkennen konnte. So unterschied er strukturell 47 unterschiedliche Bereiche der Großhirnrinde, die er in dieser Karte unterschiedlich gemustert hat.

Aufbau der Großhirnrinde in sechs Schichten → S. 39
Färbetechniken für Nervengewebe → S. 284
Neuronentypen → S. 86

Magnetresonanztomographie
Das große Ganze zeigen

Das Spannendste an einem Gehirn ist seine Struktur. Um seine Anatomie zu verstehen, war es lange Zeit nötig, den Schädel zu öffnen und das Gehirn auseinanderzuschneiden. Die daraus gewonnen Gewebeschnitte konnte man anschließend färben und die Strukturen sichtbar machen (↓). Man hat festgestellt, dass sich für solche Untersuchungen nur selten Freiwillige finden lassen. Deswegen greift man heute auf Methoden zurück, die Probanden unversehrt lassen und dennoch Einblicke in den Aufbau des Gehirns liefern.

Das bekannteste dieser bildgebenden Verfahren ist die *Magnetresonanztomographie* (MRT). Ein komplizierter Name – zu Recht, denn die MRT ist auch ein kompliziertes Verfahren. Prinzipiell untersucht man mit ihr

das, was in einem Gehirn am häufigsten vorkommt: nämlich Wasser. Genauer gesagt, die Wasserstoffatome in den Wassermolekülen. Im Prinzip verhalten sich diese Atome wie kleine Magnete, die permanent um ihre Achse kreiseln. Wenn man zwei Magnete einander annähert, weiß man aus dem Alltag: Die Magnete richten sich aneinander aus. Genau das Gleiche passiert, wenn man ein starkes äußeres Magnetfeld an einen Menschen anlegt. Einige Wasserstoffatome in seinem Gehirn orientieren sich an diesem Magnetfeld.

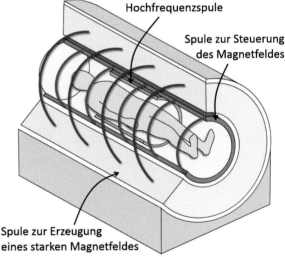

Hochfrequenzspule

Spule zur Steuerung des Magnetfeldes

Spule zur Erzeugung eines starken Magnetfeldes

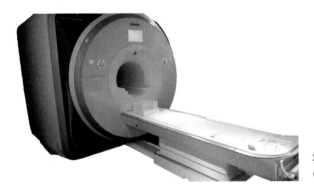

Eine „Kernspinröhre" wie man sie verwendet, um Probanden zu untersuchen. Ein solches Gerät erzeugt ein starkes Magnetfeld, weshalb man sich diesem nicht mit magnetischen Gegenständen nähern sollte.

Schematisch wird erkennbar, dass ein MRT-Gerät aus zwei Haupteinheiten besteht: Eine äußere Spule erzeugt ein Magnetfeld, das die Wasserstoffatome im Gewebe ausrichtet. Eine innere Hochfrequenzspule regt die Atome gezielt an und lässt sie in Resonanz geraten. Je nach Art des Gewebes unterscheidet sich dieser Resonanzvorgang, was man zur Sichtbarmachung der Gewebe nutzt.

Färbetechniken des Nervengewebes → S. 284

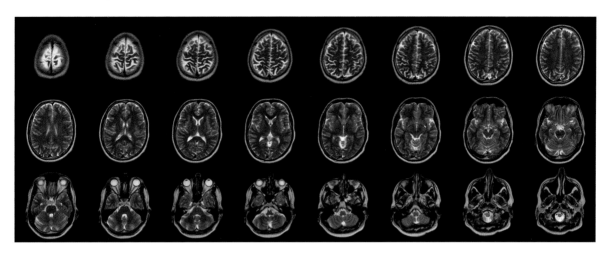

Mit Hilfe der MRT kann man jedes beliebige Körpergewebe auf schonende Art sichtbar machen. Dabei geht man immer schrittweise vor und analysiert Gewebeschicht für Gewebeschicht. In dieser Bilderserie ist so eine MRT-Untersuchung eines Gehirns gezeigt. Ganz oben links zeigt die Aufnahme noch das Gehirngewebe direkt unter der Schädeldecke. Nach rechts dringt man immer weiter in das Gehirn vor. So erkennt man die Windungen des Großhirns (viertes Bild von links in der obersten Reihe), die hellen Ventrikel in der Mitte (drittes Bild von links in der mittleren Reihe) oder die Augen und deren Verbindungen zum Gehirn (drittes Bild von links in der untersten Reihe). Auch das Kleinhirn wird so sichtbar, als bogenförmiges „Anhängsel" im unteren Bildbereich (z. B. fünftes Bild von links, unterste Reihe).

Die dafür nötigen Magnetfelder müssen etwa 100.000 Mal stärker als ein Erdmagnetfeld sein. Das erfordert hohen technischen Aufwand und ist der Grund dafür, dass eine Kernspinröhre, in die man bei der Untersuchung geschoben wird, einen solchen Krach macht.

Ausgerichtete Wasserstoffatome in einem Magnetfeld bringen natürlich noch keine große Erkenntnis. Spannend wird es erst, wenn man diese Wasserstoffatome durch einen Radioimpuls anregt. Die Radiowellen wirken nur wenige Sekundenbruchteile auf die Wasserstoffatome ein, doch das reicht, damit diese aus ihrer ursprünglichen Ausrichtung abgelenkt werden. Man sagt, die Atome geraten in Resonanz (so erklärt sich der Name dieser Messmethode). Dieser Resonanzzustand dauert jedoch nicht lange an, denn das äußere Mag-netfeld zwingt die Atome zurück in ihre ursprüngliche Ausrichtung. Der Witz ist nun: Je nachdem, in welchem Gewebe die Wasserstoffatome sitzen, geschieht diese Rückkehr unterschiedlich schnell, und das erzeugt ein Messsignal, das für das jeweilige Gewebe typisch ist.

Indem man das Gehirn scheibchenweise, Gewebeschicht für Gewebeschicht, analysiert, kann man also feststellen, ob gerade festes, weiches, fett- oder wasserreiches Gewebe untersucht wird. Deswegen nennt man das Gerät auch „Tomographen" also „Scheibchenschreiber". Anschließend kann man diese Schichten zu einem Gesamtbild des Gehirns zusammensetzen und erkennt die feinen anatomischen Unterschiede. Und das, während es lebt und ohne dass der Schädel geöffnet wurde.

Funktionelle MRT

Dem Gehirn beim Denken zuschauen

Die MRT ist ein tolles Verfahren, um ohne das Gehirn zu verletzen seine Anatomie zu untersuchen. Doch manchmal will man noch mehr, nämlich erkennen, wo gerade die meiste Denkarbeit stattfindet, dem „Gehirn beim Denken zuschauen", wenn man so will.

Nun ist es sehr schwierig, einzelne Gedanken im Gehirn zu verfolgen, denn sie gehen schnell vorbei und finden an einzelnen Zellen statt. Dafür reicht heute die zeitliche und räumliche Genauigkeit der verwendeten Messmethoden nicht aus. Mit einem Trick kann man jedoch grob einteilen, in welchen Hirnregionen gerade die meiste Denkarbeit stattfindet.

Zu diesem Zweck erweitert man die MRT. Normalerweise bestimmt man mit dieser Methode den Aufbau von Hirnstrukturen. Denn das gemessene Signal unterscheidet sich je nach der Gewebeumgebung, in der die untersuchten Wasserstoffatome sitzen. Wasserstoffatome kommen jedoch nicht nur in Nervengewebe, sondern auch in den Blutgefäßen (↓) vor (schließlich besteht auch das Blut zu einem Großteil aus Wasser). Im Blut befindet sich jedoch noch ein weiteres Molekül: das Hämoglobin, der rote Blutfarbstoff. Dieses Hämoglobin fungiert als „Huckepack-Molekül", das Sauerstoff binden und festhalten kann. Dafür enthält es ein Eisenmolekül, und wie jeder weiß: Eisen hat magnetische Eigenschaften. Genau dieser Magnetismus des Hämoglobins wirkt auf das Messsignal von Geweben ein – und das kann man mit der MRT messen

Blut verändert also die magnetischen Eigenschaften von Geweben. Deswegen ist es mit Hilfe der MRT möglich zu bestimmen, welche Hirnregionen gerade stärker und welche schwächer durchblutet werden. Man schließt nun einfach zurück: Dort, wo am meisten gedacht wird, ist der Energieumsatz auch erhöht. Deswegen muss dort mehr Blut hinfließen, um die Nervenzellen mit Nährstoffen und Sauerstoff zu versorgen. Folglich sind die Regionen, in denen die meiste Denkarbeit stattfindet, auch am stärksten durchblutet. Diese Durchblutungsunterschiede macht man anschließend sichtbar, indem man die Hirnregionen auf einem Computerbild je nach Durchblutung unterschiedlich stark einfärbt.

Insofern kann man indirekt die Aktivität von Hirnregionen ermitteln und nennt das entsprechende Messverfahren auch funktionelle MRT oder *functional magnetic resonance imaging* (fMRI). Indem man untersucht, welche Hirnregionen bei welchen Denkaufgaben (wie Sehen, Hören, Sprache, bestimmten Emotionen oder Handlungsentscheidungen) besonders aktiv sind, sind mit dieser Methode erstaunliche Erkenntnisse möglich geworden. So kann man mitunter millimetergenau eingrenzen, welche Areale im Gehirn bei Denkaufgaben mitwirken und ob sie dabei stärker oder schwächer durchblutet werden (und damit aktiver oder inaktiver sind).

Allerdings muss man immer bedenken, dass man dabei nicht direkt Gedanken- und Aktivitätsmuster der Nervenzellen untersucht, sondern nur über den Umweg der Durchblutung den Energieumsatz

Blutgefäße im Gehirn → S. 72

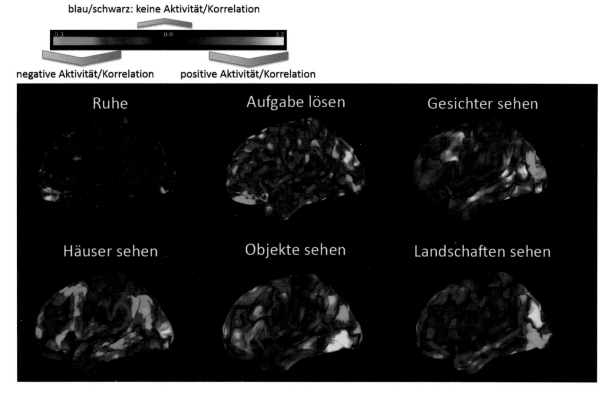

blau/schwarz: keine Aktivität/Korrelation

negative Aktivität/Korrelation   positive Aktivität/Korrelation

Ruhe   Aufgabe lösen   Gesichter sehen

Häuser sehen   Objekte sehen   Landschaften sehen

Die fMRT ist eine der derzeit wichtigsten Methoden, um die Denkarbeit des Gehirns von außen sichtbar zu machen. Hier ist die Durchblutungsaktivität des Gehirns während einer solchen Serie von Denkaufgaben gezeigt. Damit man feststellen kann, ob eine Region je nach Aufgabe aktiviert oder inaktiviert wird, muss zunächst eine Referenzmessung durchgeführt werden (oben links), bei der man keine Denkaufgabe löst. Nacheinander werden nun Objekte gezeigt (wie Gesichter, Häuser oder Haushaltsgegenstände) und gemessen, welche Hirnregionen dafür stärker durchblutet werden. Man erkennt, wie im rechten Bereich der jeweiligen Gehirnbilder (der Sehrinde in der Nackenseite) verstärkte Gehirnaktivität messbar ist (gelb). Wenn eine Denkaufgabe gelöst werden soll (in diesem Fall sollte man sich erinnern, ob ein Objekt schon mal gezeigt wurde und dabei auf einen Knopf drücken), sind wiederum andere Hirnregionen aktiv.

bestimmt. Weil man bei der fMRT nur etwa alle zwei Sekunden eine Messung durchführen kann, ist man auch nicht live dabei, wenn ein Gedanke entsteht, sondern immer etwas verzögert. Schließlich sind die bunten Bilder, die am Ende erzeugt werden, nicht das Messsignal einer einzigen Untersuchung, sondern ein Bild, das man durch Mittelung vieler Messungen künstlich am Computer erzeugt hat. Trotz alledem eröffnet uns die fMRT faszinierende Einblicke in die Arbeit des Gehirns (siehe Abbildunge auf dieser Seite) und treibt die Erkenntnisse der Neurowissenschaften voran.

Abb. oben Mitte: Prof. Dr. Klaus Scheffler, Max Planck Institut für biologische Kybernetik, Tübingen

Diffusionsgewichtete MRT
Faserwege sichtbar machen

Spannend an einem Gehirn ist nicht nur der Aufbau seiner groben Gewebestrukturen (was man mit einer klassischen MRT gut untersuchen kann). Wie wir wissen, spielen die Verknüpfungen von Hirnregionen, die wichtigen Faserverbindungen zwischen den Nervenzellnetzwerken, die entscheidende Rolle für die Funktion des Gehirns. Aus diesem Grund hat man ein weiteres Messverfahren aus der MRT entwickelt, mit dem man genau diesen Aufbau der Faserverbindungen untersuchen kann: die *diffusionsgewichtete MRT*.

Im Prinzip nutzt man die gleiche Mess-Idee wie bei allen Methoden der MRT: Man untersucht, wie sich das Resonanzsignal von Wasserstoffatomen in einem äußeren Magnetfeld ändert. Nun sind Wassermoleküle klein und beweglich und können leicht in einer Zelle oder einem Gewebe hin und her wandern. Man sagt, sie *diffundieren*, bewegen sich also mal in die eine, mal in die andere Richtung. Meist wandern die Wassermoleküle dabei ungerichtet umher, denn sie werden nicht in ihrer Orientierung begrenzt.

So ähnlich wie man jedoch einen Fluss begradigen und den Wasserstrom dadurch ausrichten kann, finden Wassermoleküle in Nervenfasern (den Axonen und Dendriten ↓) eine bevorzugte Bewegungsrichtung. Folglich bewegen sich in solchen Fasern die Wassermoleküle entlang der Faserrichtung. In welche Richtung genau (vor- oder rückwärts) ist erst einmal egal. Hauptsache, die Bewegung bleibt durch die Faser begrenzt.

Genau diese Faserrichtung misst man, wenn man die Diffusion (also die Wanderung) von Wassermolekülen im Gehirn mittels der diffusionsgewichteten MRT untersucht – man spricht deswegen auch von *diffusion tensor imaging* (DTI), also der Sichtbarmachung der räumlichen Ausrichtung der Molekülwanderung. In vielen Geweben mittelt sich die Wanderungsrichtung der Wassermoleküle heraus und man erhält kein aussagekräftiges Signal. In den Nervenfasern erkennt man jedoch genau die räumliche Orientierung dieser Wanderung – und kann somit Faserbündel im Gehirn sichtbar machen.

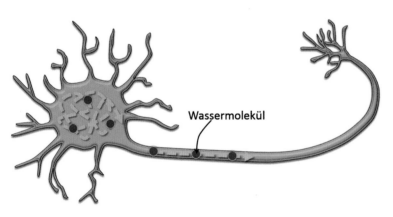

Wassermolekül

Die Bewegung von Wassermolekülen (vereinfacht als rote Punkte dargestellt) erfolgt im Zellkernbereich oft ungerichtet. In der Nervenfaser wird die Bewegungsrichtung jedoch eingegrenzt. Dies ist mit Hilfe der diffusionsgewichteten MRT messbar.

Axone und Dendriten → S. 94

Damit man in dem Gewirr an Nervenfasern nicht den Überblick verliert, färbt man die Fasern anschließend künstlich am Computer ein. Die bunten Bilder sehen also nicht nur spektakulär aus, sondern haben einen ernsthaften Hintergrund: Die Farbe der Faser gibt deren Richtung an. Im Bild auf dieser Seite laufen türkis eingefärbte Fasern beispielsweise zwischen den Hirnhälften hin und her. So erkennt man das Hauptfaserbündel zwischen den Gehirnhälften, den Balken (↓).

Die diffusionsgewichtete MRT erfreut sich seit den letzten Jahren zunehmender Beliebtheit. Schließlich ermöglicht sie den Einiblick in eine entscheidende anatomische Qualität: die Vernetzung innerhalb des Gehirns. So kann man mit dieser Methode nicht nur besser verstehen, wie das Gehirn aufgebaut ist, sondern auch einige neurodegenerative Erkrankungen oder Hirnschäden schon frühzeitig erkennen.

Die diffussionsgewichtete MRT-Technik eignet sich gut, um die Verläufe der wichtigsten Faserverbindungen im Gehirn sichtbar zu machen. Viele einzelne Nervenfasern werden für die Bildgebung dabei zu einzelnen bunten Linien zusammengefasst. In diesem Bild schaut man von vorne auf ein Gehirn. Blau/violette Fasern laufen hier zwischen der linken und rechten Gehirnhälfte hin und her, so erkennt man den Balken als geschwungenen Bogen im oberen Bereich zwischen den beiden Hirnhälften. Am untersten Bereich des Bildes sieht man den Hirnstamm, in dem orange/gelbe Fasern (auf- und absteigend) entlanglaufen.

Balken → S. 64
Abb. oben Mitte: Prof. Dr. Klaus Scheffler, Max Planck Institut für biologische Kybernetik, Tübingen
Abb. nächste Seite: Christopher Coe, Gabriele Lubach, Andrew Alexander von University of Wisconsin, Martin Styner von der University of North Carolina, Evan Calabrese, G. Allan Johnson von der Duke University

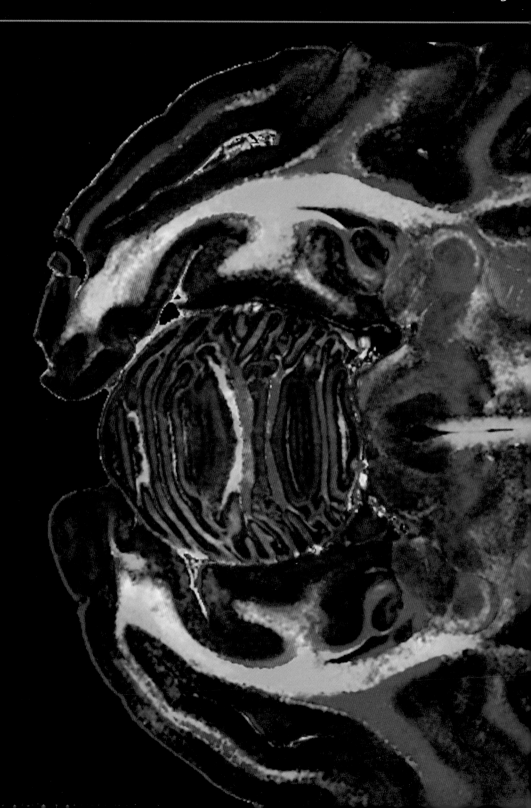

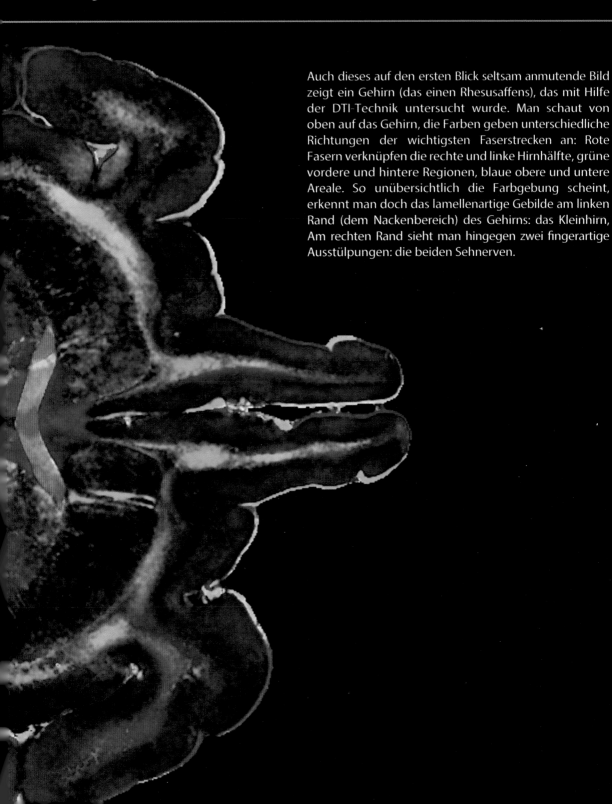

Auch dieses auf den ersten Blick seltsam anmutende Bild zeigt ein Gehirn (das einen Rhesusaffens), das mit Hilfe der DTI-Technik untersucht wurde. Man schaut von oben auf das Gehirn, die Farben geben unterschiedliche Richtungen der wichtigsten Faserstrecken an: Rote Fasern verknüpfen die rechte und linke Hirnhälfte, grüne vordere und hintere Regionen, blaue obere und untere Areale. So unübersichtlich die Farbgebung scheint, erkennt man doch das lamellenartige Gebilde am linken Rand (dem Nackenbereich) des Gehirns: das Kleinhirn, Am rechten Rand sieht man hingegen zwei fingerartige Ausstülpungen: die beiden Sehnerven.

Computertomographie
Das Gehirn durchleuchten

Nicht immer ist es nötig, auch die kleinsten anatomischen Details bei einer Untersuchung des Gehirns zu ermitteln. Die MRT hat viele Vorteile, ist jedoch auch recht kostspielig und dauert vergleichsweise lange. Manchmal ist es wichtiger, schnell die grobe Struktur des Gehirns zu untersuchen, zum Beispiel, wenn man es auf Schäden nach Verletzungen untersuchen will.

Ein zügiges Verfahren, um die grobe Anatomie des Gehirns sichtbar zu machen, ist die *Computertomographie* (CT). Im Prinzip handelt es sich dabei um eine besondere Form von Röntgenaufnahmen, die anschließend

zu einem dreidimensionalen Bild zusammengesetzt werden. Wieder wird dabei das Gehirn scheibchenweise „durchleuchtet". In diesem Fall mit Röntgenstrahlen, die je nach Gewebebeschaffenheit mehr oder weniger stark aufgehalten (absorbiert) werden. Je dichter die Struktur des Gewebes, desto schwieriger wird es für die Röntgenstrahlen durchzudringen. Weiches Gewebe wird von den Strahlen hingegen leichter passiert.

Eigentlich ist die CT also besonders gut für harte, knochige Strukturen geeignet und ermöglicht die Erkennung von komplizierten Knochenbrüchen. Im Gehirn unterscheiden sich die Strukturen von Nervengewebe

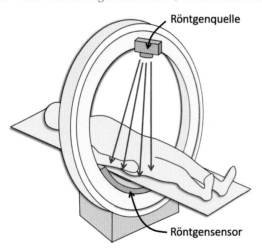

Die Computertomographie ist eine spezielle Form der Röntgenuntersuchung. Im Prinzip wird eine Testperson dabei von einer Röntgenquelle durchleuchtet. Ein Sensor auf der anderen Seite misst, wie gut die Röntgenstrahlen das Gewebe durchdringen. Indem man mit der Röntgenquelle ringsum die Testperson herumfährt, erhält man ein dreidimensionales Bild des Körpergewebes.

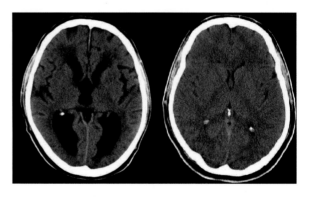

Mit Hilfe der Computertomographie lassen sich vorwiegend harte Gewebe wie Knochen sichtbar machen (der Schädelknochen als weißer Rand um die beiden obigen Gehirne). Außerdem eignet sie sich, um grobe Hirnstrukturen zu zeigen. In dieser Abbildung fällt auf: Im linken Gehirn befinden sich große dunkle Höhlen, das rechte Gehirngewebe ist hingegen kompakt. Beim linken Gehirn handelt es sich dabei um einen *Hydrocephalus*, einen Wasserkopf, also eine krankhafte Ansammlung von Hirnflüssigkeit im Ventrikelsystem (↓).

Ventrikelsystem → S. 68

jedoch nicht sonderlich voneinander – weich und glibbrig sind sie mehr oder weniger alle. Deswegen ermöglicht die CT auch keine Analyse räumlicher Details (so wie die MRT), sondern zeigt grobe Hirnstrukturen, zum Beispiel den Unterschied zwischen grauer und weißer Substanz in der Hirnrinde.

Wichtig wird die CT immer dann, wenn das Gehirn schnell auf eine etwaige Störung untersucht werden soll. Das ist zum Beispiel bei Hirnblutungen der Fall. Oftmals kann eine schwere Gehirnerschütterung (↓) kleine Blutgefäße zum Platzen bringen, was sich mitunter erst mit einiger Verzögerung zeigt (starke Kopfschmerzen, später auch Koma sind die Folge). Eine CT

kann hingegen schnell klären, ob Einblutungen in das Nervengewebe erfolgen.

Andere Anwendungen der CT können die Erkennung von Hirntumoren (↓) oder krankhaften Veränderungen der Hirnventrikel (des flüssigkeitsgefüllten Gängesystems im Gehirn) sein. Nicht vernachlässigen sollte man dabei die Strahlenbelastung für den Organismus. Während bei einer MRT keinerlei schädigende Strahlung verwendet wird, arbeitet die CT mit Röntgenstrahlen. Diese können je nach Intensität der Untersuchung Gewebestrukturen beeinflussen. Moderne CT-Geräte sind jedoch so optimiert, dass sie nur eine minimale Strahlendosis verwenden müssen.

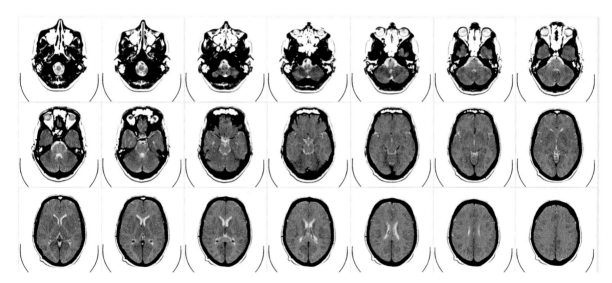

Diese Bilderserie zeigt ein und dasselbe Gehirn, das schrittweise in einer Computertomographie „durchleuchtet" wird. Je dunkler eine Region ist, desto härter (und knöcherner) ist sie. So erkennt man die Schädeldecke, die das Gehirn umgibt, und auch die knöcherne Struktur unterhalb unseres Gehirns, das die Schädelbasis und die Nasengänge bildet (obere Reihe, linkes Bild). Je heller eine Struktur ist, desto leichter dringen die Röntgenstrahlen hindurch. Die weißen Regionen im linken Bild der oberen Reihe sind dabei luftgefüllt (die Nasengänge). Graues Gewebe ist wässrig, wie das Nervengewebe im Gehirn. So erkennt man in der unteren Bildreihe die Großhirnrinde (in diesem Fall überwiegend dunkelgrau), die in der Mitte eine hellgraue, schmetterlingsförmige Struktur umgibt: den Ventrikelraum, der die Hirnflüssigkeit enthält.

Gehirnerschütterung und Hirnblutungen → S. 242
Hirntumore → S. 238
Abb. unten Mitte: CC0, de.wikipedia

Positronenemissionstomographie
Den Stoffwechsel im Gehirn beleuchten

Die *Positronenemissionstomographie* (aus naheliegenden Gründen im Folgenden als PET abgekürzt) war ursprünglich das einzige Verfahren, mit dem man Denkprozesse im lebenden Gehirn live nachverfolgen konnte. In dieser Hinsicht ist die PET mittlerweile von der fMRT (↓) ersetzt worden. Dennoch wird die PET für besonders spezielle biochemische Fragestellungen und in der Diagnostik weiterhin eingesetzt.

Der Name leitet sich vom physikalischen Phänomen

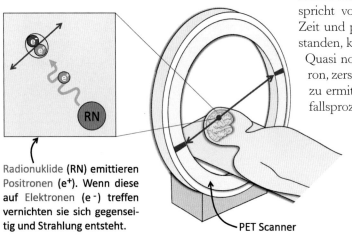

Radionuklide **(RN)** emittieren Positronen **(e+)**. Wenn diese auf Elektronen **(e-)** treffen vernichten sie sich gegenseitig und Strahlung entsteht.

— **PET Scanner**

ab, das dieser Methode zugrunde liegt: Der Aussendung (*Emission*) von *Positronen*. Positronen sind gewissermaßen die Antiteilchen von Elektronen: Sie sind positiv geladen, und sobald sie auf negativ geladene Elektronen treffen, vernichten sie sich in einem Lichtblitz gegenseitig. Positronen kommen in unserer Umwelt daher normalerweise so gut wie nicht vor und müssen für die PET künstlich erzeugt werden. Dazu verwendet man radioaktive Atome, die man in Moleküle einbaut (zum Beispiel in ein Zucker- oder ein Aminosäuremolekül). Diese radioaktiven Atome (man spricht von *Radionukliden*) zerfallen im Laufe der Zeit und produzieren dabei ein Positron. Kaum entstanden, kommt so ein Positron aber nicht weit voran. Quasi noch an Ort und Stelle trifft es auf ein Elektron, zerstrahlt, und ermöglicht so dem PET-Detektor zu ermitteln, wo im Gehirn der ursprüngliche Zerfallsprozess stattgefunden hat (denn die Strahlung dringt durch das Gehirn hindurch nach außen).

Wichtig sind für die PET deswegen zwei Dinge: Zum einen der röhrenförmige Detektor, in den der Proband geschoben wird. Zum anderen die Produktion von genügend Radionukliden, die anschließend meist in die Blutbahn gespritzt werden. Keine Angst dabei: Die verwendeten Moleküle sind zwar radioaktiv, doch die freigesetzte Strahlung ist viel zu schwach, um das Gewebe zu schädigen.

Ein PET-Scanner liegt als ringförmiger Detektor um einen Probanden herum. Er misst, wenn sich ein positiv geladenes Positron und ein negativ geladenes Elektron in einem Lichtblitz gegenseitig vernichten. Damit im Nervengewebe überhaupt ein Positron entsteht, wird dem Probanden ein schwach radioaktiv markiertes Molekül gespritzt, das anschließend ins Gehirn eindringt und dort Positronen erzeugt. So kann man beispielsweise Zuckermoleküle markieren und feststellen, in welchem Areal gerade besonders viel Zucker (und damit Energie) benötigt wird.

fMRT → S. 272

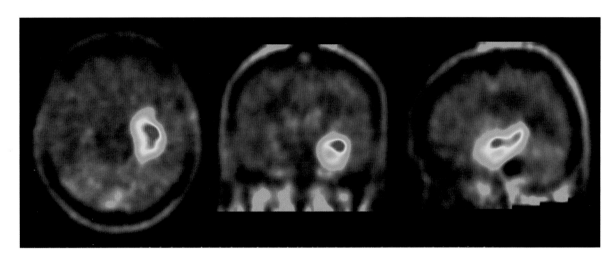

Die PET wird heute unter anderem in der klinischen Diagnostik eingesetzt. Hier sieht man drei solcher PET-Scans von ein und demselben Gehirn. Dem Probanden wurde eine radioaktiv markierte Aminosäure (Tyrosin) gespritzt, die im Nervengewebe Positronen erzeugt. Je röter eine Stelle im Scan ist, desto intensiver hat sich die Aminosäure dort angereichert. So wird deutlich, dass es in diesem Fall eine Region gibt, die das Tyrosin besonders gerne aufnimmt, viel stärker als das umliegende Gewebe. Dabei handelt es sich um ein Glioblastom, also einen Tumor, der sich von Gliazellen ableitet und während seines Wachstums auf ständigen Aminosäurenachschub angewiesen ist. Durch diese Methode ist es möglich, vor einer eventuellen Strahlentherapie das betroffene Gewebe genau einzugrenzen.

Ursprünglich wurde die PET eingesetzt, um zu ermitteln, wo das Gehirn während seiner Denkvorgänge gerade am meisten Energie umsetzt. Dazu werden einem Testteilnehmer veränderte Zuckermoleküle gespritzt, die mit dem Radionuklid ^{18}F (einem speziell veränderten Fluoratom) versehen sind. Dieses modifizierte Zuckermolekül wird von den Zellen genauso aufgenommen wie normaler Zucker, reichert sich aber in energetisch besonders aktivem Gewebe an und entsendet dort das beschriebene Lichtblitz-Signal. So kann man ermitteln, wo im Gehirn gerade besonders viel Energie umgesetzt wird. Heutzutage wird diese Methode in der Krebsdiagnostik verwendet: Da Hirntumore (↓) oftmals eine erhöhte Stoffwechselrate haben, fallen sie in einem solchen PET-Scan schnell auf. Auch der Beginn einer Demenz lässt sich mit Hilfe der PET leichter erkennen: Oft sind im Frühstadium einer Demenzerkrankung einige Hirngebiete energetisch weniger aktiv.

In einem besonderen Aspekt ist die PET auch heute noch der fMRT voraus: Sie kann sehr gut bestimmen, welches Botenstoffsystem bei welchen Hirnvorgängen eine Rolle spielt. Oft konzentriert man sich bei solchen Untersuchungen auf das Dopaminsystem. Indem man modifizierte Moleküle spritzt, die an dieselben Rezeptoren binden wie Dopamin (das tut zum Beispiel Kokain) und die mit einem Radionuklid versehen sind, kann man zeigen, dass es tatsächlich die Dopamin-Rezeptoren in unserem Belohnungssystem (↓) sind, die für Suchtverhalten zuständig sind.

Hirntumore ⟶ S. 238
Belohnungszentrum ⟶ S. 200
Abb. oben Mitte: Klinik für Nuklearmedizin, Universitätsklinikum Freiburg (Direktor: Prof. Dr. Dr. P. T. Meyer)

Elektroencephalographie
Dem Rhythmus der Neurone lauschen

Viele Methoden zur Analyse der Gehirnstrukturen bilden sehr gut ab, was sich wo im Gehirn befindet. Diese Neuroanatomie ist tatsächlich durchaus wichtig, jedoch nur die halbe Wahrheit. Denn genauso bedeutsam wie eine funktionierende Architektur ist die Funktion der Nervenzellen, die sich zu gemeinsamer Aktivität synchronisieren.

Ein Mittel der Wahl, um die elektrische Arbeit von Nervenzellverbünden zu untersuchen, ist die *Elektroencephalographie* (EEG). Diesen Zungenbrecher könnte man mit elektrischem (*elektro*) Gehirn (*cephalo*) Aufschreiben (*graphie*) übersetzen, denn letztendlich ist es genau das, was diese Methode macht: Sie zeichnet die elektrische Aktivität von Nervennetzwerken auf.

Normalerweise ist das elektrische Feld, das von einem einzelnen Nervenimpuls (↓) einer Nervenzelle ausgeht, ziemlich schwach. Zu schwach, um es von außen zu messen. Nun haben Nervenzellen eine Besonderheit: Sie verabreden sich mit anderen Nervenzellen und koordinieren ihre Impulsaktivität. So ähnlich wie in einem Fußballstadion: Ein einzelner Ruf eines einzigen Fans wird nicht besonders gut gehört. Doch wenn viele Tausend Fans das Gleiche rufen (sich also synchronisieren), ist das viel leichter zu verstehen.

Durch diese Synchronisation werden die elektrischen Felder so stark, dass man sie von außen auf der Schädeldecke messen kann. Dazu setzt man sich eine Mütze auf, die mit einigen Dutzend Elektroden bestückt ist. Ebenjene Elektroden registrieren die Schwankungen der elektrischen Felder und zeichnen sie auf. Je nachdem, wie schnell diese Felder schwanken, kann man verschiedene „Wellentypen" im EEG unterscheiden.

Im Wachzustand treten vor allem *Alpha*- und *Beta-Wellen* auf. Beta-Wellen haben eine vergleichsweise hohe Frequenz, ändern sich bis zu 30 Mal in der

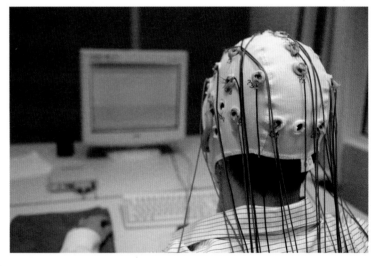

Mit einem EEG zeichnet man auf, wie sich Nervenzellen zu gemeinsamer Aktivität synchronisieren. Dazu setzt sich ein Proband eine Mütze auf, die mit Elektroden bestückt ist. Diese Elektroden registrieren, wie die elektrischen Felder der Nervenzellen schwanken.

Nervenimpuls → S. 108

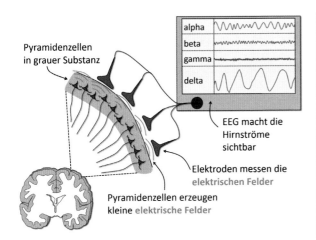

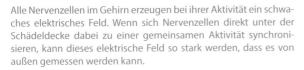

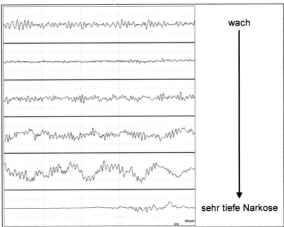

Alle Nervenzellen im Gehirn erzeugen bei ihrer Aktivität ein schwaches elektrisches Feld. Wenn sich Nervenzellen direkt unter der Schädeldecke dabei zu einer gemeinsamen Aktivität synchronisieren, kann dieses elektrische Feld so stark werden, dass es von außen gemessen werden kann.

Anhand der Frequenz der EEG-Wellen kann man auf die Aufmerksamkeit des Untersuchten zurückschließen. Grob gesagt: Je niedriger die Frequenz ist, desto weniger aufmerksam ist man. Im Tiefschlaf ist das EEG durch niederfrequente Wellen geprägt. In sehr tiefer Narkose (unten im Bild) können darüber hinaus kürzere oder länger anhaltende Phasen mit extrem flachem Kurvenverlauf auftreten.

Sekunde und gelten als Indikator für einen wachen, aufmerksamen Zustand. Schließen Sie jedoch Ihre Augen, nehmen die Alpha-Wellen zu, die etwas langsamer schwanken als die Beta-Wellen.

Man könnte als Faustregel sagen: Je langsamer sich die elektrischen Felder ändern, desto unaufmerksamer sind wir. *Delta-Wellen* (mit einer Frequenz von lediglich knapp 6 Mal pro Sekunde) treten deswegen in traumlosen Schlafphasen auf. Traumreicher Schlaf (↓) zeigt hingegen Alpha- und spezielle Beta-Wellen als wäre man im Wachzustand. Folglich wird dieser Schlaftyp auch „paradoxer Schlaf" genannt.

Gamma-Wellen haben hingegen eine sehr hohe Frequenz und zeigen an, dass sich Nervenzellen stark syn-

chronisieren, um neue Vernetzungsmuster im Gehirn zu bilden (wie jetzt in diesem Moment bei Ihnen, wie wir sehr hoffen). Einen besonderer Schub an Gamma-Wellen (einen sogenannten „*gamma burst*") beobachtet man daher oft, wenn Menschen kurz davor stehen, eine neue Idee zu entwickeln, in ihrem Kopf also neue Gedankenmuster verknüpfen.

Die EEG hat einen großen Vorteil: Sie ist zeitlich sehr genau und kann in Sekundenbruchteilen Aktivitätsänderungen messen. Dies erkauft sich diese Methode mit dem Nachteil, dass der Ort der Aktivität nicht mehr präzise bestimmt werden kann, denn üblicherweise tragen viele Tausend Nervenzellen zu einem gemeinsamen Signal an einer Elektrode bei.

Schlaf → S. 204
Abb. oben rechts: A. und B. Schultz, Klinik für Anästhesiologie und Intensivmedizin, Medizinische Hochschule Hannover

Übersichtsfärbungen
Der Blick fürs große Ganze

So schön es ist, dem Gehirn von außen „beim Denken zuzuschauen"
und es dabei unversehrt zu lassen,
manchmal muss man Nervengewebe aber auch detailliert anatomisch
untersuchen und das geht nur, wenn
man das Gehirn aufschneidet. Das
Geheimnis seiner Funktion liegt
schließlich in der Struktur der Nervenzellen verborgen und deswegen
verwendet man zahlreiche Techniken, um diese Architektur sichtbar zu
machen.

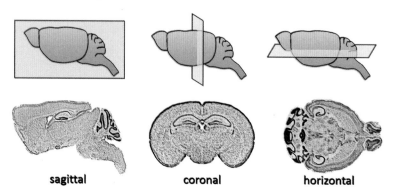

sagittal   coronal   horizontal

Ein Gehirn (hier ein Mausgehirn im Schema) kann man in drei verschiedenen
Schnitt-ebenen schneiden: längs (sagittal), quer (coronal) und horizontal.

Gewebe aus dem Gehirn ist üblicherweise recht wässrig und instabil, eignet sich also schlecht, um es dauerhaft zu untersuchen. Deswegen muss man es zunächst
fixieren, damit es anschließend nicht auseinanderfällt,
wenn man es in hauchdünne Scheibchen schneidet.
Erst wenn ein biologisches Gewebe in solchen Scheiben vorliegt, kann man es nämlich anschließend mit
Hilfe von Färbetechniken anfärben, die Struktur sichtbar machen und dauerhaft konservieren.

Je nach Art der Färbung nutzt man unterschiedliche
Techniken, um das Hirngewebe zu schneiden. Wenn
man das Gewebe in relativ dicke Schnitte unterteilen
will (etwa 40 Mikrometer dick, also dreimal dünner als
ein übliches Blatt Papier), verwendet man die *Vibra-
tomtechnik*. Das Gewebe wird in Formaldehyd fixiert,
ist anschließend recht zäh und gummiartig und kann
so von einer rasch hin und her schwingenden Rasier-

klinge im Vibratom geschnitten werden.

Dünnere Schnitte (bis zu 5 Mikrometer dünn) erreicht
man mit einem *Kryostat*, einem Gefriermikrotom. Wie
der Name schon sagt, verwendet man für diese Schnitt-
technik Gewebe, das zuvor schockgefroren und deswegen spröde und besonders dünn zu schneiden ist.

Es kommt jedoch nicht immer darauf an, möglichst
dünn zu schneiden, denn manchmal ist auch entscheidend, dass man den Verlauf von Nervenfasern in einem
Gewebestück erhält. Genauso wichtig wie die Schnitt-
technik ist deswegen die Schnittrichtung. Grundsätzlich kann man das Gehirn in drei Richtungen schneiden: quer (*coronal*), längs (*sagittal*) und horizontal.

Einmal geschnitten kann das in Scheiben vorliegende
Nervengewebe nun angefärbt werden. Oft interessiert

fMRT → S. 272

man sich dafür, wie sich unterschiedliche Hirnregionen (zum Beispiel der Hippocampus oder das Kleinhirn) anatomisch abgrenzen lassen. In solchen Fällen nutzt man sogenannte Übersichtsfärbungen, die unspezifisch die Zellen im Gehirn anfärben. Viele dieser Färbemethoden wurden zufällig entdeckt, indem man mit verschiedenen Chemikalien probierte, das Hirngewebe anzufärben. Einige dieser Techniken sind deswegen schon über hundert Jahre alt und werden heute noch verwendet. Bekannt ist beispielsweise die Nissl-Färbung (benannt nach deren Entwickler Franz Nissl), bei der ein positiv geladener violetter Farbstoff an die negativ geladenen Moleküle in den Zellen (vor allem die DNA im Zellkern) bindet. Dadurch werden die Nervenzellkerne (↓) im Gehirn alle blau gefärbt.

Umgekehrt kann man auch nur die Faserverläufe, aber nicht die Nervenzellkerne anfärben, indem man einen Farbstoff verwendet, der selektiv an die isolierende Schutzhülle (das Myelin ↓) um die Nervenfasern bindet. Durch diese Technik wird die Isolationsschicht der Nervenfasern blau, während der Rest des Gehirns weiß bleibt.

Ästhetisch besonders hervorstechende Färbetechniken wurden schon zu Beginn des 20. Jahrhunderts von Camillo Golgi und Santiago Ramón y Cajal (↓) verwendet, um die Struktur von Nervenzellen zu beschreiben. Bei der entsprechenden „Golgi-Färbung" werden einzelne Neurone mit Hilfe von Silbernitrat „versilbert" und erscheinen anschließend dunkelbraun vor gelbem Gewebehintergrund. Da nur manche Nervenzellen scheinbar zufällig durch diese Technik gefärbt werden, kann man deren Anatomie bis ins kleinste Detail sichtbar machen. Zur Belohnung gab es für die beiden Hirnforscher im Jahre 1906 den Nobelpreis für Medizin.

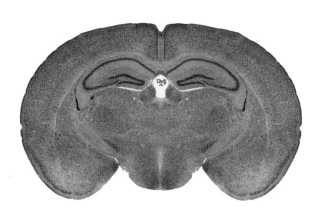

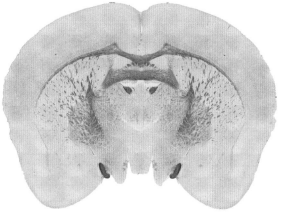

In diesem coronal (also quer) geschnittenen Mausgehirn wurden durch die Nissl-Färbung vor allem die Zellkerne der Nervenzellen lila gefärbt. Man erkennt, wie sich in der oberen Hälfte des Gehirns zwei schlaufenförmige dunkle Streifen winden: der Hippocampus.

Dieselbe Schnittebene wie im Bild links, doch eine andere Färbung. Nun sind nicht die Zellkerne der Nervenzellen lila, sondern die elektrisch isolierten Nervenfasern blau, denn das Myelin (die Schutzhülle der Fasern) wurde eingefärbt. Typisch für diese Färbung: der sichelförmige dunkelblaue Bogen in der oberen Hälfte des Bildes: der Balken, der die beiden Hirnhälften verknüpft.

Nervenzellkernbereich → S. 90
Myelin → S. 130
Ramón y Cajal und die Anfänge der Hirnforschung → S. 268

Immunhistochemie
Nervengewebe zum Leuchten bringen

Im Nervensystem generell und im Gehirn im Besonderen geht es üblicherweise sehr unübersichtlich zu. Oftmals finden zelluläre Veränderungen (zum Beispiel bei neuronalen Erkrankungen) in sehr begrenzten Hirnregionen und nur zu einem bestimmten Zeitpunkt statt. Üblicherweise zeichnen sich solche Vorgänge durch die Produktion oder Ausschüttung von Proteinen aus. Bei der Alzheimer-Erkrankung (↓) können beispielsweise große Mengen von Amyloid-Proteinen freigesetzt werden, die dann verklumpen. Manchmal möchte man auch ganz genau wissen, wo ein Rezeptor für Neurotransmitter sitzt oder welche Zellen ein bestimmtes Enzym herstellen. In solchen Fällen reicht es nicht, das Gewebe einfach mit Hilfe einer Übersichtsfärbung (↓) in einem bestimmten Farbton zu kolorieren. Man braucht ein spezifisches Nachweisverfahren, mit dem man ein ganz bestimmtes Molekül im Gehirn aufspürt.

Solche Methoden tragen häufig die Silbe „Immun" im Namen, denn sie nutzen die besonderen Eigenschaften von Antikörpern. Antikörper sind Y-förmige Proteine, die lediglich eine Sache besonders gut können: Sie binden an ein ganz bestimmtes Molekül, und zwar nur an dieses. Sie sind quasi wie Detektive, die alles um sich herum nach einer ganz bestimmten Molekülstruktur absuchen. Einmal gefunden, klammern sie sich an dieses Molekül und lassen es nicht mehr los. Üblicherweise binden Antikörper auf diese Weise an körperfremde Stoffe in der Blutbahn wie Proteine auf der Oberfläche von Viren oder an Giftstoffe, die so neutralisiert werden können. Doch im Labor macht man sich diese Eigenschaft in einem ganz anderen Umfeld zunutze.

Stellen wir uns vor, wir möchten ermitteln, wo im

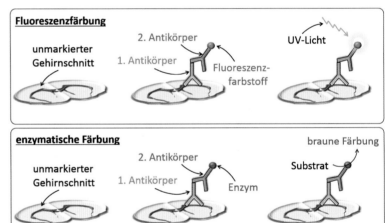

Die Immunhistochemie ist eine Technik, bei der Gewebe durch einen Antikörperschritt angefärbt wird. Zunächst wird das Hirngewebe in kleine Scheiben geschnitten. Nun gibt man einen ersten Antikörper auf die Probe, der anschließend sein ganz spezielles Zielmolekül (z. B. einen Rezeptor) erkennt. Ein zweiter Antikörper bindet anschließend an den ersten Antikörper und bringt entweder einen Fluoreszenzfarbstoff oder ein Enzym mit, das anschließend eine braune Farbe herstellt. So wird indirekt sichtbar, wo sich das gesuchte Zielmolekül im Gewebe befindet.

Alzheimer-Erkrankung → S. 224
Übersichtsfärbungen → S. 284

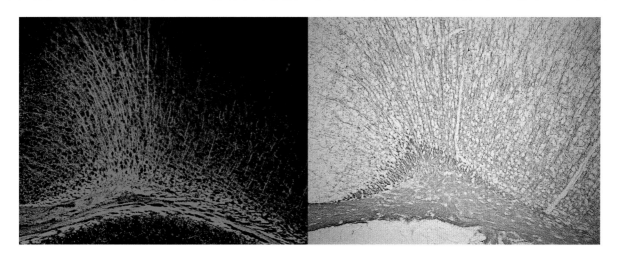

Das gleiche Ziel, zwei unterschiedliche Immuntechniken. Beide Male wird die isolierende Schutzhülle um die Nervenfasern im Gehirn gefärbt. Beide Male wird ein Antikörper verwendet, der ein typisches Molekül der Schutzhüllen-Gliazellen erkennt. Links jedoch wird dieser erste Antikörper mit einem zweiten Antikörper sichtbar gemacht, der einen grünen Fluoreszenzfarbstoff mitbringt (deswegen sind die anvisierten Gliazellen grün). Rechts erzeugt der Zweit-Antikörper eine braune Farbe, die zeigt, wo die Gliazellen sitzen.

Gehirn die isolierenden Gliazellen eine Schutzhülle um die Nervenfasern aufbauen. Zunächst wird das Gehirn in feine Scheiben geschnitten, damit der Antikörper überhaupt in das Nervengewebe eindringen und nach solchen Gliazellen (im Gehirn vor allem die Oligodendroglia ↓) suchen kann. Versetzt man nun einen solchen Gehirnschnitt mit einer wässrigen Lösung aus Antikörpern, die nur an Oligodendroglia-Zellen (und zwar nur an diese) binden, dann koppeln diese Antikörper schnell an diese Zellen und spüren sie so auf.

Das reicht jedoch nicht, denn im zweiten Schritt muss dieser Ort des Aufspürens auch sichtbar gemacht werden. Deswegen hat der Antikörper entweder schon einen Farbstoff dabei, den man anschließend im Mikroskop sehen kann. Oder der Antikörper ist an seinem Ende mit einem Enzym gekoppelt, das wiederum einen Farbstoff herstellen kann. Um den Nachweis noch empfindlicher zu machen, kann man auch einen Zweit-Antikörper hinzugeben, der wiederum an den ersten Antikörper bindet und seinerseits einen Farbstoff mitbringt. Weil üblicherweise viele Zweit-Antikörper an einen einzigen Erst-Antikörper binden und somit viele Farbstoffmoleküle mitbringen, wird das Signal verstärkt.

Die *Immunhistochemie* („histo" bedeutet Gewebe) eignet sich deswegen gut, um einzelne Proteine im Gehirn zu finden. Mit ihrer Hilfe lassen sich aber auch ganz bestimmte Zelltypen anfärben, denn Nervenzellen stellen oftmals andere Proteine her als Gliazellen. Selbst unter den Neuronen gibt es verschiedene Typen, die sich beispielsweise auf ganz konkrete Neurotransmitter spezialisiert haben. Auf diese Weise kann man daher nicht nur die Anatomie des Gehirns besser verstehen, sondern auch seine Funktion.

Oligodendroglia → S. 130

Abb. nächste Seite: aufgenommen von Dr. Haley Titus-Mitchell (während seiner Zeit in der Arbeitsgruppe von Dr. Francisco Alvarez)

Mit der Immunhistochemie kann man auch kompliziert verknüpftes Nervengewebe sichtbar machen. Hier einen Querschnitt durch den Lendenbereich der Wirbelsäule einer Ratte. Man erkennt die seitlichen „Flügel" der Schmetterlingsstruktur des Rückenmarks, die einmal in Grün und einmal in Rot gefärbt sind. In der Mitte liegen in Blau gefärbte Nervenzellkörper. Grüne Nervenzellen tragen Sinnesreize von außen zum Rückenmark und damit weiter ins Gehirn. Die beiden roten Ansammlungen von Nervenzellen sind Bewegungsneurone, die die Bewegungsimpulse vom Gehirn zu den Muskeln weiterleiten. Man erkennt, wie die dafür notwendigen Fasern (ebenfalls in Rot) seitlich und unten aus dem Rückenmark austreten. Diese Fasern werden irgendwann die Muskeln erreichen und diese aktivieren.

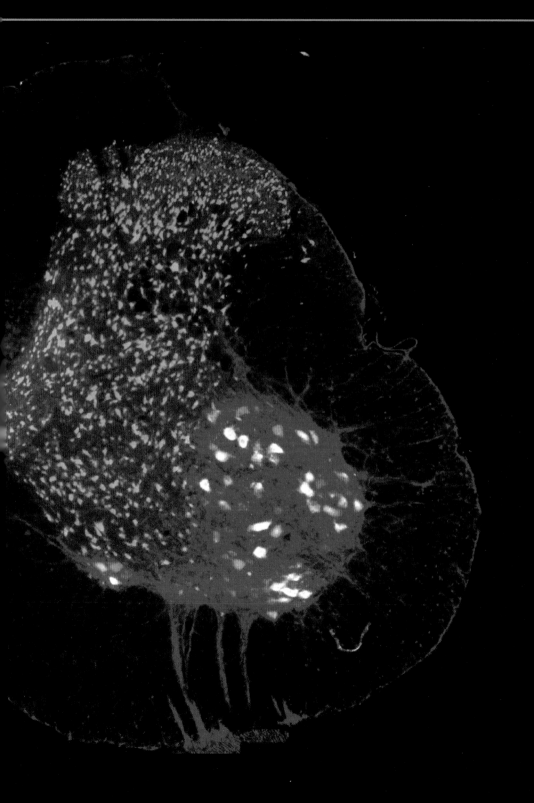

Tracing-Methoden
Den Fasern nachspüren

Im Nervensystem geht es alles andere als statisch zu. Zwar scheinen die Strukturen zwischen den Nervenzellen sehr stabil und unveränderlich zu sein, doch tatsächlich werden die Verknüpfungen zwischen den Zellen ständig angepasst. Interessant ist es deshalb zu untersuchen, welche Wege die Nervenfasern im Nervensystem nehmen. Oftmals überbrücken sie weite Strecken (man denke nur an das Rückenmark), bevor sie an einem ganz bestimmten Ort im Gehirn enden.

Bei klassischen Färbetechniken (↓) hat man oft den Nachteil, dass man nicht genau erkennen kann, wo ein ganz bestimmter Nervenfaserstrang entlangläuft. Solche Verbindungsstudien führt man deswegen besser mit *Tracing-Methoden* durch, mit denen man den genauen Verlauf von Nervenfasern nachverfolgen kann (von engl. „*trace*" – verfolgen).

Stellen wir uns vor, wir möchten beispielsweise ermitteln, wo genau der VII. Hirnnerv, der Facialisnerv (↓), entlangläuft. Wir wissen, dass er sich durch das Gesichtsfeld zieht und dann irgendwo im Gehirn endet. Mithilfe eines Tracing-Experimentes kann man jedoch den exakten Verlauf bestimmen. Möchte man zum Beispiel den Facialisnerv einer Maus untersuchen, so kann man einen speziellen Farbstoff direkt an die Fasern dieses Hirnnerven platzieren, zum Beispiel, indem man ihn im Gesichtsfeld der Maus in den Nerv injiziert. Der Farbstoff ist üblicherweise so beschaffen, dass er in die Zellmembran der Nervenzellen eingebaut wird. Dort schwimmt er hin und her, verteilt sich gleichmäßig über die gesamte Zellmembran, bis schließlich die gesamte Nervenfaser mit dem Farbstoff markiert wurde. Nach einiger Zeit, oftmals mehreren Tagen, kann man das Nervengewebe in dünne Scheiben schneiden und die Verteilung des Farbstoffes analysieren.

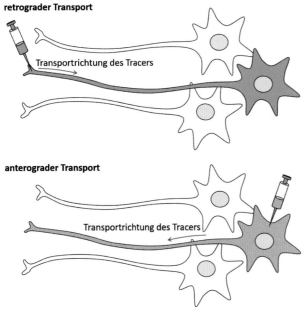

Mit Tracing-Methoden kann man nachverfolgen, wo im Nervensystem die Fasern der Nervenzellen entlanglaufen. Oftmals kapert man dafür die zellinterne Logistik: Man spritzt einen Farbstoff in eine bestimmte Stelle der Nervenfaser (z. B. ans Ende, im Schema in Grün gezeigt, oder in den Zellkernbereich, in Gelb gezeigt). Der Farbstoff wird nun innerhalb der Zelle transportiert, sodass er nach einiger Zeit die gesamte Zelle, und zwar nur diese, gefärbt hat.

Färbetechniken → S. 284
Facialisnerv → S. 14

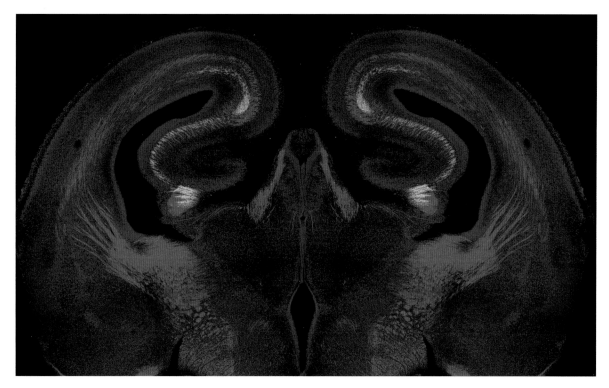

Was hier so seltsam verschlungen anmutet, ist in Wirklichkeit das Gehirn eines Mausembryos, das quergeschnitten wurde. In Blau wurden alle Zellkerne gefärbt. Die Fasern sind jedoch mithilfe der Tracing-Methode sichtbar gemacht worden. Alle roten Fasern ziehen sich vom Thalamus im Zwischenhirn (den beiden roten Feldern im unteren Bildbereich) in die Großhirnrinde (der obere Rand des Gewebes). Grüne Fasern laufen von der Großhirnrinde in die Peripherie.

Noch genauer werden solche Tracing-Experimente, wenn man die Transportmaschinerie (↓) der Zelle nutzt. Denn in Nervenzellen befindet sich alles ständig im Fluss – und zwar im wahrsten Sinne des Wortes, denn in Nervenfasern werden Zellpartikel, Vesikel und Proteine ständig hin und her transportiert. Dieses Transportsystem kann man kapern, indem man den Zellen Substanzen zuführt, die anschließend von den Transportmolekülen in der Zelle weitertransportiert werden. Da die Logistik in der Nervenzelle stark kontrolliert wird, werden manche dieser Farbstoffe nur in Richtung des Zellkerns (retrograd) transportiert, andere Stoffe hingegen nur vom Zellkern weg (anterograd) zu den Dendriten und Synapsen der Nervenzelle. Indem man zeitlich verfolgt, wie sich der Farbstoff in der Nervenfaser verteilt, kann man daher auch die Richtung der Faser bestimmen.

Transportmaschinerie der Zelle → S. 98
Abb. oben Mitte: Biliana Veleva-Rotse und Anthony Paul Barnes, OHSU School of Medicine, Oregon, USA

Reportergewebe
Ein Farbkasten für Nervenzellen

Nachzuverfolgen, wie die Nervenzellen miteinander im Gehirn verbunden sind, liefert wichtige Einblicke in die Funktion des Nervengewebes. Besonders interessant sind dabei oftmals die Regionen, die eine Schnittstellenfunktion für verschiedene Hirnfunktionen haben wie der Hippocampus (↓), der kurzfristige Sinneseindrücke in langfristige Erinnerungen verwandelt. Der Hippocampus ist daher ein äußerst beliebtes Untersuchungsobjekt für Anatomen.

Um dessen Neuroanatomie sichtbar zu machen, kann

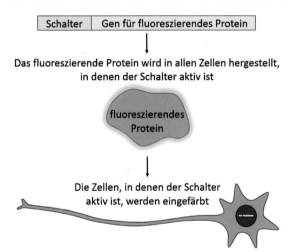

Damit eine Nervenzelle im Gewebe farblich markiert wird, bringt man ein Gen in sie hinein, das den Bauplan für ein fluoreszierendes Molekül (zum Beispiel in Grün) enthält. Dieses Gen wird von einem Genschalter kontrolliert, der nur in einem bestimmten Zelltyp (zum Beispiel nur in Nerven-, nicht aber in Gliazellen) aktiv ist. Alle diese Zellen stellen nun das grün fluoreszierende Protein her, das man anschließend im Mikroskop sichtbar machen kann.

man die Nervenzellen mit Antikörpern färben und in der Immunhistochemie (↓) sichtbar machen. In vielen Fällen mag das gehen, doch für sehr filigrane Hirnregionen ist ein solches Verfahren oft nicht präzise genug. Eine elegante Alternative stellen Reportergene dar, die dafür sorgen, dass nur ganz bestimmte Zellen im Gehirn einen Farbstoff selbst herstellen. So spart man sich das lästige Anfärben von Zellen im Nervengewebe, im Prinzip machen das die Neurone ganz von alleine.

Der Begriff „Reportergen" macht das Prinzip dieses Verfahrens deutlich: Ein Gen wird künstlich in das Erbgut der Zellen eingefügt, das anschließend „berichtet", wo es sich befindet. Als hätte man einen Reporter losgeschickt, der nun Meldung erstattet, wo er überhaupt gelandet ist. Zwei Dinge sind dabei wichtig: Erstens muss man kontrollieren, dass das Gen nur in ganz bestimmten Zellen aktiv ist. Dies erreicht man, indem man die Aktivität des Gens unter einen molekularen Schalter stellt, der nur in ganz bestimmten Zelltypen aktiv ist (so gibt es Schalter, die nur in Astroglia oder ausschließlich in Neuronen des Hippocampus aktiv sind). Zweitens muss man irgendwie messen, wo sich dieses aktive Gen befindet. Dies ist nicht schwer, denn in der Regel stellt man das Gen so ein, dass es für die Produktion eines fluoreszierenden Farbstoffs sorgt.

Im Endeffekt entsteht dabei ein genetisch veränderter Organismus, der nur in ganz bestimmten Zelltypen einen künstlichen Farbstoff erzeugt. Die Zellen färben sich quasi selbst ein und sind deutlich von ihren Nachbarn, die den Farbstoff nicht herstellen, abgegrenzt.

Hippocampus → S. 44
Immunhistochemie → S. 286

Es gibt eine ganze Vielzahl an fluoreszierenden Farbstoffen, die sich für diese Technik eignen, doch in der Regel nutzt man nur zwei bis drei. Denn je mehr künstliche Gene man in das Erbgut eines Lebewesens einbaut, desto komplizierter und störanfälliger wird das ganze Experiment. Moderne Labortechniken machen es dennoch möglich, dass man eine ganze Farbpalette von den Nervenzellen herstellen lassen kann. Dazu verpflanzt man den Zellen eine sogenannte genetische Kassette, die Bauanleitungen für bis zu vier unterschiedliche Farbstoffmoleküle enthält. Nach dem Zufallsprinzip wählt die Zelle nun einen dieser Farbstoffe aus, den sie herstellt und sich entsprechend färbt. Nun kann man sogar mehrere dieser Kassetten in das Erbgut einer einzigen Zelle einbauen. So stellt sich die Zelle ihren individuellen Farbton zusammen. Als hätte ein Maler drei Farbpaletten: Von der ersten wählt er eine rote Farbe, von der zweiten eine blaue, von der dritten eine grüne – vermischt diese und erhält einen neuen Farbton. Ganz ähnlich können auch Nervenzellen ihre ganz persönliche Farbe herstellen. Im Endergebnis entstehen faszinierende Bilder von farbenfrohen Nervengeweben, die Einblick in die Verknüpfung und Architektur der Neurone geben (siehe nächste Doppelseite). Und da Hirnforscher durchaus findige Namensgeber sind, wird diese Methode „Brainbow" genannt.

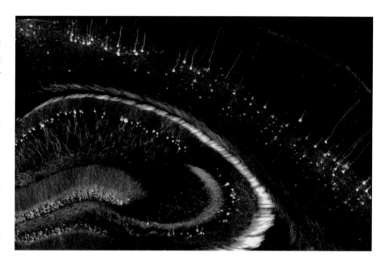

Diese Aufnahme zeigt, wie einzelne Nervenzellen in einem Mausgehirn einen fluoreszierenden Farbstoff produzieren, der anschließend im Mikroskop als orangene Farbe sichtbar wird. Links unten sieht man die geschwungenen Zellschichten des Hippocampus, rechts oben einzelne Zellen des Cortex.

Das Brainbow-Verfahren eignet sich, um Nervenzellen unterschiedliche Farben herstellen zu lassen. Hier sieht man einen Ausschnitt des Rückenmarks eines sich entwickelnden Zebrafisches. Jede Nervenzelle hat sich aus ihrem genetischen Baukasten zufällig ihre individuelle Farbe zusammengestellt. So ist es möglich, die Ausdehnungen der Zellen im Gewebe nachzuverfolgen.

Abb. oben rechts: Dr. Angelos Skodras, Deutsches Zentrum für neurodegenerative Erkrankungen (DZNE) und Hertie Institut für klinische Hirnforschung, Abteilung Zellbiologie neurologischer Erkrankungen, Tübingen
Abb. unten rechts: Y. Albert Pan, PhD, Assistant Professor, Medical College of Georgia, Georgia Regents University
Abb. nächste Seite: Y. Albert Pan, PhD, Assistant Professor, Medical College of Georgia, Georgia Regents University

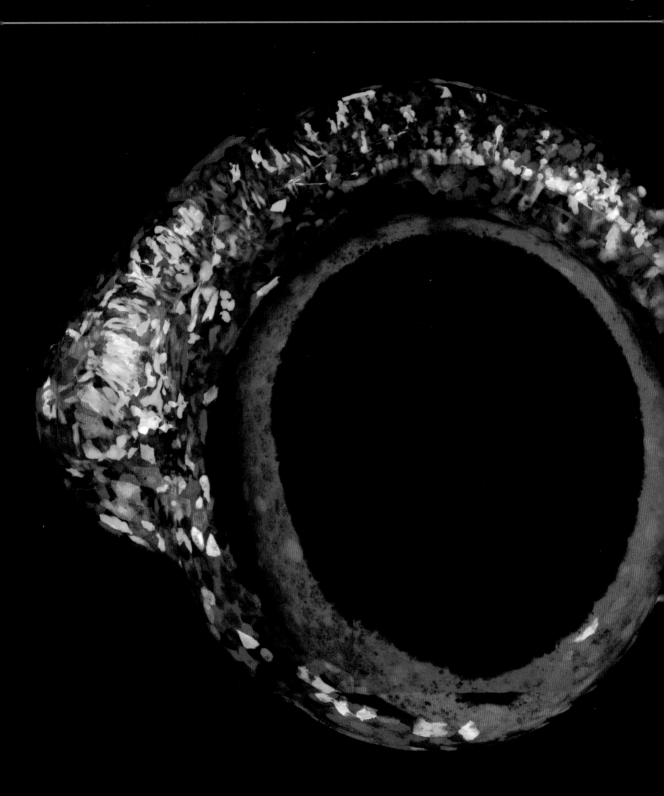

Noch erkennt man nicht, was aus dieser Struktur einmal werden soll, denn sie ist erst einen Tag alt: ein Längsschnitt durch einen Zebrafischembryo, dessen Nervenzellen mit Hilfe von fluoreszierenden Farbstoffen markiert wurden. Der Fischembryo wurde fixiert und längs geschnitten, sodass sichtbar wird, wie die Neurone ihren individuellen Farbtyp hergestellt haben. So grenzen sie sich farblich voneinander ab. Aus den Nervenzellen ganz links wird das Gehirn, der rechte Schweif entwickelt das Rückenmark. Das violett umgrenzte „Loch" in der Mitte ist der Dottersack, der den Embryo ernährt (und offenbar frei von Nervenzellen ist).

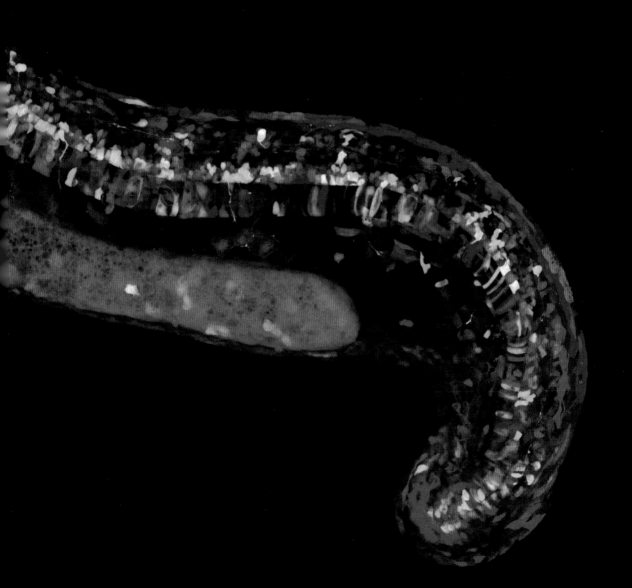

Neuronale Zellkultur
Den Nervenzellen ein künstliches Zuhause bieten

Nervenzellen, die sich in einem Gewebe zu komplizierten Netzwerken verknüpfen, sind faszinierend und wissenschaftlich äußerst spannend. Doch oft will man auch verstehen, was innerhalb einer einzelnen Nervenzelle passiert. Dann eignen sich Untersuchungen an einem größeren Stück Nervengewebe schlecht, denn in dem schier undurchdringlichen Gewirr aus Nervenfasern fällt es schwer, sich auf die Vorgänge in einer bestimmten Zelle zu konzentrieren.

Zu diesem Zweck kann man Nervenzellen aus einem Gehirn präparieren, vereinzeln und in einer Zellkulturschale im Labor wachsen lassen. Nun sind Nervenzellen im Gegensatz zu anderen Körperzellen (zum Beispiel Bindegewebszellen) bei weitem nicht so wachstumsfreudig und sterben leicht in einer künstlichen Umgebung ab. Deswegen verwendet man oft Nervenzellen aus einem besonderen Hirngewebe, um sie anschließend im Labor wachsen zu lassen: dem Hippocampus (↓) von Mäusen oder Ratten. (Merke: Wieder eignet sich diese Hirnregion äußerst gut als Untersuchungsobjekt, denn seine Neurone wachsen besonders leicht aus). Um besonders robuste und gut

auswachsende Nervenzellen zu kultivieren, gewinnt man diese oft aus embryonalem oder neugeborenem Hirngewebe. Zu Beginn des Lebens scheinen Neurone nämlich ein besonders starkes Bestreben zu haben, lange Ausläufer zu bilden, die man im Labor gut untersuchen kann.

Wichtig ist bei einer Kultivierung von Neuronen immer eine organisierte Vorbereitung im Labor, denn Nervenzellen sind sehr empfindlich. So muss die Wachstumsunterlage der Nervenzellen in einer Kulturschale vorbehandelt werden, damit die Zellen besser haften können. Oftmals verwendet man dafür Glasplättchen, die mit einer Schicht aus Proteinen oder Aminosäuren beschichtet wurden. Außerdem müssen die Zellen permanent mit einem Zellkulturmedium bedeckt sein, das Nährstoffe und Wachstumsfaktoren enthält.

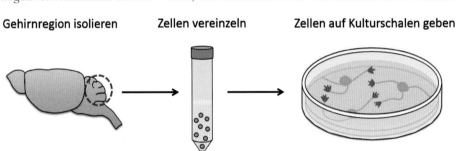

Gehirnregion isolieren   **Zellen vereinzeln**   **Zellen auf Kulturschalen geben**

Man muss einige Tricks anwenden, um Nervenzellen in einer Zellkulturschale im Labor auswachsen zu lassen. Zunächst werden Neurone aus dem Gehirngewebe eines Mausembryos präpariert (üblicherweise aus dem Hippocampus oder wie hier gezeigt aus dem Kleinhirn). Die Zellen werden anschließend vereinzelt, indem man das Gewebe vorsichtig zerkleinert. Die separaten Nervenzellen werden anschließend auf einer Zellkulturschale ausgebracht, mit einem Nährmedium bedeckt und bei 37°C warm gehalten. So schafft man eine künstliche Umgebung, in der man anschließend untersuchen kann, wie die Neurone wachsen, welche Proteine sie herstellen oder wie sie auf Stimulanzien regieren.

Hippocampus → S. 44

In einem Inkubator wird die Zellkultur auf 37°C gehalten und der pH-Wert des Nährmediums überwacht.

Natürlich sind die Lebensbedingungen, die man Nervenzellen im Labor bieten kann, bei weitem nicht so gut wie in einem echten Gehirn. Üblicherweise versucht man deswegen, die Kulturbedingungen dem „Lebensraum Gehirn" nachzuempfinden. Besonders wichtig ist dabei die Interaktion von Nerven- und Gliazellen (↓), denn ohne die von den Gliazellen freigesetzten Wachstumsfaktoren sterben Neurone leicht ab. So kann man entweder Neurone zusammen mit Gliazellen auswachsen lassen, was den Vorteil hat, dass die Gliazellen schon die passenden Wachstumsfaktoren für die Neurone ausschütten. Oft ist es aber schwer, in solchen gemischten Kulturen einzelne Nervenzellen zu untersuchen, deswegen kann man die nötigen Wachstumsfaktoren auch separat dem Kulturmedium zufügen. So kann man Neurone in einer Kultur vereinzelt halten und anschließend präzise untersuchen.

Durch einen ausgefeilten Mix an Wachstumsfaktoren gelingt es, frisch aus einem Gehirn präparierte und in einer Kulturschale ausgebrachte Nervenzellen für mehrere Tage oder sogar Wochen in Kultur zu halten. Solche Neurone beginnen schon nach wenigen Stunden, kurze Ausläufer auszubilden, die über einige Tage in ein dichtes Geflecht an Nervenfasern übergehen können. Nach etwa zwei Wochen können diese Ausläufer so lang werden, dass die Nervenzellen funktionierende Synapsen (↓) untereinander ausbilden und völlig selbstständig Nervenimpulse erzeugen. In einer solchen künstlichen Umgebung kann man Nervenzellen auf vielfältige Art mit Botenstoffen oder Molekülen stimulieren, ihr Wachstumsverhalten studieren oder untersuchen, wie und wo sich Proteine innerhalb der Zelle verteilen.

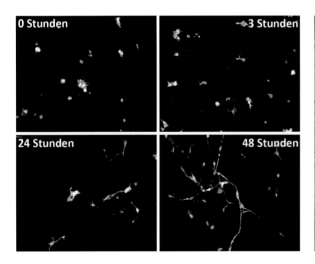

Nervenzellen wachsen in einer Zellkultur schnell aus. Schon nach zwei Tagen bilden sie ihre Ausläufer (hier grün gezeigt). Jeder blaue Zellkern gehört zu einem separaten Neuron. Rote Bereiche zeigen den vordersten Rand der Nervenfaser, den Wachstumskegel.

Nicht nur einzelne Nervenzellen, sondern auch Gewebeschnitte lassen sich kultivieren. Hier ist ein solcher Schnitt aus dem Kleinhirn einer Maus gezeigt. In Blau erkennt man alle Zellkerne des Gewebes (auch die der Gliazellen), in Grün nur die der Neurone.

Gliazellen → S. 120, 128, 130
Synapse → S. 110
Abb. unten rechts: Sofia Anastasiadou und Bernd Knöll, Institut für Physiologische Chemie, Universität Ulm

Immuncytochemie
Die Proteine in den Zellen aufspüren

Um Nervenzellen unter standardisierten Bedingungen zu untersuchen, kann man sie in einer Zellkultur wachsen lassen (↓). Auf diese Weise kann man Nervenzellen mit unterschiedlichsten Substanzen stimulieren, die Funktion von Proteinen innerhalb der Zelle beeinflussen oder beobachten, wie sich die Aktivität von Genen auf das Verhalten der Nervenzellen auswirkt. Solch eine künstliche Umgebung ist wichtig, um vergleichbare und reproduzierbare Versuchsergebnisse zu erhalten. Doch irgendwie muss man die Vorgänge innerhalb einer Nervenzelle (und die Nervenzelle selbst) in der Zellkulturschale auch sichtbar machen.

Diese Möglichkeit bietet die *Immuncytochemie*. Mit diesem Verfahren kann man einzelne Proteine innerhalb einer Zelle anfärben und mithilfe eines Fluoreszenzmikroskops (↓) anschließend bestimmen, wo sich diese Proteine genau befinden. Das mag sich unspektakulär anhören, ist aber die Grundvoraussetzung dafür, um überhaupt zu verstehen, was in einer Nervenzelle passiert.

Das Prinzip der Immuncytochemie ähnelt dem der Immunhistochemie (↓). Die Zellen (griech. „*cyto*") werden auf ihrer Kultur-

schale zunächst fixiert, alle zellulären Strukturen und Proteine also an Ort und Stelle festgehalten. In einem anschließenden Schritt nutzt man einen Antikörper (daher der Name „immun"), der genau das gesuchte Protein erkennt und an dieses bindet.

Wenn man also beispielsweise den Verlauf einer Nervenfaser sichtbar machen möchte, um zu ermitteln, wie groß die Zelle wird, könnte man einen Antikörper nutzen, der das Zellskelett sichtbar macht. Ein solcher Antikörper könnte an das Strukturmolekül Tubulin (↓) binden, das ein Verstrebungssystem innerhalb des Neurons aufbaut. Auf diese Weise markiert der erste Antikörper das Zellskelett, das sich durch die Nervenfaser zieht.

In einem nächsten Schritt fügt man einen zweiten Antikörper hinzu, der an den ersten Antikörper bindet und seinerseits einen fluoreszierenden Farbstoff mitbringt.

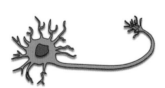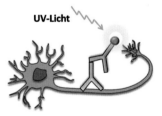

UV-Licht

unmarkierte Nervenzelle

1. Antikörper **erkennt das Zielmolekül.**
2. Antikörper **erkennt den 1. Antikörper.**

Der Fluoreszenzfarbstoff **am 2. Antikörper leuchtet im UV-Licht**

In der Immuncytochemie geht man schrittweise vor, um Proteine in einer Zelle farblich sichtbar zu machen. Zunächst wachsen Nervenzellen in einer Zellkulturschale aus. Diese werden fixiert und anschließend mit einem Antikörper behandelt, der ein bestimmtes Molekül innerhalb der Nervenzelle erkennt. Ein zweiter Antikörper bindet an den ersten und bringt seinerseits einen Farbstoff mit, der anschließend im Mikroskop unter UV-Licht bunt leuchtet. So erkennt man, welche Proteine sich wo in einem Neuron befinden.

Zellkultur → S. 296
Fluoreszenzmikroskop → S. 312
Immunhistochemie → S. 286
Tubulin und das Zellskelett → S. 98

Auf diese Weise kann man anschließend erkennen, wo sich das gesuchte Protein, in unserem Fall das Tubulin, befindet und den Verlauf der Nervenfasern sichtbar machen (siehe Abb. unten links).

Natürlich kann man nicht nur Strukturmoleküle mit dieser Methode anfärben. Prinzipiell lässt sich jedes Protein in der Zelle auf diese Weise aufspüren und mit einem Farbstoff markieren. Im letzten Schritt können die Zellen, die künstlich im Labor ausgewachsen sind, dann in einem Fluoreszenzmikroskop (↓) untersucht werden. In einem solchen Mikroskop leuchten die Farbsignale der markierten Proteine kräftig in einer ganz bestimmten Farbe auf. So lässt sich deren Aufenthaltsort in der Zelle sehr genau bestimmen oder ermitteln, welche Proteine sich mit anderen Proteinen zusammenlagern. Im letzteren Fall überschneiden sich die unterschiedlichen Farbsignale, mit denen man die Proteine markiert hat, und man erfährt, welche Funktionen von Proteinen für eine funktionierende Nervenzelle wichtig sind.

Die Immuncytochemie ist eine wichtige Standardmethode um zu untersuchen, wie sich Nervenzellen unter verschiedenen Kulturbedingungen verhalten. Beispielsweise führt die Aktivität bestimmter Gene innerhalb der Nervenzellen zu charakteristischen Proteinablagerungen, die man von der Chorea Huntington-Erkrankung (↓) kennt. Unter Laborbedingungen ist es nun viel einfacher zu untersuchen, wie es zu diesen Ablagerungen kommt oder wie man sie verhindern kann.

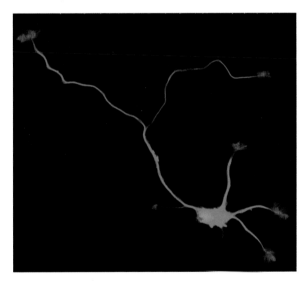

So sieht es aus, wenn man das Zellskelett einer Nervenzelle anfärbt: In Grün sind die Tubulin-Moleküle des inneren Verstrebungssystems der Zelle gezeigt, in Rot die Actin-Moleküle, die ein feinmaschiges Geflecht an den Enden der Nervenfasern bilden. In Blau ist die DNA des Zellkerns markiert.

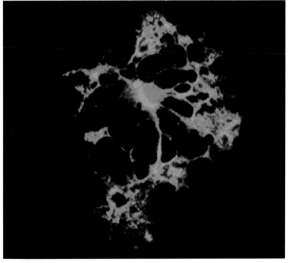

Auch Gliazellen lassen sich in Zellkultur anfärben. Hier ist die Zellmembran eines Oligodendrozyten in Grün gezeigt, sein Zellkern in Blau. Wie alle Oligodendrozyten umwickelt auch dieser die Nervenfasern der benachbarten Neurone. Diese sind jedoch nicht gefärbt worden und deswegen in diesem Bild unsichtbar.

Chorea Huntington → S. 232

Patch Clamp
Das Öffnen von Kanälen messen

Manchmal möchte man die Aktivität von Nervenzellen live untersuchen. Mit Hilfe von Färbemethoden (↓) kann man zwar sichtbar machen, welche Proteine sich wo in der Zelle befinden, doch wie sehr eine Nervenzelle gerade aktiv ist, erfährt man so nicht unbedingt. Die wichtigste Form von Nervenzellaktivität ist dabei die Erzeugung von Aktionspotentialen (↓). Denn nur durch das Auslösen solcher Nervenimpulse können Nervenzellen überhaupt miteinander kommunizieren.

Wenn eine Zelle ein Aktionspotential erzeugt, kehrt sich die elektrische Spannung an seiner Membran kurz-

zeitig um. Das liegt daran, dass bestimmte Kanäle, die in die Zellmembran eingebaut sind, auf einmal Ionen durch die Membran durchströmen lassen: Natriumionen strömen ein und laden das Innere der Zelle positiv auf. Daraufhin strömen Kaliumionen aus der Zelle raus und verringern die positive Ladung in der Zelle wieder.

Entscheidend für die Ausbildung eines Aktionspotentials ist also die Funktion der Kanäle, die in der Membran liegen. Nun kann man sich vorstellen, dass es ein sehr diffiziles Unterfangen sein muss, wenn man diese Kanäle untersuchen möchte. Mit einer besonders eleganten

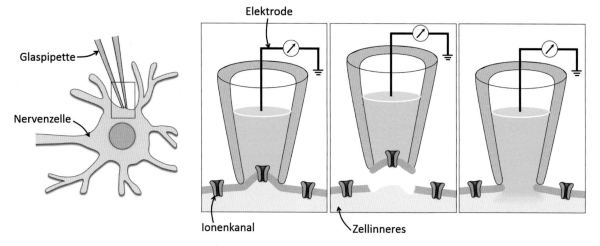

Die Patch-Clamp-Technik bietet die Möglichkeit zu messen, wie sich einzelne Ionenkanäle in der Zellmembran öffnen und schließen. Dazu nutzt man eine mit einer Elektrode versehene Glaspipette, um die Spannungsänderungen an einem separaten Kanal zu ermitteln. Die Pipette nähert man einem Ionenkanal so dicht an, bis dieser angesaugt wird. Nun hat man drei Möglichkeiten: Entweder man untersucht, wie sich der Ionenkanal im Verbund mit der Zellmembran öffnet und schließt (links) – oder man trennt den Kanal von der Zelle ab und untersucht ihn separat (Mitte), oder man drückt den Membranfleck mitsamt Kanal aus der Pipette heraus und untersucht das elektrische Verhalten der restlichen Zelle.

Färbetechniken → S. 286, S 298
Aktionspotential und Spannungsumkehr an der Membran → S. 108

Methode ist es dennoch möglich, sogar einzelne Ionenkanäle separat zu erforschen: der *Patch-Clamp*-Technik.

Obwohl zwei deutsche Forscher, Erwin Neher und Bert Sakmann, diese Methode in den 1970er Jahren entwickelten (und 1991 den Nobelpreis dafür erhielten), trägt sie einen englischen Namen, den man mit „Fleck-Klemmen-Technik" übersetzen könnte. Denn tatsächlich klemmt man dabei ein Fleckchen der Zellmembran ab und kann diese Stelle getrennt vom Rest der Zelle untersuchen.

Das Vorgehen erfordert einiges Geschick: Mit einer sehr schmalen Glaspipette (Öffnung etwa ein Tausendstel Millimeter) nähert man sich einer Zellmembran an. Durch einen leichten Unterdruck saugt man anschließend den Membranfleck an und dichtet ihn gegen den Rest der

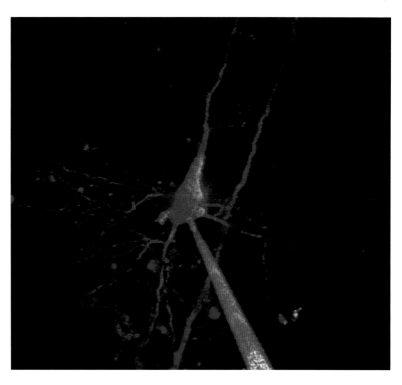

Eine einzelne Nervenzelle wird „abgehört": In Rot ist eine Pyramidenzelle markiert, die von einer Glaspipette (ebenfalls rot) angezapft wird. Die Glaspipette saugt dabei nur einen einzigen Ionenkanal an und kann messen, wie sich dieser öffnet und schließt.

Zellmembran ab. Mit etwas Glück schafft man es, dass sich nur ein einziger Ionenkanal in diesem separierten Membranfleck befindet. Um die elektrischen Ströme durch diesen Ionenkanal zu erfassen, ist die Glaspipette mit einer Elektrode versehen. Auf diese Weise erhält man Zugang zu der digitalen Welt der Ionenkanäle: Entweder sind sie geöffnet oder geschlossen und lassen ihr individuelles Ion (zum Beispiel Natrium, Kalium oder Calcium) durch oder eben nicht. Indem man den Rezeptor mit Neurotransmittern, Hormonen oder Nervengiften stimuliert, kann man nun untersuchen,

wie der Kanal auf diese Stimulation reagiert.

Die Patch-Clamp-Technik hat die Erforschung der elektrischen Vorgänge an Nervenzellen revolutioniert und die heutigen Erkenntnisse über Ionenkanäle überhaupt erst möglich gemacht. Durch sie ist es nicht nur möglich, Aktionspotentiale aufzuzeichnen, sondern sogar zu messen, ob einzelne Vesikel mit der Zellmembran verschmelzen und dabei die Membraneigenschaften ändern.

Abb. oben rechts: Arbeitsgruppe von Prof. Michael Häusser, UCL Neuroscience, London
Abb. nächste Seite: Arbeitsgruppe von Prof. Michael Häusser, UCL Neuroscience, London

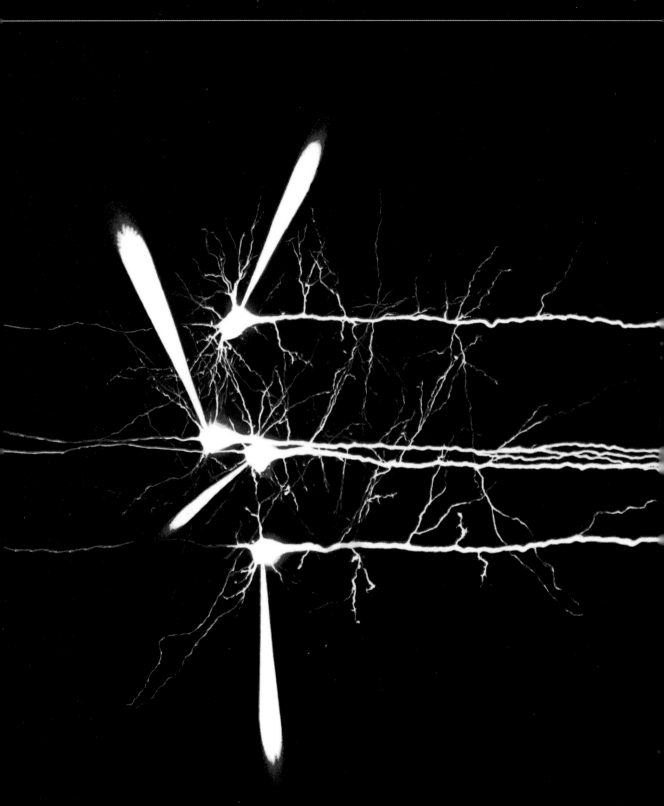

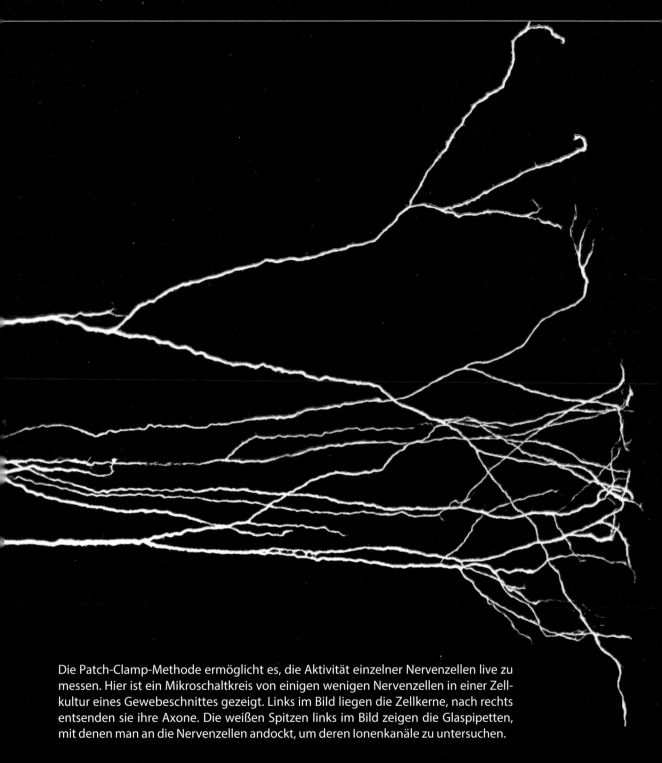

Die Patch-Clamp-Methode ermöglicht es, die Aktivität einzelner Nervenzellen live zu messen. Hier ist ein Mikroschaltkreis von einigen wenigen Nervenzellen in einer Zellkultur eines Gewebeschnittes gezeigt. Links im Bild liegen die Zellkerne, nach rechts entsenden sie ihre Axone. Die weißen Spitzen links im Bild zeigen die Glaspipetten, mit denen man an die Nervenzellen andockt, um deren Ionenkanäle zu untersuchen.

Genomveränderungen
Copy & paste des Erbguts

Die Prozesse innerhalb von Nerven- und Gliazellen werden überwiegend von Genen gesteuert, die festlegen, wann welche Proteine gebildet werden. Gene sind die Bauanleitungen für Ionenkanäle (↓), für Strukturproteine (↓) oder Enzyme. Von einigen neurologischen Krankheiten wissen wir, dass sie zu hundert Prozent durch ein fehlerhaftes Protein ausgelöst werden (z.B. bei Chorea Huntington ↓) oder fehlerhafte Gene den Ausbruch begünstigen können (bei Alzheimer ↓). Wer die Gene kontrolliert, kontrolliert also die Abläufe in den Zellen auf der grundlegendsten Ebene.

Wenn man erforschen will, wie die genetische Kontrolle der Zellfunktionen überhaupt erfolgt, manipuliert man deswegen gezielt Gene von Nervenzellen im Labor und beobachtet anschließend die Auswirkungen dieser Veränderungen. Ein in jüngster Zeit entwickeltes Verfahren zur Veränderung des Erbmaterials spielt dabei eine zunehmend wichtigere Rolle: die Crispr/Cas9-Technologie. Bei Crispr/Cas9 handelt es sich um einen Protein-Komplex, der es ermöglicht, sehr präzise an vorher ausgesuchten Orten das genetische Material zu verändern. Wenn man so will, ist es eine besonders exakte Genschere.

Wenn man Gene verändern, sie zum Beispiel ausschneiden, ersetzen oder kürzen will, braucht man zwei Dinge: Zunächst muss man wissen, wo man überhaupt das Erbgut (den DNA-Strang) verändern will, man braucht also ein Ziel. Zum anderen benötigt man ein Werkzeug, mit dem man das Erbgut spalten kann. Praktischerweise bringt das Crispr/Cas9-System beides gleichzeitig mit. Crispr steht für den durchaus sperrigen Begriff der *clustered regularly*

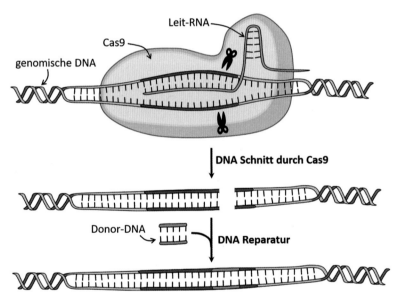

Beim Crispr/Cas9-System handelt es sich um eine sehr präzise Genschere. Die Leit-RNA (grün) erkennt dabei die Zielsequenz (Crispr (rot)), an der ein Schnitt erfolgen soll. Das Cas9-Protein ist mit der Leit-RNA verbunden und kann so unmittelbar an der Zielsequenz einen Schnitt setzen. Eine zerschnittene DNA wird in der Zelle schnell ausgebessert. Bringt man nun eine Donor-DNA (blau) ein, die einen vorher künstlich hergestellten DNA-Abschnitt enthält, baut die Zelle dieses neue Gen ins Erbgut ein.

Ionenkanäle → S. 114
Strukturproteine→ S. 98, S. 100,
Chorea Huntington → S. 232
Alzheimer → S. 224

interspaced short palindromic repeats. Das hört sich kompliziert an, doch im Prinzip stellen diese Crispr-Sequenzen die Orte auf der DNA dar, an denen geschnitten werden soll. Man legt sozusagen fest, wo genau in der DNA eine Veränderung stattfinden soll. Die dafür passende Genschere ist das Cas9-Protein (Cas steht für *Crispr associated protein*). Zusammen können Crispr/Cas9 die DNA also an ganz bestimmten Orten, und zwar nur dort, aufschneiden. Bringt man ein solches Crispr/Cas9-System zum Beispiel in eine Nervenzelle ein, macht sich die Cas9-Genschere sofort daran, die DNA der Nervenzelle zu spalten. Dies tut sie aber nur an den Stellen, die zur mitgebrachten Crispr-Struktur passen. Indem man diese speziell entwickelt, kann man also vorher sehr genau festlegen, wo im Erbgut geschnitten wird.

Eine zerschnittene DNA ist natürlich keine gute Sache, deswegen wird die Zelle diesen Schnitt schnell reparieren. Der Trick ist nun: Man bringt neben der Crispr/Cas9-Genschere schon gleich ein passendes „Pflaster" in die Zelle ein, nämlich einen Genabschnitt, der optimal zur erzeugten Schnittstelle passt. Dieses Pflaster wird von der Zelle genutzt, um den DNA-Schnitt auszubessern, die Zelle baut also einen neuen DNA-Abschnitt ins Erbgut ein. Man kann diesen neu eingebauten Genabschnitt vorher so gestalten, dass er anschließend ein völlig neues Gen erzeugt, ein vorhandenes Gen zerstört oder anderweitig verändert.

Das Prinzip dieser Technik ist also recht simpel: Man zerschneidet das Erbgut der Zelle an einer vorher genau ausgesuchten Stelle, um dort anschließend ein neues Stück DNA einzubauen. Im Vergleich zu anderen Technologien ist dieses Vorgehen günstig, schnell und präzise. Wenn man beispielsweise Nervenzellen in einer Zellkultur (↓) züchtet, kann man auf diese Weise Gene an- oder ausschalten und untersuchen, welche Rolle sie für die Zelle spielen. Auch in lebenden Organismen könnte diese Technologie dafür genutzt werden, um krankmachende Gene gezielt zu reparieren oder zu entfernen.

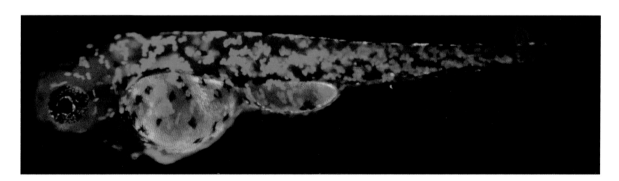

Mithilfe von Crispr/Cas9 lassen sich vergleichsweise schnell und billig Gene verändern oder ausschneiden. So ist es denkbar, dass mutierte Genabschnitte bei erblichen Erkrankungen entfernt werden oder gezielt Gene aktiviert werden, die das Zellverhalten ändern. Die Vielfalt der Anwendungen nimmt derzeit rasant zu, auch weil die Crispr/Cas9-Technologie erst wenige Jahre alt ist. Nur als Beispiel ist hier ein junger Zebrafisch gezeigt, in dessen Hautzellen man mithilfe von Crispr/Cas9 einen grünen Farbstoff eingebracht hat.

Neuronale Zellkultur → S. 296

Abb. unten: Hisano Y, Sakuma T, Nakade S, Ohga R, Ota S, Okamoto H, Yamamoto T, Kawahara A. Precise in-frame integration of exogenous DNA mediated by CRISPR/Cas9 system in zebrafish., Scientific Reports, 2015 Mar 5, 5:8841

Optogenetics

Nervenzellen an- und ausknipsen

Man kann Nervenzellen in einer Zellkultur (↓) wachsen lassen. Man kann sie anfärben, ihre Strukturen untersuchen oder sogar ihre elektrische Aktivität aufzeichnen. Doch das sind alles nur passive Methoden, mit denen man misst, wie sich Neuronen verhalten. Viel besser wäre es doch, wenn man die Aktivität von Nervenzellen auch direkt steuern und zum Beispiel an- oder ausschalten könnte – ähnlich wie bei einem Lichtschalter, über den man auch schnell und direkt eine Glühlampe an- und ausknipsen kann.

Nun sind Nervenzellen komplizierter gebaut als gewöhnliche Leuchtkörper, doch „Lichtschalter" zur Steuerung der Zellaktivität gibt es tatsächlich. Die Methode dafür nennt sich „*Optogenetics*", weil sie optische Lichtreize mit gentechnischen Methoden kombiniert. Auf diese Weise kann man Nervenzellen ganz gezielt zur elektrischen Erregung bringen oder sie umgekehrt ruhigstellen.

Nervenzellen sind dann aktiv, wenn sich die elektrische Spannung an ihrer Membran ändert (↓). Dafür ist es notwendig, dass positiv geladene Ionen (zum Beispiel Natriumionen) in die Nervenzelle einströmen. Gelingt es nun, diesen Ionenstrom zu steuern, kann man Nervenzellen gezielt „anschalten". In der Natur gibt es Ionenkanäle (↓), die eine besondere Eigenschaft haben: Sie öffnen sich, wenn sie von Licht einer ganz bestimmten Wellenlänge beschienen werden. Solche lichtempfindlichen Proteine, die sogenannten *Rhodopsine*, findet man beispielsweise in einzelligen Grünalgen. Dort sind sie hilfreich, damit die Alge im-

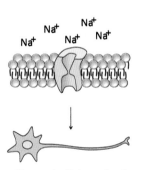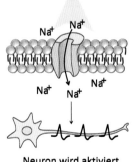

Neuron im Ruhezustand   **Neuron wird aktiviert**

Indem man lichtsensible Kanäle in Neurone einbringt, kann man diese an- und ausknipsen. Im Ruhezustand (links) fällt kein Licht auf die Nervenzelle und das elektrische Potential an der Zellmembran ändert sich nicht. Strahlt man Licht auf das Neuron, öffnet sich der Ionenkanal, Natriumionen strömen in die Zelle und erzeugen dort eine elektrische Aktivität. Das Neuron "feuert".

mer in Richtung des Lichtes schwimmen kann: Wird sie Licht einer bestimmten Wellenlänge ausgesetzt, öffnet sich der Ionenkanal, Natriumionen strömen durch die Zellmembran ins Zellinnere und führen zur Aktivierung einer peitschenartigen Geißel, mit der die Alge durchs Wasser paddelt.

Das Gen für einen solchen lichtempfindlichen Ionenkanal kann man auch in Nervenzellen einbauen, sodass diese anschließend den Kanal herstellen und selbst lichtempfindlich werden. Indem man das Gen des lichtempfindlichen Kanals noch unter die Kontrolle von Genschaltern stellt, die nur in ganz bestimmten

Zellkultur → S. 296
elektrischer Impuls → S. 108
Ionenkanäle → S. 92

Neuronentypen aktiv sind, kann man sogar dafür sorgen, dass nur Nervenzellen im Thalamus, im Hippocampus oder im Kleinhirn auf diese Weise lichtempfindlich werden.

Mittlerweile kennt man lichtempfindliche Rhodopsine, die nicht nur Natrium-, sondern auch Calcium-, Chlorid- oder Kaliumionen in die Zelle strömen lassen. Auf diese Weise kann man Nervenzellen durch gezielte Lichtimpulse nicht nur an- oder ausschalten, sondern auch steuern, wie die Zelle innere Strukturveränderungen auslöst oder ihren Stoffwechsel anpasst.

Im Labor sind dadurch eine Vielzahl an Anwendungen möglich. So kann man Nervenzellen in einer Zellkultur mit konkreten Lichtreizen aktivieren, woraufhin diese selbst Nervenimpulse erzeugen. Der Vorteil dieser Methode liegt dabei in der Genauigkeit und der Schnelligkeit: Weil das Lichtsignal sofort auf die Nervenzelle wirkt, kann diese auch unmittelbar aktiviert werden. Würde man chemische Botenstoffe für diesen Zweck einsetzen, wären diese viel langsamer und auch nicht präzise an einzelnen Zellen, sondern immer weit verstreut in allen Zellen wirksam.

Außerdem kann man mit dieser Technik sogar Zellen in lebenden Geweben konkret ansteuern. Indem man einzelne Neuronentypen gezielt lichtempfindlich macht, reagieren nur diese darauf, wenn sie einem Lichtsignal ausgesetzt werden, die Nachbarzellen bleiben unbeeindruckt. Als würde man mit einem Lichtschalter nur einzelne Nervenzellen in einem großen Netzwerk „anknipsen".

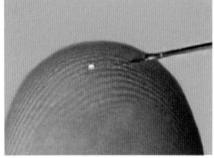

Per Optogenetics kann man extrem präzise die Aktivität von einzelnen Nervenzellen steuern und diese an- oder ausschalten. Hier sind in Grün Nervenzellen aus den Spiralganglien gezeigt (wichtigen Umschaltstellen in der Cochlea im Innenohr, siehe S. 156). Rot ist deren Aktin-Zellskelett gefärbt. Blau stellt schematisch einen Lichtblitz einer bestimmten Wellenlänge dar, mit der die gezeigten Nervenzellen aktiviert werden können.

Was mit optogenetischen Methoden möglich ist, zeigt dieses leuchtende Objekt auf einer Fingerspitze. Ein solches Mikroimplantat kann genutzt werden, um es ins Innenohr einzupflanzen. Schaltet man es an, aktiviert es die dortigen Nervenzellen. In Kombination mit künstlichen Innenohr-Implantaten, die bei gehörlosen Menschen Schallwellen in elektrische Signale übersetzen, könnte so das Hörvermögen gezielt verbessert werden.

Abb. unten links: Victor H. Hernandez und Tobias Moser, Institut für Auditorische Neurowissenschaften. Reprinted from Publication: Current Opinion in Neurobiology, Vol 34, T. Moser, Optogenetic stimulation of the auditory pathway for research and future prosthetics, Pages No., Copyright 2015, with permission from Elsevier
Abb. unten rechts: C. Goßler, U.T. Schwarz und P. Ruther, Institut für Mikrosystemtechnik (IMTEK), Universität Freiburg

Lichtmikroskopie
Der erste Blick aufs Neuron

Anatomische Details des Gehirns erkennt man nur bis zu einem gewissen Grad mit dem bloßen Auge. Ohne optische Hilfsmittel können wir 0,2 Millimeter große Objekte gerade noch erkennen. Das reicht, um große Strukturen des Gehirns zu identifizieren, mehr aber auch nicht.

Die Größe von neurobiologisch interessanten Objekten liegt oftmals weit unterhalb der Millimetergren-ze. Der Zellkernbereich eines Neurons, das Soma (↓), misst etwa 0,01 Millimeter im Durchmesser, eine Nervenfaser kann nochmals um den Faktor 10 dünner sein und bei einem Tausendstel Millimeter (einem Mikrometer) liegen. Größere Zellbestandteile wie Mitochondrien (↓) oder Vesikel (↓) sind ebenfalls nur wenige Mikrometer groß. In diesen Bereich stößt man mit Lichtmikroskopen vor, mit denen man Vorgänge innerhalb einer Nervenzelle sichtbar machen kann.

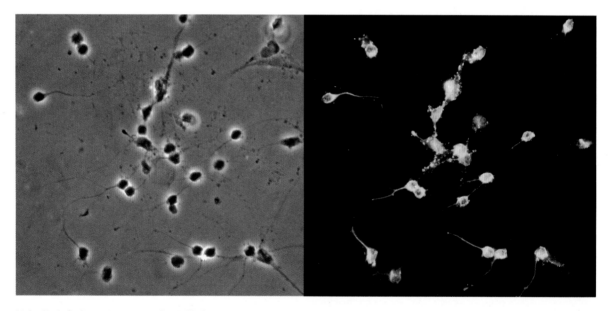

Links die Aufnahme einer neuronalen Zellkultur mit einem Durchlichtmikroskop. Da die Zellen recht wässrig und überdies noch von einer Zellkulturflüssigkeit bedeckt sind, erkennt man bestenfalls grobe Zellstrukturen wie das runde Soma oder die dünnen Ausläufer, die Neu-riten. In diesem Fall wurde ein Phasenfilter verwendet, der den Kontrast der Zellen verstärkt. So werden sie im Blickfeld dunkler. Rechts ist dieselbe Zellkultur mit einer Immunfluoreszenz gefärbt worden (die Zellkerne blau, die Fasern gelb). So kann man die unterschiedlichen Zellregionen besser auseinanderhalten.

Soma → S. 90
Mitochondrien → S. 102
Vesikel → S. 104

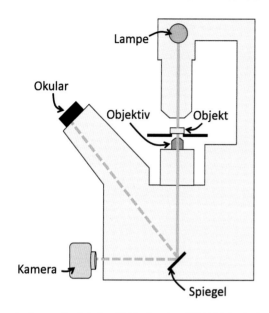

In einem sehr einfachen Lichtmikrsokop fällt Licht durch eine Probe, das anschließend von zwei Linsensystemen (dem Okular und dem Objektiv) gebündelt wird. So sind üblicherweise 1000-fache Vergrößerungen möglich.

Ein klassisches Lichtmikroskop besteht aus einer Anordnung zweier Linsen: einem Objektiv und einem Okular. Wenn man damit Nervenzellen beobachten will, die im Labor auf einer Kulturschale ausgewachsen sind, lässt man üblicherweise Licht durch die Probe scheinen. Anschließend wird das Licht zunächst von einem Objektiv und anschließend vom Okular gebündelt. Dadurch wird das Objektbild in zwei Schritten vergrößert. Im Laboralltag hat sich eine Objektivvergrößerung von 100-fach bewährt, ein Okular vergrößert in der Regel um den Faktor 10. So ergibt sich eine Vergrößerungsleistung von 1000, also erscheint ein Mitochondrium, das normalerweise 2 Mikrometer lang ist, als 2 Millimeter großes Objekt.

Eine hohe Vergrößerung ist schön und gut, jedoch nicht ausreichend, um vernünftige Bilder von Strukturen zu erhalten, die deutlich kleiner als eine Nervenzelle sind. Genauso wichtig ist die Auflösung: der minimale Abstand, den zwei Objekte haben dürfen, damit wir sie noch als getrennt voneinander wahrnehmen. Eine Verbesserung der Auflösung erreicht man, indem man dafür sorgt, dass möglichst wenig Licht auf dem Weg von der Probe durch die Linsensysteme bis zum Auge des Forschers verloren geht. Deswegen benutzt man oft ein Öl, mit dem man den kurzen Weg zwischen der Probenoberfläche und Objektiv ausfüllt. Dadurch minimiert man Reflexionseffekte und sorgt für eine verbesserte Lichtausbeute.

Der Vorteil der Lichtmikroskopie liegt auf der Hand: Mit ihrer Hilfe kann man schnell und einfach selbst lebende Nervenzellen in einer Zellkultur untersuchen und einen ersten Überblick über die Zellen gewinnen. Der Nachteil ist jedoch, dass Nervenzellen sehr wasserhaltig und damit praktisch durchsichtig sind. Eine genaue Analyse der Vorgänge innerhalb der Zelle ist so kaum möglich. Zwar kann man mit optischen Tricks dafür sorgen, dass der Kontrast zwischen den Zellbestandteilen verstärkt wird (die sogenannte Phasenkontrastmikroskopie macht zum Beispiel den dichten Zellkern dunkler, das wässrige Zellplasma bleibt heller), doch trotzdem bleibt die Auflösung recht begrenzt.

Deswegen setzt man die Lichtmikroskopie hauptsächlich ein, um einen schnellen Blick auf lebende Nervenzellen in Kultur zu erhalten. Um die Strukturen innerhalb einer Zelle besser zu untersuchen, nutzt man hingegen die Fluoreszenzmikroskopie (↓), und besonders kleine Objekte lassen sich mithilfe der Elektronenmikroskopie (↓) sichtbar machen.

Fluoreszenzmikroskopie → S. 312
Elektronenmikroskopie → S: 316
Abb. nächste Seite: Michael Shribak, Marine Biological Laboratory, Woods Hole, USA und Timothy Balmer, Neuroscience Institute, Georgia State University, Atlanta, USA

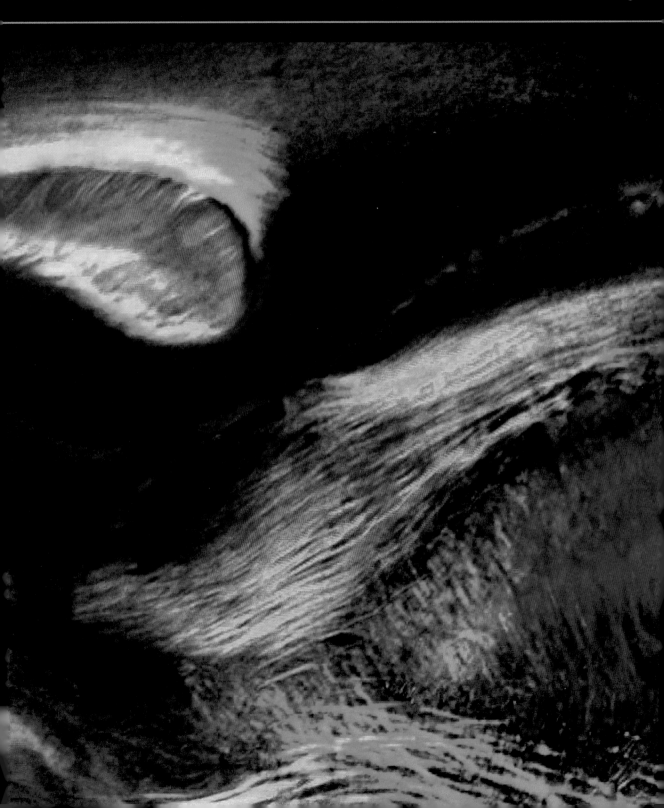

Was mit der Lichtmikroskopie möglich ist, wenn man diese Technik ausreizt, zeigt diese Aufnahme aus dem Mittelhirn eines Affen: Durch spezielle Filtertechniken erscheinen die Lichtstrahlen je nach Faserverlauf in unterschiedlichen Farben. Tendenziell laufen grüne Fasern von rechts nach links, rote Fasern von oben nach unten. Blaue Fasern laufen senkrecht zur Bildebene.

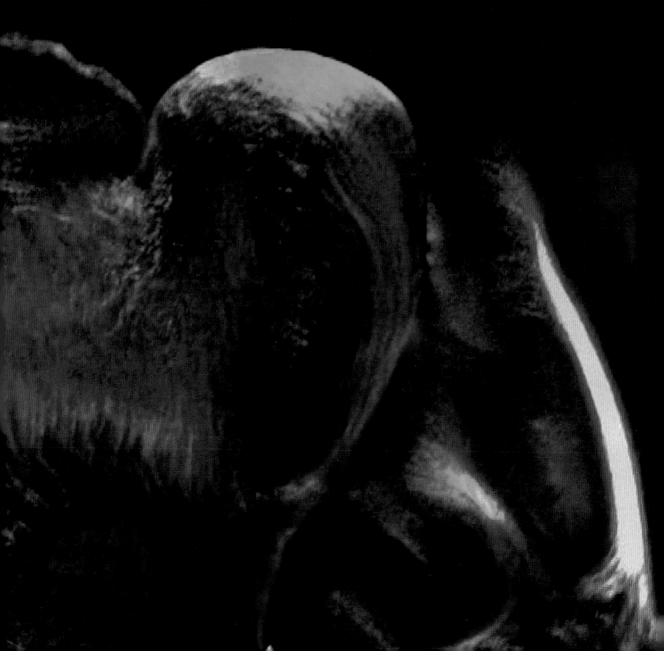

Fluoreszenzmikroskopie
Bringt Farbe ins Leben

Streng genommen ist die *Fluoreszenzmikroskopie* eine besondere Form der Lichtmikroskopie, denn auch sie arbeitet mit Lichtstrahlen, um Strukturen in Nervenzellen oder -geweben sichtbar zu machen. Allerdings nutzt sie einen Trick, um einzelne Objekte getrennt voneinander zu untersuchen: Diese werden durch unterschiedliche Farben markiert, sodass sie als separate Signale in der Zelle „aufleuchten". So ist es beispielsweise möglich, innerhalb eines Neurons den Zellkern, die Mitochondrien und das Zellskelett auseinanderzuhalten.

Die Fluoreszenzmikroskopie beruht darauf, dass manche organische Farbstoffmoleküle eine besondere optische Eigenschaft haben: Sie *fluoreszieren*, nehmen also Licht einer bestimmten Wellenlänge auf, werden dadurch angeregt und senden anschließend ihrerseits ein Lichtsignal aus. Da bei diesem Prozess Energie verloren geht, ist das ausgesendete Licht dieser Farbstoffmoleküle langwelliger (energieärmer) als das eingestrahlte.

In der Praxis verwendet man bestimmte Filter, die nur genau das Licht der bestimmten Wellenlänge durchlassen, die den Fluoreszenzfarbstoff anregt (zum Beispiel ein blaues Licht). Infolgedessen sendet der Farbstoff ein längerwelliges (zum Beispiel grünes) Licht aus. Durch eine geschickte Anordnung der Strahlengänge im Fluoreszenzmikroskop sieht man als Betrachter jedoch nur das vom Objekt ausgesendete Licht. Das eingestrahlte Licht wird weggefiltert, bevor es die Augen erreicht. Im Ergebnis kommt also nur ein Lichtsignal an, das von den Fluoreszenzfarbstoffen ausgesendet wurde, der Rest bleibt dunkel.

Um eine Probe mit dieser Mikroskopiertechnik zu untersuchen, muss sie folglich vorbehandelt worden sein. Stellen wir uns vor, wir möchten alle Mitochondrien (↓) in einer Zelle sichtbar machen. Mithilfe der Immuncytochemie (↓) können wir diese kleinen Zellpartikel (und zwar ausschließlich diese) mit Fluoreszenzfarbstoffen markieren. Ein solcher Farbstoff könnte anschließend im Fluoreszenzmikroskop angeregt werden und seinerseits rötlich aufleuchten. So

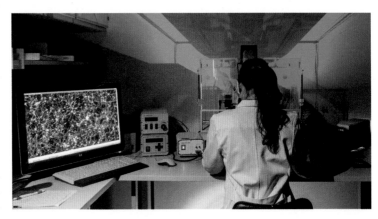

Die Buchautorin Sofia Anastasiadou bei der Arbeit: In einem Fluoreszenzmikroskop wird ein grünes Licht erzeugt, das die markierte Probe (die markierte Nervenzelle) anregt. Das dadurch entstehende Lichtsignal färbt die Nervenzelle spezifisch an. So entstehen Bilder wie auf dem Computerbildschirm links.

Mitochondrien → S. 102
Immuncytochemie → S. 298

kann man sehr genau die Position der nun roten Mitochondrien bestimmen. Dieses Verfahren lässt sich prinzipiell für alle Objekte in der Zelle anwenden, die man mit Fluoreszenzfarbstoffen markieren kann: Vesikel, DNA, Rezeptoren, ganze Proteine. Üblicherweise kann man bis zu vier verschiedene Farbkanäle separat und nacheinander aufnehmen, anschließend zu einem Gesamtbild zusammensetzen und so die Position oder Größe der Objekte in der Zelle bestimmen.

Problematisch wird es erst, wenn man keine einzelnen Zellen untersuchen will, die auf einer Zellkulturschale gewachsen sind, sondern Nervengewebe. Durch die Immunhistochemie (↓) kann man zwar auch hier die Nervenzellen so vorbereiten, dass sie ein Fluoreszenzsignal im Mikroskop aussenden. Doch häufig liegen so viele Zellen in vielen Schichten übereinander, dass sich die ausgesendeten Lichtsignale überlagern und undeutlich werden. Mit Hilfe der *Konfokalmikroskopie* kann man jedoch dieses Problem umgehen. Im Prinzip handelt es sich auch hier um ein Fluoreszenzmikroskop, in dem jedoch ein Laser das Anregungslicht für die Fluoreszenzfarbstoffe erzeugt. Durch eine geschickte Anordnung von Blenden kann der Laser nun auf eine ganz bestimmte Ebene im Gewebe fokussiert werden (daher der Name dieser Methode) und nur die dortigen Neurone anregen. So kann man schichtweise das Gewebe einige Mikrometer tief „durchleuchten" und die Fluoreszenzsignale sammeln. Abschließend ist es möglich, diese Einzelbilder zu einer 3D-Darstellung des Gewebes zusammenzusetzen.

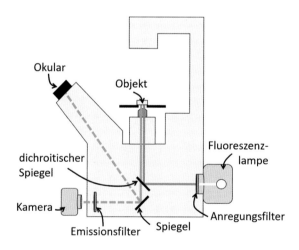

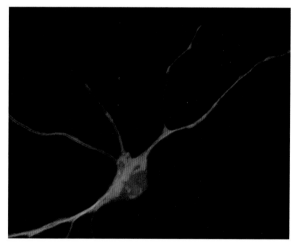

Der besondere Aufbau eines Fluoreszenzmikroskops ermöglicht es, die Probe mit Licht einer ganz speziellen Wellenlänge (z. B. blau) anzuregen. Die fluoreszierende Probe sendet daraufhin ein eigenes Lichtsignal (grün) aus, das in einer Kamera aufgenommen werden kann. Ein dichroitischer Spiegel ermöglicht es, dass sich beide Strahlengänge dabei im Mikroskop überkreuzen.

Mit einem Fluoreszenzmikroskop kann man unterschiedliche Bereiche einer Nervenzelle sichtbar machen. In diesem Fall: die DNA des Zellkerns in Blau, die Nervenfasern in Grün und die Mitochondrien in Rot. Zuvor musste diese Zelle natürlich in einer Zellkulturschale auswachsen und mit Hilfe von farbstoffmarkierten Antikörpern angefärbt werden.

Immunhistochemie → S. 286
Abb. nächste Seite: Thomas Deerinck und Mark Ellisman, The National Center for Microscopy and Imaging Research, UCSD, USA

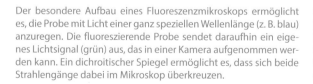

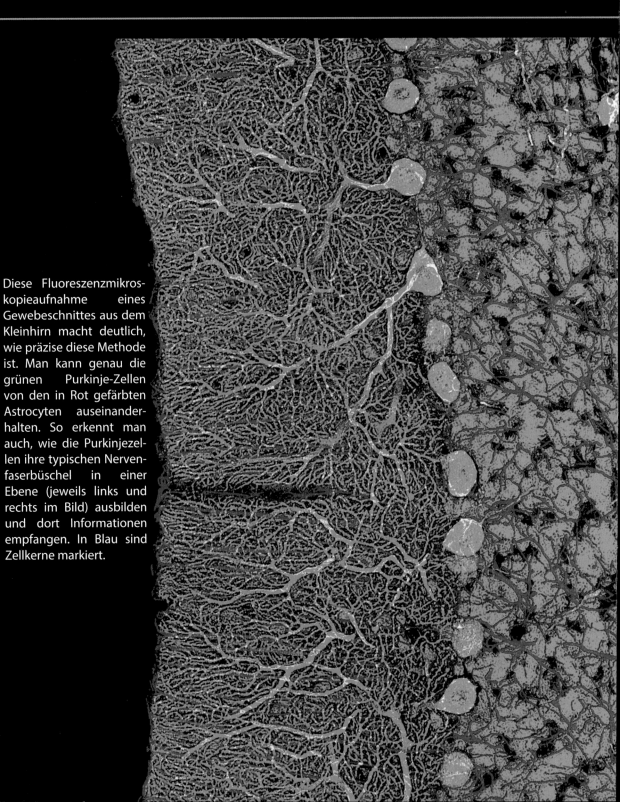

Diese Fluoreszenzmikroskopieaufnahme eines Gewebeschnittes aus dem Kleinhirn macht deutlich, wie präzise diese Methode ist. Man kann genau die grünen Purkinje-Zellen von den in Rot gefärbten Astrocyten auseinanderhalten. So erkennt man auch, wie die Purkinjezellen ihre typischen Nervenfaserbüschel in einer Ebene (jeweils links und rechts im Bild) ausbilden und dort Informationen empfangen. In Blau sind Zellkerne markiert.

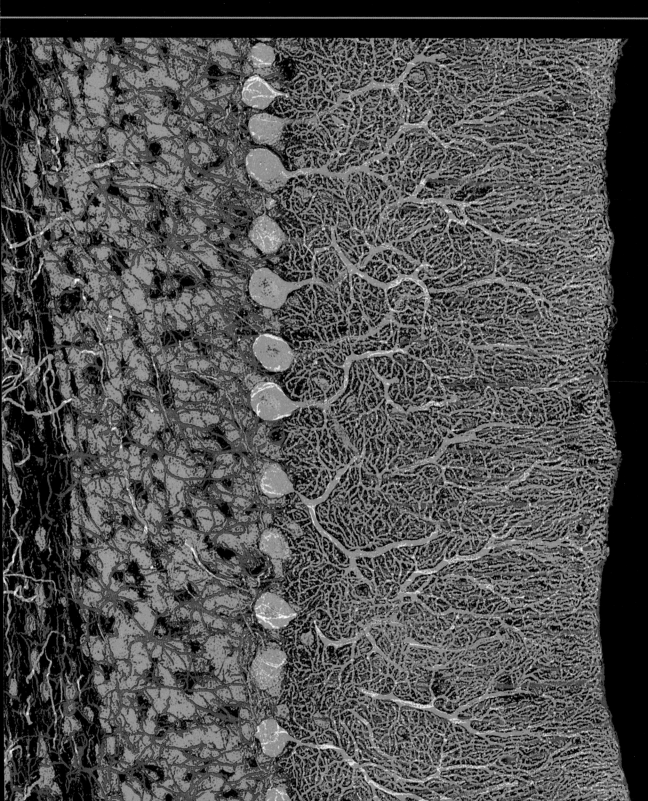

Elektronenmikroskopie
Jenseits des Lichts

Je tiefer man in die molekularen und sogar atomaren Dimensionen einer Zelle vorstößt, desto schwieriger wird es, die Objekte abzubilden. Mit einem Lichtmikroskop (↓) lassen sich zwar lebende Zellen beobachten oder größere Objekte in fixierten Zellen untersuchen, aber die maximale optische Vergrößerung ist begrenzt. Bestenfalls lassen sich noch große Vesikel (↓) (etwa 0,1 Mikrometer) voneinander unterscheiden. Aber Strukturen, die deutlich kleiner als ein Mikrometer sind, kann man mit Lichtmikroskopen nicht gut auflösen.

Hier kommt die Elektronenmikroskopie ins Spiel. Im Gegensatz zu Lichtmikroskopen verwendet sie Elektronen zur Bildgebung, die genauso wie Lichtstrahlen gebündelt und fokussiert werden können. In gewisser Weise verhalten sich die verwendeten Elektronenstrahlen wie Lichtstrahlen – mit dem Vorteil, dass sie auch deutlich kleinere Strukturen auflösen können, denn Elektronenstrahlen haben eine viel kürzere Wellenlänge als sichtbares Licht.

Klassischerweise verwendet man zwei unterschiedliche elektronenmikroskopische Techniken, um biologische Objekte sichtbar zu machen: die *Transmissionselektronenmikroskopie* und die *Rasterelektronenmikroskopie*.

Das Prinzip der Transmissionselektronenmikroskopie unterscheidet sich nicht sonderlich von der klassischen Lichtmikroskopie: Ein Elektronenstrahl (anstelle eines Lichtstrahls) wird erzeugt, gebündelt, durchdringt eine Probe (daher der Name „Transmission"), wird anschließend wieder gebündelt und trifft auf einen Leuchttisch, der die fokussierten Elektronenstrahlen sichtbar macht. Anstelle von Linsen nutzt man jedoch elektrische Felder, um die Elektronen zu bündeln und zu fokussieren. Die dafür nötigen Vorrichtungen benötigen deutlich mehr Platz als ein gewöhnliches Lichtmikroskop. Deswegen haben Elektronenmikroskope oft einen ein bis zwei Meter hohen Turm, in dessen luftleerer Röhre die Elektronenstrahlen gebündelt werden können.

Elektronenstrahlen haben den Vorteil, dass sie auch sehr kleine Strukturen sichtbar machen können. Technisch sind 100.000-fache Vergrößerungen überhaupt kein Problem (man

Ein Elektronenmikroskop ist viel größer als gewöhnliche Lichtmikroskope. In einem Turm können Elektronenstrahlen so gebündelt werden. Ganz unten befindet sich ein Leuchtschirm, der die auftreffenden Elektronen (und damit die Probe) sichtbar macht.

Lichtmikroskopie → S. 308
Vesikel → S. 104

erinnere sich: übliche Vergrößerungen eines Lichtmikroskops liegen beim Faktor 1000). So ist es möglich, detaillierte Aufnahmen von Synapsen, Rezeptoren, sogar einzelnen Proteinen zu machen. Der Nachteil ist jedoch, dass Elektronenstrahlen schon nach weniger als einem Mikrometer in biologischem Gewebe aufgehalten werden. Wenn man einen fixierten Schnitt eines Gehirns untersuchen möchte, muss dieser dafür ultradünn geschnitten werden. Damit man anschließend überhaupt etwas im Elektronenmikroskop erkennen kann, muss die Probe außerdem mit Schwermetallen (zum Beispiel Osmium- oder Uransalzen) behandelt werden. Die Schwermetalle lagern sich an molekulare Strukturen an und sind für Elektronen undurchdringlich. Je mehr Moleküle sich an einer Stelle befinden,

desto dunkler wird diese im anschließenden Bild.

Während man mit dieser Technik Strukturen innerhalb einer Zelle untersuchen kann, ermöglicht die Rasterelektronenmikroskopie die Beobachtung „von außen". Zu diesem Zweck wird eine vorbereitete Probe (zum Beispiel eine auf einem Glasplättchen fixierte und mit Kontrastmitteln behandelte Zelle) mit Elektronenstrahlen beschossen. Diese Elektronen schlagen aus der Oberfläche der Probe wiederum Elektronen heraus, die wie ein Echo zurückgeworfen werden. Nach und nach wird die gesamte Probe auf diese Weise abgerastert. Durch die Analyse dieses Echos kann man anschließend ein Bild der Oberflächenstruktur der Probe rekonstruieren.

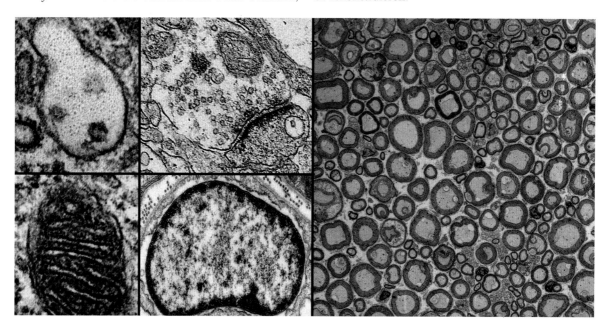

Eine kleine Auswahl an Strukturen, die mit der Elektronenmikroskopie sichtbar gemacht werden können. Oben links: ein Vesikel in der Zelle. Oben Mitte: eine Synapse, die an der dunklen Kante an eine andere Zelle andockt. Unten links: ein Mitochondrium, unten Mitte: ein Zellkern. Rechts: ein quergeschnittenes Bündel aus Nervenfasern mit dunklem Rand aus Myelin.

Abb. nächste Seite: Jürgen Berger / Max-Planck-Institut für Entwicklungsbiologie, Tübingen

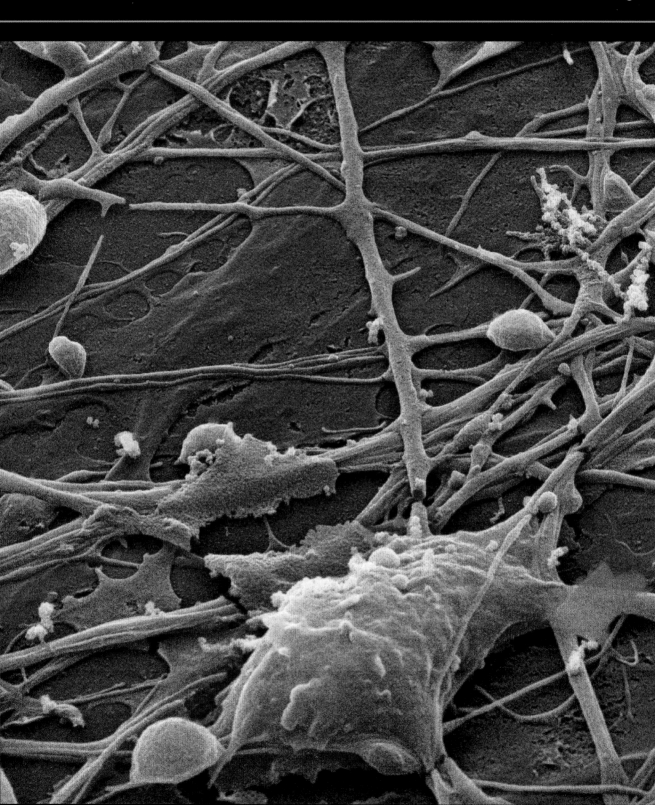

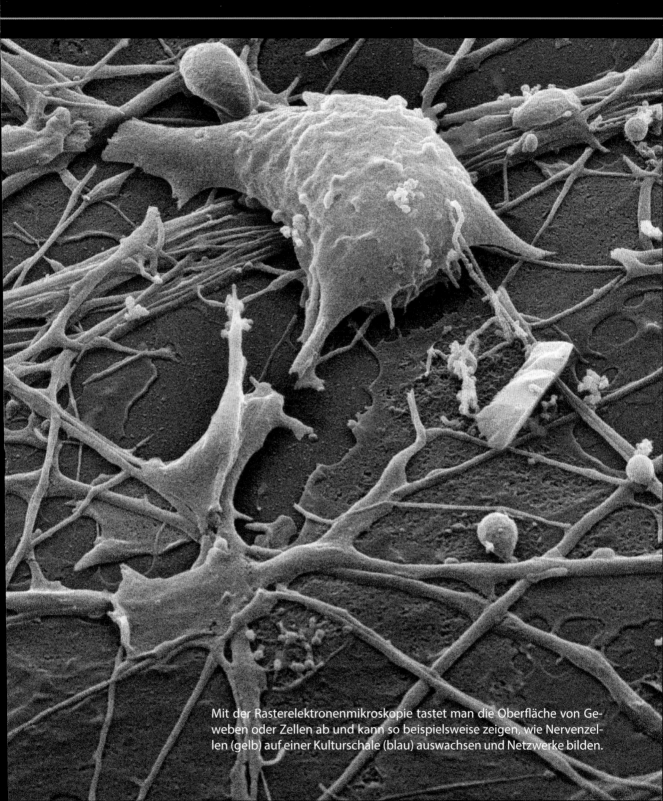

Mit der Rasterelektronenmikroskopie tastet man die Oberfläche von Geweben oder Zellen ab und kann so beispielsweise zeigen, wie Nervenzellen (gelb) auf einer Kulturschale (blau) auswachsen und Netzwerke bilden.

Connectomics

Wer mit wem?

Wenn das Geheimnis der Gehirnfunktionen in den Verbindungen zwischen den Nervenzellen liegt, warum dann nicht einfach genau diese Architektur vermessen und in einem Modell abbilden? Schließlich stecken in dieser Struktur des Nervennetzwerks all unsere Erinnerungen, und auch die Art, wie wir denken, fühlen und handeln wird vom Aufbau unseres neuronalen Systems gesteuert. Wenn wir nun alle Verknüpfungsmuster im Gehirn nachvollziehen könnten, würden wir auf dem Weg zum Verständnis des Gehirns einen großen Schritt vorankommen.

Dieses ambitionierte Ziel wird in der Neurowissenschaft „*Connectomics*" (sozusagen „Verknüpfungsforschung") genannt. Wie man sich vorstellen kann, ist es kein leichtes Unterfangen, das Verbindungsmuster zwischen den Nervenzellen nachzuvollziehen. Denn manche zellulären Strukturen sind nur wenige Nanometer groß, die Ausläufer von Nervenzellen können jedoch ohne weiteres eine Million Mal größer werden. Diese extremen Unterschiede der Messdimensionen müssen von der verwendeten Untersuchungsmethode unter einen Hut gebracht werden können.

Schon vor über hundert Jahren begann Ramón y Cajal mit seinen Golgi-Färbungen (↓) und machte einzelne Nervenausläufer sichtbar. Mittlerweile steht ein ganzes Arsenal an biochemischen

Methoden zur Verfügung, um Nervenzellen im Gehirn sichtbar zu machen und lichtmikroskopisch zu untersuchen (↓). Das Problem ist dabei: Die Färbemethoden sind zu ungenau und die Verknüpfung der Nervenzellen untereinander zu filigran, als dass man sie mit Lichtmikroskopen nicht sichtbar machen kann.

Wenn man auch die kleinsten zellulären Strukturen untersuchen möchte, bietet sich die Elektronenmikroskopie an (↓). Mit ihrer Hilfe lassen sich in Gewebeschnitten vom Gehirn auch kleine Synapsen oder Nervenfaserfortsätze sichtbar machen. Hier hat man jedoch wiederum den Nachteil, dass man nur sehr kleine Gebiete (und nicht ganze Gehirne wie bei der Lichtmikroskopie) untersuchen kann. In der Regel muss man deswegen das Hirngewebe in sehr viele dünne Scheiben

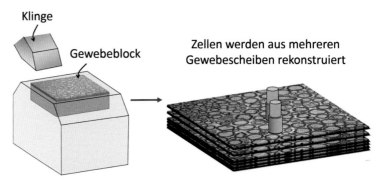

Klinge

Gewebeblock

Zellen werden aus mehreren Gewebescheiben rekonstruiert

Um zu untersuchen, wo die feinsten Faserverbindungen zwischen den Neuronen entlanglaufen, zerschneidet man das Hirngewebe zunächst in feine Scheibchen. Jedes Gewebescheibchen wird anschließend im Elektronenmikroskop untersucht. So erkennt man die Zellgrenzen, die jedoch anschließend von allen Gewebescheiben zu einem dreidimensionalen Modell zusammengesetzt werden müssen.

Ramón y Cajal→ S. 268
Lichtmikroskopie → S. 308
Elektronenmikroskopie → S. 316

schneiden, diese nacheinander mit einem Elektronen-mikroskop untersuchen und alle aufgenommenen Bilder anschließend zu einem 3-D-Modell zusammensetzen.

Dieser Vorgang geschieht mittlerweile automatisiert: Ein Gewebestück wird in ein Elektronenmikroskop eingebracht, ein scharfes Messer schneidet anschließend Schicht für Schicht von der Oberfläche des Gewebes ab. Zuvor wird jedes Mal ein Bild von der Gewebestruktur gemacht, sodass sich alle Bilder anschließend zu einem räumlichen Modell zusammensetzen lassen.

Doch selbst wenn dieser Vorgang komplett automatisiert abläuft, dauert es sehr lange, bis man ein ausreichend großes Stück Hirngewebe untersucht hat. Wenn jeder Gewebeschnitt etwa 10 Nanometer dick ist, braucht man 100.000 Schnitte, um ein 1 Millimeter dickes Hirngewebe zu untersuchen. Dabei erzeugen die elektronenmikroskopischen Aufnahmen eine große Menge an Daten, die Bilder müssen anschließend (zum Teil per Hand) zusammengesetzt werden, um zu erkennen, wo die Nervenfasern entlanglaufen. Bisher ist es auch nur möglich, kleine Gewebestücke zu untersuchen – bis man da-

raus menschliche Gehirne rekonstruieren kann, ist es noch ein sehr weiter Weg (mit den heutigen Methoden würde es 10 Millionen Jahre dauern, um jede Synapse im Gehirn abzubilden). Die größte Limitierung dieser Methode ist daher nicht nur die Automatisierung der Aufnahmen, um große Gewebestücke schnell zu untersuchen. Viel komplizierter ist die Verarbeitung des dabei anfallenden riesigen Datenberges.

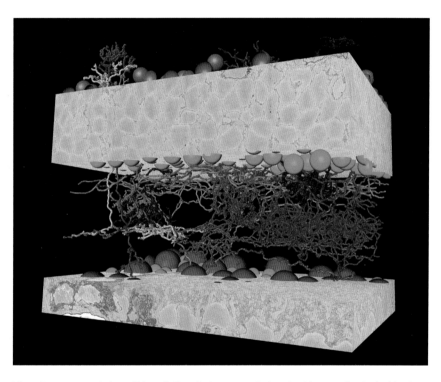

Hier erkennt man, wie kompliziert die Verschaltungen zwischen den Nervenzellen in der Netzhaut einer Maus werden können: Nachdem man die einzelnen elektronenmikroskopischen Aufnahmen der Zellen zu einem 3-D-Modell am Computer zusammengesetzt hat, kann man die einzelnen Nervenfasern nachverfolgen. Die grauen Bereiche zeigen die elektronenmikroskopisch untersuchten Gewebeblöcke, die runden Kugeln stellen die Zellkörper vereinfacht dar. Rot sind Ganglienzellen, grün sind amakrine Zellen, blau die bipolaren Zellen (↓). Dieses Modell zeigt nicht alle Nervenzellen der Netzhaut, sondern nur etwa jede zehnte.

Zelltypen in der Netzhaut → S. 148
Abb. unten rechts: Fabian Isensee, Julia Kuhl, Moritz Helmstaedter et al., 2013; © Max Planck Institute für medizinische Forschung, Heidelberg, Deutschland

Modernste Methoden wie Konnektomanalysen (siehe vorherige Seite) ermöglichen es, das Nervensystem auf detaillierte Weise sichtbar zu machen (hier sind die Verknüpfungen der Zellen innerhalb der Netzhaut einer Maus gezeigt). Vermutlich liegt das Verständnis für die Funktion des Gehirns generell in der Architektur des Netzwerks.

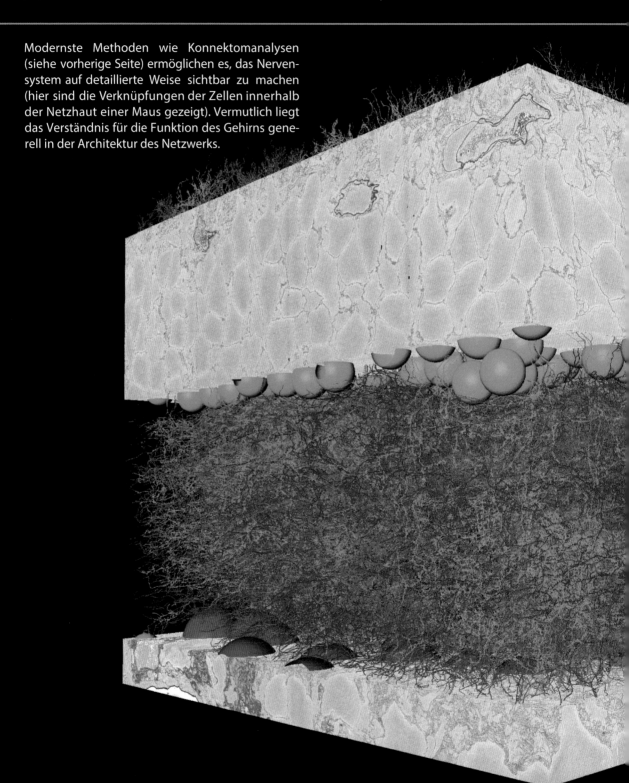

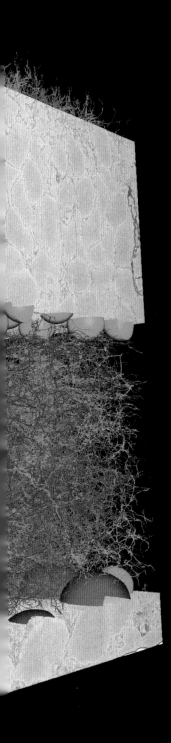

7 Grenzen des Wissens

An vielen Stellen wissen wir schon sehr gut über unser Nervensystem Bescheid. Wir kennen sehr genau die Abläufe innerhalb von Nervenzellen, wissen wie Sinnesinformationen aufgenommen und primär verarbeitet werden oder welche Hirnstrukturen an wichtigen Prozessen wie Sprache oder Bewegung beteiligt sind.

Andererseits stehen wir bei vielen Erklärungen erst ganz am Anfang und erkennen, dass das Gehirn deutlich komplizierter aufgebaut ist, als wir es uns jemals vorgestellt haben. Das macht die Erforschung dieses Organs so spannend – denn noch bleibt es das letzte große Rätsel unserer eigenen Biologie.

Viele neurobiologische Vorgänge entziehen sich noch immer einer endgültigen Erklärung und führen zu Fragen, die so alt sind wie die Menschheit: Was ist Bewusstsein und wie entsteht es? Wie erschafft das Gehirn subjektives Erleben? Was unterscheidet ein menschliches Gehirn von allen anderen Gehirnen im Tierreich und macht es so besonders? Was sind Gedanken und Ideen? Haben wir einen freien Willen? Können wir den menschlichen Geist erklären, wenn wir die Dynamik des neuronalen Netzwerks im Gehirn simulieren?

In ihrer Forschung bewegt sich die Neurowissenschaft dabei auf andere Disziplinen zu. Immer wichtiger wird heutzutage daher die kooperative Zusammenarbeit von Wissenschaftlern unterschiedlicher Fachrichtungen. An der Grenzfläche von Neurobiologie, Informatik, Philosophie, Soziologie und Psychologie werden daher in Zukunft die spannenden Antworten auf einige der interessantesten Fragen entstehen können. Die Neurobiologie wird dabei einen nicht zu unterschätzenden wissenschaftlichen Beitrag leisten können. Doch um das Gehirn zu erklären, wird sie sich mit anderen Disziplinen verbünden.

Nicht geklärt ist dabei, ob sich einige der genannten Fragen überhaupt wissenschaftlich-methodisch zufriedenstellend beantworten lassen. Wie Selbstbewusstsein entsteht und was das für das Verständnis von uns selbst bedeutet, ist möglicherweise erst mit neuartigen oder verbesserten Methoden zu untersuchen. Die heutigen Ansätze sind zumindest vielversprechend und erlauben einen Ausblick auf die Richtung zukünftiger neurowissenschaftlicher Forschung.

Bewusstsein

Was ist das Ich?

Wenn Sie gerade diese Seite aufgeschlagen, die ersten Wörter gelesen, darüber nachgedacht und sie verstanden haben, gratuliere ich Ihnen ganz herzlich: Sie besitzen ein Bewusstsein. Denn die Fähigkeit, aus schwarzen Strichen auf weißem Grund Wörter zu erzeugen und deren Bedeutung zu Gedanken zu kombinieren, geschieht eben auf jener Ebene des Bewusstseins. Über alles in Ihrem Leben können Sie unsicher sein, doch dass Sie ein Bewusstsein haben, werden Sie nie abstreiten, solange Sie bei selbigem sind.

Die Frage nach der Natur des Bewusstseins gründet auf einer uralten philosophischen Debatte. Schon der Begriff „Bewusstsein" bedarf einer Abgrenzung. So unterscheidet man in der Biologie verschiedene Bewusstseinszustände, je nachdem, ob man gerade wach ist, tief schläft, in Vollnarkose oder gar im Koma liegt. Diese verschiedenen Bewusstseinsformen lassen sich heute durch EEG- und fMRT-Messungen des Gehirns als unterschiedliche Aktivitäten von Nervennetzwerken sichtbar machen.

Nun ist Bewusstsein oftmals mehr als ein bloßer Aufmerksamkeitszustand. In unserem Alltag fallen Bewusstsein und Aufmerksamkeit zwar oft zusammen (wenn wir uns auf etwas konzentrieren und es uns bewusst wird), doch Bewusstsein kann sich auch auf innere mentale Vorgänge richten (wenn wir uns unserer eigenen Gedanken gewahr werden). Bewusstsein ist in dieser Form eine Metaempfindung, ein höherstufiger geistiger Prozess, der es uns erlaubt, unsere inneren mentalen Vorgänge zu reflektieren.

Wie untersucht man nun methodisch diesen schwer fassbaren Begriff und welche Erklärungsmodelle bietet die Hirnforschung derzeit zur Bewusstseinsfrage? Um zu verstehen, wie eine bewusste Erfahrung im Kopf entsteht, muss man erklären, wie das Gehirn überhaupt aus den Einzelteilen einer Sinneswahrnehmung ein Gesamtbild erzeugt. Stellen Sie sich vor, Sie betrachten eine Zitrone. Ihr optisches System setzt aus den Farben und Konturen der Zitrone ein vorläufiges Bild zusammen, das in Ihren Assoziationsarealen als Zitrone erkannt wird. Sie kombinieren dafür Erfahrungen und bisheriges Wissen, denn sie haben eine Zitrone schon mal gesehen. Irgendwann ist aus den einfachen Erregungen der Neurone in der Sehrinde jedoch ein bewusstes Bild in Ihrem Kopf geworden. Sie „sehen" die Zitrone ganz bewusst.

Ein gegenwärtiges Modell geht davon aus, dass gedankliche Vorgänge immer dann bewusst werden, wenn sie sich genügend lange synchronisieren. Beim Anblick der Zitrone sind sicherlich Bereiche ihrer Sehrinde aktiv, außerdem Regionen der Großhirnrinde (wo bisherige Erfahrungen mit Zitronen gespeichert sind), vielleicht der Amygdala (weil Ihnen Zitronen nicht schmecken) oder des Hippocampus (Sie erinnern sich an Ihren letzten Mittelmeerurlaub). Wenn sich die Nervenzellen der beteiligten Regionen für eine gewisse Zeit (etwa eine Fünftelsekunde) untereinander abstimmen, die Erregung also immer wieder zwischen ihnen hin und her geschickt wird, kann der Informationsinhalt der beteiligten Regionen bewusst werden.

A

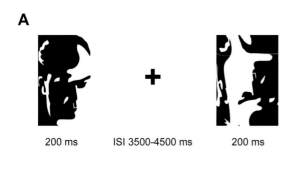

200 ms   ISI 3500–4500 ms   200 ms

B

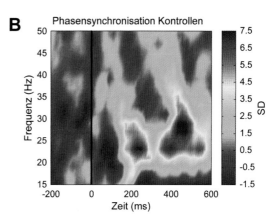

Im Experiment kann man sichtbar machen, was notwendig ist, damit ein Gehirn eine Aufgabe bewusst und aufmerksam löst. Links sieht man die Aufgabe: Zunächst wird sehr kurz (für eine Fünftelsekunde) ein Gesicht gezeigt, nach einer Pause wird wieder ein Gesicht gezeigt, diesmal jedoch auf den Kopf gestellt. Per Knopfdruck soll der Proband zu erkennen geben, dass er das Gesicht erkannt hat. Mit einem EEG (↓) misst man dabei, wie sich die Nervenzellen bei der Lösung der Aufgabe (also dem Erkennen des Gesichtes) synchronisieren: Die Grafik rechts zeigt, welche Frequenzen bei dieser Synchronisation besonders wichtig sind (je röter, desto stärker aktiv). Nach einer Fünftelsekunde ist die Synchronsiation der Neurone mit einer Frequenz von knapp 25 Hertz am größten – man vermutet, dass genau dann die bewusste Erfassung der Aufgabe eintritt. Nach einer knappen halben Sekunde ist diese Synchronisationsfrequenz wieder sehr stark – weil der Proband auf einen Knopf drücken muss, um die Aufgabe zu lösen. Kurz gesagt: Bewusste Aufmerksamkeit kann entstehen, wenn sich nach etwa einer Fünftelsekunde die Nervenzellen mit einer Frequenz 25 Hertz verstärkt synchronisieren.

Vermutet wird, dass der präfrontale Cortex, unser Stirnhirnbereich, diese kreisenden Erregungen integriert. Erst wenn die Aktivierungen einzelner Hirnregionen synchron abgestimmt immer wieder unter Einbeziehung des präfrontalen Cortexes ausgetauscht werden, wird uns etwas bewusst. Dies ist auch der Grund dafür, dass uns nicht alle Vorgänge im Gehirn bewusst werden können. Das Kreislauf- und Blutdruckzentrum im Hirnstamm ist nicht ausgiebig genug mit dem präfrontalen Cortex verbunden, ihre Aktivitäten bleiben also dem Bewusstsein verborgen.

Diese Theorie erklärt, wie einzelne Erregungsmuster im Gehirn zu einem Gesamtbild zusammengefügt werden können, das wir bewusst wahrnehmen. Durch Messungen der Gehirnaktivität mittels fMRT oder EEG kann man daher Hirnaktivitäten bestimmen, die als bewusstseinstypisch gelten. Üblicherweise sind bei bewussten Prozessen nicht nur einzelne Hirnregionen (z. B. die Sehrinde), sondern ganze Hirnareale weitläufig aktiviert. Außerdem erfolgt eine bewusste Verarbeitung oft nach einem Zweischrittmuster: Zunächst sind die Regionen aktiv, die das eintreffende Sinnessignal verarbeiten. Nach einer knappen Drittelsekunde ist auch der präfrontale Cortex aktiv – und integriert möglicherweise die Eindrücke in bewusstes Erleben.

Fazit: Wir wissen heute schon, welche Hirnregionen aktiv sein müssen, damit Bewusstsein entsteht. Doch was Bewusstsein an sich ist (nur die Synchronisatione von Zellen oder noch mehr), ist immer noch nicht endgültig geklärt.

EEG → S. 282
Abb. oben Mitte: Wolf Singer, Neurophysiologie, MPI für Hirnforschung, Frankfurt/Main

Subjektivität

Was macht meine persönliche Perspektive aus?

Stellen Sie sich vor, Sie möchten einem Blinden erklären, wie es ist, die Farbe Gelb zu sehen. Sie könnten ihm alle dafür denkbaren Informationen geben, zum Beispiel eine Wellenlänge von 578 Nanometern oder einen Lichtstrom von 500 Lumen, ihm Vergleiche geben, was alles gelb ist (Sonne, Zitrone, Tennisbälle), und doch wird die betreffende Person nicht wissen, *wie es ist*, ein Gelb zu sehen.

Die im Gehirn ablaufenden Prozesse, um eine bewusste Empfindung der Farbe Gelb zu erzielen, sind in Ansätzen bekannt. Wir wissen, dass der präfrontale Cortex verschiedene Hirnareale in ihrer synchronisierten Aktivität zu einem Gesamtbild integriert. Wir können die Aktivitätsmuster der an der Verarbeitung der Farbe Gelb beteiligten Zellverbände messen und die Verarbeitungsschritte im Gehirn so auseinanderhalten.

Diese Vorgänge werden in der Philosophie als „einfaches Problem" beschrieben: Bei kognitiven Prozessen ohne subjektives Empfinden (wie dem Lernen oder Sehen) reicht es aus, die zugrundeliegenden Hirnvorgänge zu beschreiben. In dieser Funktion verhalten wir uns nicht anders als „biologische Automaten", die beispielsweise aus der Reizung der Netzhaut ein Abbild unserer Umgebung erschaffen.

Das „schwierige Problem" bezieht sich jedoch genau auf die Erlebnisqualität, die man nur schwer methodisch bestimmen kann: Die subjektive Erfahrung, die sich einstellt, wenn man ein Gelb sieht, die Empfindung, wie es ist, in eine Zitrone zu beißen oder Schmer-

zen zu haben. Diese zusätzliche subjektive Erfahrungsdimension wird in der Philosophie „Qualia" genannt. Und wir wissen nicht, ob das Qualia-Problem sinnvoll wissenschaftlich gelöst werden kann.

Wenn es tatsächlich ein entsprechendes „neuronales Korrelat des Bewusstseins" gibt, dann bezieht es sich sehr wahrscheinlich auf die ständigen Wechselwirkungen zwischen verschiedenen Hirnbereichen. Die meisten Modelle zum Wesen des Bewusstseins verfolgen

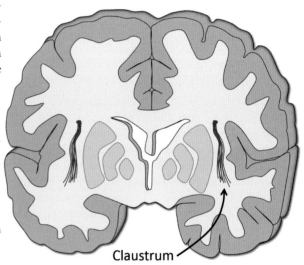

Claustrum

Das Claustrum ist eine dünne Schicht aus Nervenzellen (hier rot gezeigt), die zwischen den Basalganglien (hellgrau in der Mitte) und der Großhirnrinde liegt. Immer wieder wird vermutet, dass diese Hirnregion dafür verantwortlich ist, dass wir Dinge auf einer persönlichen Ebene bewusst erleben. Vermutlich dient aber auch das Claustrum eher als Verschaltungsstelle im Gehirn und ist kein „Schalter für das Ich".

Hierarchie der Verarbeitung von Sinneseindrücken → S 142

daher diesen Erklärungsansatz: Wie wir bei der Verarbeitung von Sinneseindrücken (↓) gesehen haben, geht ein Gehirn oft sehr hierarchisch vor und kombiniert einfache Erregungen zu immer komplexeren Mustern. Nun könnten diese Hierarchiestufen irgendwann so komplex werden, dass ein Bewusstseinseffekt auftritt. Die Aktivität einer bestimmten Hirnregion könnte also ein subjektives Bewusstseinserleben hervorrufen.

Es ist jedoch unwahrscheinlich, dass es ein solches „Bewusstseinsmodul" gibt. Vielleicht spielen einige Hirnregionen eine gesonderte Rolle, um die Aktivität anderer Areale zu koordinieren (als Kandidat wurde

Du Bois-Reymond

Das Qualia-Problem ist schon seit der Antike bekannt. In den Fokus der Neurowissenschaften rückte es vor über 140 Jahren, als Emil Du Bois-Reymond die Frage nach der „Qualität des Erlebens" mit neurophysiologischen Erkenntnissen verknüpfte. Bis heute ist die Frage, was unser subjektives Empfinden biologisch ausmacht, jedoch nicht geklärt.

und wird das *Claustrum* gehandelt, eine dünne Schicht aus Nervenzellen zwischen den Basalganglien (↓) und dem Cortex), doch sehr wahrscheinlich wird Bewusstsein nicht von einer Hirnregion gezielt angeknipst.

Natürlich müsste in dem Hierarchiemodell nicht zwangsläufig eine oberste „Bewusstseinsstufe" auftreten. Viele Theorien erklären Bewusstsein gerade dadurch, dass es durch das Wechselspiel der Aktivitäten verschiedener Hirnregionen entsteht. Subjektives Erleben von Bewusstsein ist gerade das ständige Synchronisieren, das Vor- und Zurücklaufen von neuronalen Erregungen. Bewusstsein müsste also nicht irgendwo in einer Hirnregion stattfinden, sondern könnte durch die Interaktion verschiedener Hirnareale entstehen.

Das Problem ist jedoch: Selbst wenn wir diese Hirnprozesse mit Hilfe von fMRT oder EEG sichtbar machen könnten und zeigen, welche Netzwerke wann und wie bei einem Bewusstseinsprozess aktiv sind, wissen wir nicht, ob das auch Bewusstsein ist oder nur das bewusste Erleben begleitet.

Nicht ausgeschlossen ist auch, dass sich das Qualia-Phänomen als rein geistiger, immaterieller Zustand im Gehirn in Zukunft von selbst erledigt. Vielleicht werden wir irgendwann die zugrundeliegenden Prozesse im Gehirn so gut verstanden haben, dass uns die Existenz eines Qualia-Konzeptes überflüssig erscheint. Auf ähnliche Weise hat die Zellbiologie und Biochemie die vor 200 Jahren populäre Idee einer „Lebenskraft", die allen biologischen Wesen innewohnt, zunichte gemacht. Ob das der Hirnforschung gelingt, bleibt abzuwarten.

Basalganglien → S. 50
Abb. unten links: Max Koner, spätes 19. Jahrhundert (gemeinfrei)

Besonderheit

Was macht das menschliche Gehirn so außergewöhnlich?

Bewusstsein ist nichts, was allein dem Menschen vorbehalten wäre. Wir wissen heute, dass auch Tiere bewusste Prozesse erleben. Trickreiche Versuchsansätze zeigen, dass sich Schimpansen oder Delfine im Spiegel erkennen können. Sie sind sogar in der Lage, über ihre eigene Entscheidung bei schwierigen Testaufgaben nachzudenken und im Zweifel zuzugeben, dass sie die Lösung nicht wissen. Wenn Delfine beispielsweise die Höhe eines Pfeiftons bestimmen sollen und sich dabei unsicher sind, können sie dies durch Drücken einer Taste mitteilen und so ohne lästiges Warten die nächste Pfiff-Aufgabe lösen. Ein gewisses Maß an Selbstreflexion findet man also auch bei Tieren.

Dennoch übersteigt das geistige Vermögen des Menschen das von Tieren. Eine aktuelle Hypothese besagt dabei, dass der Mensch eine besondere Fähigkeit hat, die in dieser Form nicht im Tierreich vorkommt: Er weiß, dass andere wissen, dass es ihn gibt. Oder anders gesagt: Er kann sich in andere hineinversetzen. Diese wichtige Eigenschaft nennt man in der Wissenschaft *„Theory of Mind"*, quasi die Erkenntnis, dass andere Personen auch über Bewusstsein verfügen.

Eine „Theory of Mind" entwickeln Kleinkinder etwa zwischen dem dritten und vierten Lebensjahr. Möglicherweise ist dies ein dem Menschen eigener Schritt, der weder von Menschenaffen noch Delfinen in dieser Weise durchgeführt wird. Wir wissen noch nicht, welche Hirnprozesse für eine solche Entwicklung wichtig sind und was die neuronale Entsprechung dieser Fähigkeit ist. Doch da die Entwicklung der Sprache im Kleinkindalter mit der Entwicklung der „Theory of Mind" einhergeht, scheint die Verarbeitung von Sprache ein mitentscheidendes Kriterium zu sein. Sätze wie „Sie glaubt nicht, dass ich denke, dass sie es weiß" werden in dieser Form daher kaum von Tieren verstanden werden können.

Die Fähigkeit, mit Symbolen (wie Sprache oder Zahlen) unsere Welt zu erklären und zu neuen Gedanken zusammenzusetzen, ist insofern eine weitere Ausprägung dieser menschlichen Fähigkeit, Gedanken zu abstrahieren. Wenn es stimmt, dass das menschliche Gehirn auf besondere Art und Weise in der Lage ist, Informationen zusammenzufügen und nicht nur in einem

Auch manche Affen können sich im Spiegel erkennen und verfügen genauso wie Menschen und Delfine über ein Wissen ihrer selbst. Doch Menschen wissen auch, dass andere Menschen von sich selbst wissen.

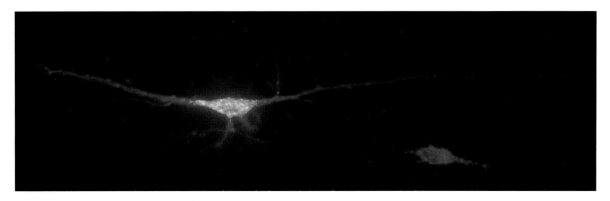

Manche Neurone sind derart außergewöhnlich, dass sie nur bei Lebewesen mit einem ausgeprägten Sozialverhalten und Selbstbewusstsein vorkommen (wie Menschen oder Walen): die Spindelneurone oder von-Economo-Neurone. Eine solche Nervenzelle (hier in Rot gezeigt) kann bis zu dreimal größer werden als eine typische Pyramidenzelle, wie man sie oft im Gehirn findet. Vermutet wird, dass Spindelneurone bei der Selbst- und Fremdwahrnehmung (der Empathie) eine Rolle spielen.

gesonderten Areal zu verarbeiten, dann müsste sich das auch irgendwie anatomisch zeigen, zum Beispiel indem es besonders gut vernetzt oder überdurchschnittlich groß ist.

Wir sind heute noch nicht in der Lage, die strukturellen Grundlagen der außergewöhnlichen Fähigkeiten menschlicher Gehirne zu erklären. Als aussichtsreichster Kandidat gilt der vorderste Bereich des präfrontalen Cortexes, der bei uns überproportional vergrößert und außergewöhnlich weitläufig vernetzt ist. Auch die Neurone des Broca-Areals in den Sprachzentren (↓) sind ungewöhnlich groß und gut verbunden. Hinzu kommt, dass das menschliche Gehirn wie kein zweites seine Erregungsübertragung optimiert: Die Isolationsschicht der Nervenfasern (↓) ist im Tierreich ohne Vergleich und ermöglicht einen besonders effizienten Informationsaustausch (und damit Intelligenz). Sehr wahrscheinlich ist daher keine besondere Hirnregion alleinig für die Entwicklung des geistigen Abstraktionsvermögens zuständig, sondern die Fähigkeit, Informationen parallel im gesamten Gehirn zu verarbeiten.

Möglicherweise hat sich in der Menschwerdung das Phänomen des Bewusstseins zur besseren Kommunikation entwickelt. Dafür war es nötig, dass der präfrontale Cortex oder die Sprachzentren extrem weitläufig im Gehirn vernetzt wurden. So war es möglich, von einer einfachen modulartigen Verarbeitung wegzukommen und Informationen als ganzheitliches Aktivitätsmuster im Gehirn abzubilden.

Wir sind also mehr als „Affen mit einem besonders großen Gehirn". Sehr wahrscheinlich liegt in der Architektur unseres Nervennetzwerks der Schlüssel zum Verständnis unserer übergeordneten Hirnfunktionen wie der „Theory of Mind". Die spannende Herausforderung der nächsten Jahre wird sein, entsprechende Methoden wie Konnektomanalysen (↓) so zu verfeinern, dass wir über die simple obige Beschreibung neuronaler Besonderheiten des menschlichen Gehirns hinauskommen.

Sprachzentren → S. 188
Isolierung der Nervenfasern → S. 130
Konnektomanalysen → S. 320

Abb. oben Mitte: Nachdruck aus Neuron, Vol. 74 (3), Henry C. Evrard, Thomas Forro, Nikos K. Logothetis, Von Economo Neurons in the Anterior Insula of the Macaque Monkey, 482-489, Copyright 2012, mit freundlicher Genehmigung von Elsevier

Ideen
Was sind Gedanken?

Wenn das Gehirn tatsächlich all unsere Ideen und Gedanken hervorbringt, stellt sich die Frage, was das überhaupt ist, ein Gedanke. Und wenn wir es wissen, könnten wir die Gedanken mit einem „Hirnscanner" auslesen oder in einem Supercomputer nachbauen?

So kompliziert es ist, alle Vorgänge im Gehirn genau zu verstehen, haben wir doch eine gut begründete Vorstellung davon, was Gedanken und Ideen im Gehirn sind. Dabei wird klar, wie einzigartig das Gehirn in seiner Funktion ist und dass sich jeder Vergleich mit einer „Rechenmaschine" oder einem „Computer" verbietet.

Wenn ein Computer Informationen verarbeiten soll, braucht er dafür zwei Dinge: eine Hardware und eine Software. Informationen sind dabei nichts anderes als Daten (z. B. Zeichen wie Nullen und Einsen), die an einem bestimmten Ort auf der Festplatte abgelegt werden. Im Gehirn gibt es jedoch keinen Unterschied zwischen Hard- und Software, es ist ein und dasselbe. Denn die Hardware, das sind die Neurone in ihrem Netzwerk – und eine Information ist die Art, wie diese Neurone gerade aktiv sind, es ist ihr Aktivitätsmuster (↓). Wann immer Sie einen Gedanken oder eine Idee im Kopf haben, ist das Netzwerk in Ihrem Gehirn auf eine ganz bestimmte Art und Weise aktiv. Diese Aktivität ist der Gedanke.

Lange Zeit dachte man, dass es eine Art „neuronalen Code" geben müsste, demzufolge alle Informationen nach einem gleichartigen Schema in Form eines solchen Aktivitätsmusters im Gehirn repräsentiert sind. Heute gehen die meisten Wissenschaftler davon aus, dass sich jedes Gehirn ganz individuell im Laufe seines Lebens formt. Es extrahiert die Muster aus der Umwelt, sodass es die Sinnesreize das nächste Mal besser verarbeiten und das entsprechende Aktivitätsmuster erzeugen kann – und dieser Prozess ist sehr individuell. Jeder speichert das Bild eines „roten Apfels" auf seine ganz persönliche Art als

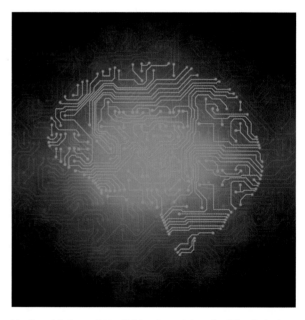

Hard- und Software ist im Gehirn ein und dasselbe. Wie wir denken, ist gleichzeitig das, womit wir denken: unsere Nervenzellen. Ihre Aktivitätsmuster, wie sie sich gegenseitig aktivieren oder hemmen, das ist das, was wir einen Gedanken nennen. Eine Information wird deswegen auch nicht irgendwo im Gehirn abgelegt – sie ist vielmehr als Muster in der Architektur des Netzwerks gespeichert.

Verarbeitung im neuronalen Netz → S. 144

Gesichter

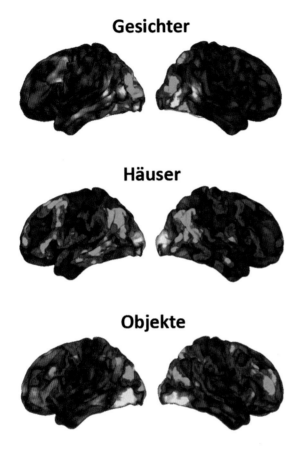

Häuser

Objekte

Alles das, woran wir denken, ist ein Aktivitätsmuster im Netzwerk der Nervenzellen. Mit der fMRT kann man schon sehr grob sichtbar machen, wie sich das Gehirn die Gedankenarbeit einteilt und welche Areale zur Gesichtererkennung oder zum Identifizieren von Häusern nötig sind (rote und gelbe Regionen sind im obigen Bild besonders aktiv, blaue und grüne sind weniger aktiv). Dennoch ist es nicht möglich, mit dieser Methode "Gedanken zu lesen", denn die exakten Verknüpfungen und Aktivierungen bleiben dieser Methode verborgen.

Aktivierungsmuster ab. Und obwohl sich diese Muster zwischen den Menschen ähneln mögen, ist es doch nicht möglich, ein generelles „Apfel-Aktivitätsmuster" zu definieren, das bei allen Menschen absolut identisch ist.

Die Aufgabe der Neurowissenschaft ist es nun, die Gesetzmäßigkeiten zu erkennen, nach denen ein neuronales Netz solche Aktivitätsmuster erzeugt und kombiniert. In Ansätzen verstehen wir schon sehr gut, wie beispielsweise Sinnesreize von den primären Hirnrindenfeldern aufgenommen und zu immer komplexeren Bildern zusammengesetzt werden. Doch je abstrakter die Verarbeitungsstufen schließlich in den Assoziationsbereichen werden, desto ungenauer werden auch die wissenschaftlichen Beschreibungen dieser Vorgänge.

Wir wissen zwar, was einen Gedanken im Gehirn ausmacht, doch wir wissen nicht, nach welchen Regeln solche Aktivitätsmuster weiterverarbeitet werden. Möglicherweise hilft es dabei, die reine biologische Beschreibung des Gehirns zu verlassen. In künstlichen neuronalen Netzen könnte man die Vorgänge solcher komplexer Informationsverarbeitung vielleicht besser simulieren, als wir es im Gehirn messen können. Durch einen Abgleich mit den „realen" biologischen Daten, z B. den Verknüpfungsmustern der Neurone im Gehirn, könnte man solche neuroinformatischen Erkenntnisse dann auf das Gehirn anwenden und überprüfen.

Einen ähnlichen Ansatz verfolgt man derzeit in einigen Bereichen der Neuroinformatik. Vielleicht ist das eine Möglichkeit, mehr über das Gehirn herauszufinden, doch mit Sicherheit erfordert es deutlich mehr Forschungsanstrengung, um die Funktionsweise unseres Denkorgans zu verstehen.

Abb. oben links: Prof. Dr. Klaus Scheffler und Prof. Dr. Wolfgang Grodd, Max Planck Institut für biologische Kybernetik, Tübingen

Freiheit
Haben wir einen freien Willen?

Niemand wird auf den ersten Blick ernsthaft bestreiten, dass wir einen freien Willen haben: Sie haben sich zum Beispiel gerade dazu entschieden, genau diese Seite des Buches aufzuschlagen und zu lesen – aus freien Stücken, wie es scheint. Doch ist das überhaupt möglich, oder eine Illusion, der wir unterliegen?

In diesem Buch haben wir zahlreiche Funktionen des Gehirns mit biologischen Vorgängen erklärt. Alles im Gehirn scheint eine Entsprechung auf der Ebene der Zellen oder zumindest deren Netzwerk zu haben. Diese Vorgänge gehorchen natürlichen Gesetzen, folgen also gewissen Regeln. Doch wenn das so ist, wie soll ein Gehirn dann freie Entscheidungen zustande bringen?

Nicht nur in Gedankenexperimenten wird der freie Wille immer in Frage gestellt. Auch mit real-wissenschaftlichen Versuchsaufbauten versucht man dem Wesen der menschlichen Entscheidungsfreiheit auf die Schliche zu kommen. In manchen dieser Experimente sollen Probanden eine einfache Entscheidung treffen (z. B. einen rechten oder linken Knopf drücken), während mittels fMRT (↓) oder EEG (↓) ihre Hirnaktivität gemessen wird. Oft stellt man dabei fest: Dem Bewusstwerden der Entscheidung (was die Probanden in Worte fassen) geht eine unterbewusste Hirnaktivität voraus.

Ständig müssen wir im Alltag Entscheidungen treffen. Viele davon unbewusst, doch manchmal wägen wir auch ab, bevor wir uns entscheiden. Dass die Vorgänge im Gehirn dabei von Naturgesetzen bestimmt werden, heißt jedoch nicht, dass alle Entscheidungen zwangsläufig vorbestimmt sind. Wahrscheinlich sind die Denkabläufe nämlich so komplex und wechselseitig im Netzwerk miteinander verbunden, dass eine definitive Voraussage der endgültigen Handlung nicht möglich ist.

Dies wird heutzutage dahingehend interpretiert, dass das Gehirn ein sogenanntes

fMRT → S. 272
EEG → S. 282

„Bereitschaftspotential" schafft, eine Vorab-Aktivierung gewissermaßen, um die eigentliche Handlung vorzubereiten. Methodisch ist es jedoch bis heute nicht einfach, die unbewussten Prozesse, die einer Entscheidungsfindung vorausgehen, zu erkennen.

Die Frage der Willensfreiheit berührt nämlich ein zentrales Problem des menschlichen Selbstverständnisses: Unserer alltäglichen Erfahrung nach scheint es klar zu sein, dass Körper und Geist getrennt sind. Wir erleben, wie unser Ich (unser „Geist") eine Entscheidung trifft, die dann vom Körper in eine Handlung umgesetzt wird. Doch dieses dualistische Modell beantwortet nicht die Frage, auf welche Weise ein solcher immaterieller Geist eine materielle Struktur wie das Gehirn beeinflussen sollte. Mit den heutigen Naturgesetzen ist eine solche Sichtweise sicherlich unvereinbar.

Aus diesem Grund vertreten die meisten Wissenschaftler einen anderen Ansatz: Unser Wille geht nicht der Entscheidung voraus, sondern wird selbst vom Gehirn hervorgebracht. Wie alles auf der Welt unterliegen auch die biologischen Vorgänge im Gehirn den Naturgesetzen, also sind unsere Entscheidungen in gewisser Weise determiniert, also vorherbestimmt.

Das bedeutet jedoch nicht, dass unser gesamtes Tun schon von vornherein festgelegt wäre. Tatsächlich muss man davon ausgehen, dass Willensentscheidungen im Gehirn nicht nach einer einfachen „Aus-A-folgt-B-Logik" entstehen, denn wir sind mehr als biologische Automaten. Vielmehr müssen wir die Prozesse im Gehirn als wechselseitigen Austausch von Informationen in einem Netzwerk verstehen. Diese können sich gegenseitig verstärken oder abschwächen, zu neuen Informationen kombinieren oder bestehende Aktivierungsmuster auslöschen. Ein solches System gehorcht nichtlinearen Gesetzmäßigkeiten, lässt sich also nicht vorhersagen, obwohl es vollständig von Naturgesetzen bestimmt ist. In gewisser Weise ist es also gleichzeitig vorherbestimmt und frei.

Am Ende steht immer eine Entscheidung, und es sieht so aus, als wäre diese Entscheidung die einzige Möglichkeit des „Systems Gehirn" gewesen. Doch wir sehen nicht, welche Alternativen auf welche Art zuvor in Erwägung gezogen und eliminiert wurden. Die besondere Komplexität dieses Wechselspiels können wir mit heutigen Methoden noch nicht beschreiben, doch es mag sein, dass die Wissenschaft in Zukunft Modelle liefern wird, die diese Vorgänge besser verständlich machen. Dies wird aber nur im Austausch verschiedener Disziplinen gelingen, wenn sich die Neurobiologie mit der Informatik, der Mathematik und der Psychologie zusammentut.

Dass das Gehirn nach Naturgesetzmäßigkeiten Entscheidungen trifft, muss man nicht sofort überinterpretieren und gleich unser Strafrecht in Frage stellen („Was kann ein Mörder für seine Tat, er war doch nur das Opfer seines Gehirns?"). Philosophen ist längst klar: Solange wir frei von Zufall und ohne äußeren Zwang selbst unsere Entscheidungen treffen, ist alles in Ordnung. Sehr wahrscheinlich wird die Hirnforschung ihren Beitrag liefern können, um besser zu verstehen, wie das Gehirn Entscheidungen trifft. Doch an unserem Zusammenleben muss sich dadurch nicht unbedingt etwas ändern, solange es gut funktioniert.

Künstliche Intelligenz
Ist menschliches Denken ein Auslaufmodell?

Seitdem sich Menschen mit dem Gehirn beschäftigen, versuchen sie es nachzubauen oder zu verbessern. Da heutzutage Großrechner die Verarbeitung von einer gigantischen Menge an Daten ermöglichen, liegt der Wunsch nahe, die informationsverarbeitenden Eigenschaften des Gehirns auf eine Maschine zu übertragen. Diese könnte sich dann intelligent verhalten und selbstständig Probleme lösen. Das ist nicht gerade einfach. Als Startschuss für die Entwicklung künstlicher Intelligenz (K.I.) kann man die Definition von Alan Turing aus dem Jahr 1950 ansehen. Demnach sollte man einer Maschine künstliche Intelligenz zugestehen, wenn man als Beobachter nicht in der Lage ist zu entscheiden, ob man gerade mit einem Menschen oder einer Maschine kommuniziert (der sogenannte Turing-Test). Diesen Status haben viele Chatprogramme heutzutage schon erreicht – und dennoch ist man weit davon entfernt, eine K.I. zu erschaffen, die es mit dem Menschen aufnimmt.

Aus Science Fiction Filmen wie *Terminator* oder *Matrix* kennen wir Maschinen und Computerprogramme, die ein Bewusstsein haben, selbstständig planen und handeln können. Ein solches System bezeichnet man als "starke K.I." – und bisher ist man noch sehr weit davon entfernt, ein solches System auch nur annähernd zu erschaffen (zumal man noch nicht mal weiß, was Bewusstsein ist oder wie das Verstehen von Dingen genau funktioniert).

Viel weiter fortgeschritten sind Technologien, die auf sogenannte "schwache K.I." zurückgreifen. Solche Systeme kennen Sie aus Ihren Smartphones, von Internetsuchmaschinen oder bei Fahrassistenzsystemen im Auto. Diese Systeme können konkrete menschliche Eigenschaften ersetzen und beispielsweise Muster oder Objekte erkennen.

Die modernsten "schwachen" K.I.-Systeme arbeiten mit Methoden des maschinellen Lernens. Dabei analysiert ein Computer eine große Datenmenge und erkennt selbstständig Muster und Gemeinsamkeiten im Datensatz. Präsentiert man dem Programm viele Millionen Bilder, so kann es sich so anpassen, dass es später menschliche Gesichter, Fahrräder oder andere Objekte wiedererkennt.

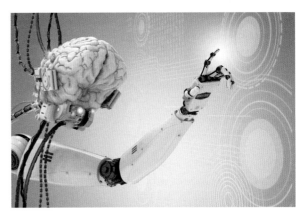

Eine sogenannte "starke K.I.", wie man sie aus Science Fiction Filmen kennt, ist derzeit nicht in Sicht. Bisher ersetzen Computersysteme nur Teilbereiche des menschlichen Denkens wie die Muster- oder Bilderkennung. Eine Maschine, die sich jedoch auch eigene Ziele setzt, Fragen stellt und Probleme entwickelt, statt sie zu lösen, ist momentan nicht möglich.

Ein solches maschinelles Lernen greift dabei auf einen Verarbeitungstrick des Gehirns zurück und arbeitet mit künstlichen neuronalen Netzwerken. Diese haben den Vorteil, dass man sie nicht vorher für jede Eventualität programmieren muss, sondern dass sie sich selbstständig anpassen können. Auf diese Weise können eintreffende Daten (zum Beispiel Bilder) Schritt für Schritt besser verarbeitet werden. Mit anderen Worten: Das System lernt. So ähnlich wie auch das menschliche Gehirn neuronale Netzwerke (↓) nutzt, um Bilder zu verarbeiten und zu erkennen.

Im Falle unseres Sehsinns sind die verarbeitenden Netzwerke in zahlreichen Schichten hintereinander angeordnet (vergleiche den Aufbau der Netzhaut und der optischen Areale im Gehirn, S. 152). Das Gleiche möchte man auch in Computersystemen abbilden und konstruiert sogenannte "Deep Learning"-Netzwerke, die ihre "Tiefe" dadurch erlangen, dass sie ebenfalls viele Verarbeitungsschichten in künstlichen neuronalen Netzwerken hintereinander schalten. Moderne Bilderkennungssoftware funktioniert auf diese Weise und auf „Deep Neural Networks" zurückgreifende Computerprogramme gewannen 2017 gegen die weltbesten Poker-Spieler.

Selbstlernende Systeme werden in Zukunft mit Sicherheit noch besser Datensätze auswerten, Muster erkennen und Probleme in einem klar umrissenen Aufgabenfeld lösen können. Doch das ist nur ein erster Schritt auf dem Weg zu einer „starken K.I.". Antworten zu geben ist schließlich deutlich einfacher als die richtigen Fragen zu stellen. Ob die aktuellen Technologien der "Deep Neural Networks" wirklich ausreichen, um eine "starke K.I." zu erschaffen, ist noch nicht beantwortet.

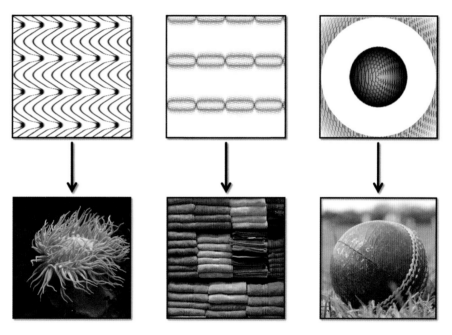

Maschinelles Lernen ist mittlerweile weit fortgeschritten. Sogenannte "Deep Neural Networks" können selbstständig Milliarden von Bildern analysieren und anschließend sehr genau menschliche Gesichter oder andere Objekte erkennen. Doch das bedeutet nicht, dass sie auch verstehen, was sie tun. Um das zu zeigen, hat man in einem Experiment untersucht, wie ein Bild aussehen müsste, damit es von einem trainierten künstlichen neuronalen Netzwerk mit über 99 prozentiger Sicherheit als Seeanemone, Handtuch oder Croquetball erkannt wird. Wer vermutet, dass dabei eine prototypische Seeanemone herauskommt, sieht sich getäuscht (oben links).

neuronale Netze → S. 144
Abb. unten rechts: Nguyen A, Yosinski J, Clune J. Deep Neural Networks are Easily Fooled: High Confidence Predictions for Unrecognizable Images., Computer Vision and Pattern Recognition (CVPR '15), IEEE, 2015

Zukunft

Was sind die zukünftigen Herausforderungen der Hirnforschung?

Auf dem Weg zum Verständnis des Gehirns sind wir schon sehr weit gekommen. Wir kennen ziemlich genau, welche Vorgänge in den Nerven- und Gliazellen ablaufen, verstehen die Prozesse der Signalübertragung zwischen den Zellen und wie sie sich entwickeln.

Auf der anderen Seite haben wir auch einen guten Überblick, wie das Gehirn im Großen und Ganzen funktioniert: Wie wissen recht genau, welche Hirnareale bei welchen Hirnfunktionen eine Rolle spielen, wie Sinnes- oder Bewegungsinformationen verarbeitet oder vegetative Körperfunktionen gesteuert werden.

Gewissermaßen kennen wir uns mit den Extremen im Gehirn gut aus: der Ebene der Zellen und der Ebene des gesamten Gewebes. Doch das eigentlich Spannende ist das „Dazwischen". Wie wird aus der Verknüpfung der einzelnen Zellen ein funktionierendes Ganzes? Wie können wir die dabei ablaufenden Prozesse, die Dynamik eines solchen Netzwerks untersuchen und schließlich beschreiben?

Wenn man also verstehen möchte, wie das Gehirn als Ganzes funktioniert, muss man zum einen ganz genau wissen, welche Nervenzelle wann und unter welchen Umständen auf welche Art aktiv ist. Es ist heute möglich, mit speziellen Elektroden die Erregung mehrerer Hundert Neurone gleichzeitig aufzunehmen. Fortschritte in der Halbleitertechnik machen es wahrscheinlich, dass in Zukunft einige Tausend Neurone direkt „abgehört" werden und somit ein detailliertes Bild ihrer Aktivität erstellt werden kann. So können wir einen sehr viel genaueren Eindruck von der Informationsverarbeitung im Gehirn bekommen, als wir ihn bisher haben.

Umgekehrt wird man das Gehirn besser verstehen können, wenn man die Aktivität von Nervenzellen gezielt an- und abschaltet. Aktuelle Techniken ermöglichen es dabei, durch einen Lichtreiz, den man durch ein Glasfaserkabel ins Gehirn leitet, einzelne Nervenzellen zu aktivieren, sodass sie einen Nervenimpuls erzeugen. Diese sogenannten *optogenetischen Methoden* werden in Zukunft noch weiter verfeinert werden, um durch das gezielte Ein- und Ausschalten von Nervenzellen zu verstehen, welche Rolle sie im Netzwerk spielen.

Alle Ansätze, um die Aktivität einzelner Nervenzellgruppen auszulesen oder zu verändern, haben nur dann einen Sinn, wenn man sie ins „große Ganze" einbettet. Und im Falle des Gehirns ist diese Erfassung der gesamten Netzwerkarchitektur eine ungeheure Aufgabe. Die Konnektomanalyse (↓) versucht dabei, das Gehirn scheibchenweise aufzunehmen und anschließend zu einem Gesamtbild zusammenzusetzen. Die dabei anfallen Datenberge übersteigen jedoch die derzeitigen Speicherkapazitäten: Die Aufnahme eines einzigen Gehirns benötigt etwa 200 Exabyte – das entspricht der gesamten Datenmenge des Internets.

Um das Gehirn an sich zu verstehen, genügt es dabei sehr wahrscheinlich nicht, es auseinanderzunehmen, sich die Einzelteile anzuschauen und anschließend wieder zusammenzusetzen.

Konnektomanalysen → S. 320

Bei einer Maschine, zum Beispiel einem Auto, mag das gehen: Aus der Funktion der Einzelteile kann man darauf zurückschließen, wie der Motor funktionieren könnte. Doch nach allem, was wir bisher wissen, ist es beim Gehirn anders. Ab einer bestimmten Komplexität des neuronalen Netzwerks treten Effekte auf, die wir aus der bloßen Kombination der Einzelteile nicht erwarten konnten. Das neuronale Netzwerk ist also mehr als die Summe seiner Teile. Mit Sicherheit werden sich die Neurowissenschaften daher mit anderen Disziplinen, wie z. B. der Informatik, verbünden müssen, um diese große Aufgabe lösen zu können.

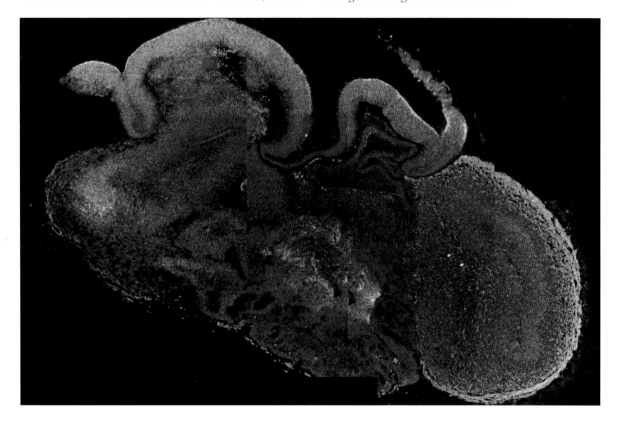

Mittlerweile ist es möglich, Nervengewebe aus menschlichen Stammzellen in Kultur zu züchten. Durch spezielle Nährstoffe im Kulturmedium kann man die Stammzellen dabei quasi programmieren, neuronale Strukturen (man spricht von „organoiden Modellen") auszubilden. In obigem Bild sind fertige Nervenzellen in Grün, Vorläuferzellen von Neuronen in Rot und alle Zellkerne in Blau gezeigt. Man erkennt, wie das Gewebe schon schleifenförmige Strukturen ausbildet, wie sie typisch für ein fertiges Gehirn sind. Natürlich kann man mit dieser Methode keine funktionierenden „künstlichen Gehirne" im Labor nachbauen. Und das wird auch niemals gelingen, denn funktionierende Nervensysteme entstehen nur im ständigen Austausch mit Sinnesreizen aus der Umwelt. Dennoch eignet sich ein solches Gewebe, um die Funktion der Nervenzellen besser zu erkunden.

Bildnachweis

An dieser Stelle möchten wir uns bei den zahlreichen Unterstützern und Kollegen bedanken, die uns Bildmaterial für dieses Buch zur Verfügung gestellt haben.

In aller Regel haben wir noch auf derselben Seite (oder auf der vorherigen Seite bei doppelseitigen Abbildungen) auf die entsprechende Bildreferenz verwiesen. Bei einigen Bildern, wie den Motiven auf dem Buchdeckel oder den Kapitelstartseiten, haben wir dies nicht getan und holen es deswegen an dieser Stelle nach.

Nervennetzwerk auf dem Buchcover: Pierre Mahou (1), Karine Loulier (2), Jean Livet (2), Emmanuel Beaurepaire (1); (1): Laboratory for optics and biosciences, Ecole Polytechnique - CNRS - Inserm, Palaiseau, Frankreich; (2): Institut de la Vision, UPMC - CNRS - Inserm, Paris, Frankreich.

Mausembryo auf dem Buchcover und S. 260–261: Dr. Zhong Lucas Hua, The Rockefeller University, New York, USA und Prof. Jeremy Nathans, Johns Hopkins Medical School, Baltimore, USA

Einleitung, Seite V: Jan Klein, Fraunhofer MEVIS – Institute for Medical Image Computing

Einleitung, Seite VI: Thomas Deerinck and Mark Ellisman, The National Center for Microscopy and Imaging Research, UCSD, USA

Einleitung, Seite VII: Sofia Anastasiadou und Bernd Knöll, Institut für Physiologische Chemie, Universität Ulm

S. VIII und S. 1: Sofia Anastasiadou und Bernd Knöll, Institut für Physiologische Chemie, Universität Ulm

Seite IX und S. 32–33: Sofia Anastasiadou und Bernd Knöll, Institut für Physiologische Chemie, Universität Ulm

Seite X und S. 80–81: Sofia Anastasiadou und Bernd Knöll, Institut für Physiologische Chemie, Universität Ulm

Seite XI und S. 140–141: Edwin W. Rubel und Glen MacDonald, Virginia Merrill Bloedel Hearing Research Center, University of Washington, Seattle, USA

Seite XII: Ryuta Koyama, PhD at Beth Stevens Lab, Department of Neurology, F.M. Kirby Neurobiology Center

Seite XIII und S. 218–219: Jasmin Mahler, Hertie Institut für klinische Hirnforschung, Tübingen, Farbstoffe zur Verfügung gestellt von Peter Nilsson, Universität Linköping, Schweden

Seite XIV: Dr. Zhong Lucas Hua, The Rockefeller University, New York, USA und Prof. Jeremy Nathans, Johns Hopkins Medical School, Baltimore, USA

Seite XV: Nachdruck aus Neuron, Vol. 74 (3), Henry C. Evrard, Thomas Forro, Nikos K. Logothetis, Von Economo Neurons in the Anterior Insula of the Macaque Monkey, 482–489, Copyright 2012, mit freundlicher Genehmigung von Elsevier

Seite 312–313: Fabian Isensee, Julia Kuhl, Moritz Helmstaedter et al., 2013; Copyright: Max Planck Institut für medizinische Forschung, Heidelberg, Deutschland

Seite 327: M. Angeles Rabadán, Elisa Martí Gorostiza, Instituto de Biología Molecular de Barcelona-CSIC, Spanien

Wer genau liest, wird feststellen, dass nicht alle Abbildungen in den Kapiteln beschriftet wurden. Alle Schemazeichnungen wurden angefertigt von Sofia Anastasiadou und Henning Beck. Alle nicht beschrifteten Abbildungen von Zellen oder Geweben wurden von den Autoren Henning Beck, Sofia Anastasiadou und Christopher Meyer zu Reckendorf in der Arbeitsgruppe von Prof. Bernd Knöll am Institut für Physiologische Chemie der Universität Ulm aufgenommen. An dieser Stelle geht daher ein Dank an Bernd Knöll für dessen Unterstützung bei diesem Projekt.

Wir danken auch Klaus Scheffler und Wolfgang Grodd vom Max Planck Institut für biologische Kybernetik in Tübingen, die diesem Buch eine Vielzahl an MRT-Bildern zur Verfügung gestellt und es dadurch nicht nur optisch, sondern auch inhaltlich bereichert haben.

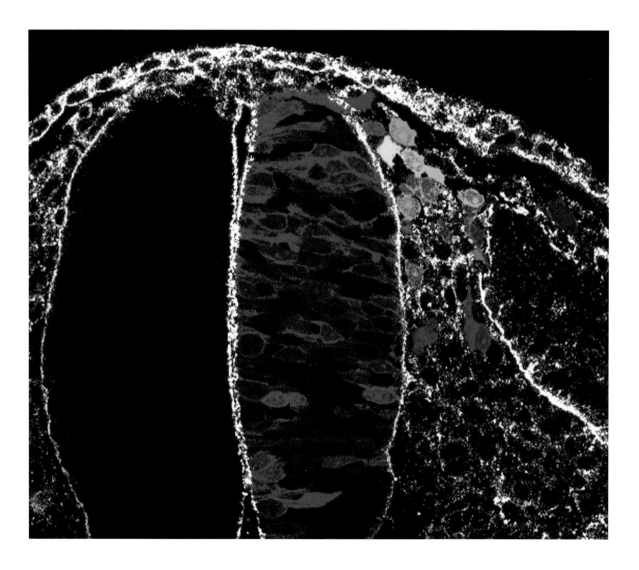

Index

V

W

Z

Springer

Willkommen zu den Springer Alerts

- Unser Neuerscheinungs-Service für Sie:
  aktuell *** kostenlos *** passgenau *** flexibel

Springer veröffentlicht mehr als 5.500 wissenschaftliche Bücher jährlich in gedruckter Form. Mehr als 2.200 englischsprachige Zeitschriften und mehr als 120.000 eBooks und Referenzwerke sind auf unserer Online Plattform SpringerLink verfügbar. Seit seiner Gründung 1842 arbeitet Springer weltweit mit den hervorragendsten und anerkanntesten Wissenschaftlern zusammen, eine Partnerschaft, die auf Offenheit und gegenseitigem Vertrauen beruht.

Die SpringerAlerts sind der beste Weg, um über Neuentwicklungen im eigenen Fachgebiet auf dem Laufenden zu sein. Sie sind der/die Erste, der/die über neu erschienene Bücher informiert ist oder das Inhaltsverzeichnis des neuesten Zeitschriftenheftes erhält. Unser Service ist kostenlos, schnell und vor allem flexibel. Passen Sie die SpringerAlerts genau an Ihre Interessen und Ihren Bedarf an, um nur diejenigen Information zu erhalten, die Sie wirklich benötigen.

Mehr Infos unter: springer.com/alert

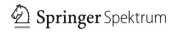

Ihr Bonus als Käufer dieses Buches

Als Käufer dieses Buches können Sie kostenlos das eBook zum Buch nutzen.
Sie können es dauerhaft in Ihrem persönlichen, digitalen Bücherregal
auf **springer.com** speichern oder auf Ihren PC/Tablet/eReader downloaden.

Gehen Sie bitte wie folgt vor:

1. Gehen Sie zu **springer.com/shop** und suchen Sie das vorliegende Buch
   (am schnellsten über die Eingabe der eISBN).
2. Legen Sie es in den Warenkorb und klicken Sie dann auf:
   zum Einkaufswagen/zur Kasse.
3. Geben Sie den untenstehenden Coupon ein. In der Bestellübersicht wird
   damit das eBook mit 0 Euro ausgewiesen, ist also kostenlos für Sie.
4. Gehen Sie weiter **zur Kasse** und schließen den Vorgang ab.
5. Sie können das eBook nun downloaden und auf einem Gerät Ihrer Wahl lesen.
   Das eBook bleibt dauerhaft in Ihrem digitalen Bücherregal gespeichert.

EBOOK INSIDE

Ihr persönlicher Coupon

978-3-662-54756-4;TzKdrPbmpKdzza7

Sollte der Coupon fehlen oder nicht funktionieren, senden Sie uns bitte
eine E-Mail mit dem Betreff: eBook inside an customerservice@springer.com.

Printed by Wilco bv, the Netherlands